普通高等教育“十三五”规划教材

工程制图与计算机绘图

主　编　李　虹　暴建岗
副主编　吴晓军　刘　虎

机械工业出版社

本书是在编者总结多年教学经验和教改成果的基础上编写的，符合教育部高等学校工程图学教学指导委员会制定的《普通高等院校工程图学课程教学基本要求》。从培养具有实际动手能力的人才出发，本书以增强实践能力为重点，在注重基础理论的基础上侧重于实际应用。为便于学生巩固所学知识，强化实践环节，本书在重点章节后均增加了实例分析，以求探索建立具有独立学院教育模式的教材体系。

本书内容主要包括正投影基础，制图国家标准基本知识，绘图基本技能，立体，计算机绘图基础，轴测图，组合体，机件常用的表达方法，螺纹及螺纹紧固件，键、销、齿轮及弹簧，零件图，装配图和焊接图，共计13章。

本书可作为高等工科院校，尤其是工科独立学院的机械类和近机械类各专业画法几何及机械制图、工程制图等课程的教材，也可供其他院校师生及工程技术人员参考。

图书在版编目（CIP）数据

工程制图与计算机绘图/李虹，暴建岗主编. —北京：机械工业出版社，2018.9（2024.6重印）
普通高等教育“十三五”规划教材
ISBN 978-7-111-60487-7

Ⅰ.①工… Ⅱ.①李… ②暴… Ⅲ.①工程制图-高等学校-教材②计算机制图-高等学校-教材 Ⅳ.①TB23②TP391.72

中国版本图书馆CIP数据核字（2018）第201352号

机械工业出版社（北京市百万庄大街22号 邮政编码100037）
策划编辑：舒 恬 责任编辑：舒 恬 王勇哲 杨 璇 刘丽敏
责任校对：张 薇 封面设计：张 静
责任印制：邓 博
北京盛通数码印刷有限公司印刷
2024年6月第1版第6次印刷
184mm×260mm · 18.5印张 · 451千字
标准书号：ISBN 978-7-111-60487-7
定价：45.00元

前　言

本书是根据教育部高等学校工程图学教学指导委员会制定的《普通高等院校工程图学课程教学基本要求》，贯彻技术制图、机械制图和CAD制图等现行国家标准，并结合“山西省高等学校教学改革项目——独立学院工程制图课程群建设与研究”的教改成果和教学经验编写的。

本书面向各类工科院校的独立学院，本着“优化教材内容，注重基本知识、强化实践实用”的原则而编写，并具有以下特色。

1）注重基础性。由于内容多，学时少，所以在编写本书时注重基本内容的精选、优化与整合，力求反映基本知识、基本理论、基本技能。

2）体现先进性。紧密结合国际国内科学技术发展现状和趋势，传播新知识、介绍新标准。全书采用我国现行的技术制图和机械制图国家标准。

3）将计算机绘图、机械制图有机地融入工程图学，给工程制图增添了活力，使本书的内容紧跟时代步伐，为培养学生的多向思维和创新思维提供了方法和思路。

4）注重基本知识、强化实践实用。本书在立体、组合体、机件常用的表达方法、零件图、装配图这五章后均增加了实例分析，便于学生巩固所学知识，强化实践环节。

本书由李虹、暴建岗任主编，吴晓军、刘虎任副主编。参加编写的有：李虹（绪论、第7章、第10章、第12章及附录）、暴建岗（第6章、第8章）、吴晓军（第9章）、马春生（第5章、第11章）、刘虎（第4章、第13章）、白晨媛（第1章）、李素娟（第2章、第3章）。此外，李俊鹏、张少坤和刘彩花也参与了编写和稿件整理、校对工作。

本书由董国耀审阅并提出一些宝贵意见，在此表示诚挚的感谢。

本书在编写过程中得到中北大学信息商务学院领导的高度重视和支持，在此表示诚挚的感谢。

限于时间、水平和其他原因，书中难免存在缺点或不足，恳请广大读者批评指正。

编　者

目　录

前言

绪论 …… 1

第1章　正投影基础 …… 3

1.1　投影法基础 …… 3

1.2　点的投影 …… 6

1.3　直线的投影 …… 11

1.4　平面的投影 …… 20

第2章　制图国家标准基本知识 …… 28

2.1　国家标准概述 …… 28

2.2　国家标准的基本规定 …… 29

第3章　绘图基本技能 …… 39

3.1　绘图工具简介 …… 39

3.2　几何作图 …… 42

3.3　平面图形分析及画法 …… 47

3.4　徒手绘图 …… 50

第4章　立体 …… 53

4.1　三视图的形成及投影规律 …… 53

4.2　平面立体 …… 54

4.3　曲面立体 …… 56

4.4　立体表面的截交线 …… 60

4.5　回转体的相贯线 …… 70

4.6　实例分析 …… 77

第5章　计算机绘图基础 …… 87

5.1　AutoCAD 基础知识 …… 87

5.2　基本绘图命令 …… 92

5.3　基本编辑命令 …… 98

5.4　尺寸标注方法 …… 104

5.5　AutoCAD 绘图实例 …… 108

第6章　轴测图 …… 112

6.1　轴测图的基本概念 …… 112

6.2　正等轴测图 …… 114

6.3　斜二等轴测图 …… 119

第7章　组合体 …… 121

7.1　组合体的形体分析及组合形式 …… 121

7.2　画组合体视图 …… 125

7.3　组合体的尺寸标注 …… 129

7.4　读组合体视图 …… 134

7.5　实例分析 …… 141

第8章　机件常用的表达方法 …… 146

8.1　视图 …… 146

8.2　剖视图 …… 150

8.3　断面图 …… 161

8.4　其他表达方法 …… 164

8.5　实例分析 …… 167

8.6　第三角画法简介 …… 170

第9章　螺纹及螺纹紧固件 …… 172

9.1　螺纹 …… 172

9.2　螺纹紧固件及其连接画法 …… 179

第10章　键、销、齿轮及弹簧 …… 186

10.1　键及其连接 …… 186

10.2　销及其连接 …… 188

10.3　齿轮 …… 189

10.4　弹簧 …… 193

第11章　零件图 …… 197

11.1　零件图的作用和内容 …… 197

11.2　零件表达方案的选择 …… 198

11.3　零件图的尺寸标注 …… 204

11.4　零件上常见的工艺结构 …… 209

11.5　零件图上的技术要求 …… 212

11.6　零件测绘 …… 227

11.7　读零件图 …… 230

11.8　实例分析 …… 232

第12章　装配图 …… 235

12.1　装配图的作用和内容 …… 235

12.2　装配图的表达方法 …… 237

12.3　常见装配结构的合理性 …… 239

12.4　装配图的尺寸标注和技术要求 …… 241

12.5　装配图中的零、部件序号和明细栏 …… 242

12.6　部件测绘和装配图的画法 …… 244

12.7　读装配图和由装配图拆画零件图 …… 250

12.8　实例分析 …… 256

第 13 章　焊接图 …………………………… 258
13.1　焊缝符号 …………………………… 258
13.2　焊缝标注的有关规定 ……………… 261
13.3　焊接图标注的实例 ………………… 263
附录 …………………………………… 266
附录 A　螺纹 …………………………… 266
附录 B　标准件 ………………………… 269
附录 C　极限与配合 …………………… 279
附录 D　常用金属材料牌号及使用场合举例 …………………………… 285
参考文献 ……………………………… 287

绪　论

1. 本课程的研究对象

在工程技术中，按照投影原理和技术规定绘制的能准确表达物体结构形状、尺寸、材料和技术要求等内容的图样，称为工程图样。工程图样与语言、文字一样，是人们表达和交流思想的工具。无论是制造机器设备，还是建造高楼、桥梁，都离不开工程图样。在产品的设计阶段，要通过工程图样来表达设计思想和要求；在生产、装配、检验的过程中，要以工程图样作为依据，了解设计要求，组织制造和指导生产；在使用、保养和维修产品时，要通过工程图样来了解产品的结构和性能。因此，工程图样是设计制造和使用产品过程中的一种重要的技术资料，是进行技术交流的重要工具，是工程界的技术“语言”。

随着计算机技术的迅猛发展，计算机图形学和计算机辅助设计已经广泛应用到各行各业，工程技术人员接受和处理的图形日益增加，这就要求工程技术人员除了要掌握图样的基本知识和投影理论，还必须掌握计算机绘图的基本方法和技能，并且应具备较高的图形表达能力和素质。

本课程是一门研究如何应用正投影的基本原理绘制和阅读工程图样的一门技术基础课。它是工科院校学生一门重要的、必修的技术基础课。通过本课程的学习，可为学习后续的机械基础和非机械类专业课程以及提高自身的职业能力打下必要的基础。

2. 本课程的主要任务

1）学习投影法（主要是正投影）的基本理论及其应用。

2）培养空间形象思维能力和创造性构型思维能力。

3）培养使用绘图软件绘制工程图样的能力。

4）培养工程意识和贯彻、执行国家标准的意识。

3. 本课程的特点和学习方法

本课程是一门既有理论，又有较强实践性的技术基础课。因此学习本课程应坚持理论联系实际，既注重理论知识、基本方法的学习，又要重视动手能力，努力练好自己的基本功。

1）在掌握基本概念的同时，要由浅入深地进行大量的绘图和读图实践，不断地做“由物画图”和“由图想物”的练习，既要想象构思物体的形状，又要思考作图的投影规律，使固有的三维形态思维提升到形象思维和抽象思维相融合的境界，逐步提高空间想象和思维能力。

2）工程图样不仅是我国工程界的技术语言，也是国际上通用的工程技术语言，不同国籍的工程技术人员都能看懂。工程图样之所以具有这种性质，是因为工程图样是按国家标准的若干规则绘制的。因此学习本课程时，要养成严格遵守国家标准的习惯，认真细致，一丝不苟。

3）在绘图中正确使用绘图工具，掌握绘图的技能和技巧，加强上机实践，逐步掌握绘图软件的应用和操作技能，以提高绘图能力。

4）由于工程图样在生产中起着重要作用，绘图和读图的错误都会给生产带来损失，学习中要注意克服急躁情绪和随意、马虎等不良习惯，逐步养成认真负责、严谨细致、精益求精的良好作风。

5）认真听课，用心完成作业，做到多画、多看、多记。只有这样，才能深刻领会课程内容，很好地将理论与实践相结合，不断提高绘图和读图能力。

第1章 正投影基础

本章内容提要

1）投影法的概念、分类及投影特性。

2）点的投影。

3）直线的投影。

4）平面的投影。

重点

1）正投影法的投影特性。

2）点的投影规律。

3）各种位置直线的投影特性。

4）各种位置平面的投影特性。

难点

掌握用直角三角形法求一般位置直线实长及其对投影面倾角的方法，并能灵活运用直线的实长、投影和直线与投影面倾角三者之间的关系求解一般位置直线实长及其对投影面倾角。

1.1 投影法基础

1.1.1 投影法的概念

物体在阳光的照射下，会在地面或墙面形成影子，而影子在一定程度上能反映出物体的形状、大小。人们根据这种简单的自然现象，进行抽象研究，形成了一套将三维空间形体在二维平面上进行表达的投影理论和投影法。投射线通过物体向选定的投影面投射，并在该投影面上得到投影的方法，称为投影法。如图 1-1 所示，光源 S 为投射中心，SAa、SBb、SCc 为投射线，平面 H 为投影面，点 a、b、c 为投射线与投影面的交点，为点 A、B、C 在投影面上的投影，$\triangle abc$ 为 $\triangle ABC$ 在投影面上的投影。

1.1.2 投影法的分类

按照 GB/T 14692—2008 规定，投影法可以分为中心投影法和平行投影法。

1. 中心投影法

投射线均通过投射中心的投影法称为中心投影法，所得的投影称为中心投影，如图 1-1 所示。由于中心投影法得到的投影图立体感好，因而常用来绘制建筑物的透视图以及产品的效果图。

2. 平行投影法

投射线相互平行的投影法称为平行投影法，所得的投影称为平行投影，如图 1-2 所示。平行投影法又分为正投影法和斜投影法。

(1) 正投影法　投射线垂直于投影面的投影法，称为正投影法，由正投影法得到的投影称为正投影，如图 1-2a 所示。

(2) 斜投影法　投射线倾斜于投影面的投影法，称为斜投影法，由斜投影法得到的投影称为斜投影，如图 1-2b 所示。

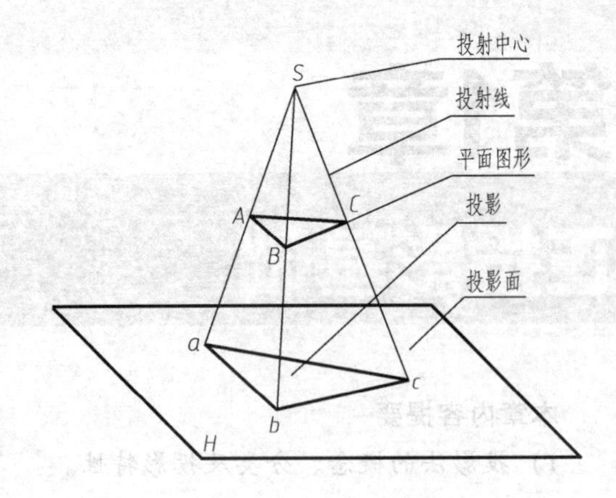

图 1-1　中心投影法

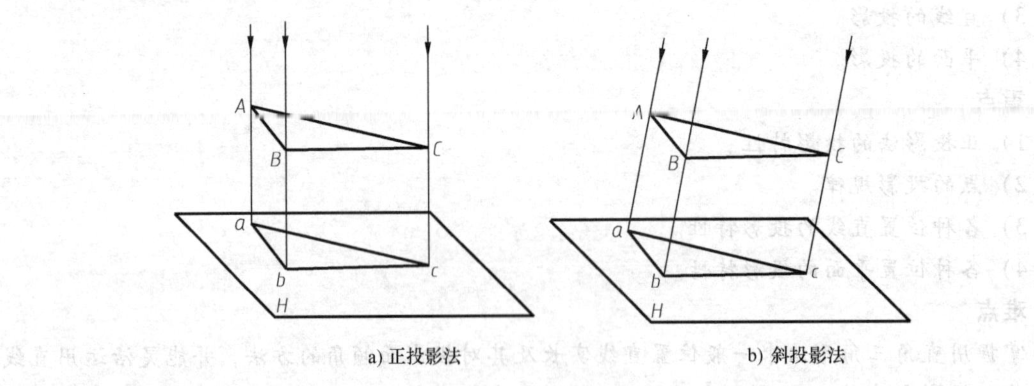

a) 正投影法　　b) 斜投影法

图 1-2　平行投影法

正投影法得到的投影度量性好，能反映出物体的真实形状和大小，所以工程图样主要用正投影法来绘制，通常将“正投影”简称为“投影”。本书中在没有特殊说明时均采用正投影法获得投影。

1.1.3　正投影法的投影特性

1. 实形性

当直线或平面图形平行于投影面时，其投影反映实形，如图 1-3 所示。

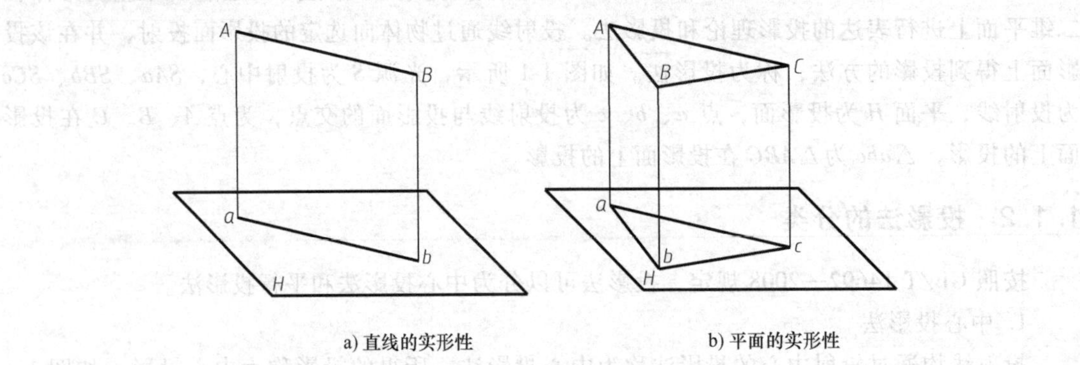

a) 直线的实形性　　b) 平面的实形性

图 1-3　实形性

2. 积聚性

当直线或平面图形垂直于投影面时，其投影积聚成点或直线，如图 1-4 所示。

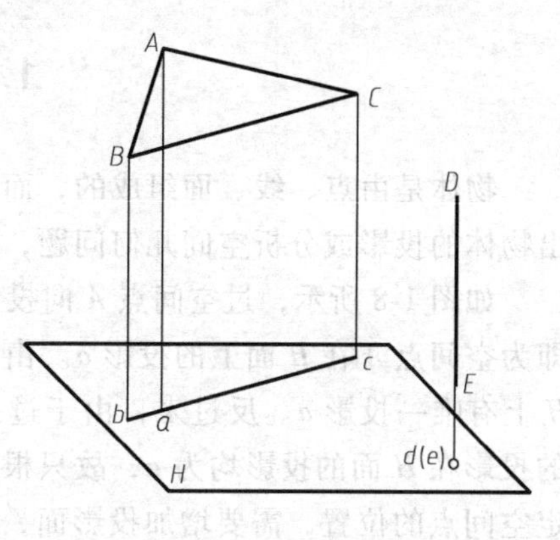

图 1-4　积聚性

3. 类似性

当直线或平面图形倾斜于投影面时，直线的投影仍为直线，平面图形的投影是原图形的类似形，如图 1-5 所示。

4. 平行性

平行的空间两直线，其同面投影仍然平行，且两平行直线段的长度之比，与其投影的长度之比相等。如图 1-6 所示，$AB \parallel CD$，则 $ab \parallel cd$ 且 $AB : CD = ab : cd$。

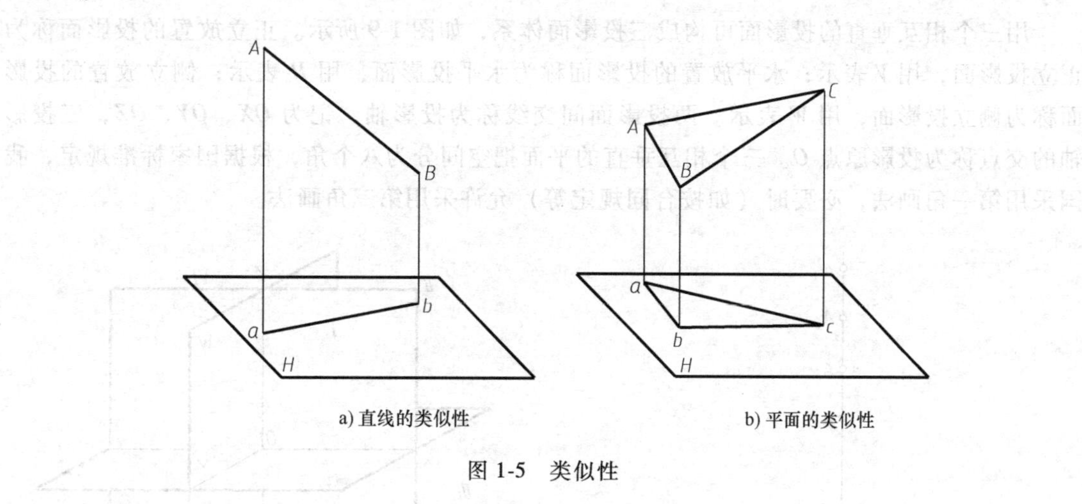

a) 直线的类似性　　b) 平面的类似性

图 1-5　类似性

5. 从属性

若点在直线上，则该点的投影一定在该直线的投影上，如图 1-7 所示。

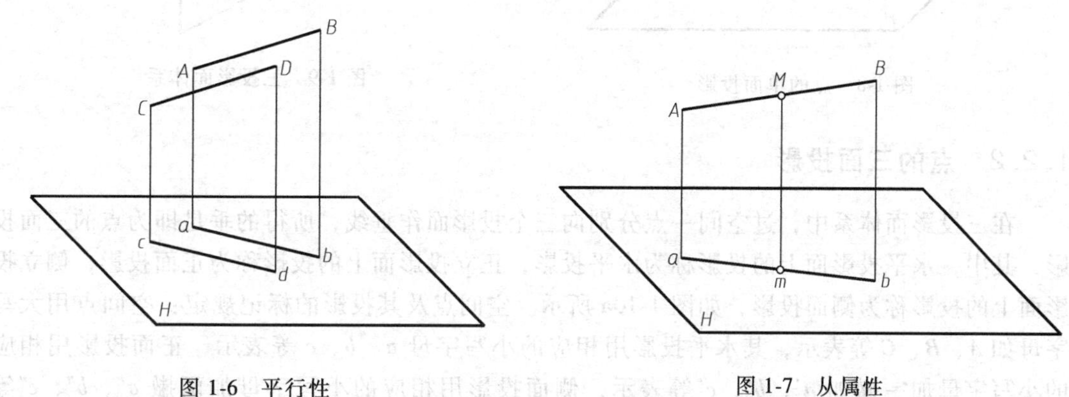

图 1-6　平行性　　图 1-7　从属性

6. 唯一性

空间点在投影面上有唯一的投影，同样直线和平面在投影面上的投影也唯一。

1.2 点的投影

物体是由点、线、面组成的，而点是组成物体最基本的几何元素。为了正确而迅速地画出物体的投影或分析空间几何问题，必须首先研究点的投影规律。

如图1-8所示，过空间点A向投影面H作投射线（采用正投影法），与投影面H的交点即为空间点A在H面上的投影a。由于过点A且垂直平面的垂线只有一条，故点A在投影面H上有唯一投影a。反过来，由于过投影a的垂线上所有的点（如点A、A_1、A_2、…、A_n）的投影在H面的投影均为a，故只根据点的一个投影不能唯一确定空间点A的位置。为了确定空间点的位置，需要增加投影面，建立投影面体系，一般为三投影面体系。

1.2.1 三投影面体系的建立

用三个相互垂直的投影面可构成三投影面体系，如图1-9所示。正立放置的投影面称为正立投影面，用V表示；水平放置的投影面称为水平投影面，用H表示；侧立放置的投影面称为侧立投影面，用W表示。两投影面间交线称为投影轴，记为OX、OY、OZ，三投影轴的交点称为投影原点O。三个相互垂直的平面把空间分为八个角，根据国家标准规定，我国采用第一角画法，必要时（如按合同规定等）允许采用第三角画法。

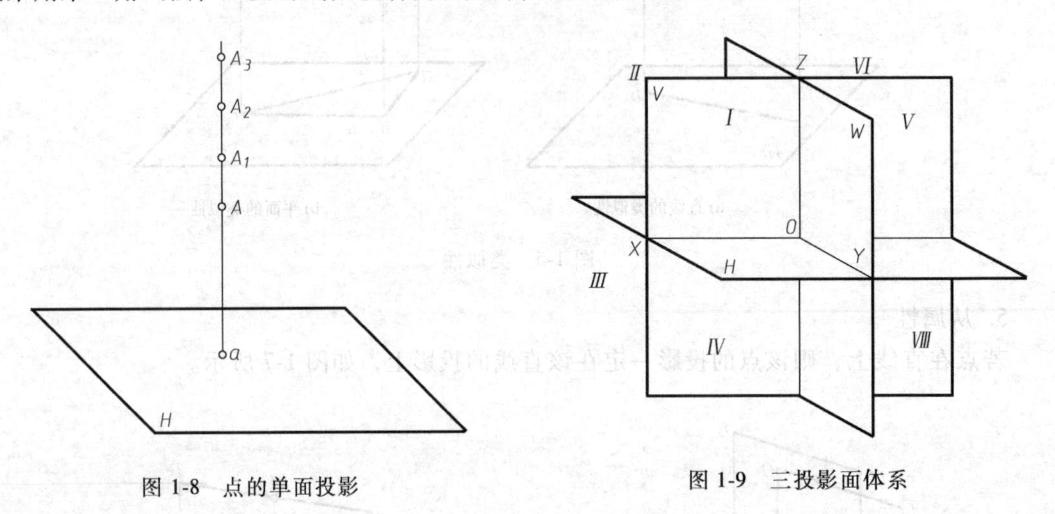

图1-8 点的单面投影

图1-9 三投影面体系

1.2.2 点的三面投影

在三投影面体系中，过空间一点分别向三个投影面作垂线，所得的垂足即为点的三面投影，其中，水平投影面上的投影称为水平投影，正立投影面上的投影称为正面投影，侧立投影面上的投影称为侧面投影，如图1-10a所示。空间点及其投影的标记规定：空间点用大写字母如A、B、C等表示，其水平投影用相应的小写字母a、b、c等表示，正面投影用相应的小写字母加一撇如a'、b'、c'等表示，侧面投影用相应的小写字母加两撇a''、b''、c''等表示。

为了把空间三投影面的投影画在同一平面上，国家标准规定：V面不动，将H面绕OX轴向下旋转90°，W面绕OZ轴向后旋转90°，使其与V面处于同一平面，得到点的三面投

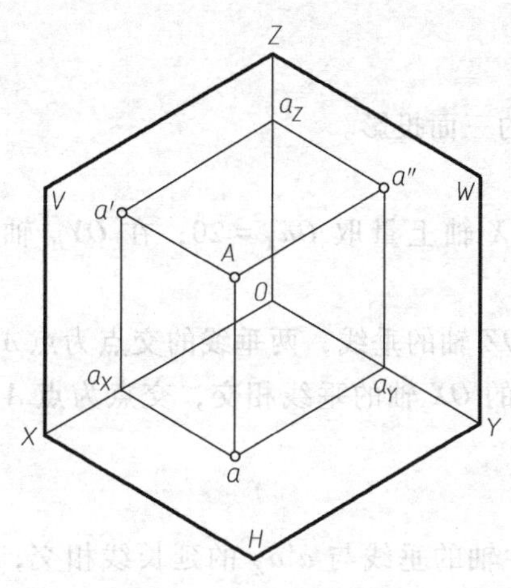

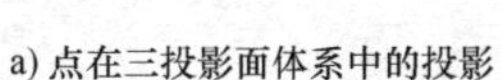
a) 点在三投影面体系中的投影

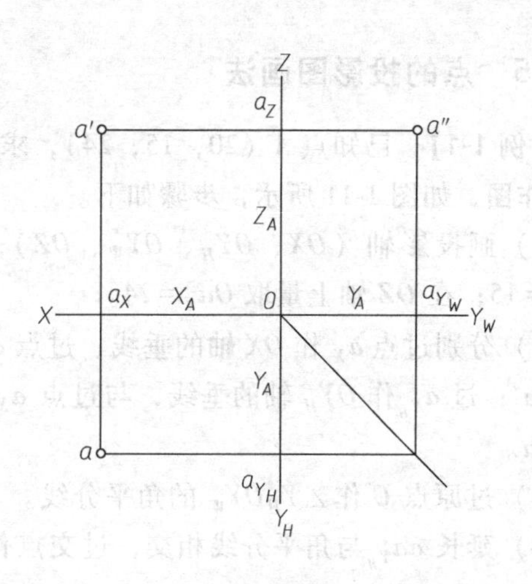

b) 点的三面投影图

图 1-10　点的投影

影图，如图 1-10b 所示。在投影面旋转时，OY 轴一分为二，随 H 面旋转的用 OY_H 标记，随 W 面旋转的用 OY_W 标记。

1.2.3　点的直角坐标和三面投影的关系

若将三投影面体系看作空间直角坐标系，H、V、W 面为坐标面，OX、OY、OZ 为坐标轴，点 O 为坐标原点，则空间点 A 的位置可用三个坐标 X、Y、Z 来表示。由图 1-10a 可知，点 A 的三个直角坐标 X、Y、Z 即为点 A 到三个坐标面的距离。它们与点 A 的投影有如下关系。

$$X_A = Aa'' = a'a_Z = aa_{Y_H}$$
$$Y_A = Aa' = aa_X = a''a_Z$$
$$Z_A = Aa = a'a_X = a''a_{Y_W}$$

由此可见，点的每个投影均可由点的两个坐标确定，a 由点 A 的 X、Y 两坐标确定；a' 由点 A 的 X、Z 两坐标确定；a''由点 A 的 Y、Z 两坐标确定。反过来，点的一个投影反映点的两个坐标，已知点的任意两个投影，即可确定点的三个坐标。因此，点的两面投影能唯一确定点的空间位置。

1.2.4　三投影面体系中点的投影规律

由图 1-10 可以得到点的三面投影规律如下。

1）点 A 的正面投影 a'和水平投影 a 均反映空间点的 X 坐标，即 $a'a_Z = aa_{Y_H} = X_A$，因此 a 和 a'的连线垂直于 OX 轴，即 $a'a \perp OX$。

2）点 A 的正面投影 a'和侧面投影 a''均反映空间点的 Z 坐标，即 $a'a_X = a''a_{Y_W} = Z_A$，因此 a'和 a''的连线垂直于 OZ 轴，即 $a'a'' \perp OZ$。

3）点 A 的水平投影 a 和侧面投影 a''均反映空间点的 Y 坐标，因此，a 到 OX 轴的距离和 a''到 OZ 轴的距离相等，即 $aa_X = a''a_Z = Y_A$。作图时可以用圆弧或 45°角分线反映该相等关系。

1.2.5 点的投影图画法

【例 1-1】 已知点 A（20，15，24），求点 A 的三面投影。

作图 如图 1-11 所示，步骤如下。

1）画投影轴（OX、OY_H、OY_W、OZ）；在 OX 轴上量取 $Oa_X=20$；在 OY_H 轴上量取 $Oa_{Y_H}=15$；在 OZ 轴上量取 $Oa_Z=24$。

2）分别过点 a_X 作 OX 轴的垂线、过点 a_Z 作 OZ 轴的垂线，两垂线的交点为点 A 的正面投影 a'；过 a_{Y_H}作 OY_H 轴的垂线，与过点 a_X 所作的 OX 轴的垂线相交，交点为点 A 的水平投影 a。

3）过原点 O 作 $\angle Y_HOY_W$ 的角平分线。

4）延长 aa_{Y_H}与角平分线相交，过交点作 OY_W 轴的垂线与 $a'a_Z$ 的延长线相交，交点为点 A 的侧面投影 a''。

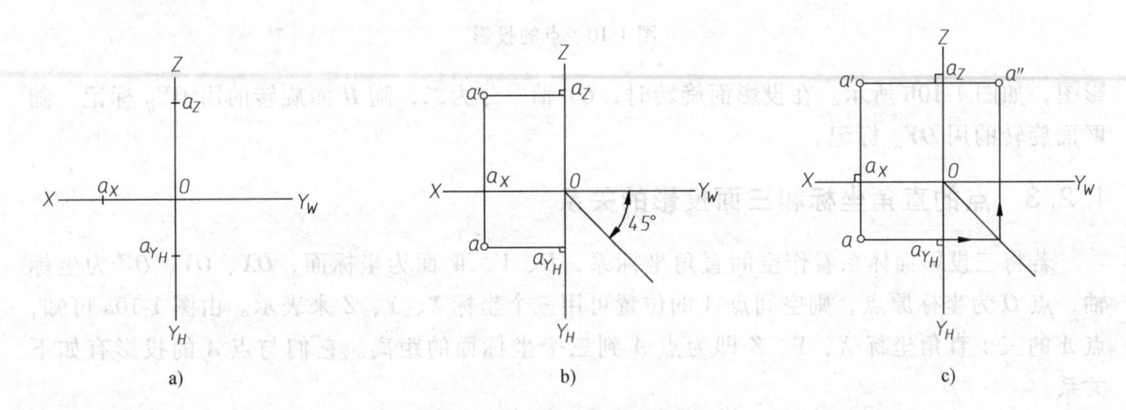

图 1-11 求点的三面投影

从以上作图可以看出，已知点的任意两面投影即可求出其第三面投影。

1.2.6 特殊位置点的投影

处于投影轴或投影面上的点称为特殊位置点。若点的三个坐标值 X、Y、Z 中有一个为零，则点必在相应的投影面上，且该点在该投影面上的投影与其本身重合，其他两面投影分别在相应的投影轴上（该投影面所包含的两个轴）。如图 1-12 所示，空间点 A 的 Y 坐标值为零，则该点位于 V 面上，它的正面投影 a'与点 A 重合，水平投影 a 在 OX 轴上，侧面投影 a''在 OZ 轴上。

若点有两个坐标值为零，则该点在相应的投影轴上，且点的两面投影与其本身重合，另一面投影与原点重合。如图 1-12 所示，空间点 B 的三个坐标中，$Y=0$，$Z=0$，则点 B 在 OX 轴上，其正面投影 b'和水平投影 b 均与点 B 重合，侧面投影 b''与坐标原点重合。

若点的三个坐标值均为零，则该点与坐标原点重合。

1.2.7 两点的相对位置

空间两点有左右、前后、上下的相对位置关系。通过分析两点之间的坐标关系，可以判断它们在空间内的相对位置关系。

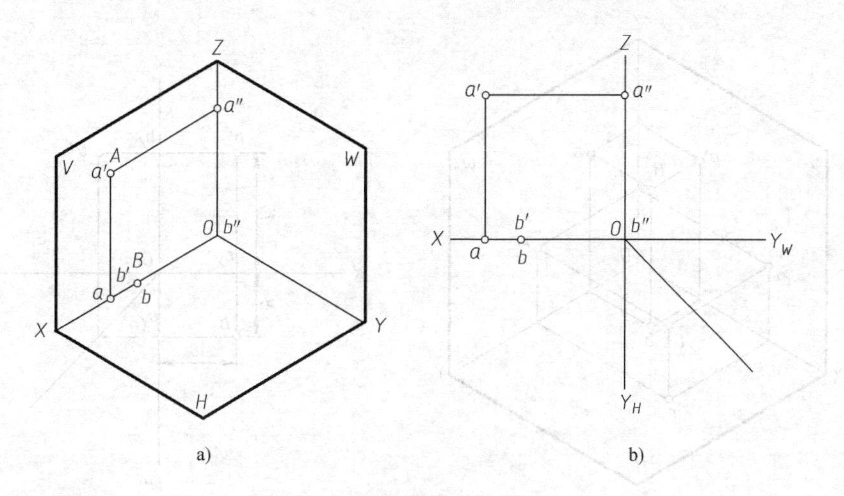

图 1-12 特殊位置点的投影

根据 X 坐标值大小，可以判断两点之间的左右位置关系。

根据 Y 坐标值大小，可以判断两点之间的前后位置关系。

根据 Z 坐标值大小，可以判断两点之间的上下位置关系。

如图 1-13 所示，A（X_A，Y_A，Z_A），B（X_B，Y_B，Z_B）为空间两点，可以看出：

$X_A<X_B$，即 $\Delta X=X_A-X_B<0$，故点 A 在点 B 的右方。

$Y_A<Y_B$，即 $\Delta Y=Y_A-Y_B<0$，故点 A 在点 B 的后方。

$Z_A>Z_B$，即 $\Delta Z=Z_A-Z_B>0$，故点 A 在点 B 的上方。

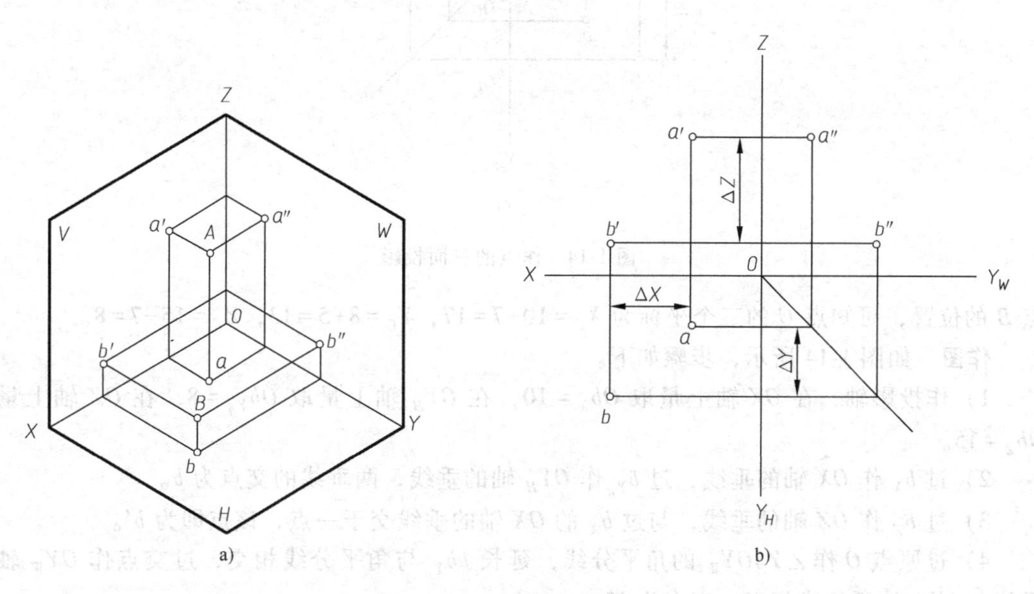

图 1-13 两点的相对位置

【例 1-2】 如图 1-14a 所示，已知点 B（10，8，15），点 C 在点 B 左方 7mm，前方 5mm，下方 7mm 的位置，作点 B、C 的三面投影。

分析 根据已知条件可知点 B 的三个坐标为 $X_B=10$、$Y_B=8$、$Z_B=15$，根据点 C 相对于

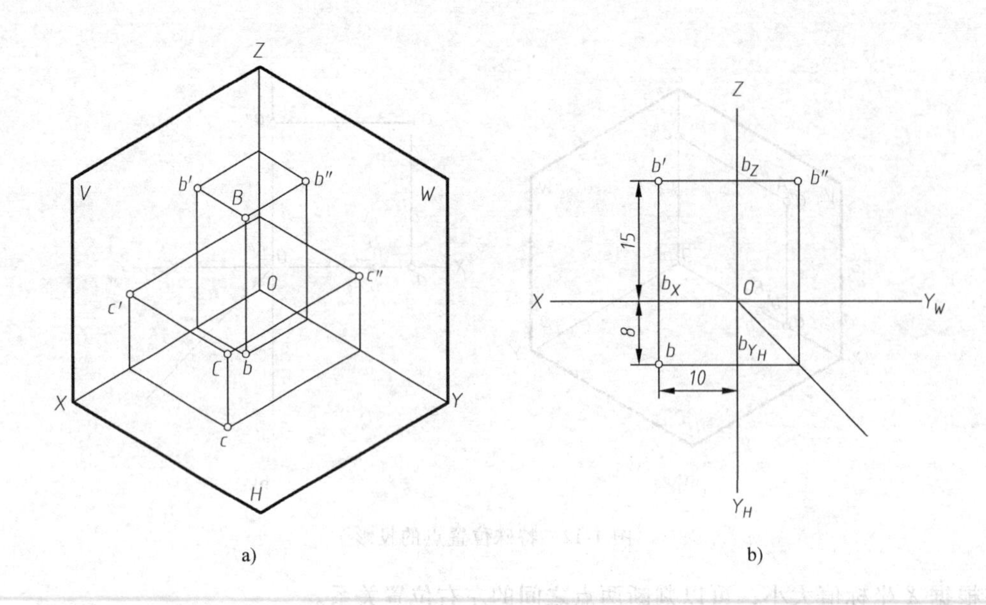

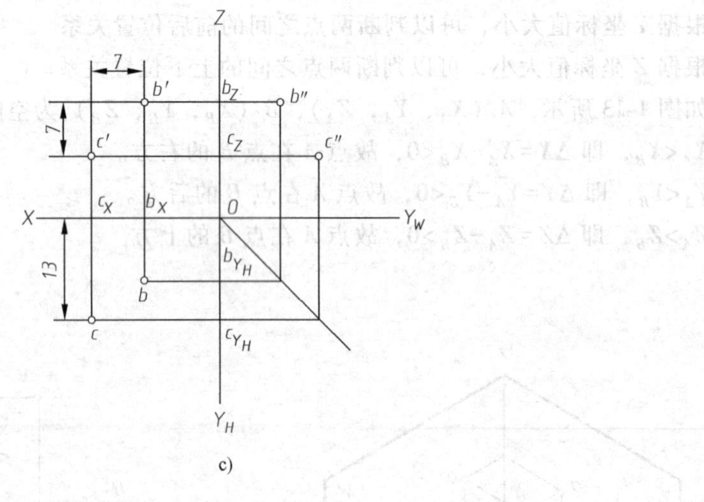

图 1-14 作点的三面投影

点 B 的位置，可知点 C 的三个坐标为 $X_C=10+7=17$，$Y_C=8+5=13$，$Z_C=15-7=8$。

作图 如图 1-14 所示，步骤如下。

1）作投影轴，在 OX 轴上量取 $Ob_X=10$，在 OY_H 轴上量取 $Ob_{Y_H}=8$，在 OZ 轴上量取 $Ob_Z=15$。

2）过 b_X 作 OX 轴的垂线，过 b_{Y_H} 作 OY_H 轴的垂线，两垂线的交点为 b。

3）过 b_Z 作 OZ 轴的垂线，与过 b_X 的 OX 轴的垂线交于一点，该点即为 b'。

4）过原点 O 作 $\angle Y_HOY_W$ 的角平分线，延长 bb_{Y_H} 与角平分线相交，过交点作 OY_W 轴的垂线与 $b'b_Z$ 的延长线相交，交点为 b''。

5）用同样方法作点 C 的三面各投影 c、c'、c''。

1.2.8 重影点

空间中的两个点，如果它们任意两个坐标值相等，则两点在某一个投影面上的投影会重合为一点，此两点称为对该投影面的重影点。如图 1-15 所示，点 B 在点 A 的正前方，$X_A = X_B$，$Z_A = Z_B$，$Y_A < Y_B$，则称点 A 和点 B 是对 V 面的重影点。

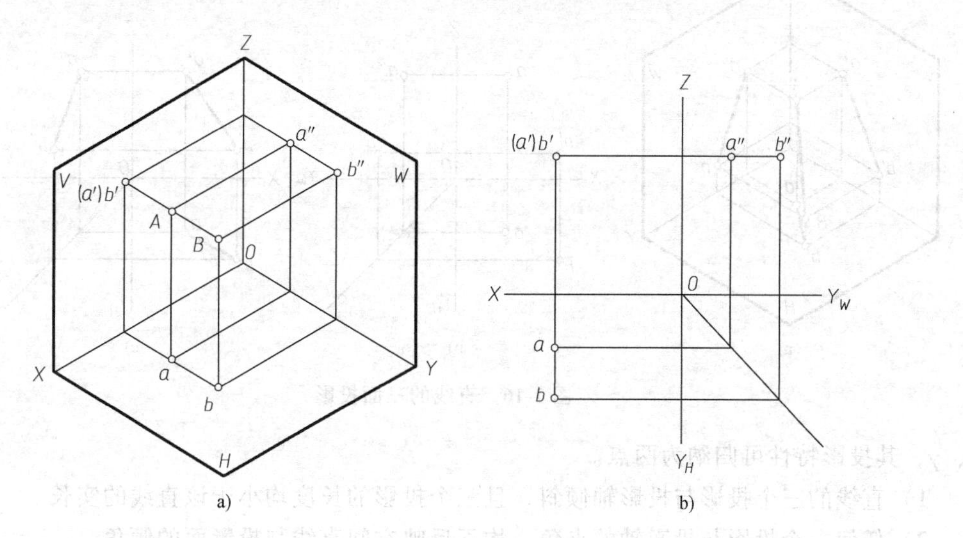

图 1-15 重影点及可见性

重影点需要判断可见性，其判断规则是：正面投影“前遮后”，水平投影“上遮下”，侧面投影“左遮右”。具体方法是：比较两点不相同的那个坐标，坐标值大的可见，另一个不见，按规定不可见点的投影加括号表示。如图 1-15 所示，点 A 和点 B 是对 V 面的重影点，A、B 两点的 X 和 Z 坐标值相同，Y 坐标值不等，因 $Y_A < Y_B$，故点 B 在点 A 的前面。点 B 在 V 面的投影 b' 可见，点 A 在 V 面的投影 a' 不可见，用（a'）表示。

1.3 直线的投影

1.3.1 直线的三面投影

空间的两点决定一条直线，直线的投影就是直线上两个点的同面投影的连线（注：为便于确定直线的位置和长度，经常用线段代替直线进行分析）。如图 1-16 所示，欲作直线 AB 的三面投影，可分别作 A、B 两点的三面投影 a、a'、a'' 和 b、b'、b''，然后用粗实线连接其同面投影得到 ab、$a'b'$、$a''b''$ 即为直线 AB 的三面投影。

1.3.2 各种位置直线的投影特性

根据直线相对于投影面的位置，直线可分为三类。

投影面倾斜线——与三个投影面都倾斜的直线，也称为一般位置直线。

投影面平行线——平行于某一投影面，且与另两个投影面倾斜的直线。

投影面垂直线——垂直于某一投影面，且与另两个投影面都平行的直线。

1. 投影面倾斜线

如图 1-16 所示，直线 AB 为投影面倾斜线，它与 H、V、W 三个投影面的倾角分别为 α、

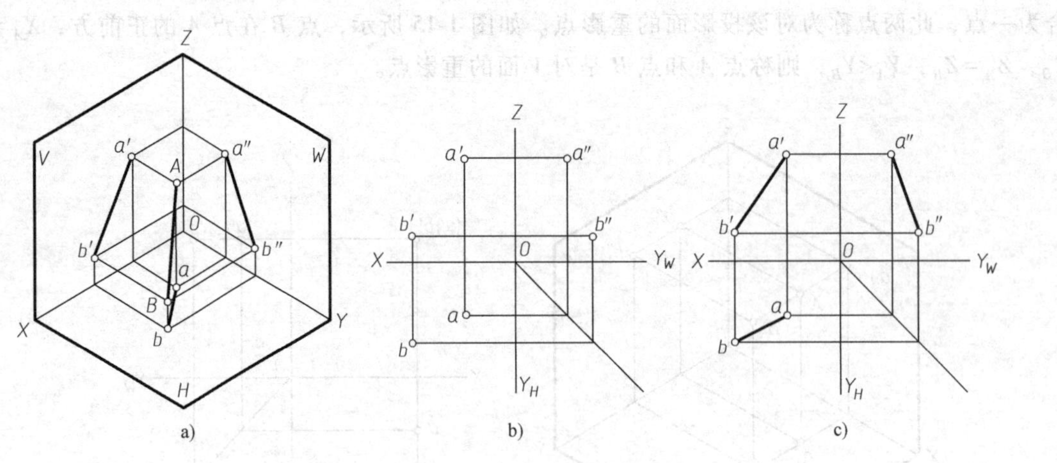

图 1-16　直线的三面投影

β、γ，其投影特性可归纳为两点。

1）直线的三个投影与投影轴倾斜，且三个投影的长度均小于该直线的实长。

2）任何一个投影与投影轴的夹角，均不反映空间直线与投影面的倾角。

2. 投影面平行线

根据所平行的投影面不同，投影面平行线又可分为三类。

正平线——平行于 V 面，且倾斜于 H、W 面的直线。

水平线——平行于 H 面，且倾斜于 V、W 面的直线。

侧平线——平行于 W 面，且倾斜于 H、V 面的直线。

投影面平行线的投影特性见表 1-1。

表 1-1　投影面平行线的投影特性

名称	正平线	水平线	侧平线
立体图	V, W, H, a′, b′, b″, a″, A, B, O, a, b, α, γ	V, W, H, a′, b′, a″, b″, A, B, O, a, b, β, γ	V, W, H, a′, a″, b′, b″, A, B, O, a, b, α, β
投影图	Z, X, Y_W, Y_H, O, a′, b′, a″, b″, a, b, α, γ	Z, X, Y_W, Y_H, O, a′, b′, a″, b″, a, b, β, γ	Z, X, Y_W, Y_H, O, a′, a″, b′, b″, a, b, α, β

（续）

名称	正平线	水平线	侧平线
投影特性	1) $a'b' = AB$ 2) 正面投影反映 α、γ 3) $ab \parallel OX$, $ab < AB$; $a''b'' \parallel OZ$, $a''b''<AB$	1) $ab = AB$ 2) 水平投影反映 β、γ 3) $a'b' \parallel OX$, $a'b' < AB$; $a''b'' \parallel OY_W$, $a''b''<AB$	1) $a''b'' = AB$ 2) 侧面投影反映 α、β 3) $a'b' \parallel OZ$, $ab<AB$; $ab \parallel OY_H$, $ab<AB$

根据表 1-1，投影面平行线的投影特性概括如下。

1）在其所平行的投影面上，直线的投影反映该直线的实长，且投影与投影轴的夹角反映该直线与其余两个投影面的真实倾角。

2）在其余两个投影面上，直线的投影均小于实长，且分别平行于相应的投影轴。

3. 投影面垂直线

根据所垂直的投影面不同，投影面垂直线又可分为三类。

正垂线——垂直于 V 面，且平行于 H、W 面的直线。

铅垂线——垂直于 H 面，且平行于 V、W 面的直线。

侧垂线——垂直于 W 面，且平行于 H、V 面的直线。

投影面垂直线的投影特性见表 1-2。

表 1-2 投影面垂直线的投影特性

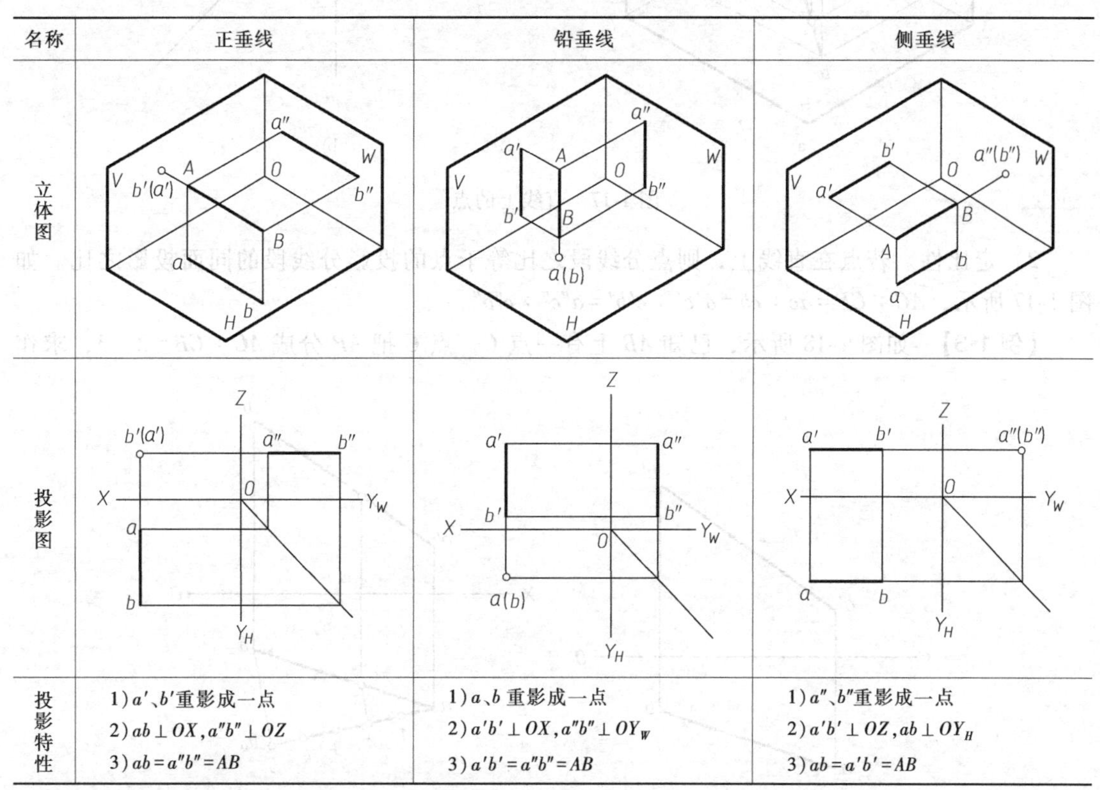

名称	正垂线	铅垂线	侧垂线
立体图			
投影图			
投影特性	1) a'、b'重影成一点 2) $ab \perp OX$, $a''b'' \perp OZ$ 3) $ab = a''b'' = AB$	1) a、b 重影成一点 2) $a'b' \perp OX$, $a''b'' \perp OY_W$ 3) $a'b' = a''b'' = AB$	1) a''、b''重影成一点 2) $a'b' \perp OZ$, $ab \perp OY_H$ 3) $ab = a'b' = AB$

根据表 1-2，投影面垂直线的投影特性概括如下。

1）在所垂直的投影面上，直线的投影积聚为一点。

2）在其余两个投影面上，直线的投影反映该直线的实长，且分别垂直于相应的投影轴。

1.3.3 直线上的点

直线上的点的投影特性归纳起来有两点。

1）从属性。若点在直线上，则点的投影必在直线的同面投影上，且符合点的投影规律；反之，若点的投影在直线的同面投影上，且符合点的投影规律，则点必在直线上。如图1-17所示，点 C 在直线 AB 上，点 C 的水平投影 c、正面投影 c'、侧面投影 c'' 必在直线 AB 的同面投影 ab、$a'b'$、$a''b''$ 上。

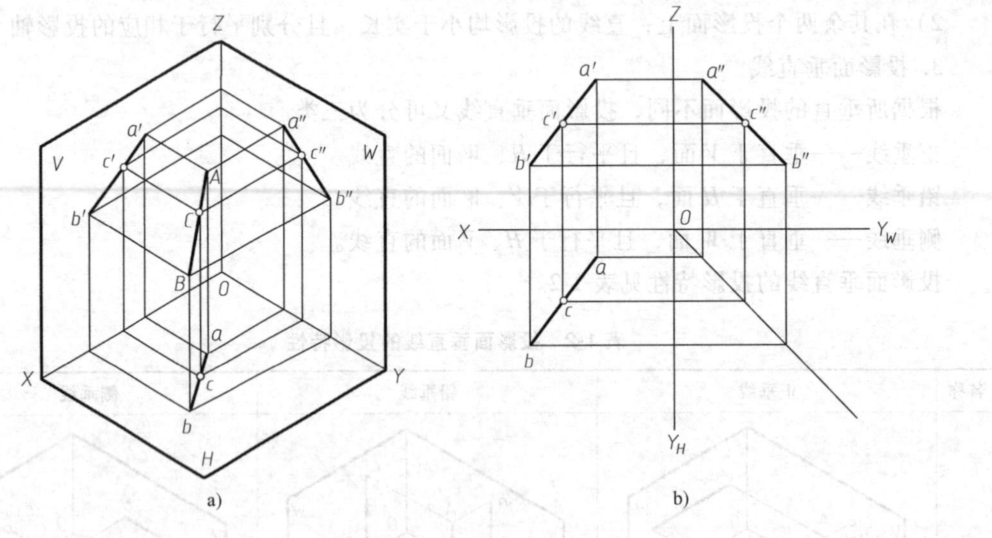

图1-17 直线上的点

2）定比性。若点在直线上，则点分线段之比等于点的投影分线段的同面投影之比。如图1-17所示，$AC : CB = ac : cb = a'c' : c'b' = a''c'' : c''b''$。

【例1-3】 如图1-18所示，已知 AB 上有一点 C，点 C 把 AB 分成 $AC : CB = 2 : 3$，求作

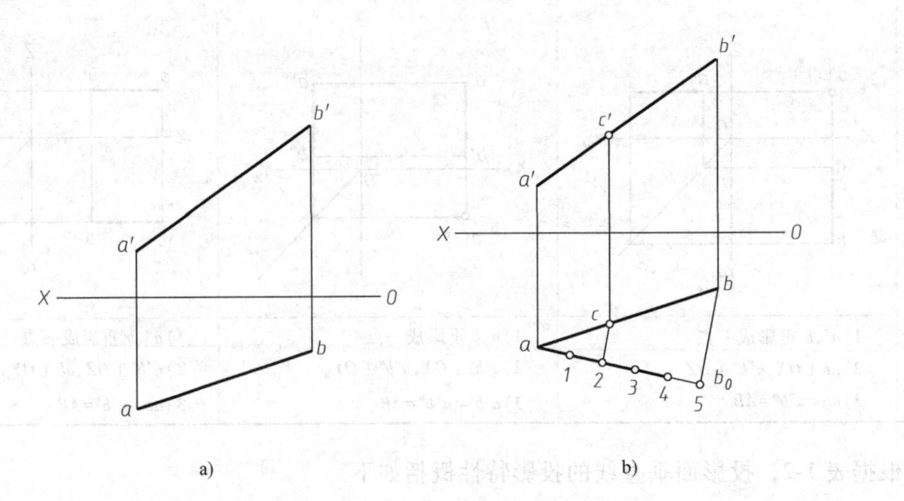

图1-18 求作点 C 的投影

点 C 的投影。

分析 利用直线上的点的定比性作图。

作图 1）过 a 任作一线段 ab_0，在线段 ab_0 上取等长的五个分点，即 1、2、3、4、5。

2）连接点 5、b，再过点 2 作 $5b$ 的平行线与 ab 相交于点 c。

3）过 c 作 OX 轴的垂线与 $a'b'$ 相交于 c'。

4）c 和 c' 即为点 C 的两面投影。

【例 1-4】 如图 1-19a 所示，判断点 C 是否在直线 AB 上。

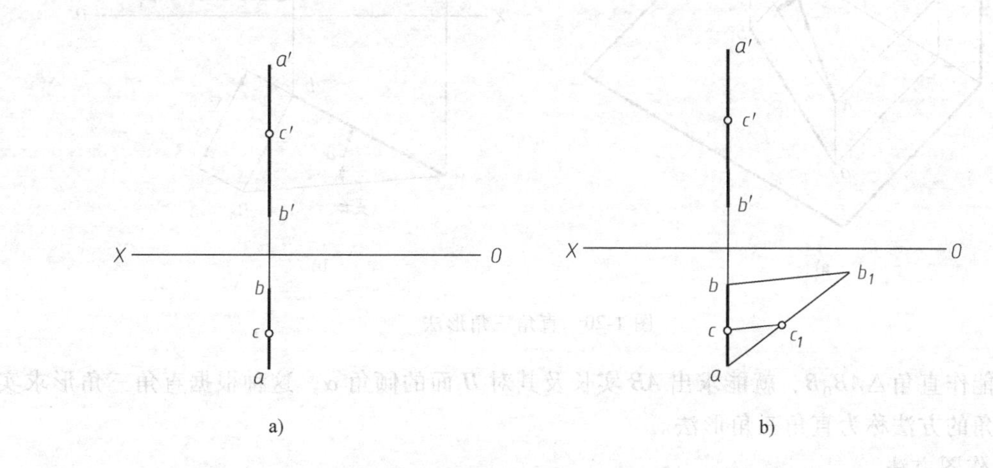

图 1-19 判断点 C 是否在直线 AB 上

分析 由图 1-19a 可知，点 C 的两面投影均在直线 AB 的同面投影上，如果点 C 的第三面投影也在直线 AB 的同面投影上，则根据直线上点的从属性可判断点 C 在直线 AB 上；或者利用直线上点的定比性，判断 $ac : cb$ 是否等于 $a'c' : c'b'$。下面利用直线上点的定比性来判断。

作图 如图 1-19b 所示，步骤如下。

1）过 a 作一辅助线 ab_1，使 $ab_1 = a'b'$，在 ab_1 上量取 $ac_1 = a'c'$。

2）连接 b_1b，过 c_1 作 b_1b 的平行线使其与 ab 相交，如果交点与点 C 的水平投影 c 重合，则 $ac : cb = a'c' : c'b'$，表明点 C 在直线 AB 上；反之点 C 不在直线 AB 上，只是点 C 的投影与直线 AB 上某点的投影重合。

1.3.4 投影面倾斜线的实长及对投影面的倾角

由各种位置直线的投影特性可知，投影面倾斜线的三个投影既不反映直线实长，也不反映直线与任一投影面的倾角。但是，根据直线的两个投影，通过图解法（直角三角形法），可以求出投影面倾斜线的实长及其对投影面的倾角。

1. 几何关系

如图 1-20a 所示，AB 为投影面倾斜线，在垂直于 H 面的 $ABba$ 平面内，过点 A 作 $AB_0 /\!/ ab$，则 $\triangle AB_0B$ 为直角三角形。在该三角形中，直角边 $AB_0 = ab$，即等于该直线在 H 面上的投影；另一直角边 $BB_0 = \Delta Z_{AB} = |Z_A - Z_B|$，即等于该直线两端点到 H 面的距离之差；斜边 AB 为直线 AB 的实长；$\angle BAB_0 = \alpha$，即等于该直线对 H 面的倾角。

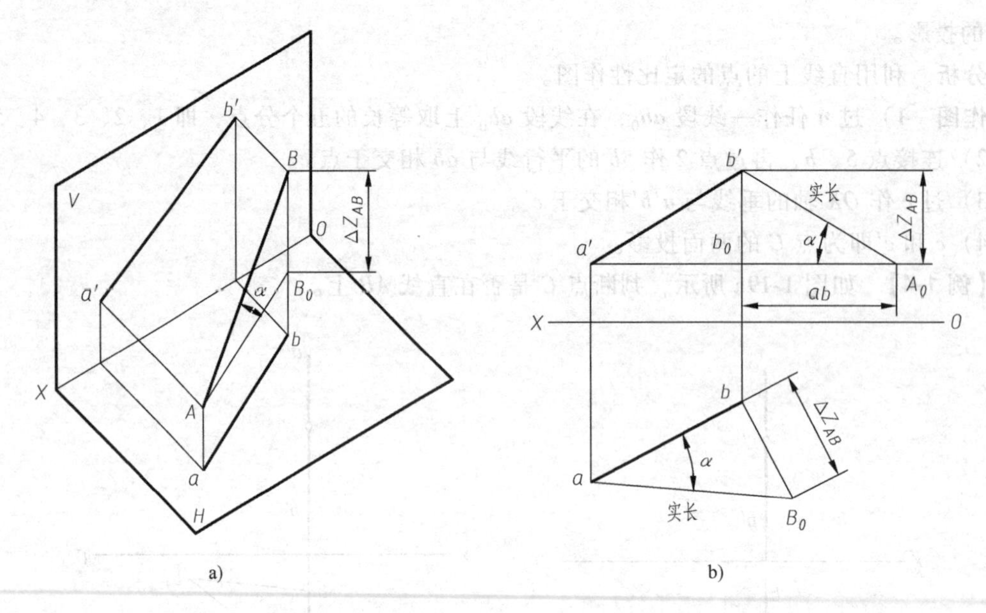

a)　　　　　　　　b)

图 1-20　直角三角形法

如能作直角$\triangle AB_0B$，就能求出AB实长及其对H面的倾角α，这种根据直角三角形求实长和倾角的方法称为直角三角形法。

2. 作图方法

1）在水平投影上作图。在H面上，以水平投影ab为一直角边，过b作$bB_0 \perp ab$，且$bB_0 = \Delta Z_{AB}$，连接aB_0，$\triangle abB_0$即为所求作的直角三角形。斜边aB_0为直线AB的实长，$\angle baB_0$为AB对H面的倾角α，如图 1-20b 所示。

2）在正面投影上作图。过a'作OX轴的平行线与bb'交于b_0（$b'b_0 = \Delta Z_{AB}$），在平行线上量取$b_0A_0 = ab$，连接$b'A_0$，$\triangle b'b_0A_0$即为所求作的直角三角形。斜边$b'A_0$为直线AB的实长，$\angle b'A_0b_0$为AB对H面的倾角α，如图 1-20b 所示。

同理，利用直线的正面投影$a'b'$和直线两端点到V面的距离之差ΔY_{AB}作直角三角形，可求出直线的实长和其对V面的倾角β；利用直线的侧面投影$a''b''$和直线两端点到W面的距离之差ΔX_{AB}作直角三角形，可求出直线的实长和其对W面的倾角γ。如图 1-21 所示，构成直角三角形的四个元素中，只要知道任意两个元素，就可求出其他元素。

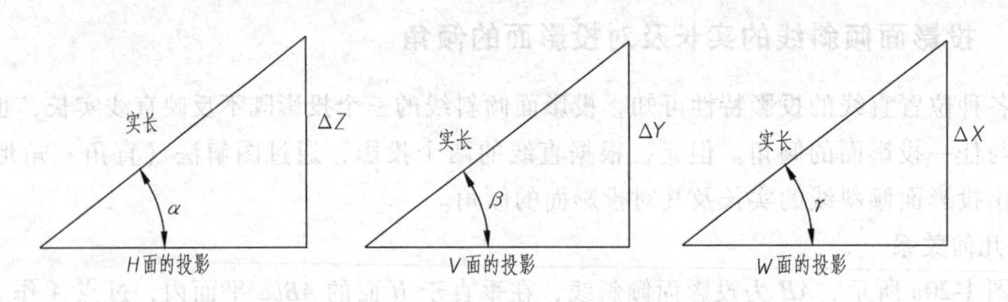

图 1-21　直角三角形法中四元素的关系

【例 1-5】 如图 1-22a 所示，已知直线AB的实长L、$a'b'$以及点A的水平投影a，求AB的水平投影ab。

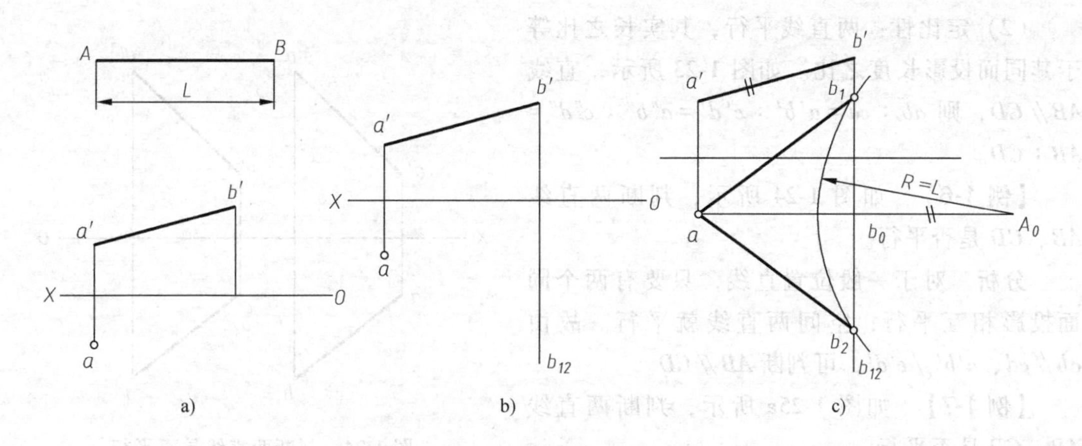

图 1-22　利用直角三角形法求投影

分析　已知直角三角形四个元素中的两个元素，即实长 L 及正面投影 $a'b'$，故可利用直角三角形法，求出 $\triangle Y_{AB}$，从而确定 b 的位置。

作图　如图 1-22b、c 所示，步骤如下。

1）由 b'作 OX 轴的垂线 $b'b_{12}$。

2）由 a 作 OX 轴的平行线与 $b'b_{12}$交于 b_0，延长并量取 $b_0A_0=a'b'$。

3）以 A_0 为圆心，实长 L 为半径画圆弧交 $b'b_{12}$于 b_1 和 b_2，连接 ab_1 或 ab_2 即为所求的水平投影，b_1 在正面上一般舍去。

1.3.5　两直线的相对位置

空间两直线的相对位置有三种，即平行、相交、交叉。其中平行、相交的两直线称为共面直线，交叉的两直线称为异面直线。

1. 两直线平行

（1）平行性　两直线平行，其同面投影必定平行，反之亦然。如图 1-23 所示，$AB \parallel CD$，则 $ab \parallel cd$、$a'b' \parallel c'd'$、$a''b'' \parallel c''d''$；反之，如果 $ab \parallel cd$、$a'b' \parallel c'd'$、$a''b'' \parallel c''d''$，则 $AB \parallel CD$。

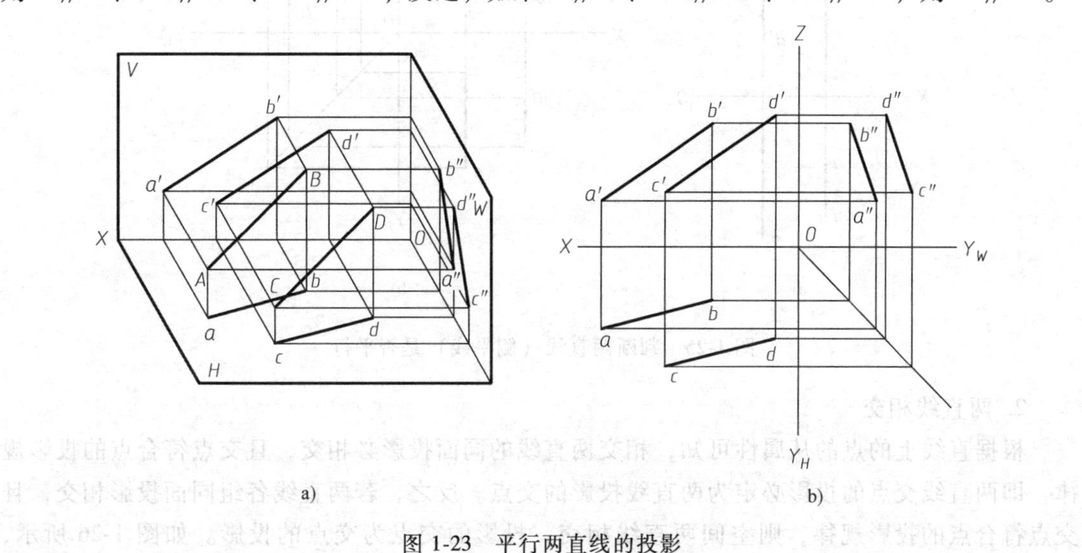

图 1-23　平行两直线的投影

（2）定比性：两直线平行，其实长之比等于其同面投影长度之比。如图 1-23 所示，直线 $AB /\!/ CD$，则 $ab : cd = a'b' : c'd' = a''b'' : c''d'' = AB : CD$。

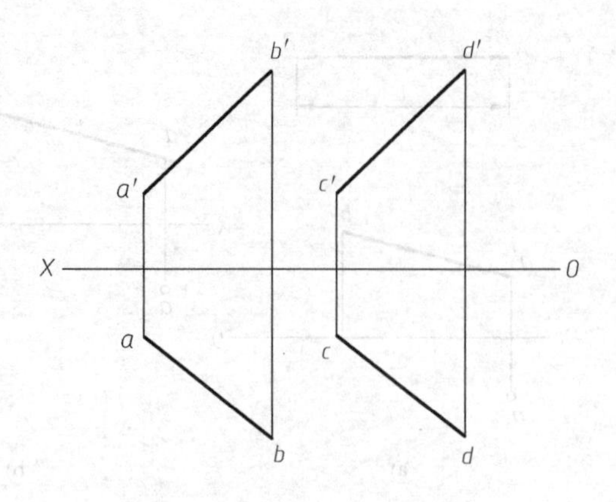

图 1-24 判断两直线是否平行

【例 1-6】 如图 1-24 所示，判断两直线 AB、CD 是否平行。

分析 对于一般位置直线，只要有两个同面投影相互平行，空间两直线就平行。故由 $ab /\!/ cd$、$a'b' /\!/ c'd'$，可判断 $AB /\!/ CD$。

【例 1-7】 如图 1-25a 所示，判断两直线 AB、CD 是否平行。

分析 一般来说，根据两直线的两组同面投影是否平行即可直接判断空间两直线是否平行。但是，如果两直线是同一投影面的平行线时，只由两个同面投影相互平行，不能确定空间直线相互平行。只有当它们所平行的投影面上的投影也平行时，才可确定两直线相互平行。

本题中，由 AB、CD 的两面投影可知，AB、CD 都是侧平线，只由两个同面投影相互平行不能直接判断空间直线相互平行，要判断其是否平行有以下两种方法。

方法一 根据平行性判断，画出两直线的侧面投影，如图 1-25b 所示，因为 $a''b''$ 与 $c''d''$ 不平行，所以 AB 与 CD 不平行。

方法二 根据两直线的投影是否同向以及是否满足定比性来判断，如图 1-25b 所示，AB 与 CD 虽然同向，但 $a'b' : c'd'$ 不等于 $ab : cd$，因此 AB 与 CD 不平行。

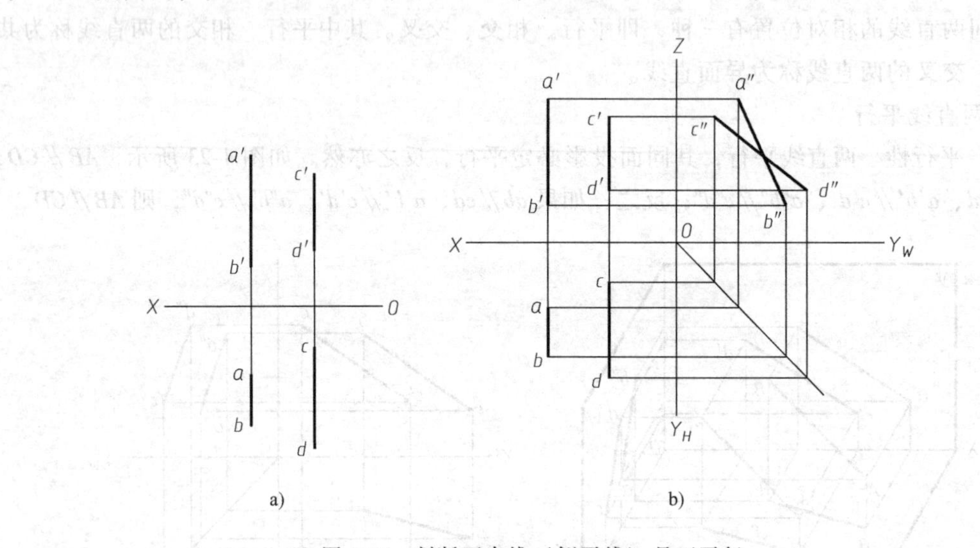

图 1-25 判断两直线（侧平线）是否平行

2. 两直线相交

根据直线上的点的从属性可知，相交两直线的同面投影必相交，且交点符合点的投影规律，即两直线交点的投影必定为两直线投影的交点。反之，若两直线各组同面投影相交，且交点符合点的投影规律，则空间两直线相交，投影的交点为交点的投影。如图 1-26 所示，

$AB \cap CD = K$，其投影 $a'b' \cap c'd' = k'$、$ab \cap cd = k$、$a''b'' \cap c''d'' = k''$，且 $k'k \perp OX$，$k'k'' \perp OZ$。

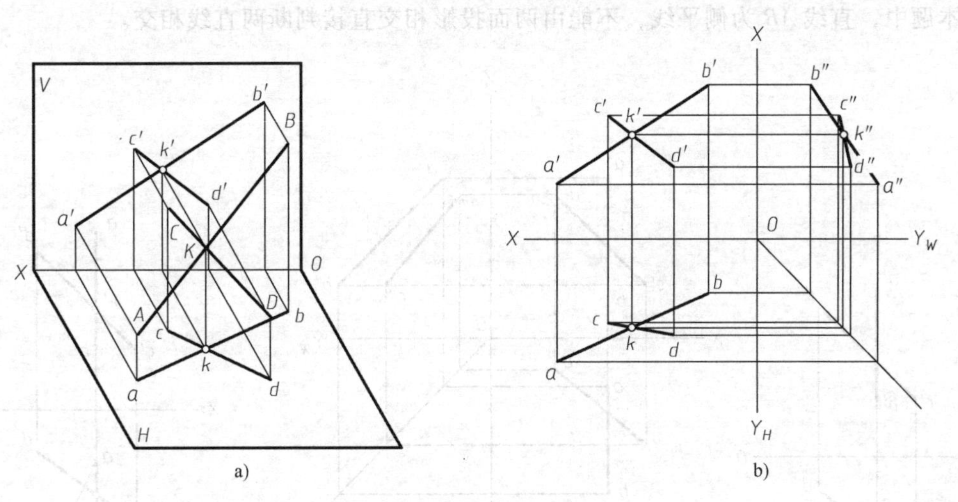

图 1-26　相交两直线的投影

3. 交叉两直线

既不相交也不平行的两直线称为交叉两直线。如果两直线的投影既不符合两平行直线的投影特性，又不符合两相交直线的投影特性，则可断定这两条直线为空间交叉两直线。

交叉两直线可能有一组或两组同面投影平行，但不可能三组同面投影都平行；交叉两直线也可能在三个投影面上的投影都相交，但交点必定不符合点的投影规律，此时投影的交点是两直线上的点对该投影面的重影点。

如图 1-27 所示，ab 与 cd 的交点是 AB 上的点 M 与 CD 上的点 N 对 H 面的重影点。

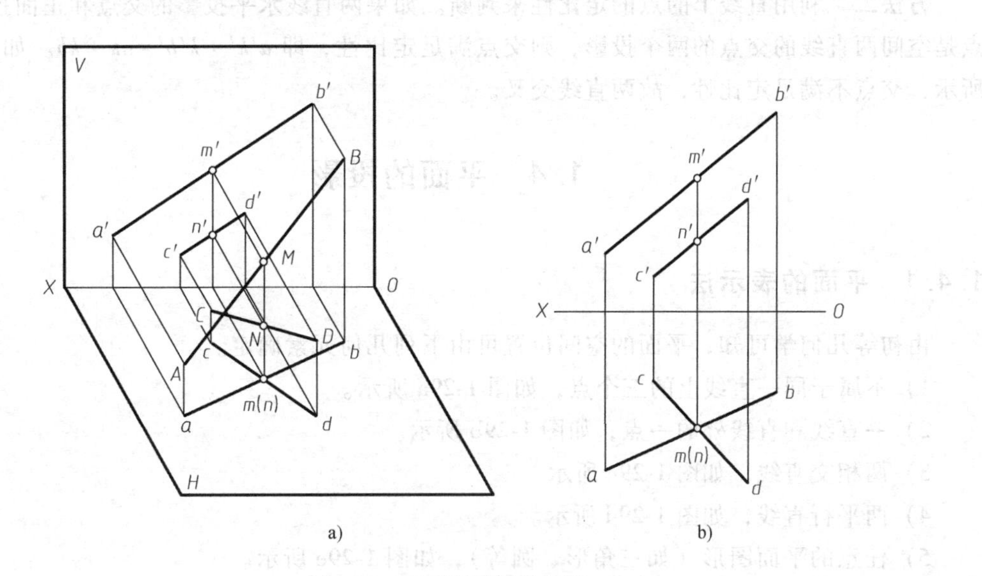

图 1-27　交叉两直线的投影

【例 1-8】　如图 1-28a 所示，判断直线 AB、CD 的相对位置。

分析　一般来说，根据两直线的两面投影是否满足相交两直线的投影特性就可直接判断空间两直线是否相交。但是当两直线中有投影面平行线时，就需要判断它们所平行的投影面上的投影是否相交，且交点是否符合点的投影规律。

本题中，直线 AB 为侧平线，不能由两面投影相交直接判断两直线相交。

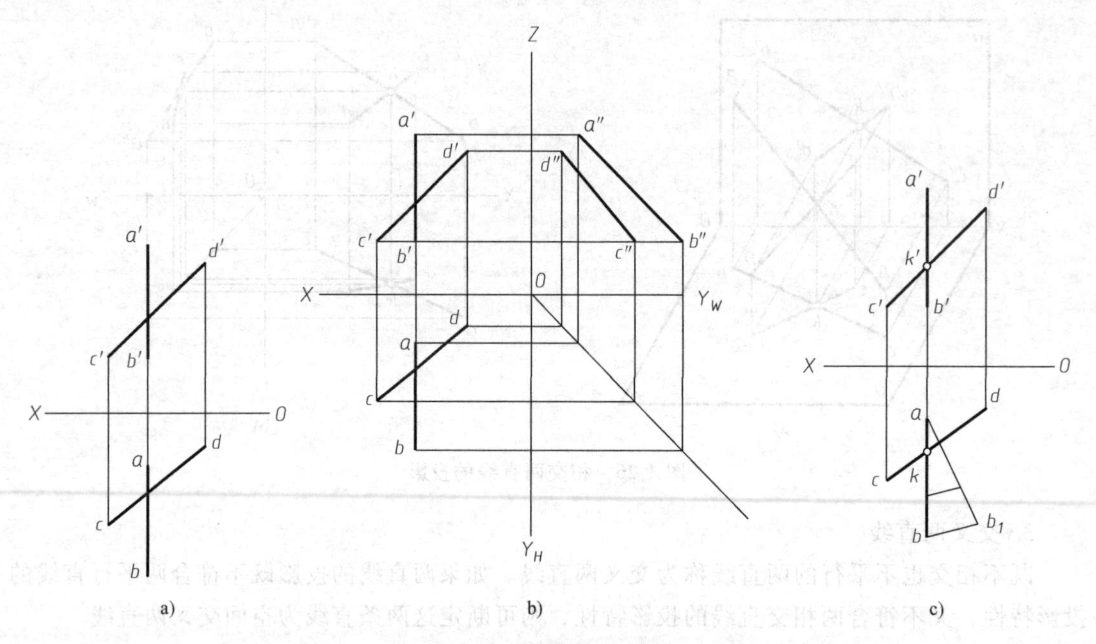

图 1-28 判断两直线的相对位置

方法一 求出两直线的侧面投影，如果侧面投影也相交，且交点符合点的投影规律，则两直线相交，否则两直线交叉。如图 1-28b 所示，侧面投影不相交，两直线交叉。

方法二 利用直线上的点的定比性来判断。如果两直线水平投影的交点和正面投影的交点是空间两直线的交点的两个投影，则交点满足定比性，即 $a'k' : k'b' = ak : kb$。如图 1-28c 所示，交点不满足定比性，故两直线交叉。

1.4 平面的投影

1.4.1 平面的表示法

由初等几何学可知，平面的空间位置可由下列几何元素确定。

1）不属于同一直线上的三个点，如图 1-29a 所示。

2）一直线和直线外的一点，如图 1-29b 所示。

3）两相交直线，如图 1-29c 所示。

4）两平行直线，如图 1-29d 所示。

5）任意的平面图形（如三角形、圆等），如图 1-29e 所示。

图 1-29 所示为几何元素所表示的平面，这些表示形式之间可以相互转化。

1.4.2 各种位置平面的投影特性

根据平面相对于投影面的位置，平面可分为三类。

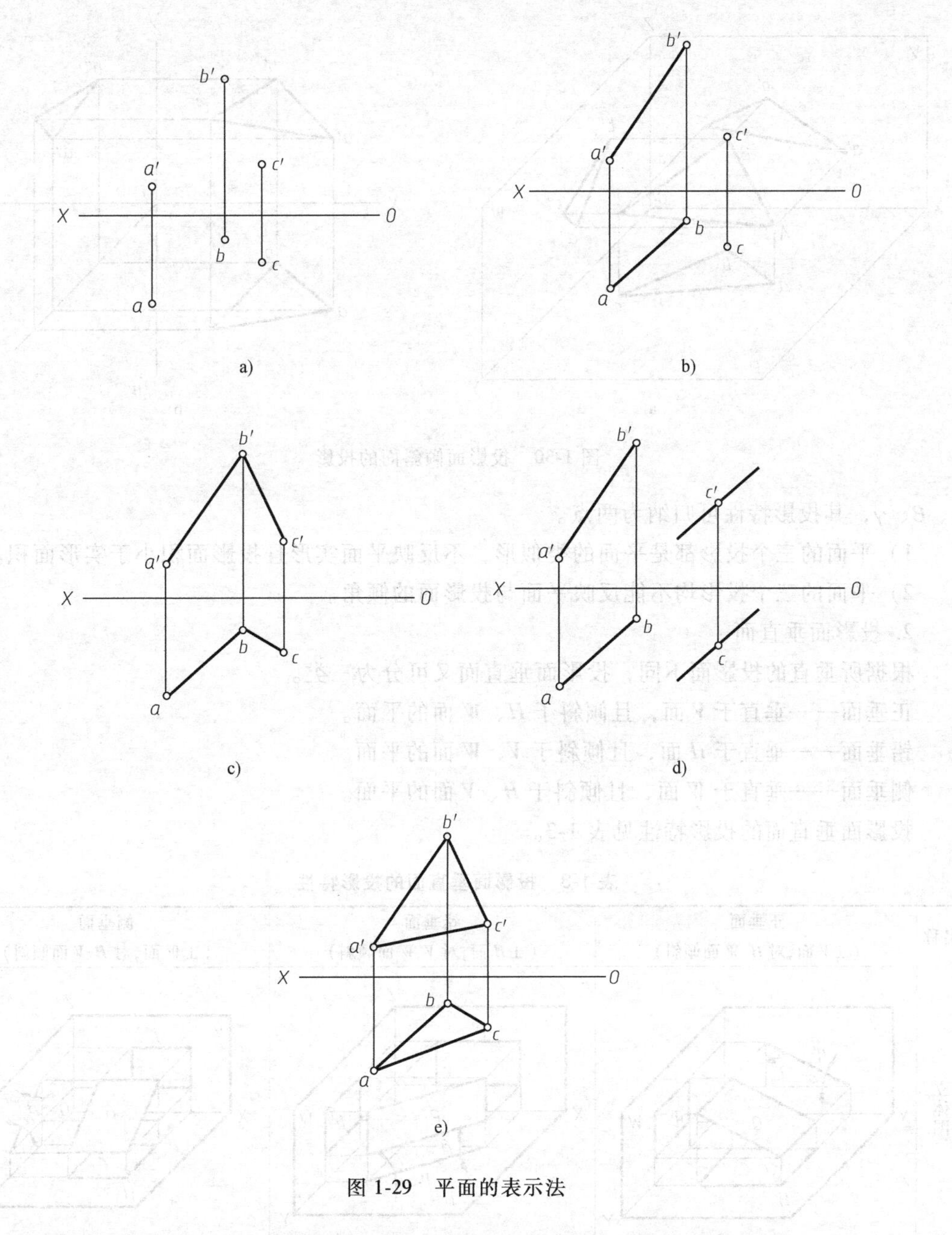

图 1-29　平面的表示法

投影面倾斜面——与三个投影面都倾斜的平面，也称为一般位置平面。

投影面垂直面——垂直于某一投影面，且与另两个投影面倾斜的平面。

投影面平行线——平行于某一投影面，且与另两个投影面垂直的平面。

规定：平面对 H、V、W 面的倾角分别用 α、β、γ 来表示。

1. 投影面倾斜面

投影面倾斜面的投影如图 1-30 所示。由于△ABC 对 H、V、W 面都倾斜，因此它的三个投影都是△ABC 的类似形。

如图 1-30 所示，平面 ABC 为投影面倾斜面，它与 H、V、W 三个投影面的倾角分别为

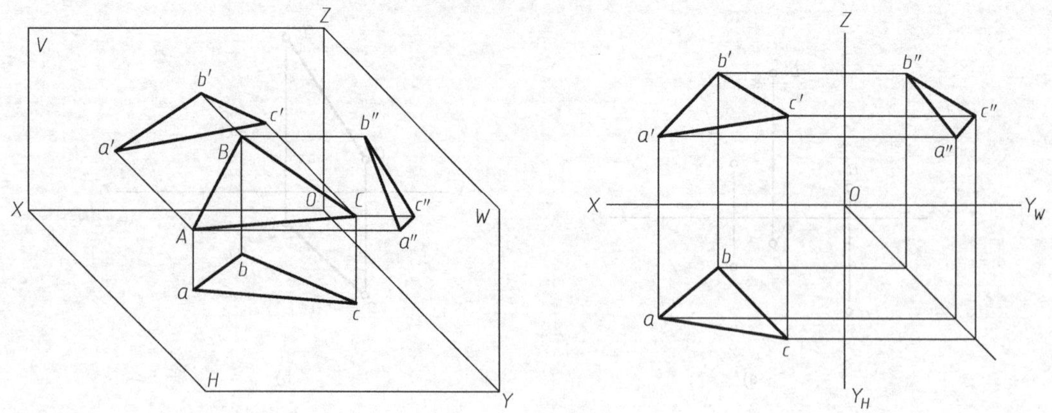

a)　　b)

图 1-30　投影面倾斜面的投影

α、β、γ，其投影特性可归纳为两点。

1）平面的三个投影都是平面的类似形，不反映平面实形且投影面积小于实形面积。

2）平面的三个投影均不能反映平面与投影面的倾角。

2. 投影面垂直面

根据所垂直的投影面不同，投影面垂直面又可分为三类。

正垂面——垂直于 *V* 面，且倾斜于 *H*、*W* 面的平面。

铅垂面——垂直于 *H* 面，且倾斜于 *V*、*W* 面的平面。

侧垂面——垂直于 *W* 面，且倾斜于 *H*、*V* 面的平面。

投影面垂直面的投影特性见表 1-3。

表 1-3　投影面垂直面的投影特性

名称	正垂面（⊥*V* 面，对 *H*、*W* 面倾斜）	铅垂面（⊥*H* 面，对 *V*、*W* 面倾斜）	侧垂面（⊥*W* 面，对 *H*、*V* 面倾斜）
立体图	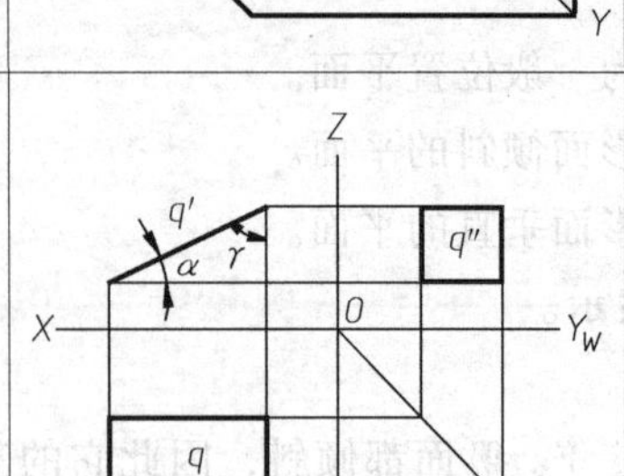	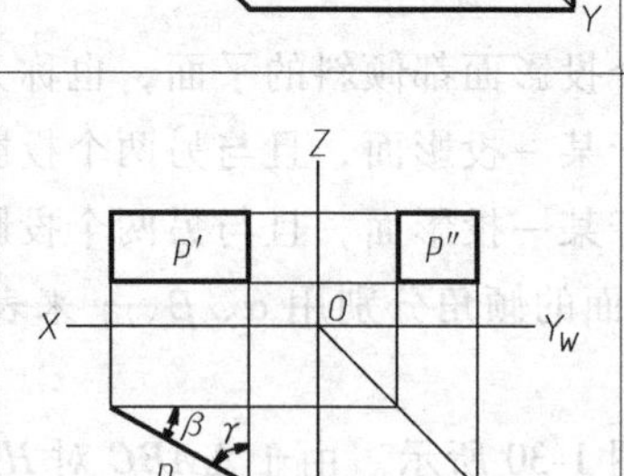	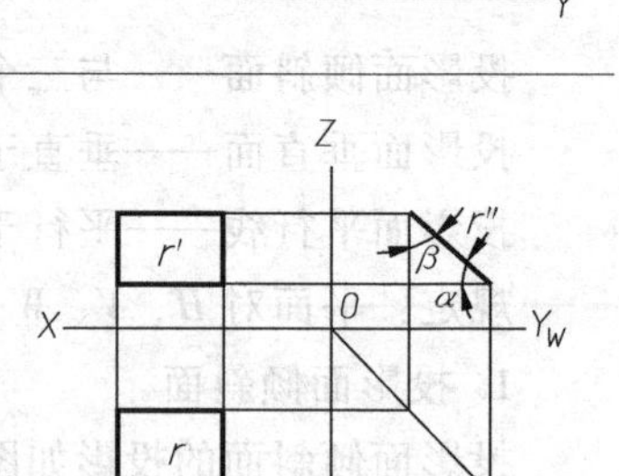
投影图	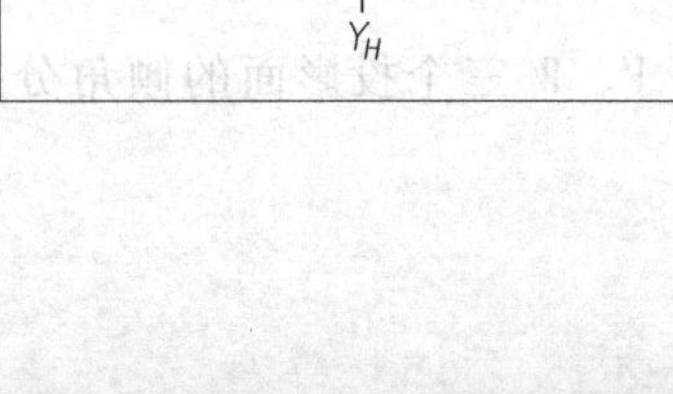	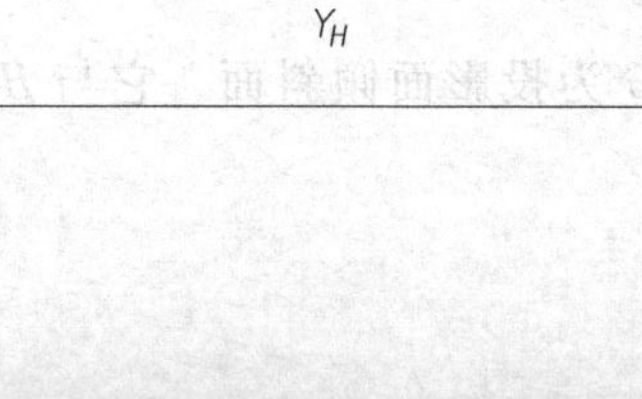	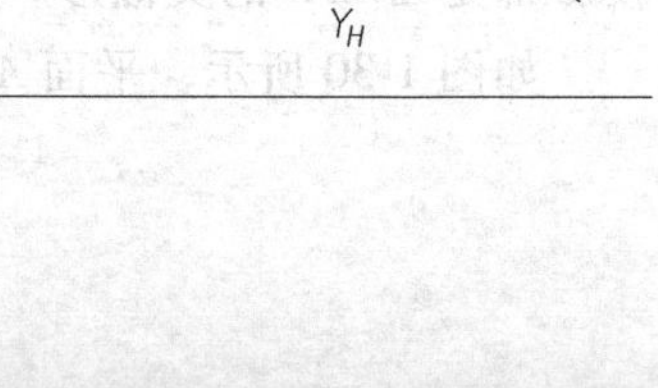

（续）

名称	正垂面 （⊥V面，对H、W面倾斜）	铅垂面 （⊥H面，对V、W面倾斜）	侧垂面 （⊥W面，对H、V面倾斜）
投影特性	1）正面投影积聚成一直线，并反映倾角α、γ角 2）水平投影和侧面投影均为平面的类似形	1）水平投影积聚成一直线，并反映倾角β、γ角 2）正面投影和侧面投影均为平面的类似形	1）侧面投影积聚成一直线，并反映倾角α、β角 2）正面投影和水平投影均为平面的类似形

根据表1-3，投影面垂直面的投影特性概括如下。

1）在其所垂直的投影面上，平面的投影积聚为一条直线，该直线与投影轴的夹角反映了平面与其余两个投影面的真实倾角。

2）在其余两个投影面上，平面的投影均为平面的类似形。

3. 投影面平行面

根据所平行的投影面不同，投影面平行面又可分为三类。

正平面——平行于V面，且垂直于H、W面的平面。

水平面——平行于H面，且垂直于V、W面的平面。

侧平面——平行于W面，且垂直于H、V面的平面。

投影面平行面的投影特性见表1-4。

表1-4 投影面平行面的投影特性

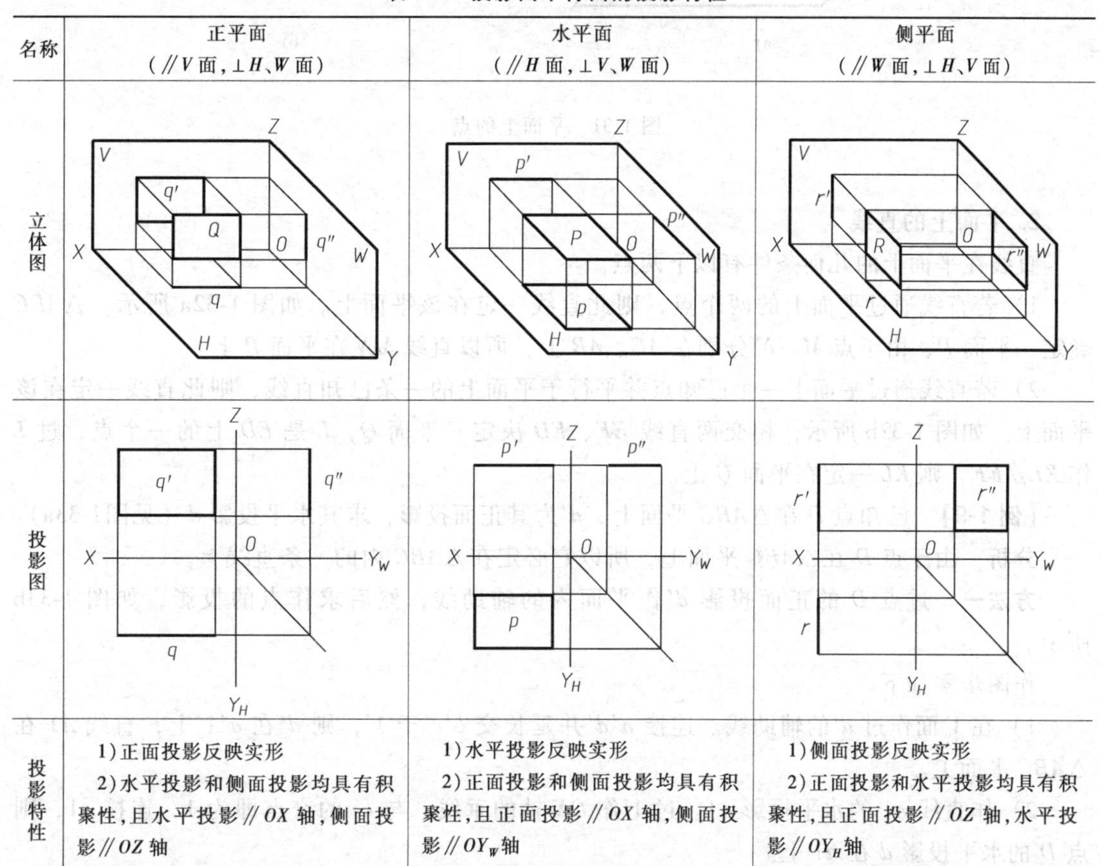

名称	正平面 （//V面，⊥H、W面）	水平面 （//H面，⊥V、W面）	侧平面 （//W面，⊥H、V面）
立体图			
投影图			
投影特性	1）正面投影反映实形 2）水平投影和侧面投影均具有积聚性，且水平投影//OX轴，侧面投影//OZ轴	1）水平投影反映实形 2）正面投影和侧面投影均具有积聚性，且正面投影//OX轴，侧面投影//OY_W轴	1）侧面投影反映实形 2）正面投影和水平投影均具有积聚性，且正面投影//OZ轴，水平投影//OY_H轴

根据表 1-4，投影面平行面的投影特性概括如下。

1）在其所平行的投影面上，平面的投影反映实形。

2）在其余两个投影面上，平面的投影均积聚为一条直线，且平行于相应的投影轴。

1.4.3 平面上的点和直线

1. 平面上的点

点在平面上的几何条件是：点在该平面的任一条直线上。如图 1-31 所示，由于点 *D* 在平面 *ABC* 内的直线 *AB* 上，故点 *D* 在平面 *ABC* 上。因此，在平面上取点，要先在平面上作一条过此点的辅助直线，然后在此直线上取点。

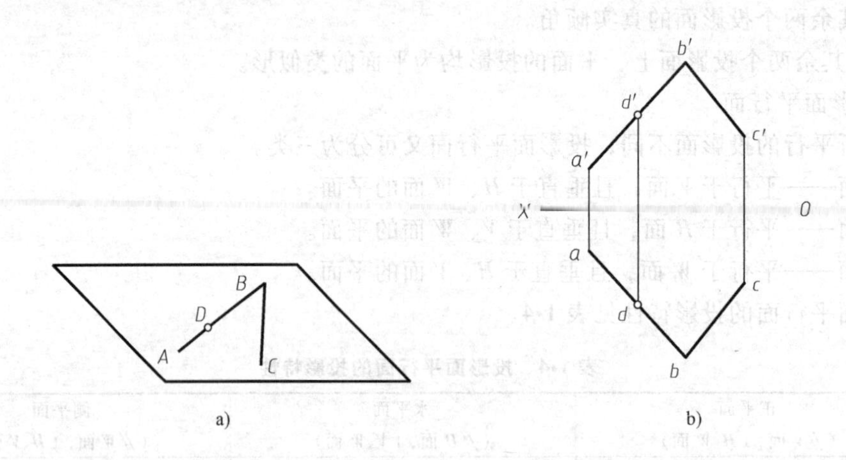

图 1-31 平面上的点

2. 平面上的直线

直线在平面上的几何条件有以下两点。

1）若直线通过平面上的两个点，则此直线一定在该平面上。如图 1-32a 所示，△*ABC* 确定一平面 *P*，由于点 *M*、*N* 分别在 *AC*、*AB* 上，所以直线 *MN* 在平面 *P* 上。

2）若直线通过平面上一个已知点并平行于平面上的一条已知直线，则此直线一定在该平面上。如图 1-32b 所示，相交两直线 *EF*、*ED* 决定一平面 *Q*，*L* 是 *ED* 上的一个点，过 *L* 作 *KL*//*EF*，则 *KL* 一定在平面 *Q* 上。

【例 1-9】 已知点 *D* 在△*ABC* 平面上，*d*′为其正面投影，求其水平投影 *d*（见图1-33a）。

分析 由于点 *D* 在△*ABC* 平面上，所以它必定在△*ABC* 内的一条直线上。

方法一 过点 *D* 的正面投影 *d*′作平面内的辅助线，然后求作点的投影，如图 1-33b 所示。

作图步骤如下。

1）在 *V* 面作过 *d*′的辅助线。连接 *a*′*d*′并延长交 *b*′*c*′于 1′，则 *d*′在 *a*′1′上，直线 *A*1 在△*ABC* 平面上。

2）作直线 *A*1 的水平投影 *a*1。过 1′作 *OX* 轴的垂线，与 *bc* 的交点即为 1，连接 *a*1，则点 *D* 的水平投影 *d* 在 *a*1 上。

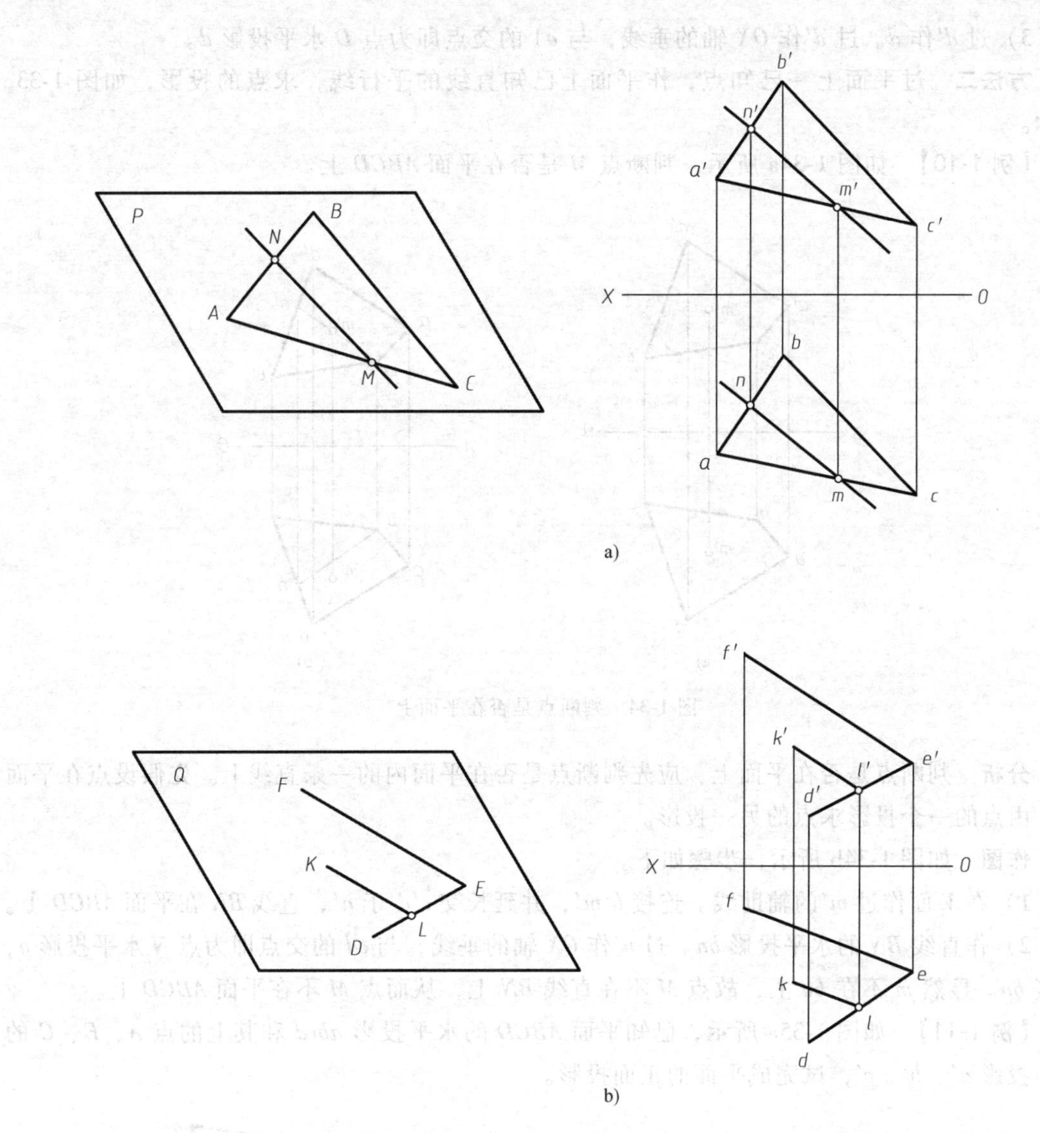

a)

b)

图 1-32　平面上的直线

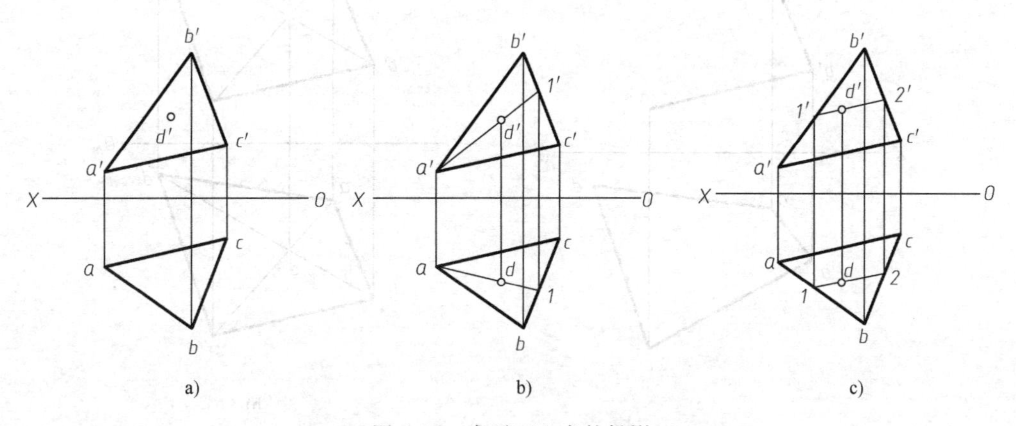

a)　　b)　　c)

图 1-33　求平面上点的投影

3）过 d'作 d。过 d'作 OX 轴的垂线，与 $a1$ 的交点即为点 D 水平投影 d。

方法二 过平面上一已知点，作平面上已知直线的平行线，求点的投影，如图 1-33c 所示。

【例 1-10】 如图 1-34a 所示，判断点 M 是否在平面 $ABCD$ 上。

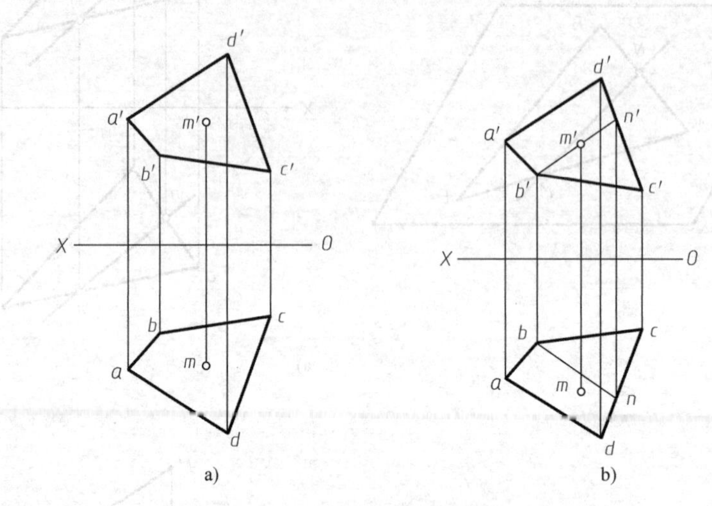

图 1-34 判断点是否在平面上

分析 判断点是否在平面上，应先判断点是否在平面内的一条直线上。先假设点在平面上，由点的一个投影求点的另一投影。

作图 如图 1-34b 所示，步骤如下。

1）在 V 面作过 m'的辅助线。连接 $b'm'$，并延长交 $c'd'$于 n'，直线 BN 在平面 $ABCD$ 上。

2）作直线 BN 的水平投影 bn。过 n'作 OX 轴的垂线，与 cd 的交点即为点 N 水平投影 n，连接 bn。显然 m 不在 bn 上，故点 M 不在直线 BN 上，从而点 M 不在平面 $ABCD$ 上。

【例 1-11】 如图 1-35a 所示，已知平面 $ABCD$ 的水平投影 $abcd$ 和其上的点 A、B、C 的正面投影 a'、b'、c'，试完成平面的正面投影。

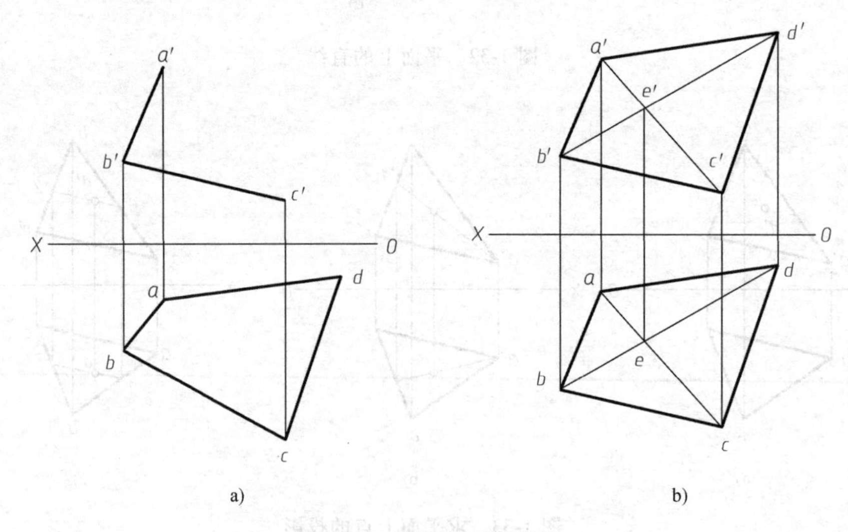

图 1-35 完成平面的投影

分析　已知平面 $ABCD$ 内三个点的投影，即可确定平面。点 D 是平面上的点，因此可利用面上取点求 d'。

作图　如图 1-35b 所示，步骤如下。

1）连接 ac 与 bd 交于 e。

2）连接 $a'c'$，则 e'在 $a'c'$上。

3）过 e 作 OX 轴的垂线，与 $a'c'$的交点即为 e'。

4）由于 e'在 $b'd'$上，故过 d 作 OX 轴的垂线，与 $b'e'$的延长线的交点即为 d'。

5）连接 $a'd'$、$c'd'$，完成正面投影。

第2章 制图国家标准基本知识

本章内容提要

1. 国家标准概述。

2. 制图国家标准中对图纸幅面和格式、比例、字体、图线和尺寸注法的有关规定。

重点

培养学生贯彻制图国家标准意识；掌握制图国家标准基本知识，画出正确的线型；尺寸注法符合制图国家标准规定，做到正确、完整、清晰、合理。

难点

线型的掌握，尺寸的正确标注。

2.1 国家标准概述

2.1.1 标准和标准化

标准是为在一定的范围内获得最佳秩序，对活动或者其结果规定共同的和重复使用的规则、导则或者特性的文件。该文件经协商一致制定并经一个公认机构的批准。

标准化是为在一定的范围内获得最佳秩序，对实际的或潜在的问题制定共同的和重复使用的规则的活动，包括制定、发布及实施标准的过程。标准化的基本原理：统一、简化、协调、优化。

我国的标准化坚持采用国际标准和采用国外先进标准的“双采”方针，加速标准制定和修订的周期，以适应科学技术的迅速发展，适应国际贸易、技术和经济交流的需要。国际标准化是在国际范围内由众多国家、团体共同参与开展的标准化活动。目前，世界上约有近300个国际和区域性组织，制定标准或技术规则。其中最大的是国际标准化组织（ISO）、国际电工委员会（IEC）、国际电信联盟（ITU）。

2.1.2 标准编号和名称

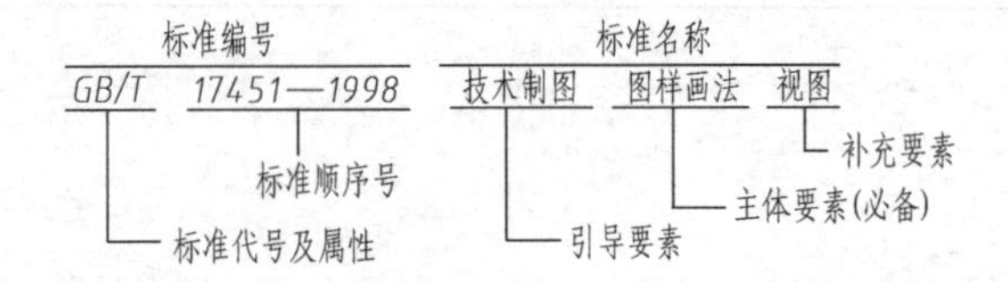

标准分为国家标准、行业标准、地方标准和企业标准。对需要在全国范畴内统一的技术要求，应当制定国家标准。对没有国家标准而又需要在全国某个行业范围内统一的技术要求，可以制定行业标准。地方标准又称为区域标准，是对没有国家标准和行业标准而又需要在省、自治区、直辖市范围内统一的工业产品的安全、卫生要求制定的标准。企业生产的产品没有国家标准、行业标准和地方标准的，应该制定相应的企业标准。另外，对于技术尚在发展中，需要有相应的标准文件引导其发展或具有标准化价值，尚不能制定为标准的项目，可以制定国家标准化指导性技术文件（GB/Z）。

"T"表示推荐性标准，无"T"表示强制性标准。保障人体健康，人身、财产安全的标准和法律、行政法规规定强制执行的标准是强制性标准，其他标准是推荐性标准。

2.2 国家标准的基本规定

2.2.1 图纸幅面（GB/T 14689—2008）和标题栏（GB/T 10609.1—2008）

1. 图纸幅面

绘制技术图样时，应优先采用表 2-1 中所规定的基本幅面。必要时，允许加长幅面，但加长量必须符合 GB/T 14689—2008 中的规定。在图 2-1 中，粗实线表示基本幅面。

2. 图框格式

图样中的图框由内、外两框组成，外框用细实线绘制，大小为幅面尺寸，内框用粗实线绘制，内外框周边的间距尺寸与图框格式有关。图框格式分为留有装订边和不留装订边两种，如图 2-2 和图 2-3 所示。两种图框格式周边尺寸 *a*、*c*、*e* 见表 2-1。但应注意，同一产品的图样只能采用一种格式。图样绘制完毕后应沿外框线裁边。

表 2-1 基本幅面尺寸（单位：mm）

<table>
<tr><th>幅面代号</th><th>B×L</th><th>a</th><th>c</th><th>e</th></tr>
<tr><td>A0</td><td>841×1189</td><td rowspan="5">25</td><td rowspan="3">10</td><td rowspan="2">20</td></tr>
<tr><td>A1</td><td>594×841</td></tr>
<tr><td>A2</td><td>420×594</td><td rowspan="3">10</td></tr>
<tr><td>A3</td><td>297×420</td><td rowspan="2">5</td></tr>
<tr><td>A4</td><td>210×297</td></tr>
</table>

图 2-1 基本幅面

3. 标题栏

每张图样上都必须有标题栏，标题栏的位置应位于图样的右下角，如图 2-2 和图 2-3 所示。标准标题栏的格式、内容和尺寸如图 2-4 所示。标题栏中填写名称、代号、材料、比例等内容，2008 年标准在标题栏中增加了"投影符号"（第一角、第三角）的标注。

标题栏中的文字方向为看图方向。学生制图作业建议采用图 2-5 所示的标题栏格式。

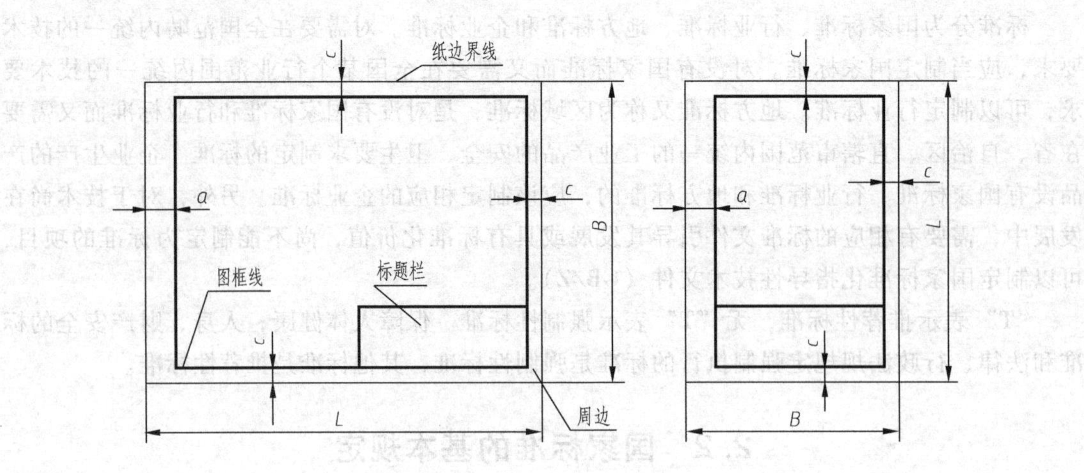

图 2-2 留有装订边的图框格式

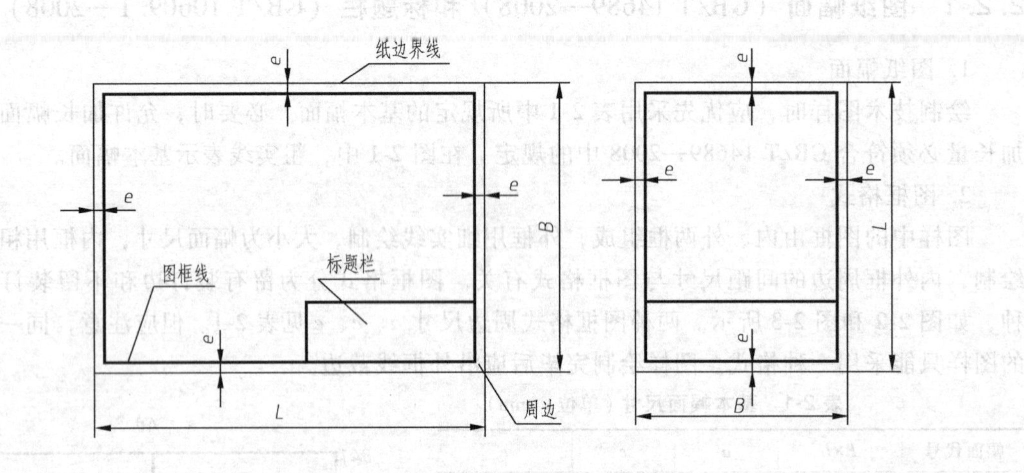

图 2-3 不留装订边的图框格式

180
10 10 16 16 12 16
7
8×7(=56)
(材料标记)
(单位名称)
标记 处数 分区 更改文件号 签名 年、月、日
4×6.5(=26) 12 12
(图样名称)
18
设计 (签名) (年月日) 标准化 (签名) (年月日)
阶段标记 重量 比例
10
6.5
9
(图样代号)
21
审核
工艺 批准
共 张 第 张
(投影符号)
12 12 16 12 12 16 50

图 2-4 标准标题栏的格式、内容和尺寸

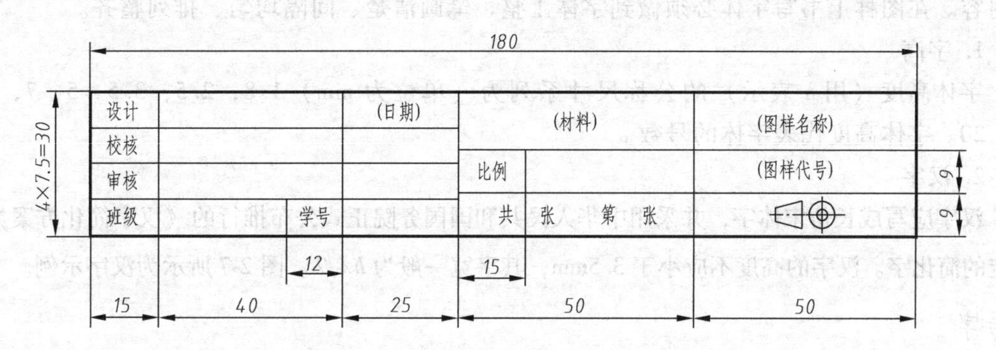

图 2-5　学生制图作业采用的标题栏格式

2.2.2　比例（GB/T 14690—1993）

比例是图中图形与其实物相应要素的线性尺寸之比。国家规定绘图比例有三种。

原值比例：比值为 1 的比例，即 1∶1。

放大比例：比值大于 1 的比例，如 2∶1 等。

缩小比例：比值小于 1 的比例，如 1∶5 等。

GB/T 14690—1993 中规定了绘图比例及其标注方法。需要按比例绘制图样时，首先应由表 2-2 规定的系列中选取适当的比例。

表 2-2　比例

种　类	比　例
原值比例	1∶1
放大比例	2∶1,5∶1,1×10^n∶1,2×10^n∶1,5×10^n∶1
缩小比例	1∶2,1∶5,1∶1×10^n,1∶2×10^n,1∶5×10^n

注：n 为正整数。

标注尺寸时，无论选用放大或缩小比例，都必须标注机件的实际尺寸，如图 2-6 所示。

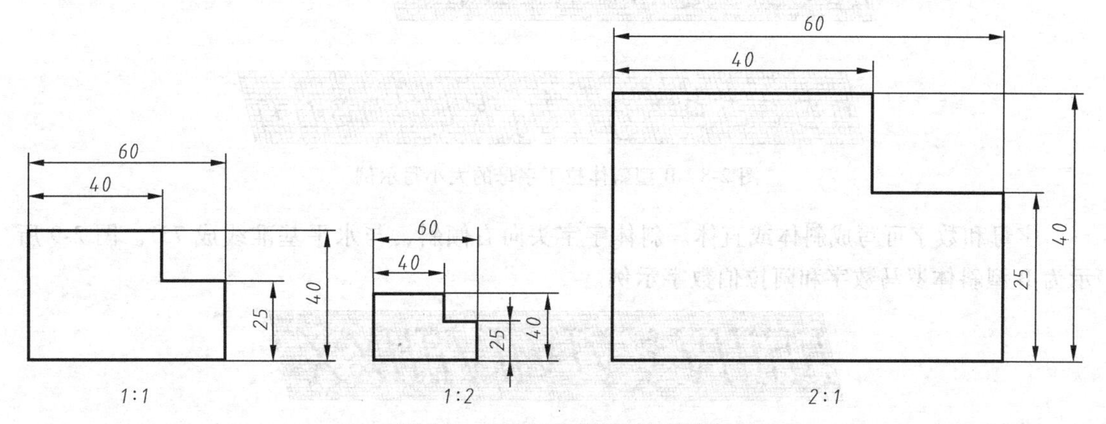

图 2-6　用不同比例绘制的图形

2.2.3　字体（GB/T 14691—1993）

图样上除了表达机件形状的图形外，还要用文字和数字说明机件的大小、技术要求和其他内容。在图样上书写字体必须做到字体工整、笔画清楚、间隔均匀、排列整齐。

1. 字高

字体高度（用 h 表示）的公称尺寸系列为（单位为 mm）1.8，2.5，3.5，5，7，10，14，20。字体高度代表字体的号数。

2. 汉字

汉字应写成长仿宋体字，并采用中华人民共和国国务院正式公布推行的《汉字简化方案》中规定的简化字。汉字的高度不应小于 3.5mm，其字宽一般为 $h/\sqrt{2}$。图 2-7 所示为汉字示例。

10号字

字体工整笔画清楚间隔均匀排列整齐

7号字

横平竖直注意起落结构均匀填满方格

5号字

技术制图机械电子汽车航空船舶土木建筑矿山井坑港口能源节能

图 2-7　汉字示例

3. 字母和数字

字母和数字分 A 型和 B 型。A 型字体的笔画宽度（d）为字高的（h）的 1/14，B 型字体的笔画宽度为字高 h 的 1/10。在同一张图样上，只允许选用一种型式的字体。图 2-8 所示为 B 型斜体拉丁字母的大小写示例。

ABCDEFGHIJKLMNOPQ
abcdefghijklmnopq

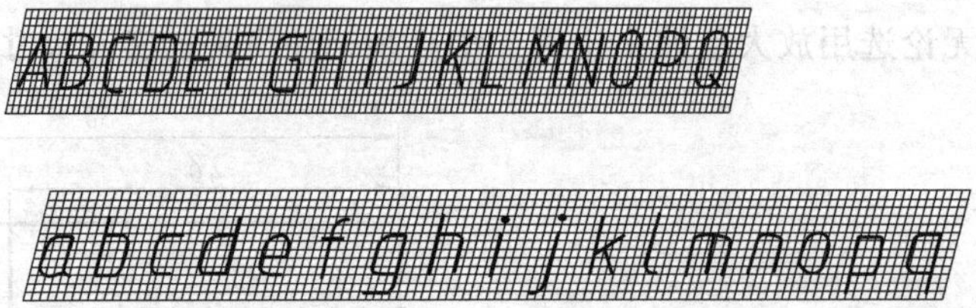

图 2-8　B 型斜体拉丁字母的大小写示例

字母和数字可写成斜体或直体。斜体字字头向右倾斜，与水平基准线成 75°。图 2-9 所示为 B 型斜体罗马数字和阿拉伯数字示例。

I II III IV V VI VII VIII IX X
0123456789

图 2-9　B 型斜体罗马数字和阿拉伯数字示例

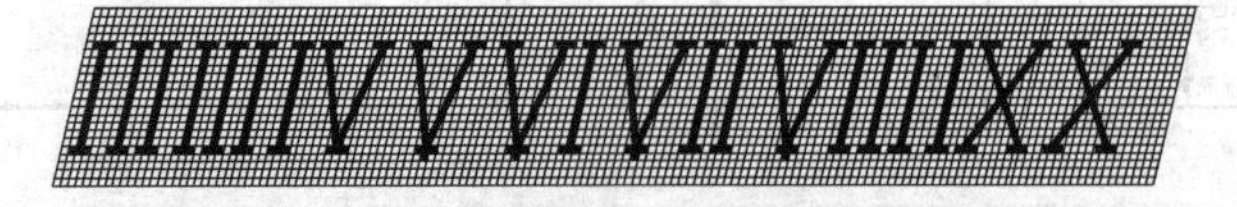

2.2.4　图线及其画法

1. 线型

我国现行图线的国家标准有两项，即 GB/T 17450—1998《技术制图　图线》和 GB/T 4457.4—2002《机械制图　图样画法　图线》，工程制图是对这两个标准的综合应用。表2-3列出了绘制工程图样时常用的八种线型。

表 2-3　绘制工程图样时常用的八种线型

线型名称	线型示例	线宽	一般应用
粗实线		d	可见轮廓线、可见棱边线、可见相贯线等
细实线		$d/2$	尺寸线、尺寸界线、剖面线、引出线、辅助线等
波浪线		$d/2$	断裂处边界线、视图与剖视图的分界线
双折线		$d/2$	断裂处边界线、视图与剖视图的分界线
细虚线	2～6　≈1	$d/2$	不可见轮廓线、不可见棱边线
细点画线	≈20　≈3	$d/2$	轴线、对称中心线、节圆及节线等
粗点画线	≈20　≈3	d	限定范围表示线
细双点画线	≈20　≈5	$d/2$	相邻辅助零件的轮廓线、中断线、轨迹线等

2. 线宽

图样中的图线分粗线和细线两种。图线宽度应根据图形的大小和复杂程度在 0.13～2mm 之间选择，粗线与细线的宽度比为 2∶1。图线宽度的推荐系列为 0.13mm、0.18mm、0.25mm、0.35mm、0.5mm、0.7mm、1mm、1.4mm、2mm。一般情况下粗线常用 0.7mm 或 0.5mm。

3. 图线画法

1）同一图样中，同类图线的宽度应基本一致。

2）虚线、点画线及双点画线的线段长度和间隔应各自大致相等。

3）两条平行线（包括剖面线）之间的距离应不小于粗实线宽度的两倍，其最小距离不得小于 0.7mm。

4）如图 2-10 所示，细点画线两端应是线段而不是短画；细点画线彼此相交时应是线段相交，而不是短画相交；中心线应超过轮廓线，但不能过长；在较小的图形上画细点画线有困难时，可采用细实线代替。

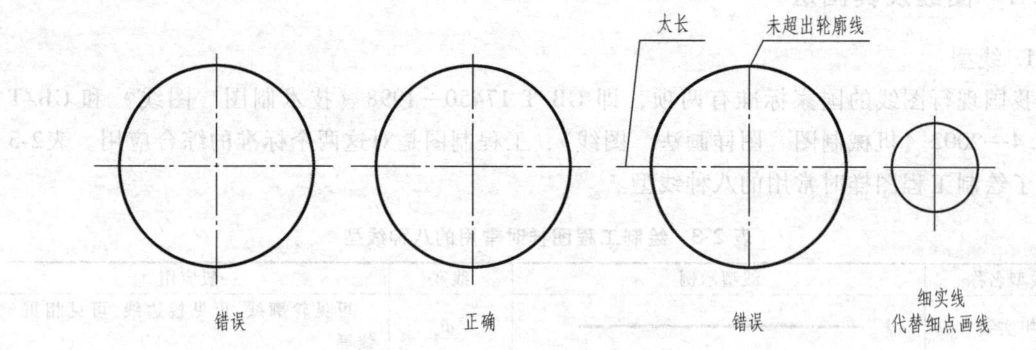

图 2-10　图线画法示例（一）

5）细虚线与细虚线、细虚线与粗实线相交应以线段相交；若细虚线处于粗实线的延长线上时，粗实线应画到位，而细虚线在相连处应留有空隙，如图 2-11 所示。

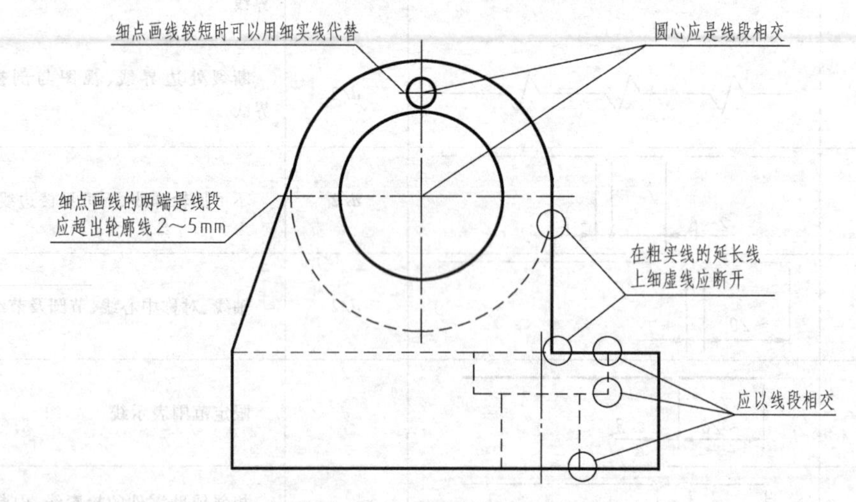

图 2-11　图线画法示例（二）

6）当几种图线重合时，应按粗实线、虚线、点画线的优先顺序画出。

各种图线的具体应用如图 2-12 所示。其中，轨迹线旧国家标准中用细点画线绘制，新国家标准用细双点画线绘制。

2.2.5　尺寸注法（GB/T 4458.4—2003）

机件的大小由标注的尺寸确定。标注尺寸时，应严格遵照国家标准有关尺寸注法的规定，做到正确、完整、清晰、合理。

1. 基本规则

1）机件的真实大小应以图样上所注的尺寸数值为依据，与图形的大小及绘图的准确度无关。

2）图样中的尺寸以 mm 为单位时，不需标注单位符号（或名称），如采用其他单位，则必须注明相应的单位符号。

3）机件的每一尺寸，在图样中一般只标注一次，并应标注在反映该结构最清晰的图

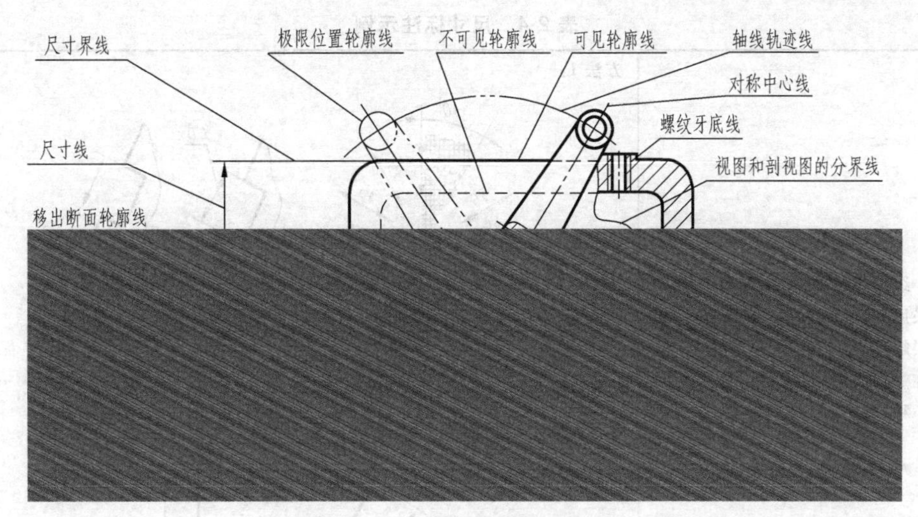

图 2-12 各种图线的具体应用

形上。

4）图样中所注尺寸是该机件最后完工时的尺寸，否则应另加说明。

2. 尺寸标注

标注尺寸应包括尺寸界线、尺寸线和尺寸数字，如图 2-13 所示。

1）尺寸线必须用细实线单独画出，不能用其他图线代替，也不得与其他图线重合或画在其他线的延长线上。标注线性尺寸时，尺寸线必须与所标注的线段平行，尺寸线与轮廓线的间距、相同方向上尺寸线之间的间距应在 5～10mm（见图 2-13）。尺寸线终端有两种形式，即箭头和斜线。一般机械图样尺寸线终端画箭头，箭头应画成细长型，d 为粗实线线宽（见图 2-14a）；而建筑图样尺寸线终端画 45°斜线，h 为尺寸数字高度（见图 2-14b）。

2）尺寸界线用细实线绘制，并由图形的轮廓线、轴线或对称中心线处引出。尺寸界线一般应与尺寸线垂直。

3）尺寸数字书写方式应遵守国家标准规定。

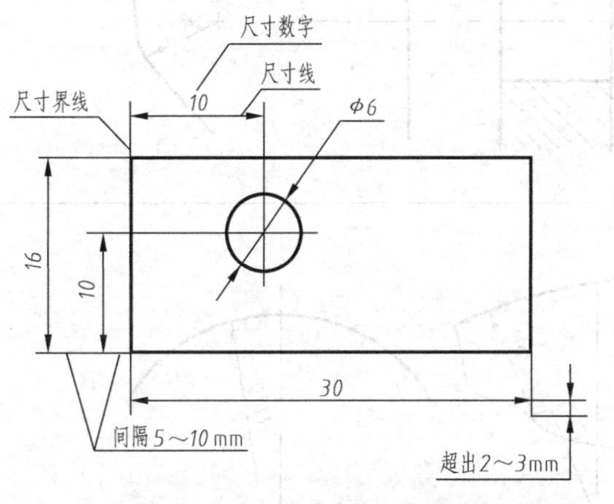

图 2-13 尺寸组成标准示例

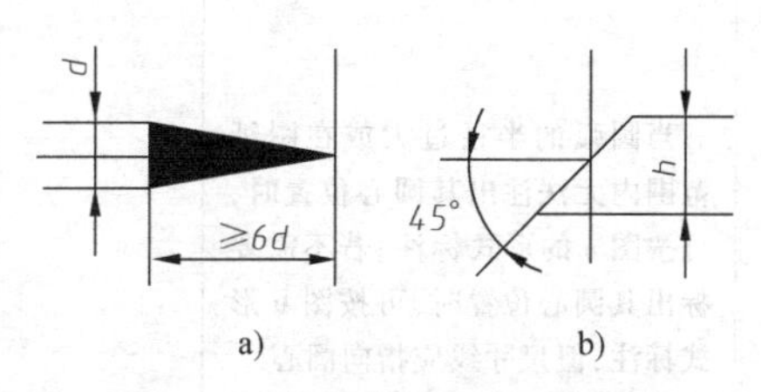

图 2-14 尺寸线终端的两种形式

尺寸标注示例见表 2-4。

表 2-4 尺寸标注示例

尺寸数字	线性尺寸数字的方向一般应采用方法 1 注写。在不致引起误解时，也允许采用方法 2。但在一张图样中，应尽可能采用同一种方法	方法 1： 30° 35 35 35 35 35 35 35 35 35 35 40 40 方法 2： 70 30 32
直径与半径	标注直径时，应在尺寸数字前加注符号 ϕ；标注半径时，应在尺寸数字前加注符号 R	φ30 φ6 φ8 φ20 R16 R12
	当圆弧的半径过大或在图纸范围内无法注出其圆心位置时，可按图 a 的形式标注；若不需要标出其圆心位置时，可按图 b 形式标注，但尺寸线应指向圆心	R400 R100 a) b)

（续）

球面直径与半径	标注球面直径或半径时，应在符号 ϕ 或 R 前加注符号 S（图 a） 对于螺钉、铆钉的头部以及轴和手柄的端部等，在不致引起误解的情况下，可省略符号 S（见图 b）	Sϕ20　SR15　R12　ϕ12 a)　b)
角度	尺寸界线应沿径向引出，尺寸线画成圆弧，圆心是角的顶点，尺寸数字应一律水平书写（见图 a），一般注在尺寸线的中断处，必要时也可按图 b 所示的形式标注	60°　15°　65°　75°　5°　20° a)　b)
弦长与弧长	标注弦长时，尺寸界线应平行于弦的垂直平分线；标注弧长时，尺寸线用圆弧，并应在尺寸数字旁加注符号⌒	30　⌒34 a)　b)
狭小部位	在没有足够的位置画箭头或标注数字时，可将箭头或数字布置在外面，也可将箭头和数字都布置在外面 几个小尺寸连续标注时，中间的箭头可用斜线或圆点代替	ϕ10　ϕ10　ϕ10　ϕ5　ϕ5　ϕ5 R5　R5　R5　R3　R3　R3 4　3　4　5　4　3　3

（续）

对称机件	当对称机件的图形只画出一半或略大于一半时，尺寸线应略超过对称中心线或断裂处的边界线，并在尺寸线一端画出箭头	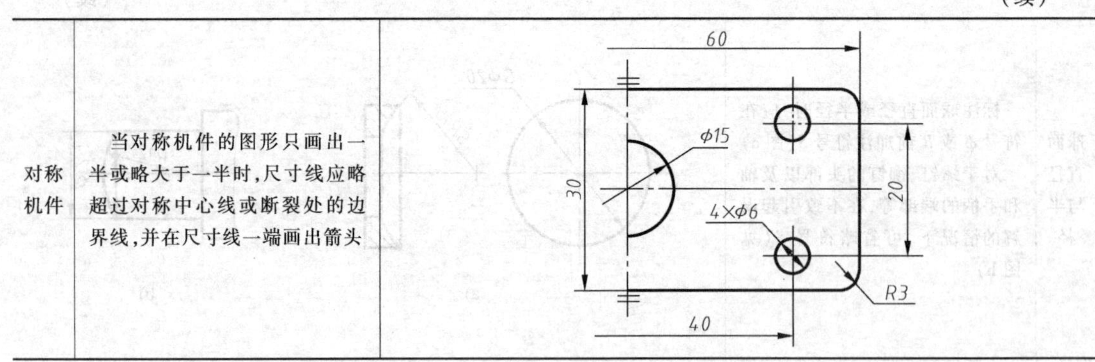

标注尺寸时，必须符合上述的各项规定。图 2-15 所示为尺寸标注的正误对比，列举了初学者标注尺寸的一些常见错误。

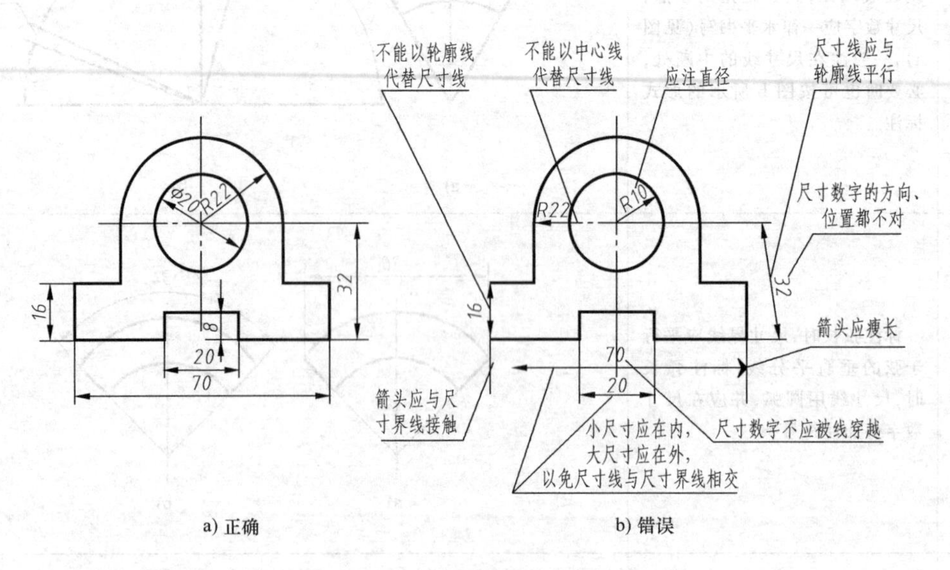

a) 正确　　b) 错误

图 2-15　尺寸标注的正误对比

第3章 绘图基本技能

本章内容提要

1）绘图工具简介。

2）几何作图方法。

3）平面图形分析及画法。

4）徒手绘图方法。

重点

基本绘图工具的正确使用，圆弧连接的画法。

难点

圆弧连接的画法。

3.1 绘图工具简介

尺规绘图是以铅笔、丁字尺、三角板、圆规等为主要工具绘制图样。虽然目前正规技术图样已大多使用计算机绘制，但尺规绘图既是工程技术人员的必备基本技能，又是学习和巩固图学理论知识不可缺少的方法，必须熟练掌握。

常用的绘图工具有图板、丁字尺、三角板、圆规、分规、比例尺、曲线板、擦图片、铅笔、橡皮、胶带、削笔刀等。

3.1.1 铅笔和铅芯

尺规绘图要使用绘图铅笔。根据不同的使用要求，准备以下几种硬度不同的铅笔。

H 或 2H——画细实线、细点画线、细双点画线、细虚线用，铅笔的削法如图 3-1a 所示。

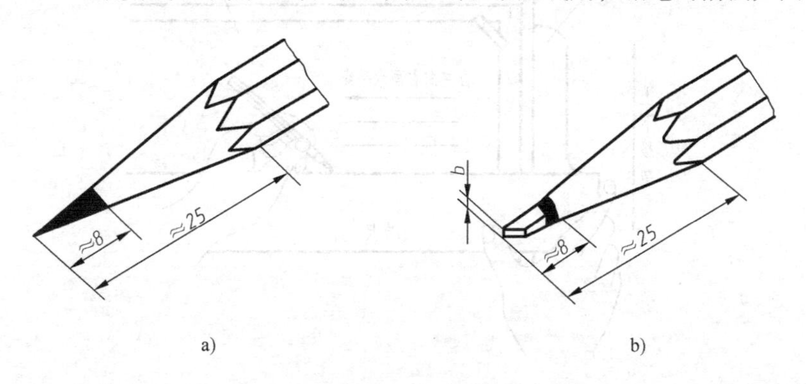

图 3-1　铅笔的削法

HB——画粗实线和写字用，铅笔的削法如图 3-1a 所示。

2B 或 B——加深粗实线用，铅笔的削法如图 3-1b 所示。

铅芯供安装在圆规上画圆用，用法同铅笔。但在描粗线时，为保证与铅笔所画粗线颜色一致，圆规所用铅芯应比铅笔软 1~2 个号。

3.1.2 图板

图板是用作绘图的垫板，绘图时必须用胶带将图纸固定在图板上，如图 3-2 所示。图板的工作表面必须平整。图板的短边为导边，导边必须平直，以保证与丁字尺尺头的内侧边准确接触。图纸固定到图板上时，必须找正。如采用较大的图板，为了便于绘图，图纸应尽量固定在图板的左下方，但必须保证图纸与图板底边有足够的距离，以保证绘制图纸上最下方的水平线时的准确性。

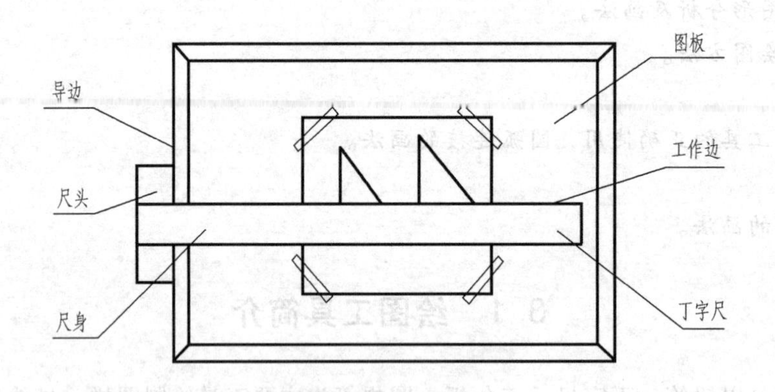

图 3-2 图板的使用

3.1.3 丁字尺

丁字尺用来画水平线，与三角板配合使用可画垂线及 15°倍角的斜线。使用时丁字尺尺头要靠紧图板左边并可上下移动，然后用丁字尺尺身的工作边画线，如图 3-3 所示。

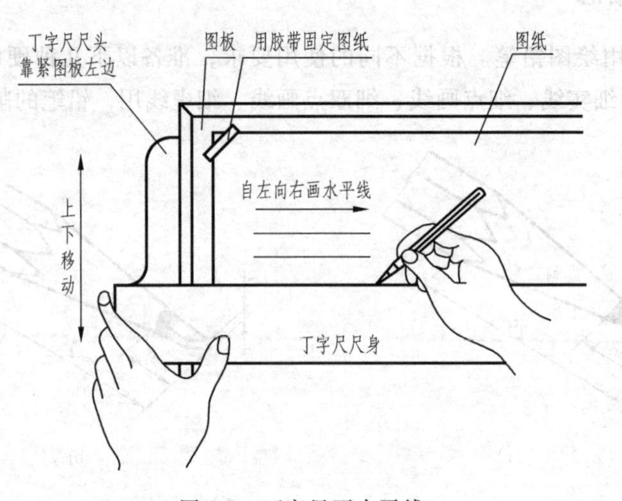

图 3-3 丁字尺画水平线

3.1.4　三角板

三角板分 45°三角板和 60°三角板两块，可配合丁字尺画垂线及 15°倍角的斜线或用两块三角板配合画任意角度的平行线，如图 3-4 所示。

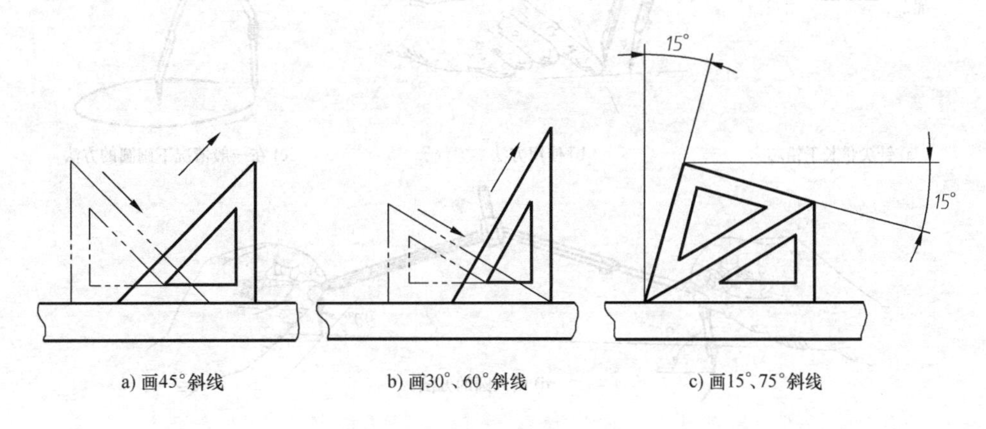

图 3-4　三角板与丁字尺的使用

3.1.5　分规

分规是用来量取线段长度和分割线段的工具，为确保度量准确，分规使用时两针尖应对齐，如图 3-5 所示。

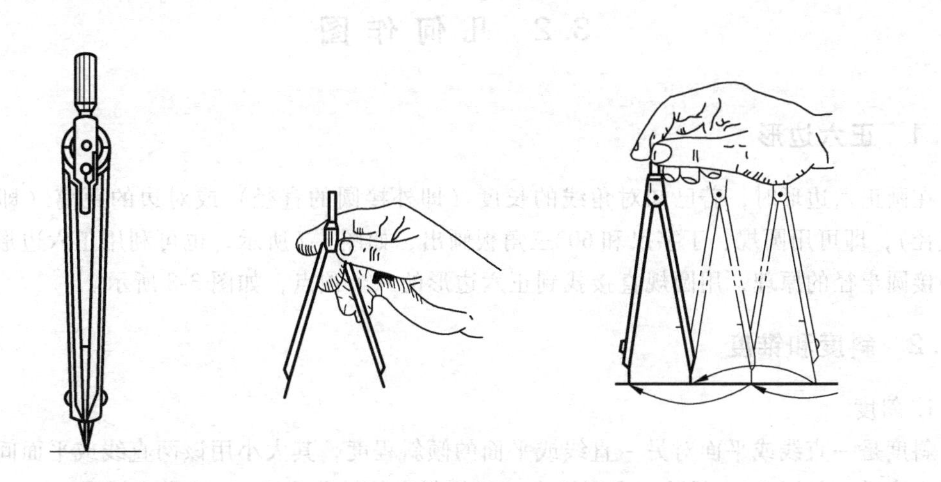

图 3-5　分规的用法

3.1.6　圆规

圆规用来画圆。当画大直径的圆或描黑时，圆规的针尖和铅芯均应保持与纸面垂直；当画大圆时，可用加长杆来扩大画圆的半径，如图 3-6 所示。

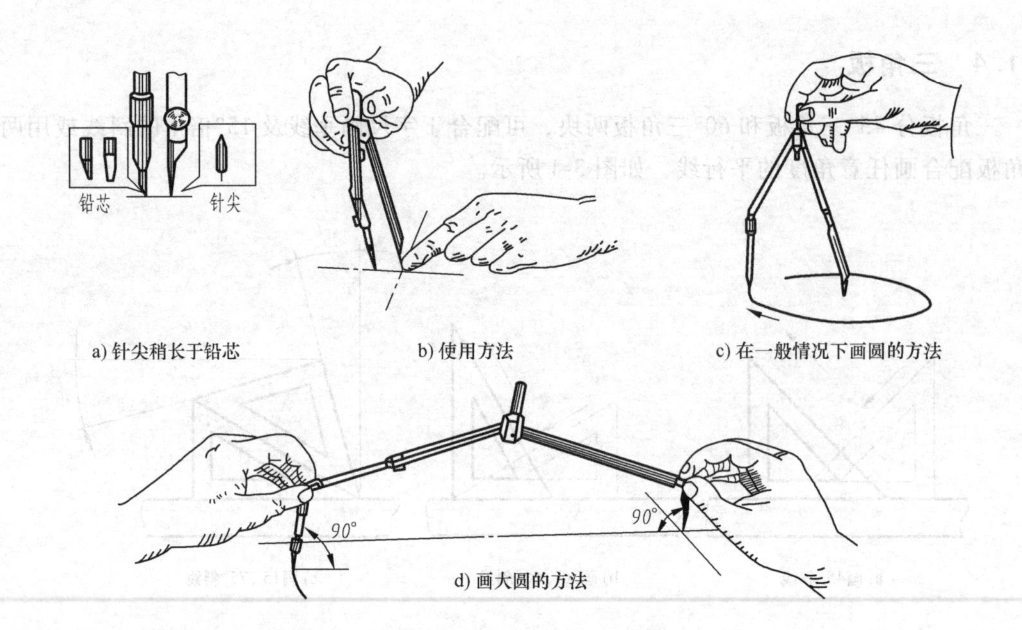

a) 针尖稍长于铅芯　b) 使用方法　c) 在一般情况下画圆的方法

d) 画大圆的方法

图 3-6　圆规的用法

除了上述工具之外，在绘图时，还需要准备削笔刀、橡皮、固定图纸用的塑料透明胶带纸、测量角度的量角器、擦图片（修改图线时用它遮住不需要擦去的部分）、砂纸（磨铅笔用）以及清除图面上橡皮屑的小刷等。

3.2 几何作图

3.2.1 正六边形

在画正六边形时，若已知对角线的长度（即外接圆的直径）或对边的距离（即内切圆的直径），即可用圆规、丁字尺和60°三角板画出，如图 3-7 所示；也可利用正六边形边长等于外接圆半径的原理，用圆规直接找到正六边形的六个顶点，如图 3-8 所示。

3.2.2 斜度和锥度

1. 斜度

斜度是一直线或平面对另一直线或平面的倾斜程度，其大小用该两直线或平面间夹角的正切来表示，如图 3-9a 所示。在图样中一般将斜度值转化为 1∶n 的形式标注。

图 3-9b 所示物体的左部具有斜度为 1∶5 的斜面。作物体的正面投影时，先按其他有关尺寸作它的非倾斜部分的轮廓（见图 3-9c），再过点 A 作水平线，用分规任取一个单位长度 AB，并使 $AC=5AB$。过点 C 作垂线，并取 $CD=AB$，连接 AD 并延长即完成该斜面的投影（见图 3-9d）。

斜度符号如图 3-10a 所示，尺寸 h 为数字的高度，符号的线宽为 $h/10$。标注斜度的方法如图 3-10b～d 所示，须注意斜度符号的方向应与斜度方向一致。

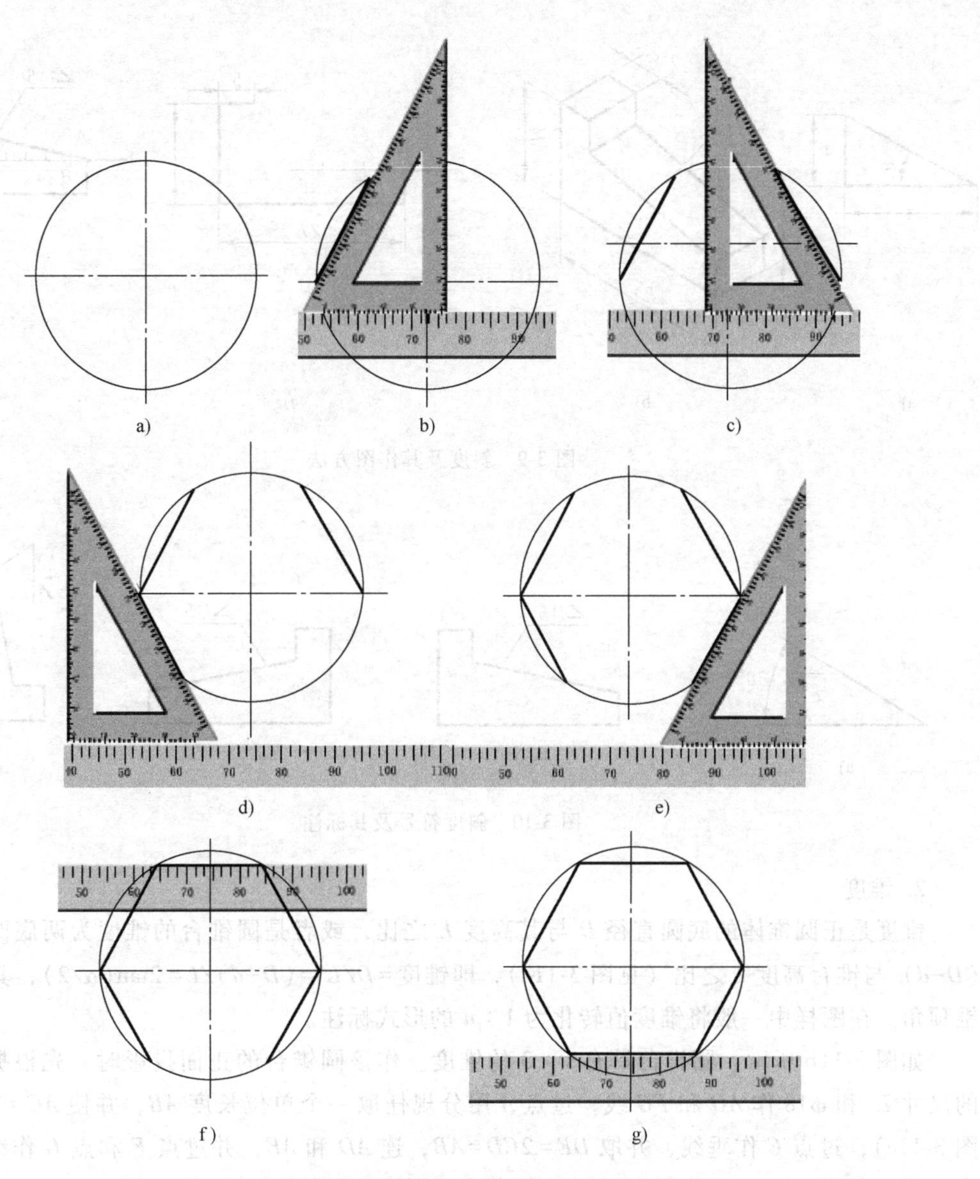

图 3-7 圆规、丁字尺和 60°三角板画正六边形

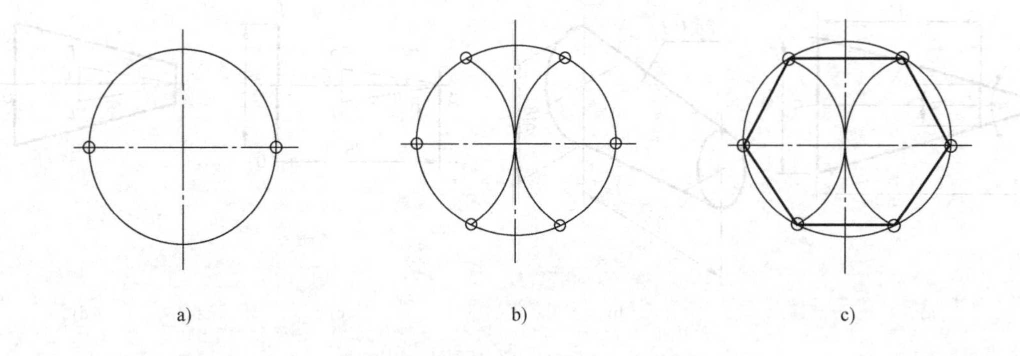

图 3-8 用圆规直接画正六边形

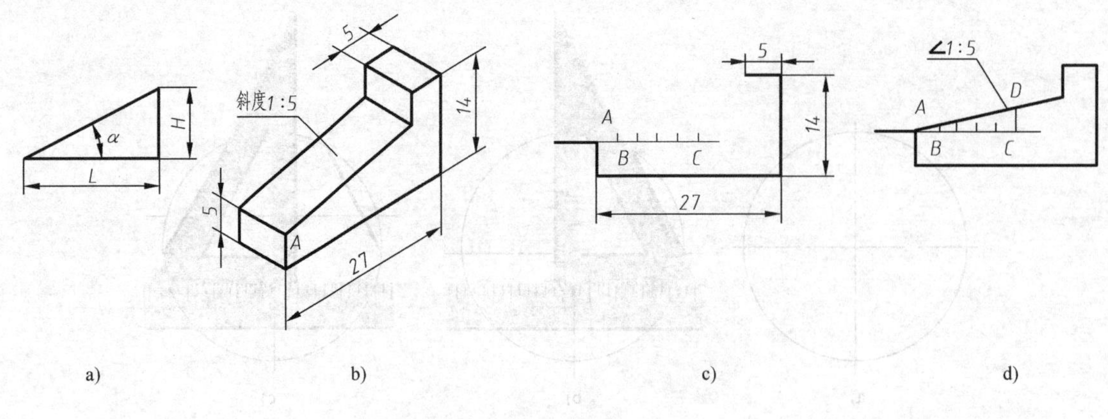

图 3-9 斜度及其作图方法

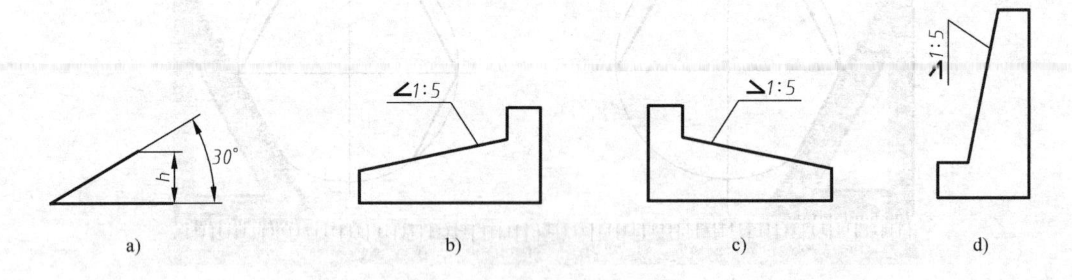

图 3-10 斜度符号及其标注

2. 锥度

锥度是正圆锥体的底圆直径 D 与其高度 L'之比，或者是圆锥台的锥度为两底圆直径差（$D-d$）与锥台高度 L 之比（见图 3-11a），即锥度 $=D/L'=(D-d)/L=2\tan(\alpha/2)$，其中 α 为锥顶角。在图样中一般将锥度值转化为 1 ∶ n 的形式标注。

如图 3-11b 所示，圆锥台具有 1 ∶ 3 的锥度。作该圆锥台的正面投影时，先根据圆锥台的尺寸 25 和 ϕ18 作 AO 和 FG 线，过点 A 用分规任取一个单位长度 AB，并使 $AC=3AB$（见图 3-11c），过点 C 作垂线，并取 $DE=2CD=AB$，连 AD 和 AE，并过点 F 和点 G 作线分别相应地平行于 AD 和 AE（见图 3-11d），即完成该圆锥台的投影。

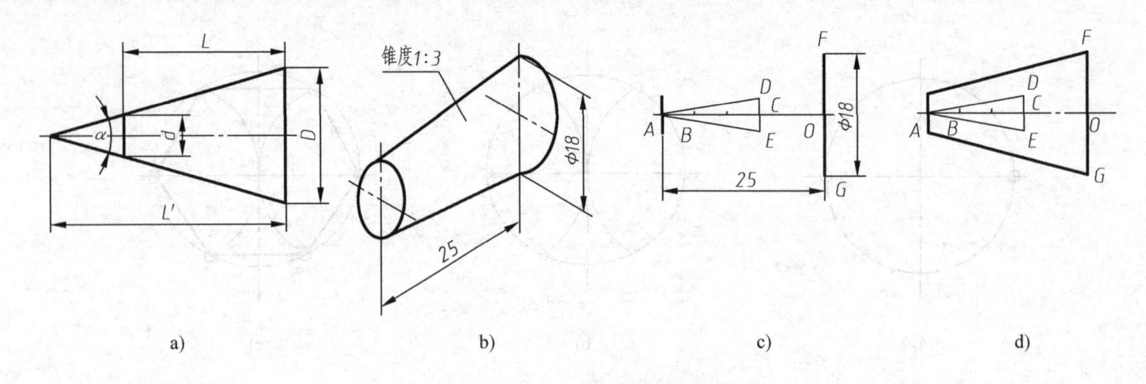

图 3-11 锥度及其作图方法

锥度符号如图 3-12a 所示，h 为数字的高度，符号的线宽也为 $h/10$。该符号应配置在基准线上。标注锥度的方法如图 3-12b～d 所示。

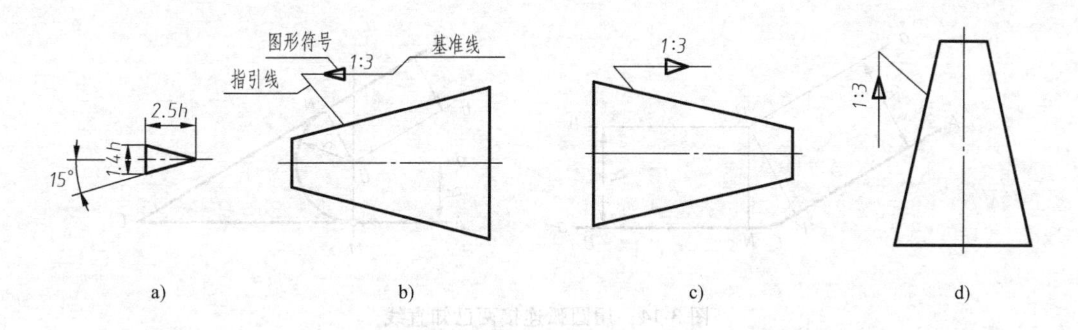

图 3-12 锥度符号及其标注

3.2.3 圆弧连接

绘制机器零件轮廓时，经常会遇到直线与圆弧、圆弧与圆弧光滑连接的形式（连接处就是切点），称为圆弧连接。连接已知直线或圆弧的圆弧称为连接弧。为了保证光滑连接，必须准确地作连接弧的圆心与切点位置。

1. 圆弧连接的作图原理

1）当一圆弧（半径 R）与一已知直线相切时，其圆心轨迹是一条与已知直线平行且相距 R 的直线。自连接弧的圆心向已知直线作垂线，其垂足即切点，如图 3-13a 所示。

2）当一圆弧（半径 R）与一已知圆弧相切时，其圆心轨迹是已知圆弧的同心圆。该圆的半径 R_0 要根据相切的情形而定：当两圆弧外切时为两圆弧的半径和，即 $R_0=R_1+R$，如图 3-13b 所示；当两圆弧内切时为两圆弧的半径差，即 $R_0=R_1-R$，如图 3-13c 所示。切点必在两圆弧连心线或其延长线上。

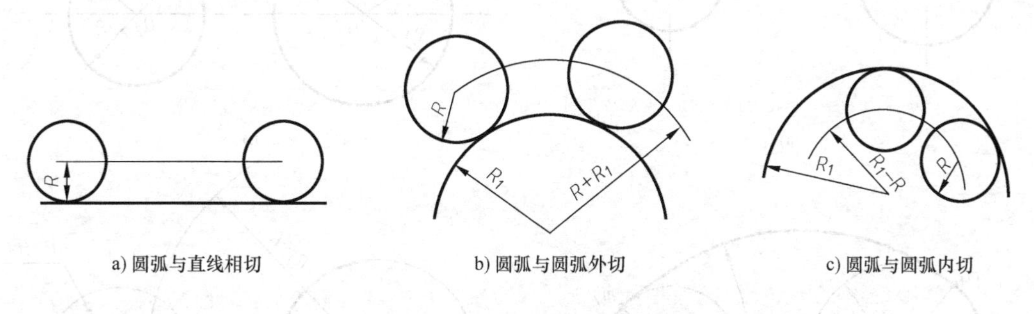

图 3-13 圆弧连接的作图原理

2. 圆弧连接的作图方法

1）用圆弧连接两已知直线。已知直线 AC、BC 及连接弧的半径 R，如图 3-14 所示。

作图步骤如下。

① 求圆心。根据上述原理，作两辅助直线分别与 AC 及 BC 平行，并使两平行线的距离都等于 R，两辅助直线的交点就是所求连接弧的圆心 O。

② 找切点。从圆心 O 向两已知直线作垂线，得到两个点 M、N，就是切点。

③ 光滑连接。以点 O 为圆心，OM 或 ON 为半径作弧，与 AC 及 BC 切于点 M、N，即完成连接。

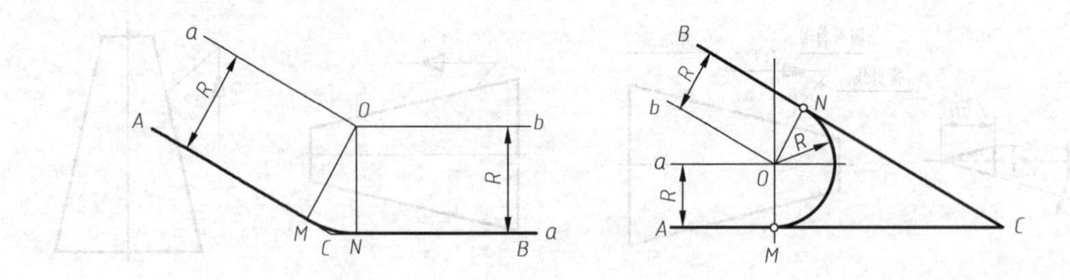

图 3-14　用圆弧连接两已知直线

2）用圆弧连接两已知圆弧。已知两圆弧 O_1、O_2的半径 R_1、R_2及连接弧半径 R（见图 3-15a），求作一圆弧与已知圆弧相切。

① 以 R 为半径作圆弧与两已知圆弧外切。

a. 以 O_1为圆心，R_1+R 为半径作圆弧，与以 O_2圆心、R_2+R 为半径所作圆弧相交于点 O，O 即为连接弧的圆心。连接 OO_1及 OO_2得切点 m_1、m_2（见图 3-15b）。

b. 以 O 为圆心，以 R 为半径作圆弧 m_1m_2，光滑外切（见图 3-15b）。

② 以 R 为半径作圆弧与两已知圆弧内切。

a. 以 O_1为圆心、$R-R_1$为半径作圆弧，与以 O_2为圆心、$R-R_2$为半径所作圆弧相交于点 O，O 即为连接弧的圆心。连接 OO_1及 OO_2并延长得切点 m_1、m_2（见图 3-15c）。

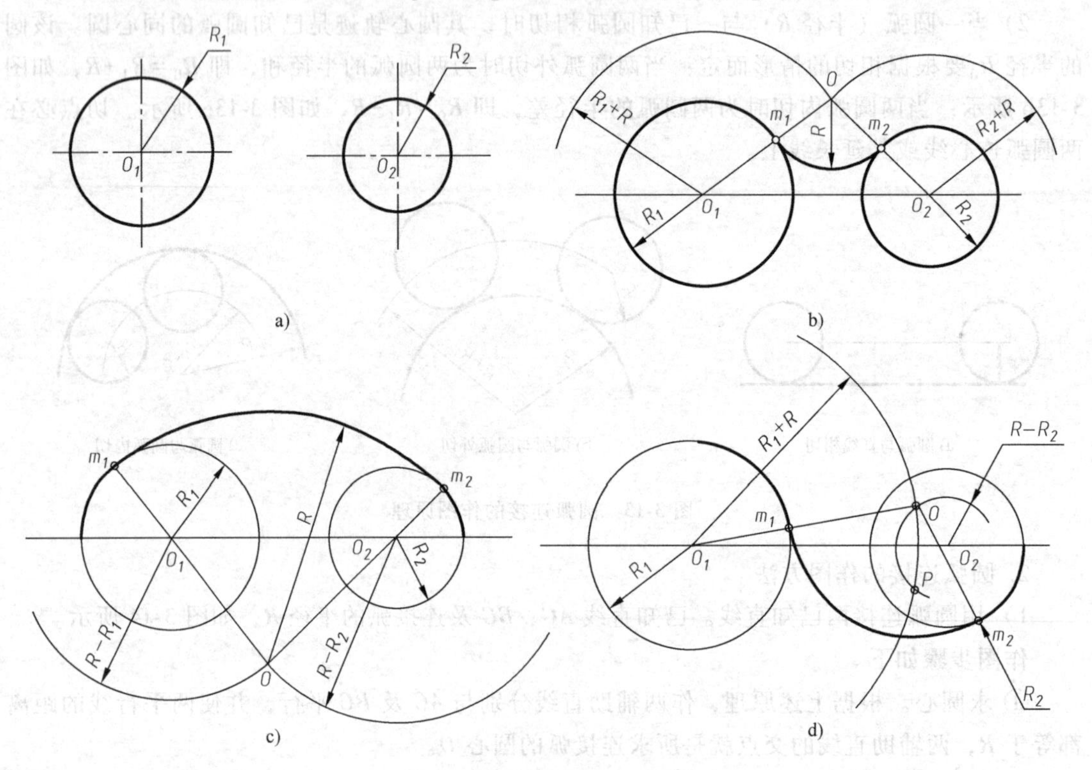

图 3-15　用圆弧连接两已知圆弧

b. 以 O 为圆心，R 为半径作圆弧 m_1m_2，光滑内切（见图 3-15c）。

③ 以 R 为半径作圆弧与一已知圆弧内切，与另一已知圆弧外切（如与 O_1 为圆心的圆弧外切，与 O_2 为圆心的圆弧内切）。

a. 以 O_1 为圆心，R_1+R 为半径作圆弧，与以 O_2 中心、$R-R_2$ 为半径所作圆弧相交于点 O 和点 P，点 O 和点 P 为连接弧的圆心。连接 OO_1 及 OO_2（并延长）得切点 m_1、m_2（见图 3-15d）或连接 PO_1 及 PO_2（并延长）得切点 m_1、m_2。

b. 以点 O 或点 P 为圆心，以 R 为半径作圆弧 m_1m_2，光滑内外切（见图 3-15d）。

3）用圆弧连接已知直线与圆弧。根据上述内容，可以很容易地得出用半径为 R 的圆弧连接直线 ab 及已知圆弧 O_1 的作图方法，如图3-16所示。

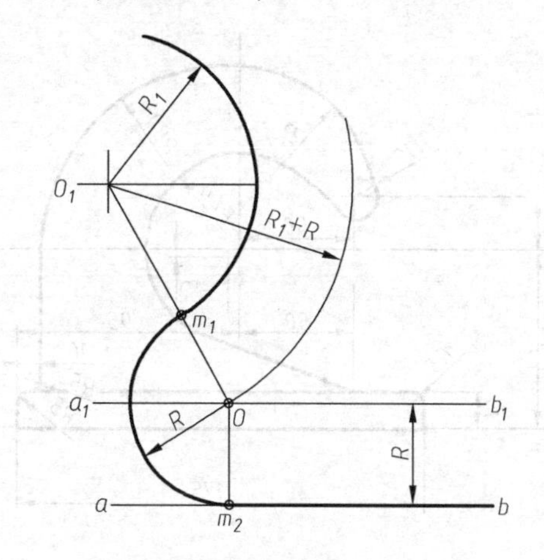

图 3-16 用圆弧连接已知直线与圆弧

3.3 平面图形分析及画法

绘制平面图形时，应根据给定的尺寸，逐个画出它的各个部分，因此平面图形的画法与其尺寸标注是密切相关的，只有掌握平面图形尺寸的分析方法，才能正确地绘制平面图形。

3.3.1 平面图形尺寸的分析

尺寸按其在平面图形中所起的作用，可分为定形尺寸和定位尺寸两类，现以图 3-17 所示吊钩平面图形为例进行分析。

1）定形尺寸。确定平面图形上的几何要素的形状和大小的尺寸，如直线的长短，圆的大小，如图 3-17 所示的 $R10$、$R80$、175 等尺寸。

2）定位尺寸，确定几何要素之间相对位置的尺寸，如圆心的位置、直线的位置等，如图 3-17 所示的 75、3 等尺寸。

标注尺寸要有尺寸基准，一般平面图形中常用较大的圆的中心线，对称中心线或图形中主要直线作为尺寸基准。如图 3-18 所示为吊钩的尺寸基准。

3.3.2 平面图形的线段分析

平面图形中线段（直线或圆弧），按所标注尺寸的完整与否可分为三类。

1. 已知线段

具有全部的定形尺寸和定位尺寸，可独立画出的线段，称为已知线段，如图 3-18 所示的圆弧 $R10$、$R40$，直线 175、15、A 等。

2. 中间线段

只有定形尺寸而定位尺寸不全，但可根据与相邻的一条线段的连接关系画出的线段，称为中间线段，如图 3-18 所示的圆弧 $R80$。

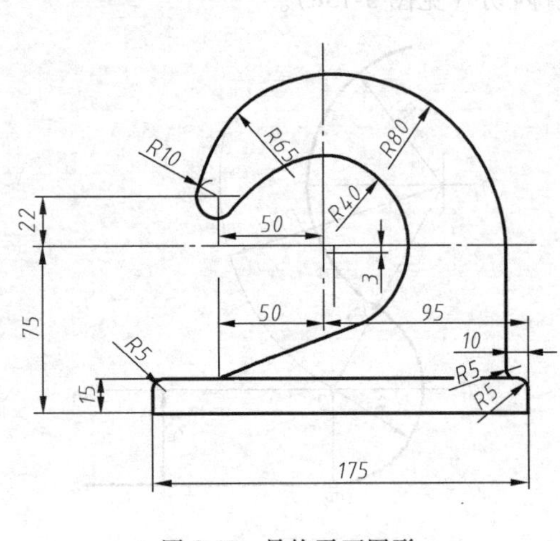

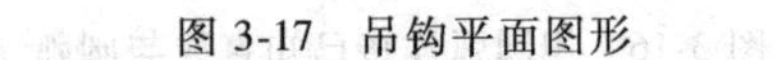

图 3-17 吊钩平面图形

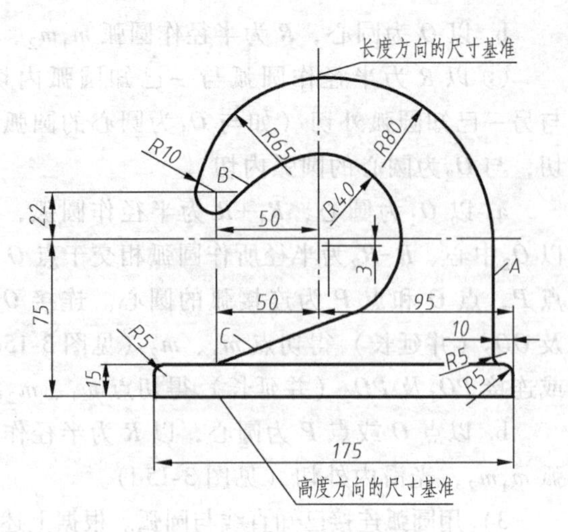

图 3-18 吊钩的尺寸基准

3. 连接线段

只有定形尺寸，而没有定位尺寸，只能在其他线段画出后，根据连接关系最后才能画出的线段，称为连接线段，如图 3-18 所示的圆弧 *R*65、*R*5，直线 *B*、*C*。

3.3.3 平面图形的画法

画图时先对平面图形进行线段分析，其目的是分析图形中的尺寸有无多余或遗漏，以便确定图形能否画出；分析图形中各线段的性质，以确定画图的顺序，即先画已知线段，再画中间线段，最后画连接线段，具体步骤如下。

1）画出图形的基准线（见图 3-19a）。

2）画已知线段（见图 3-19b）。

3）画中间线段 *R*80（见图 3-19c）。

4）画连接线段 *R*65（见图 3-19d）。

5）画其他连接线段（见图 3-19e）。

6）擦去多余的作图线，按线型要求加深图线，完成全图（见图 3-17）。

3.3.4 仪器绘图步骤

用绘图仪器及工具在图纸上准确绘图的步骤如下。

1. 绘图前准备工作

绘图前应准备好必要的绘图仪器及工具，削好铅笔及圆规上的铅芯；整理好工作地点，并将需要的工具放在方便之处，以便顺利地进行绘图工作。

2. 图形布局

根据所画图形的大小和选定的比例合理布图，图形尽量居中，并考虑到标题栏及标注尺寸的位置，确定图形的基准线。

3. 画底稿

画底稿用较硬的铅笔（如 H、2H）。画底稿的一般步骤是：先画图框、标题栏，后画图形。画图形时先画轴线及对称中心线，再画主要轮廓，然后再画局部细节。图形完成后，标

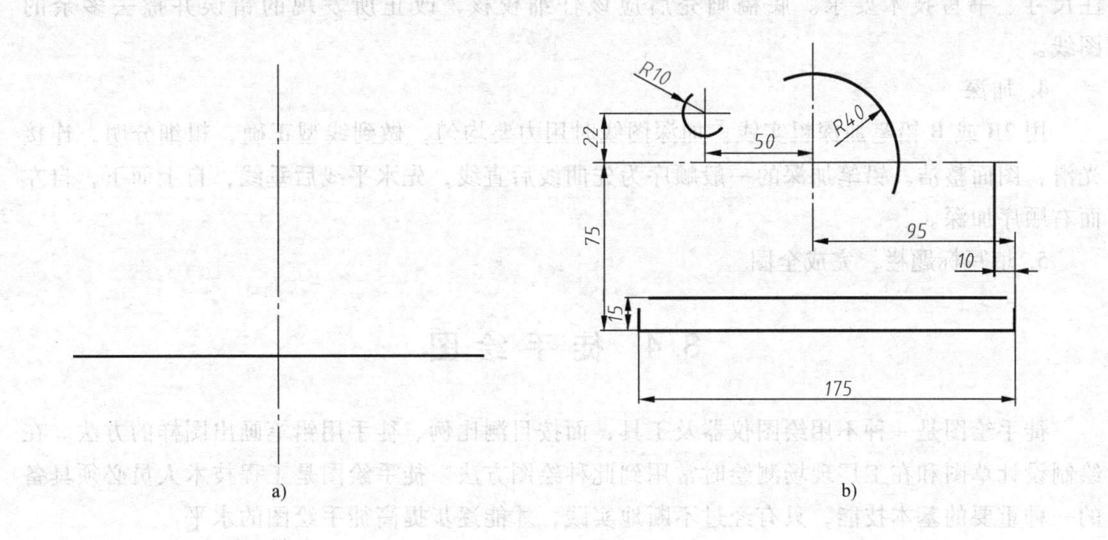

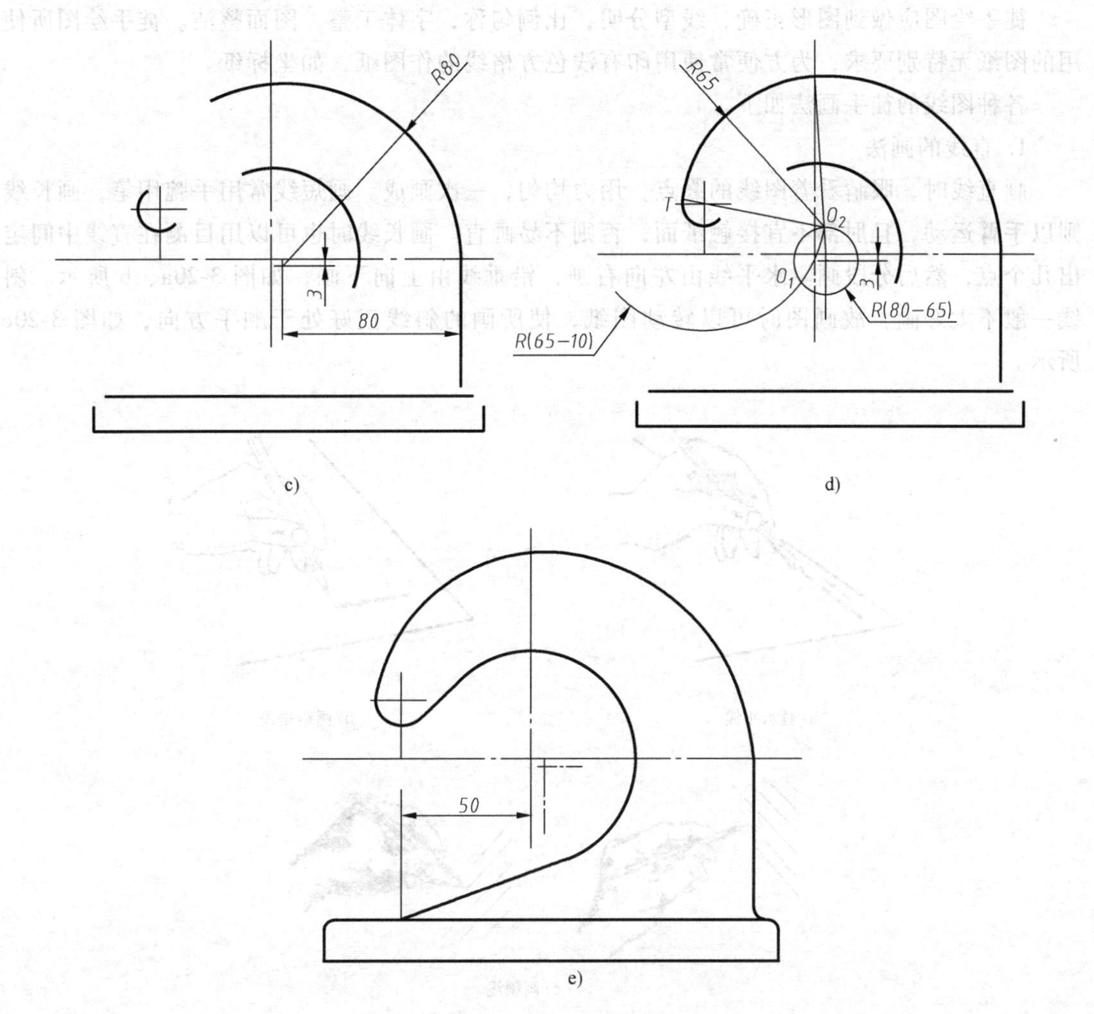

图 3-19 吊钩平面图形的画图步骤

注尺寸、书写技术要求。底稿画完后应该仔细校核，改正所发现的错误并擦去多余的图线。

4. 加深

用2B或B铅笔加深粗实线。加深图线时用力要均匀，做到线型正确，粗细分明，连接光滑，图面整洁。铅笔加深的一般顺序为先曲线后直线，先水平线后垂线，自上而下，自左而右顺序加深。

5. 填写标题栏，完成全图

3.4 徒手绘图

徒手绘图是一种不用绘图仪器及工具，而按目测比例、徒手用铅笔画出图样的方法。在绘制设计草图和在工厂现场测绘时常用到此种绘图方法。徒手绘图是工程技术人员必须具备的一种重要的基本技能，只有经过不断地实践，才能逐步提高徒手绘图的水平。

徒手绘图应做到图形正确，线型分明，比例匀称，字体工整，图面整洁。徒手绘图所使用的图纸无特别要求，为方便常使用印有浅色方格线的作图纸，如坐标纸。

各种图线的徒手画法如下。

1. 直线的画法

画直线时，眼睛看着图线的终点，用力均匀，一次画成。画短线常用手腕用笔，画长线则以手臂运动，且肘部不宜接触纸面，否则不易画直。画长线时也可以用目测在直线中间定出几个点，然后分段画。水平线由左向右画，铅垂线由上向下画，如图3-20a、b所示。斜线一般不太好画，故画图时可以转动图纸，使所画的斜线正好处于顺手方向，如图3-20c所示。

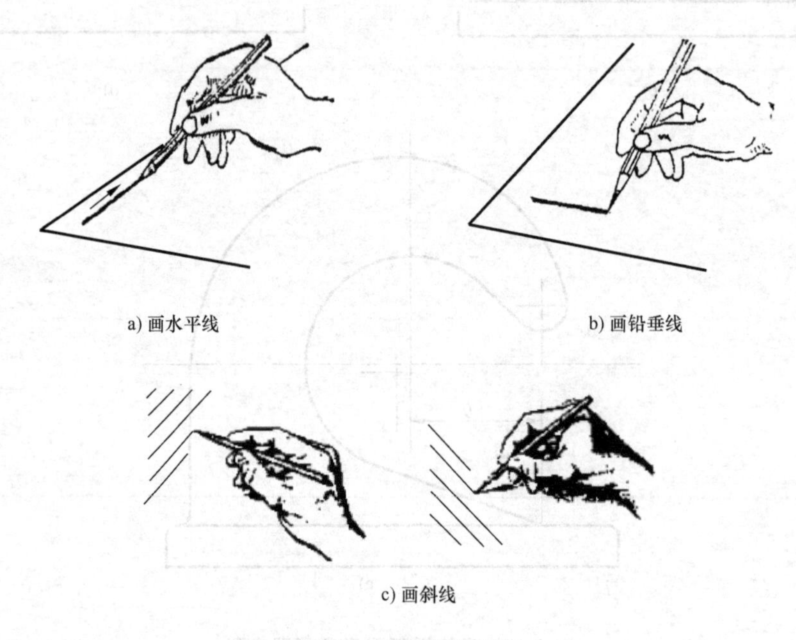

a) 画水平线　b) 画铅垂线

c) 画斜线

图3-20 画直线的方法

2. 圆、圆角的画法

徒手画圆时，先定圆心再画中心线，再根据半径的大小在中心线上定出四点，然后过这四点画圆，如图 3-21a 所示。当圆的直径较大时，可过圆心增加两条 45°的斜线，在斜线上定出四点，然后过这八点画圆，如图 3-21b 所示。

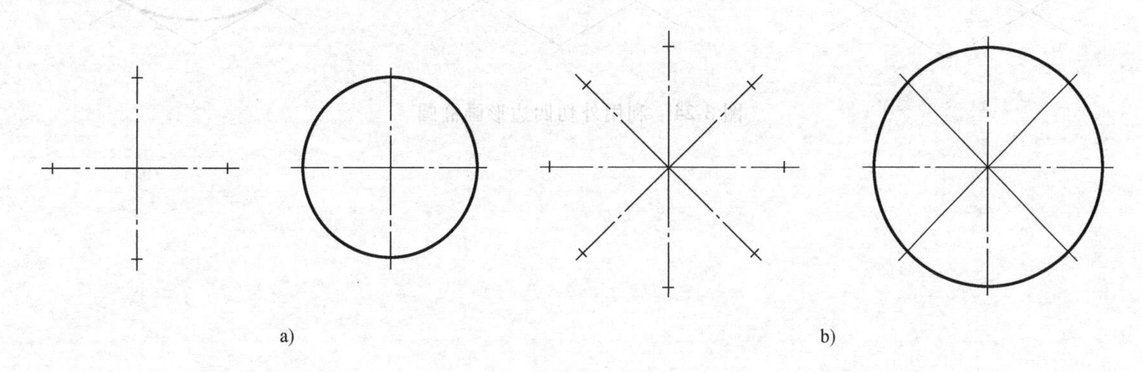

a)　　b)

图 3-21　画圆的方法

徒手画圆角时，先用目测在分角线上选取圆心的位置，它与角两边的距离等于圆角半径，过圆心向两边引垂线定出圆弧的起点和终点，并在分角线上定出一圆周点，然后徒手画圆弧，把这三点连接起来，如图 3-22 所示。

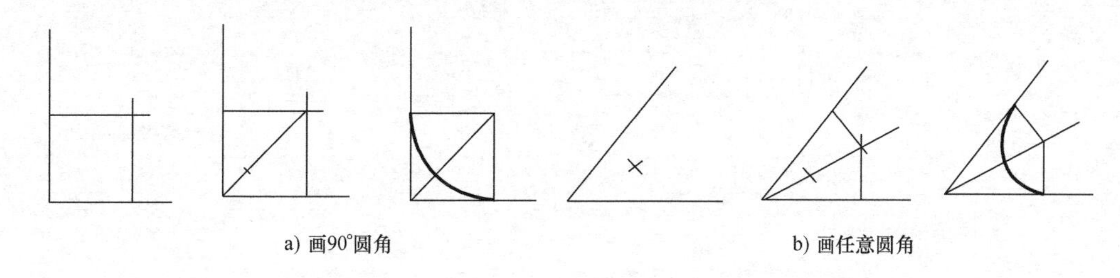

a) 画90°圆角　　b) 画任意圆角

图 3-22　画圆角的方法

3. 椭圆的画法

椭圆的画法有两种：如图 3-23 所示，先画椭圆的长短轴，并目测定出其端点位置，过这四点画一个矩形，然后徒手作椭圆与此矩形相切；如图 3-24 所示，先画出椭圆的外切四边形，然后分别用徒手方法作钝角及锐角的内切弧，即得所需椭圆。

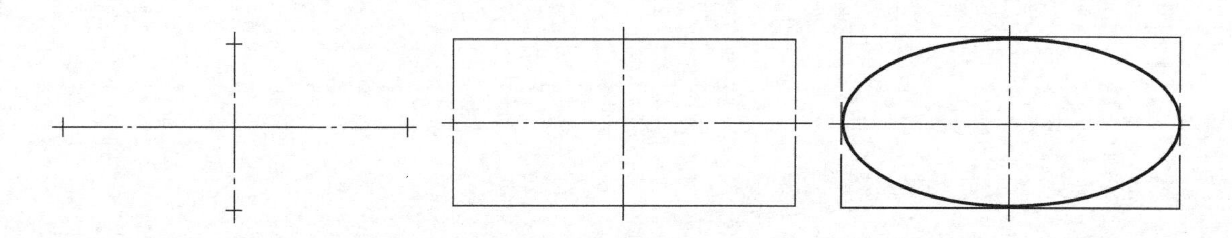

图 3-23　利用矩形画椭圆

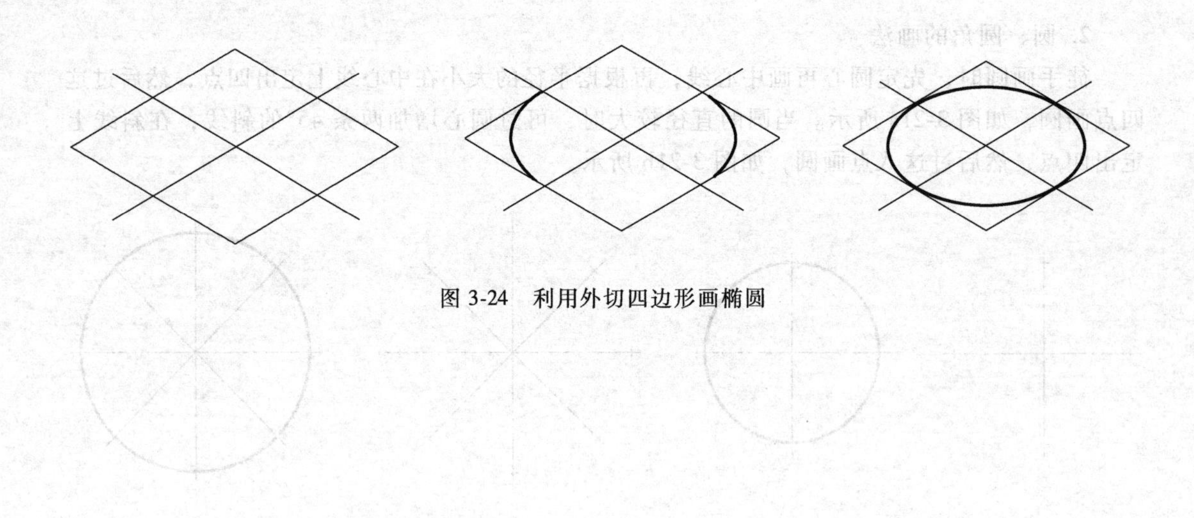

图 3-24　利用外切四边形画椭圆

第4章 立体

本章内容提要

本章主要阐述基本立体三视图、基本立体表面上取点、基本立体被平面截切后的截交线、相交的基本立体之间表面相贯线的表达和识读方法。

重点

各种基本立体的视图表达、基本立体表面上取点及两基本立体之间的交线求解方法和作图。

难点

分析基本立体在投影体系中所处的位置，特别是在分析和求解平面与立体、立体与立体的交线问题时，准确判断特殊位置点所处的位置，运用投影规律求出一般点的各个投影，是本章的难点。

学生通过学习本章内容，熟练掌握一些典型基本立体的表示方法，熟悉使用各种方法完成基本立体表面上点的作图，从而学会分析和求解基本立体表面的各种交线的投影。

4.1 三视图的形成及投影规律

4.1.1 三视图的形成

在绘制机械图样时，将立体向多投影面体系各投影面进行正投射得到的投影称为视图。将投影面展开后，去掉投影轴，立体在正面的投影称为主视图，在水平面的投影称为俯视图，在侧面的投影称为左视图。图 4-1a 所示为立体向多投影面体系各投影面进行正投射，

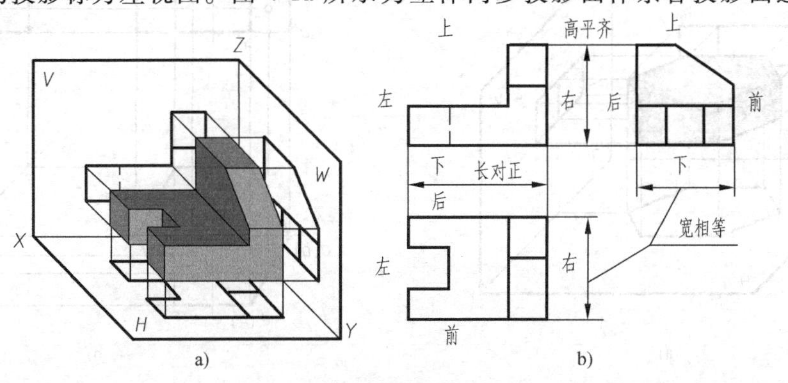

图 4-1　三视图的形成及其特性

图 4-1b 所示为三视图。

4.1.2 三视图的投影规律

三视图和三面投影在本质上是相同的，或者说三视图就是无轴投影图。如图 4-1a 所示，约定 X 坐标表示立体的长、Y 坐标表示立体的宽、Z 坐标表示立体的高。由投影面展开后的三视图（见图 4-1b）可以看出：主视图反映立体的长和高；俯视图反映立体的长和宽；左视图反映立体的高和宽。由此可得出三视图的投影规律：主、俯视图长对正；主、左视图高平齐；俯、左视图宽相等。该投影规律不仅适用于立体整体的投影，也适用于立体局部结构的投影。三视图与立体之间的方位关系：主、俯视图——同左右；主、左视图——共上下；俯、左视图——分前后。

4.2 平面立体

基本几何体上有若干表面。由若干个平面围成的几何体称为平面立体，如棱柱、棱锥等。平面立体的平面与平面的交线称为棱线，棱线与棱线的交点称为顶点。平面立体可分为棱柱和棱锥，棱柱的棱线相互平行，棱锥的棱线交于一点。

4.2.1 棱柱

1. 投影分析

图 4-2 所示为正六棱柱，其顶面、底面均为水平面，其水平投影反映实形，正面及侧面投影积聚为一直线。正六棱柱有六个侧棱面，前后棱面为正平面，其正面投影反映实形，水平投影及侧面投影积聚为一直线。棱柱的其他四个侧棱面均为铅垂面，水平投影积聚为一直线，正面投影和侧面投影为类似形。

棱线 AB 为铅垂线，水平投影积聚为一点 a（b），正面投影和侧面投影均反映实长，即 $a'b'=a''b''=AB$；顶面的边 DE 为侧垂线，侧面投影积聚为一点 $d''(e'')$，水平投影和正面投影均反映实长，即 $de=d'e'=DE$；底面的边 BC 为水平线，水平投影反映实长，即 $bc=BC$，正面投影 $b'c'$ 和侧面投影 $b''c''$ 均小于实长。其余棱线，可进行类似分析。

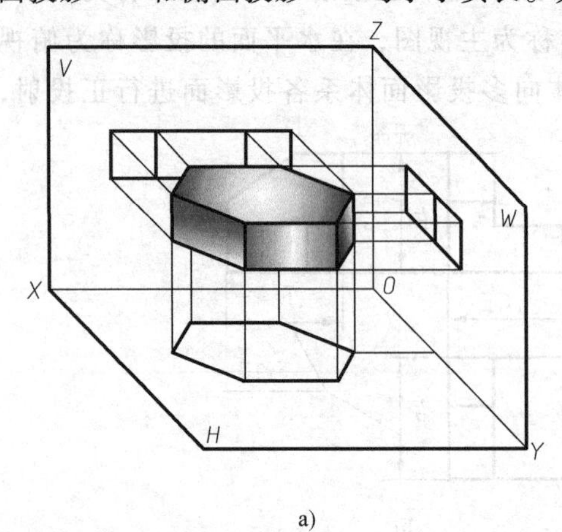

a)

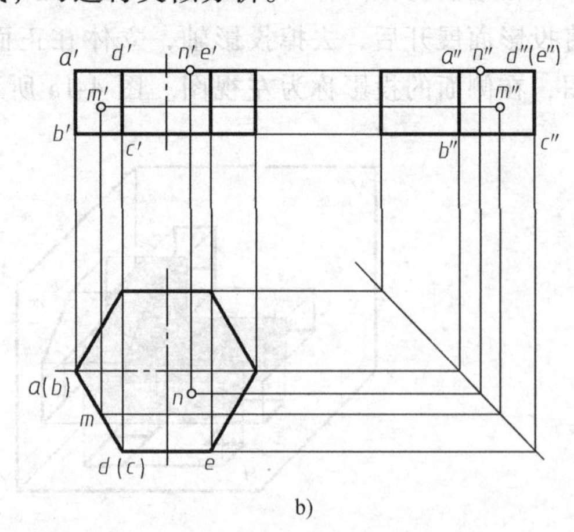

b)

图 4-2 正六棱柱的投影及表面上取点

2. 画图步骤

1）画正六棱柱的对称中心线和底面基线。先画反映上下底面实形的水平投影，再根据投影关系画其正面投影和侧面投影。

2）画六条棱线的正面投影和侧面投影，并区分线面的可见性。

3. 棱柱表面上取点

在平面立体表面上取点，其原理和方法与平面上取点相同。如图 4-2b 所示，正六棱柱的各个表面都处于特殊位置，因此在表面上取点可利用积聚性原理作图。

已知棱柱表面上点 M 的正面投影 m'，求水平、侧面投影 m、m''。由于 m' 是可见的，因此，点 M 必定在 $ABCD$ 棱面上，而 $ABCD$ 棱面为铅垂面，水平投影 a（b）（c）d 具有积聚性，因此，m 必定在 a（b）（c）d 上。根据 m' 和 m 可以求出 m''。又已知点 N 的水平投影 n，求正面、侧面投影 n'、n''。由于 n 是可见的，因此，点 N 在顶面上，而顶面的正面投影和侧面投影都具有积聚性，因此 n'、n'' 在顶面的各同面投影上，如图 4-2b 所示。

4.2.2 棱锥

1. 投影分析

如图 4-3 所示，正三棱锥是由底面、锥顶和三侧面围成。底面为水平面，其水平投影反映实形。左右两个侧面为一般位置平面，三个投影均为类似形。后侧面为侧垂面，其侧面投影积聚成直线。

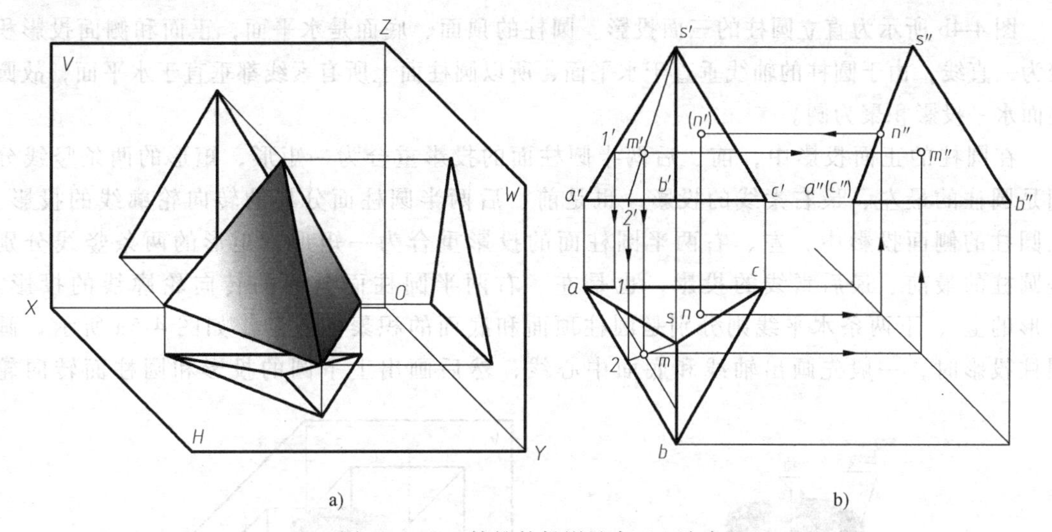

图 4-3 正三棱锥的投影及表面上取点

2. 画图步骤

1）画反映实形的底面的水平投影，并根据投影规律画出其正面投影和侧面投影。

2）画锥顶的三面投影，连接各棱线得正三棱锥的三面投影。

3. 棱锥表面上取点

已知点 M 的正面投影 m'（可见），则点 M 在棱面 SAB 上，过点 M 在棱面 SAB 上作 AB 的平行线 ⅠM，即作 $1m' /\!/ a'b'$、$1m /\!/ ab$，求出 m，再根据 m、m' 求出 m''。也可过锥顶 S 和点 M 作一辅助线 SⅡ，然后求出点 M 的水平投影 m。又已知点 N 的水平投影 n（可见），则

点 N 在侧垂面 SCA 上，因此，n''必定在 $s''a''(c'')$ 上，由 n、n''可求出正面投影 n'，由于 SCA 面上的点在 V 面上被 SAB 和 SBC 平面遮挡住看不见，因此将 n'记为 (n')，如图 4-3b 所示。

4.3 曲面立体

由曲面或曲面与平面围成的几何体称为曲面立体。曲面立体最常见的是回转体，如圆柱、圆锥、圆球、圆环等。机械工程用得最多的曲面立体是圆柱、圆锥、圆球和圆环这四种回转体。母线绕一固定轴做回转运动所形成的曲面称为回转面。作回转体的投影就是把组成立体的回转面或平面的投影表示出来，并判别可见性。

绘制曲面的投影时，由于它们的表面没有明显的棱线，所以，需要画出曲面的转向轮廓线。曲面的转向轮廓线是曲面上可见投影与不可见投影的分界线。在投影图上，当转向轮廓线的投影与中心线的投影重合时，规定只画中心线。

4.3.1 圆柱

1. 圆柱的形成

圆柱面是由一条直母线绕与它平行的轴线旋转形成的，如图 4-4a 所示。圆柱体的表面是由圆柱面和顶面、底面组成。在圆柱面上任意位置的母线称为素线。

2. 圆柱的三视图

图 4-4b 所示为直立圆柱的三面投影。圆柱的顶面、底面是水平面，正面和侧面投影积聚为一直线，由于圆柱的轴线垂直于水平面，所以圆柱面上所有素线都垂直于水平面，故圆柱面水平投影积聚为圆。

在圆柱的正面投影中，前、后两半圆柱面的投影重合为一矩形，矩形的两条竖线分别是圆柱的最左、最右素线的投影，也是前、后两半圆柱面分界的转向轮廓线的投影。在圆柱的侧面投影中，左、右两半圆柱面的投影重合为一矩形，矩形的两条竖线分别是圆柱的最前、最后素线的投影，也是左、右两半圆柱面分界的转向轮廓线的投影。矩形的上 、下两条水平线则分别是圆柱顶面和底面的积聚性投影。如图 4-5a 所示。画圆柱投影时，一般先画出轴线和底面中心线，然后画出上下圆的投影和圆柱面转向轮

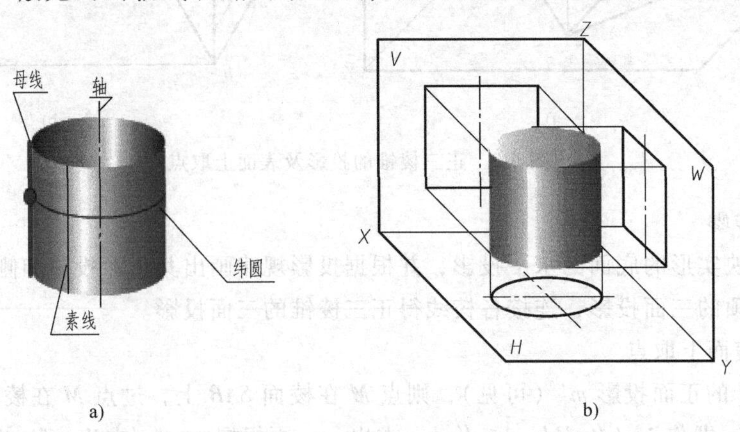

图 4-4 圆柱的形成及投影

廓线的投影。

3. 圆柱表面上取点

在图 4-5b 中，圆柱面上有两点 M 和 N，已知正面投影 m'和 n'，且为可见，求另外两面投影。由于点 N 在圆柱的转向轮廓线上，其另外两面投影可直接求出；而点 M 可利用圆柱面有积聚性的投影，先求出点 M 的水平投影 m，再由 m 和 m'求出（m''）。点 M 在圆柱面的右半部分，故其侧面投影（m''）为不可见。

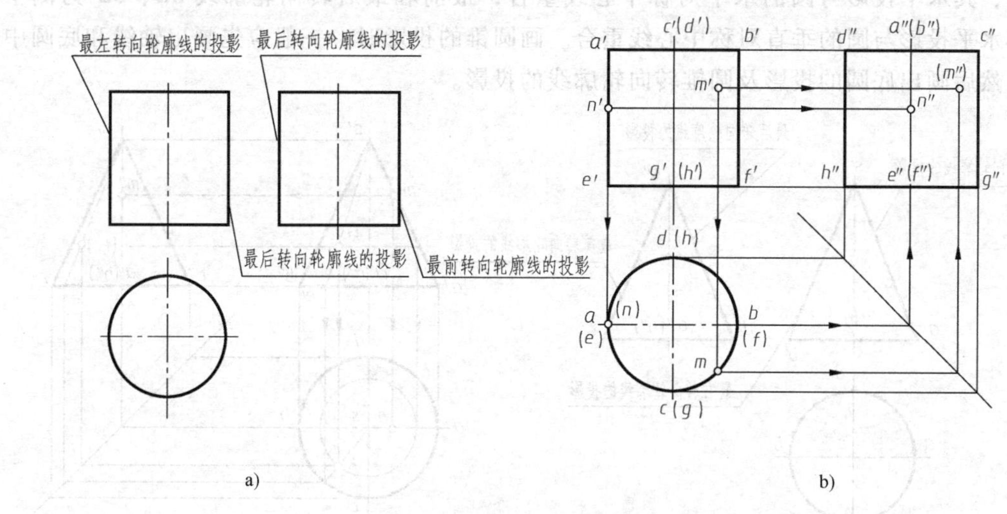

图 4-5 圆柱的三视图及表面上取点

4.3.2 圆锥

1. 圆锥的形成

圆锥面是由一条直母线绕与它相交的轴线旋转形成的，如图 4-6a 所示。圆锥表面是由圆锥面和底面组成。在圆锥面上任意位置的素线，均交于锥顶。

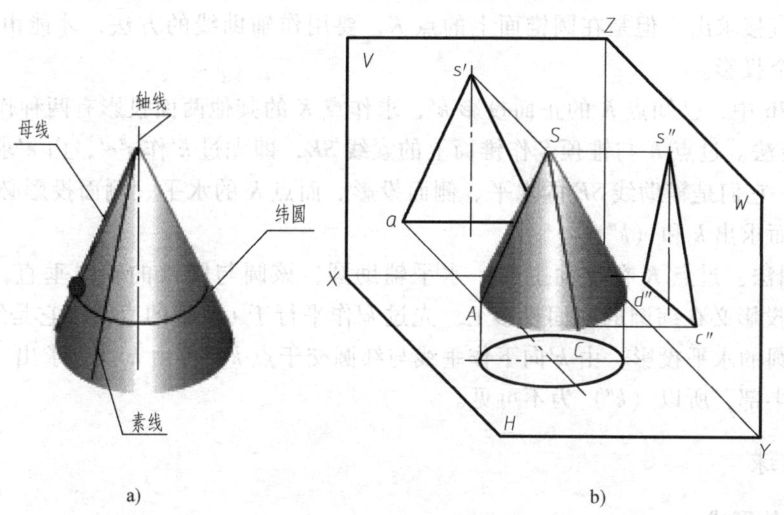

图 4-6 圆锥的形成及投影

2. 圆锥的三视图

图 4-7a 所示为圆锥的三视图。它的正面和侧面投影为同样大小的等腰三角形。等腰三角形的两腰 $s'a'$和 $s'b'$是圆锥面的最左和最右转向轮廓线的投影，其侧面投影与轴线重合不应画出，它们把圆锥面分为前、后两半圆锥面；等腰三角形的两腰 $s''c''$和 $s''d''$是圆锥面最前和最后转向轮廓线的投影，其正面投影与轴线重合，它们把圆锥面分为左、右两半圆锥面。

圆锥面的水平投影为圆，它与圆锥底圆的投影重合。最左和最右转向轮廓线 SA、SB 为正平线，其水平投影与圆的水平对称中心线重合；最前和最后转向轮廓线 SC、SD 为侧平线，其水平投影与圆的垂直对称中心线重合。画圆锥的投影时，一般应先画出轴线和底圆中心线，然后画出底圆的投影及圆锥转向轮廓线的投影。

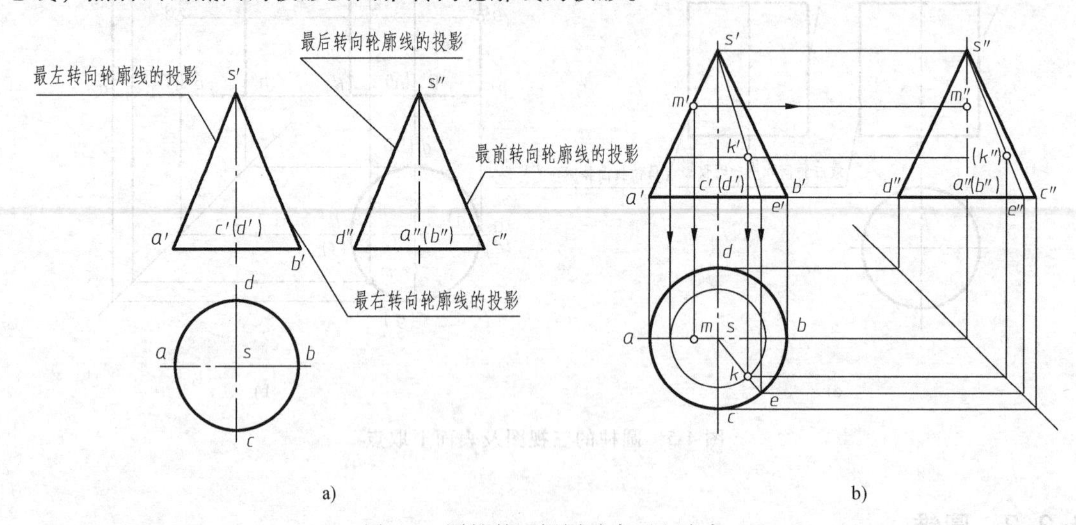

图 4-7 圆锥的三视图及表面上取点

3. 圆锥表面上取点

圆锥转向轮廓线上的点由于位置特殊，它的作图较为简单。在图 4-7b 中，最左转向线 SA 上一点 M，只要已知其一个投影（如已知 m')，其他两个投影（m、m''）即可依据长对正和高平齐直接求出。但是在圆锥面上的点 K，要用作辅助线的方法，才能由一已知投影，求出另外两个投影。

在图 4-7b 中，已知点 K 的正面投影 k'，求作点 K 的其他两面投影有两种作图方法。

1）素线法。过点 K 与锥顶 S 作锥面上的素线 SE，即先过 k'作 $s'e'$，由 e'求出 e、e''，连接 se 和 $s''e''$，它们是辅助线 SE 的水平、侧面投影。而点 K 的水平、侧面投影必在 SE 的同面投影上，从而求出 k 和（k''）。

2）纬圆法。过点 K 在锥面上作一水平辅助圆，该圆与圆锥的轴线垂直，称此圆为纬圆。点 K 的投影必在纬圆的同面投影上。先过 k'作平行于 OX 轴的直线，它是纬圆的正面投影；画出纬圆的水平投影；由 k'向下作垂线与纬圆交于点 k，再由 k'及 k 求出（k''）。因点 K 在锥面的右半部，所以（k''）为不可见。

4.3.3 圆球

1. 圆球的形成

圆球面是由一圆母线绕其直径回转形成的，如图 4-8a 所示。

2. 圆球的三视图

如图 4-8b 所示，圆球的三个投影是圆球上平行相应投影面的三个不同位置的最大轮廓圆的投影。正面投影的轮廓圆是前、后两半球面的可见与不可见的分界线，即对正面的转向轮廓线。水平投影的轮廓圆是上、下两半球面的可见与不可见的分界线，即对水平面的转向轮廓线。侧面投影的轮廓圆是左、右两半球面的可见与不可见的分界线，即对侧面的转向轮廓线。画圆球投影时，应先画出三面投影中圆的对称中心线，对称中心线的交点为球心，然后再分别画出三面投影的转向轮廓线。圆球的三视图如图 4-8c 所示。

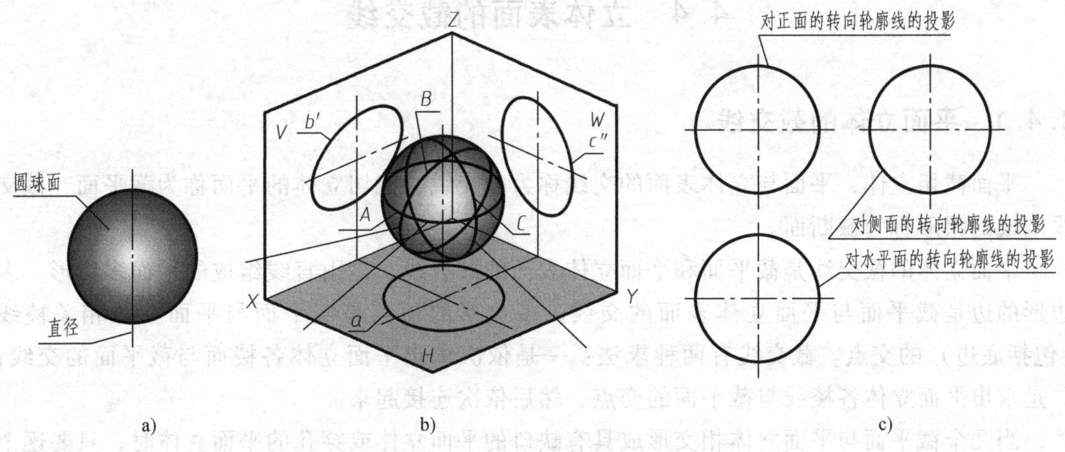

图 4-8 圆球的形成及投影

3. 圆球表面上取点

在图 4-9 中，已知圆球面上点 A、B、C 的正面投影 a'、（b'）、c'，试求各点的其他投影。

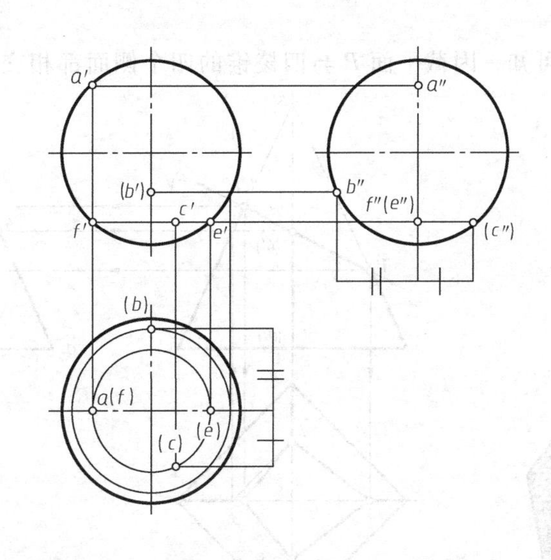

图 4-9 圆球表面上取点

因为 a'为可见，且在平行于正面的正平最大圆上，故其水平投影 a 在水平对称中心线上，侧面投影 a''在垂直对称中心线上；（b'）为不可见，且在垂直对称中心线上，故点 B 在平行于侧面的最大圆的后半部，可由（b'）先求出 b''，最后求出（b）。以上两点均为特殊位置点，可直接作图求出它们的另外两面投影。

由于点 c'在球面上不处于特殊位置，故需作纬圆求解。过 c'作平行于 OX 轴的直线，与球的正面投影交于点 e'、f'，以 $e'f'$为直径在水平面上作水平圆，则点 C 的水平投影（c）必在此纬圆上，由（c）、c'求出 c''；因点 C 在球的右下方，故其水平、侧面投影（c）与（c''）均为不可见。

4.4 立体表面的截交线

4.4.1 平面立体的截交线

平面截切立体，平面与立体表面的交线称为截交线，截切立体的平面称为截平面，截交线围成的图形称为截断面。

平面立体的截交线是截平面和平面立体表面的共有线，是由直线组成的平面多边形，多边形的边是截平面与平面立体表面的交线，多边形的顶点是截平面与平面立体相关棱线（包括底边）的交点。截交线有两种求法：一是依次求出平面立体各棱面与截平面的交线；二是求出平面立体各棱线与截平面的交点，然后依次连接起来。

当几个截平面与平面立体相交形成具有缺口的平面立体或穿孔的平面立体时，只要逐个作各个截平面与平面立体的截交线，再绘制截平面之间的交线，就可作这些平面立体的三视图。

下面举例说明求平面立体截交线投影的方法和步骤。

【例 4-1】 试求正垂面 P 与四棱锥的截交线投影，并画出四棱锥截切后的三面投影，如 4-10a 所示。

分析 由图 4-10 可知，因截平面 P 与四棱锥的四个侧面都相交，所以截交线围成的图

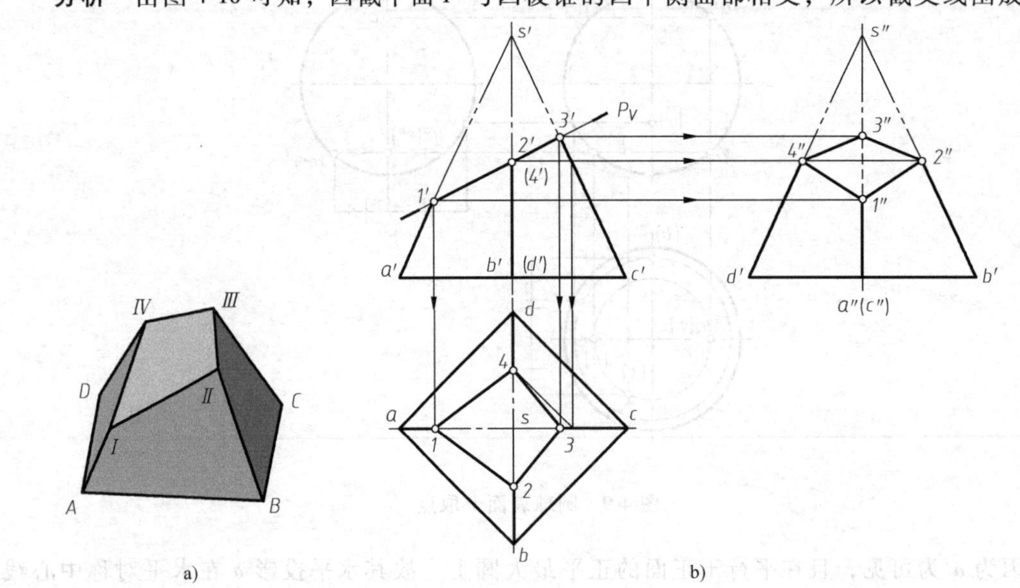

图 4-10 四棱锥与平面相交

形为四边形。四边形的四个顶点为四棱锥四条棱线与截平面 P 的交点。由于截平面 P 是正垂面，截交线的正面投影与 P_V 重合，由正面投影可求出其水平投影与侧面投影。

作图步骤如下。

1）先画出四棱锥的三面投影。

2）因 P 面为正垂面，四棱锥的四条棱线与 P 面交点的正面投影 1′、2′、3′、4′可直接求出。

3）根据直线上点的投影性质，在四棱锥各棱线的水平、侧面投影上，求出相应点的投影 1、2、3、4 和 1″、2″、3″、4″。

4）将各点的同面投影依次连接起来，即得到截交线的投影，它们是两类似的四边形 1234 和 1″2″3″4″。在图上去掉被截平面切去的部分，即完成截切四棱锥的三面投影，如图 4-10b所示。

求点 4 的另一种方法（作底边的平行线），如图 4-10b 所示。

注意：在侧面投影上，棱线 SC 的一段虚线不要漏画。

【例 4-2】 完成被正垂面截切后的六棱柱的投影，如图 4-11a、b 所示。

分析 截平面与六棱柱的六个棱面都相交，故截交线围成的图形为六边形。由于截平面

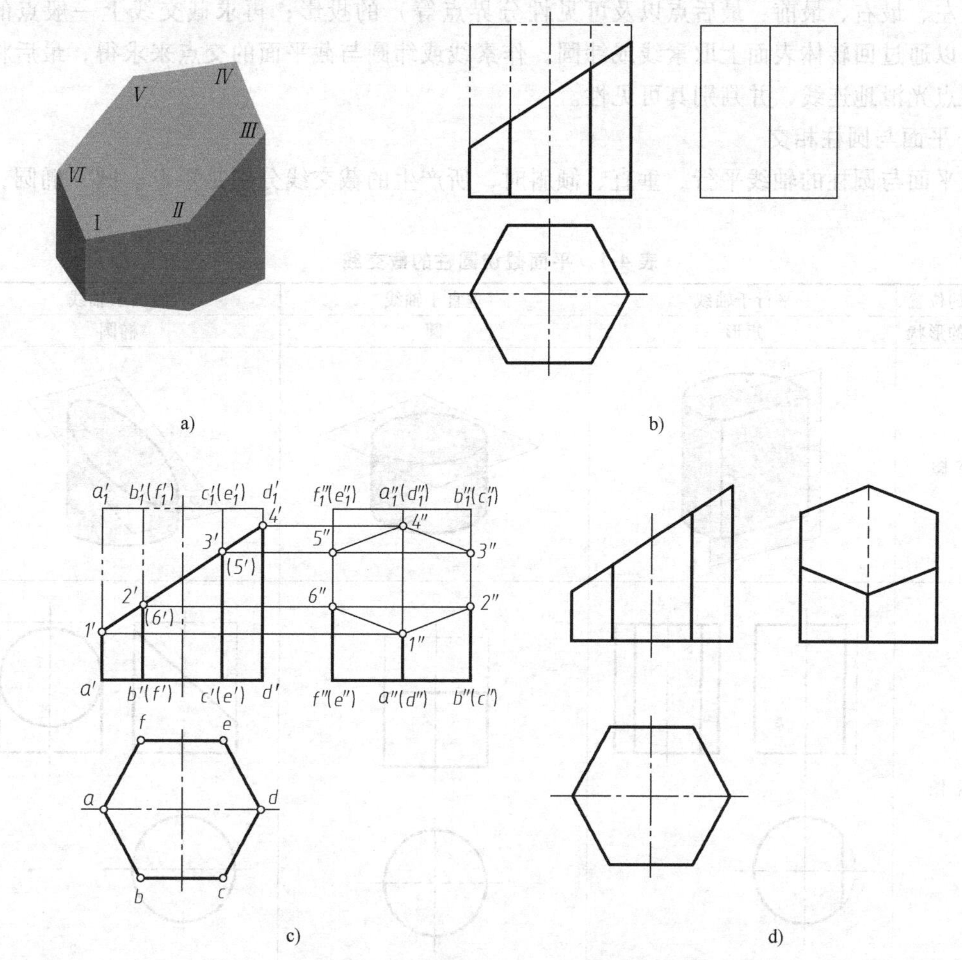

图 4-11 正垂面截切后的六棱柱的投影

是正垂面，故截交线的正面投影积聚成直线；由于六棱柱六个棱面的水平投影有积聚性，故截交线的水平投影仍为正六边形。因此本题主要求解截交线的侧面投影。

作图步骤如下。

1）确定截交线的正面投影 1′、2′、3′、4′、(5′)、(6′)，如图 4-11c 所示。

2）利用点的投影规律，求出截交线六点的侧面投影 1″、2″、3″、4″、5″、6″。依次连接六点即是截交线的侧面投影。截交线侧面投影均可见，故画成实线；右侧棱线侧面投影不可见，故画成虚线，与实线重合部分不画，如图 4-11d 所示。

3）整理图面，完成截切后六棱柱的三面投影，如图 4-11d 所示。

注意：在侧面投影上，棱线的一段虚线不要漏画。

4.4.2 曲面立体的截交线

平面截切回转体所得到的截交线形状取决于回转体表面形状和截平面与回转体的相对位置。当截平面与回转体的轴线垂直时，任何回转体的截交线都是圆，这个圆就是纬圆。

求回转体截交线的一般步骤是：首先根据回转体的表面形状及截平面与回转体的相对位置，判断截交线的形状和投影特征；然后在各投影面上确定截交线上特殊点（如最高、最低、最左、最右、最前、最后点以及可见性分界点等）的投影；再求截交线上一般点的投影，可以通过回转体表面上取素线或纬圆，作素线或纬圆与截平面的交点来求得；最后将这一系列点光滑地连线，并判别其可见性。

1. 平面与圆柱相交

当平面与圆柱的轴线平行、垂直、倾斜时，所产生的截交线分别是矩形、圆、椭圆，见表 4-1。

表 4-1 平面截切圆柱的截交线

截平面的位置	平行于轴线	垂直于轴线	倾斜于轴线
截交线的形状	矩形	圆	椭圆
立体图	 P	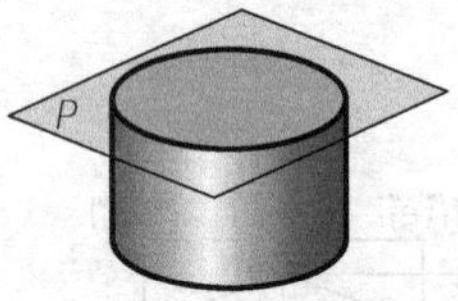 P	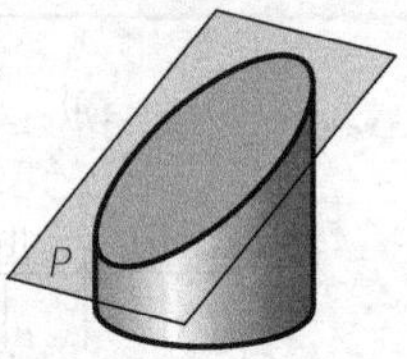 P
三视图	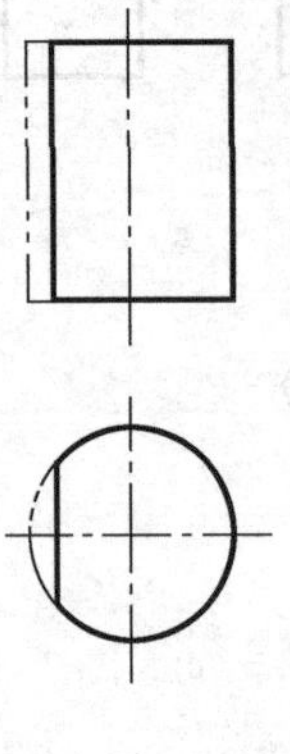	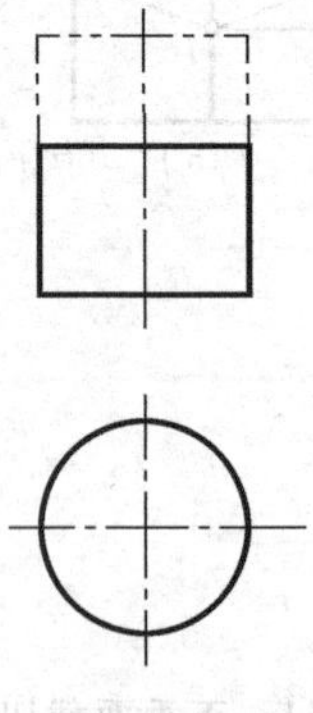	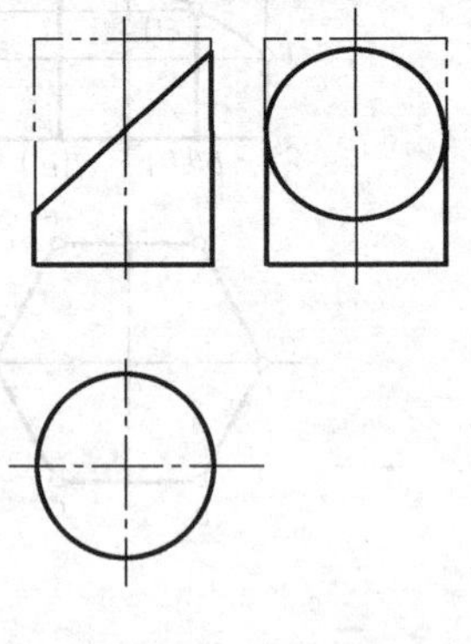

下面举例说明平面与圆柱面相交的截交线投影的作图方法和步骤。

【例 4-3】 求正垂面 P 截切圆柱的截交线投影，如图 4-12 所示。

分析

1）由图 4-12 可知，截平面 P 倾斜于圆柱轴线，截交线的空间形状为椭圆。

2）由于圆柱的轴线为铅垂线，截平面 P 为正垂面，因此截交线的正面投影具有积聚性，水平投影重合在圆上，侧面投影则为椭圆。若截平面与圆柱轴线成 45°相交时，则截交线侧面投影为圆。

作图步骤如下。

1）求特殊点。从图 4-13a 可看出，点 A 和点 C 分别是截交线的最低、最高点，点 B 和点 D 分别是截交线的最前、最后点，它们也是椭圆长短轴的端点。它们的正面、水平投影可利用积聚性直接求得，然后根据正面投影 a'、c' 和 b'、(d') 以及水平投影 a、c 和 b、d 求得侧面投影 a''、c''和 b''、d''。

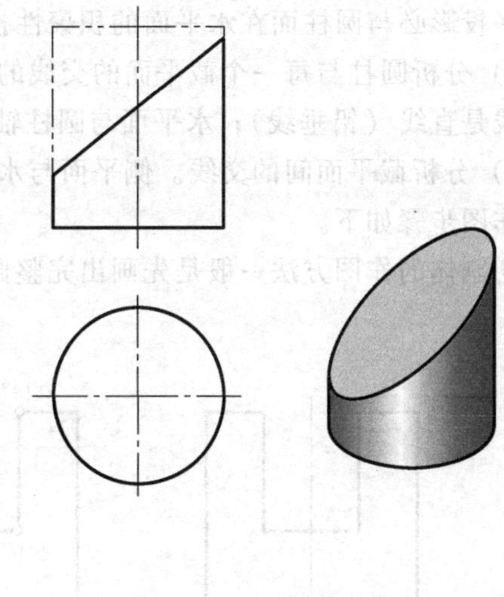

图 4-12 正垂面截切圆柱

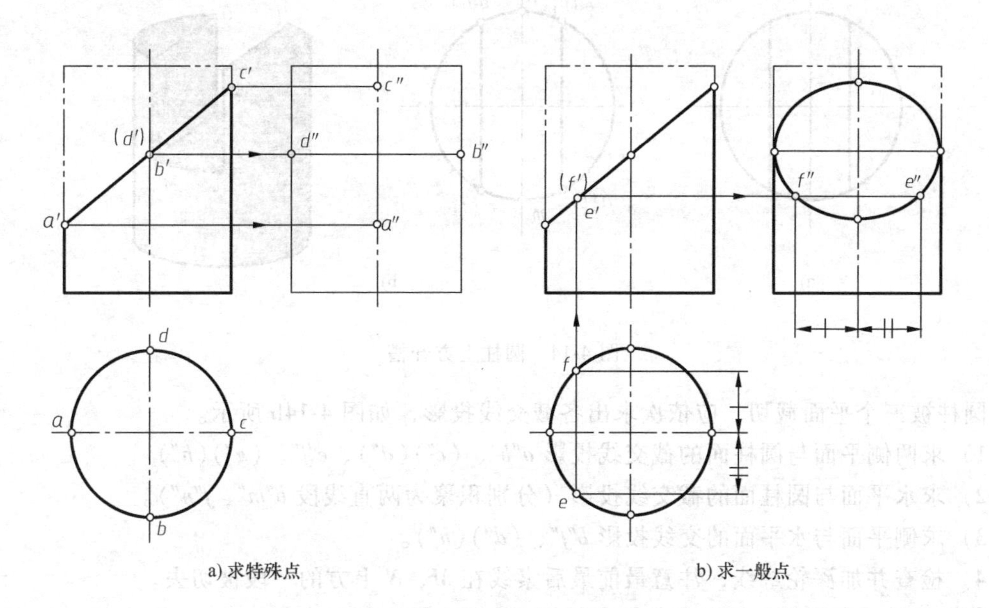

a) 求特殊点 b) 求一般点

图 4-13 求正垂面截切圆柱的截交线投影

2）求一般点。为使作图准确，还须作若干一般点。如图 4-13b 所示，先在水平投影上取对称点 e、f，在正面投影上即可得到 e'、(f')，再求出 e''、f''。用同样方法还可作其他若干点。

3）判别可见性，依次光滑连接 a''、e''、b''等，即得截交线的侧面投影。

4）完成轮廓线并加粗。

此题也可根据椭圆长、短轴用四心圆法近似画出椭圆。

【例 4-4】 已知开槽圆柱的正面、水平投影（见图 4-14a），试完成其侧面投影。

分析

1）分析圆柱相对于投影面的位置。圆柱的轴线垂直于水平面，故截平面与圆柱面交线的水平投影必与圆柱面在水平面的积聚性投影（圆）重合。

2）分析圆柱与每一个截平面的交线的形状。两侧平面与圆柱轴线平行，它们与圆柱面的交线是直线（铅垂线）；水平面与圆柱轴线垂直，它与圆柱面的交线为圆弧曲线。

3）分析截平面间的交线。侧平面与水平面的交线为正垂线。

作图步骤如下。

切割体的作图方法一般是先画出完整圆柱的投影，然后作切口槽的投影。

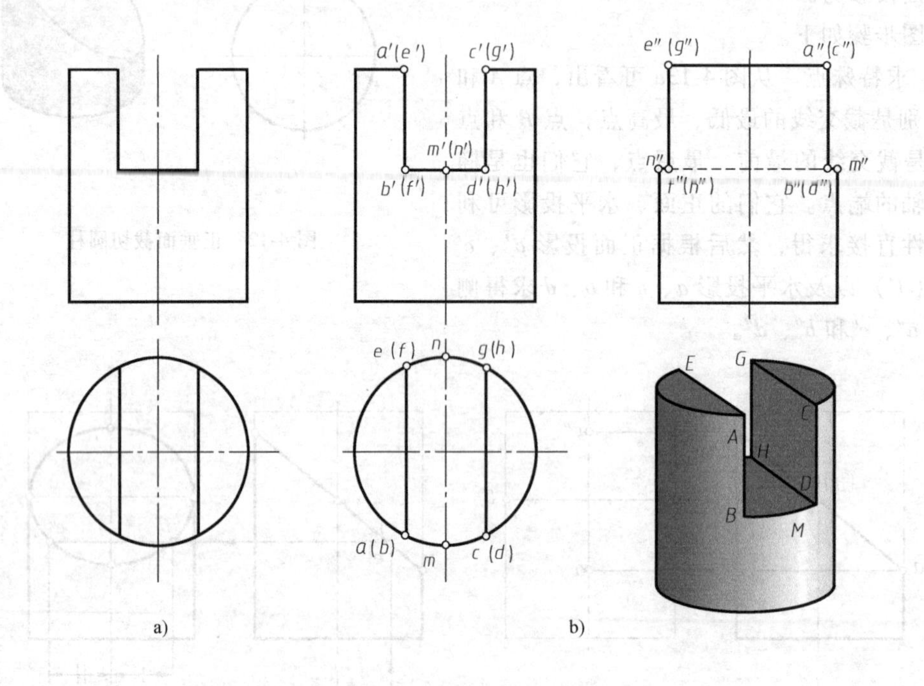

图 4-14 圆柱上方开槽

圆柱被三个平面截切，应依次求出各截交线投影，如图 4-14b 所示。

1）求两侧平面与圆柱面的截交线投影 $a''b''$、$(c'')(d'')$、$e''f''$、$(g'')(h'')$。

2）求水平面与圆柱面的截交线投影（分别积聚为两直线段 $b''m''$、$f''n''$）。

3）求侧平面与水平面的交线投影 $b''f''$、$(d'')(h'')$。

4）检查并加深轮廓线，注意最前最后素线在 M、N 上方的一段被切去。

【例 4-5】 求作带切口圆柱的侧面投影，如图 4-15a 所示。

分析 圆柱切口由水平面 P 和侧平面 Q 切割而成，如图 4-15a 所示。由截平面 P 所产生的截交线是一段水平圆弧，截平面 P 与 Q 的交线是一条正垂线 BD，截平面 Q 所产生的截交线是两段铅垂线 AB 和 CD（圆柱面上两段素线）和一条正垂线 AC。

作图步骤如下。

1）用细线画出圆柱的侧面投影。

2）由 p' 向右引投影连线，再从水平投影上量取宽度定出 b''、d'' 如图 4-15b 所示。

3）由 b''、d''分别向上作垂线与顶面交于 a''、c''，即得由截平面 Q 所产生的截交线 AB、CD 的侧面投影 $a''b''$、$c''d''$，如图 4-15c 所示。

4）整理图线，如图 4-15d 所示。

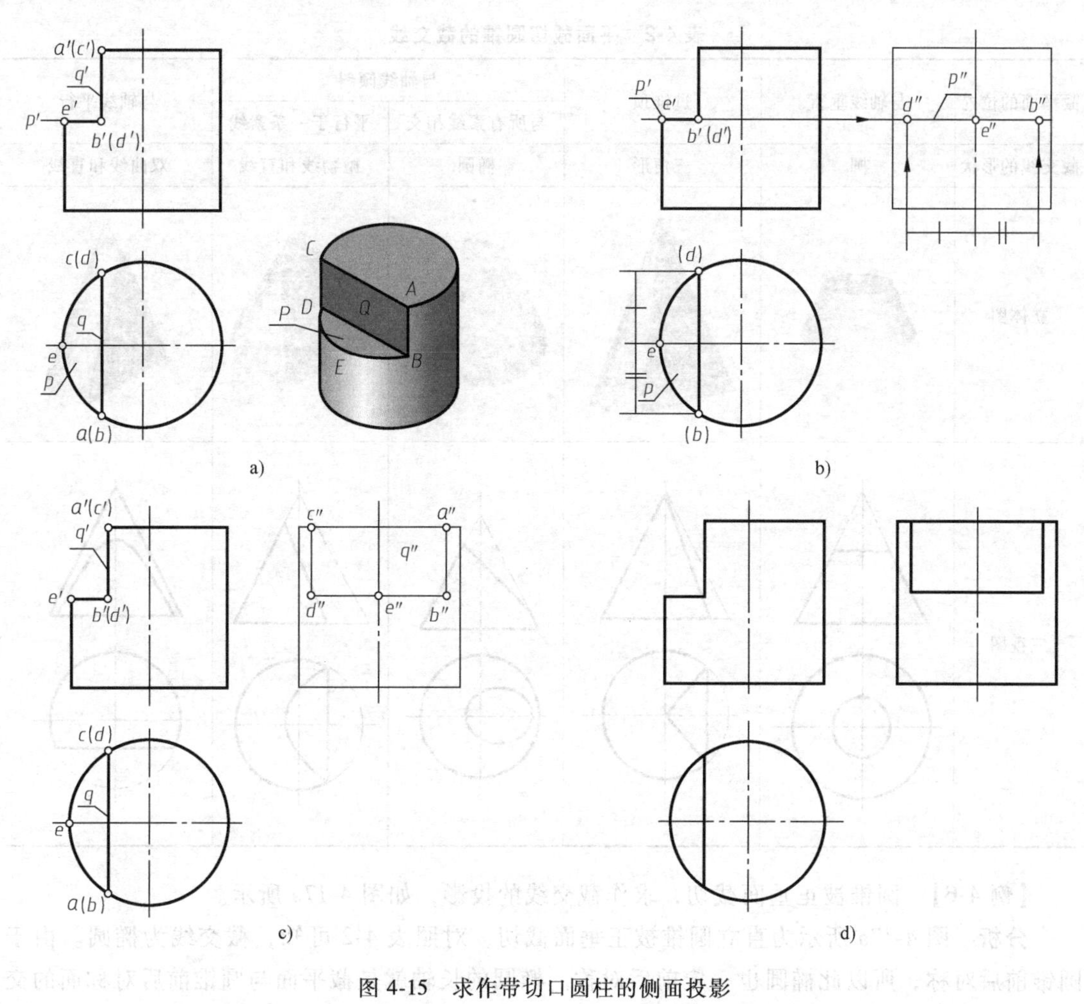

图 4-15 求作带切口圆柱的侧面投影

思考 如果扩大切割圆柱的范围，使截平面 P 切过圆柱的轴线，则图 4-16 所示的侧面投影与图 4-15 所示的侧面投影有所不同，因为截平面 P 已切过圆柱的轴线，圆柱面的最前和最后两段轮廓已被切去。读者要仔细分析由于切割位置不同而导致的侧面投影轮廓线的不同。

2. 平面与圆锥相交

平面与圆锥相交所产生的截交线形状，取决于平面与圆锥轴线的位置。表 4-2 列出了平面截切圆锥的截交线。

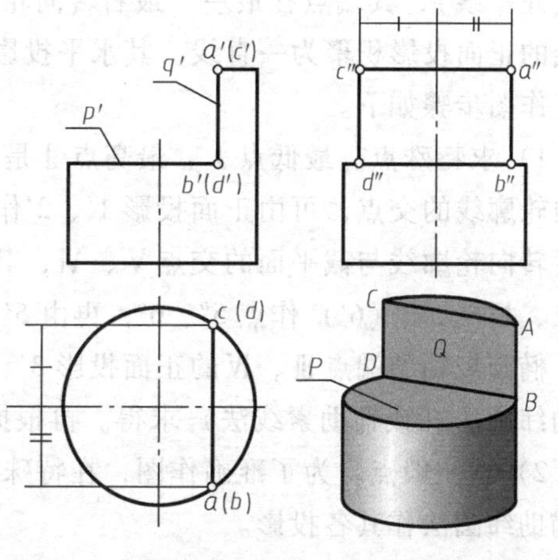

图 4-16 不同位置切口的侧面投影的变化

截交线的形状不同，其作图方法也不一样。当截交线为直线时，只需求出直线上两点的投影，连成直线即可；当截交线为圆时，应找出圆的圆心和半径；当截交线为椭圆、抛物线和双曲线时，需作截交线上一系列点的投影。

表 4-2 平面截切圆锥的截交线

截平面的位置	与轴线垂直	过锥顶	与轴线倾斜		与轴线平行
			与所有素线相交	平行于一条素线	
截交线的形状	圆	三角形	椭圆	抛物线和直线	双曲线和直线
立体图		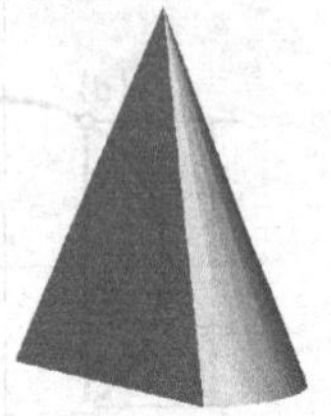	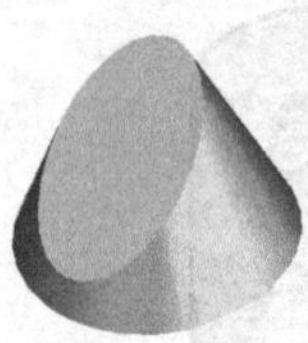	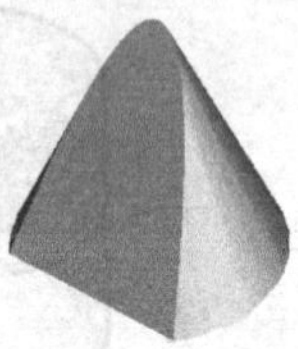	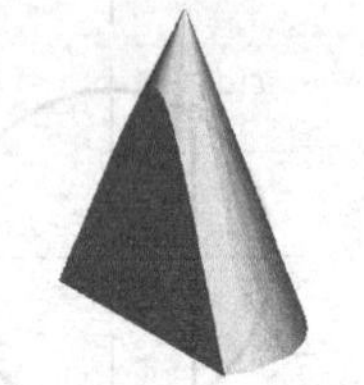
三视图	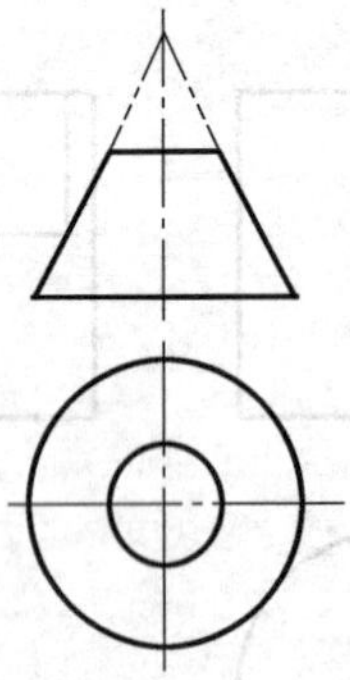	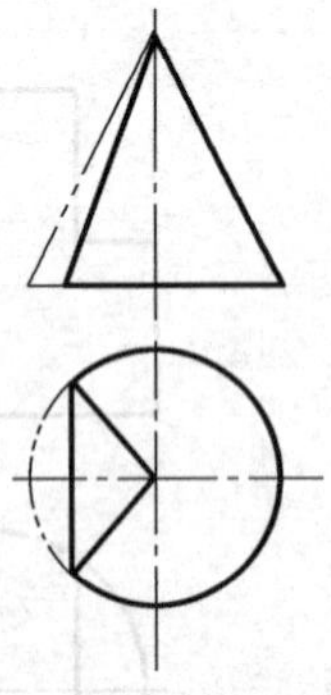	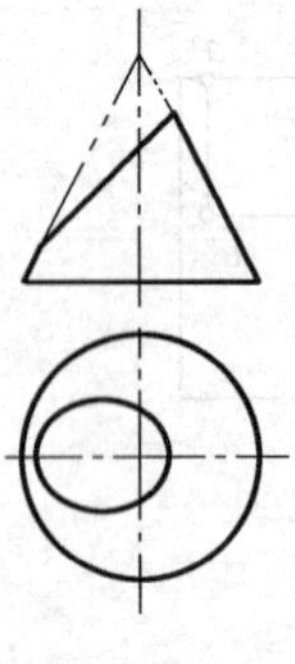	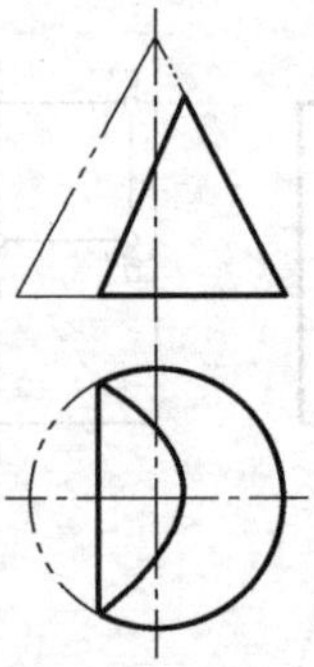	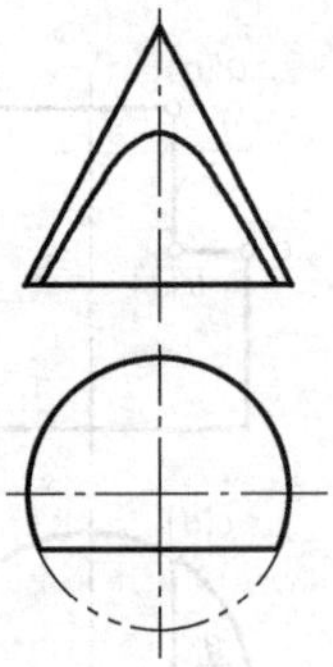

【例 4-6】 圆锥被正垂面截切，求作截交线的投影，如图 4-17a 所示。

分析 图 4-17a 所示为直立圆锥被正垂面截切，对照表 4-2 可知，截交线为椭圆。由于圆锥前后对称，所以此椭圆也一定前后对称。椭圆的长轴就是截平面与圆锥前后对称面的交线（正平线），其端点在最左、最右转向轮廓线上，而短轴则是通过长轴中点的正垂线。截交线的正面投影积聚为一直线，其水平投影和侧面投影通常为椭圆。

作图步骤如下。

1）求特殊点。最低点Ⅰ、最高点Ⅱ是椭圆长轴的端点，也是截平面与圆锥最左、最右转向轮廓线的交点，可由正面投影 1′、2′作水平投影 1、2 和侧面投影 1″、2″。圆锥的最前、最后转向轮廓线与截平面的交点Ⅴ、Ⅵ，其正面投影 5′、（6′）为截平面与轴线正面投影的交点，根据 5′、（6′）作点 5″、6″，再由 5′、（6′）和 5″、6″求得 5、6。

椭圆短轴的端点Ⅲ、Ⅳ的正面投影 3′、（4′）应在 1′2′的中点处。水平投影 3、4 可利用辅助纬圆法（或辅助素线法）求得。再根据 3′、（4′）和 3、4 求得 3″、4″。

2）求一般点。为了准确作图，在特殊点之间作适当数量的一般点。如Ⅶ、Ⅷ两点，可用辅助纬圆法作其各投影。

3）依次连接各点即得截交线的水平投影与侧面投影，如图 4-17b 所示。

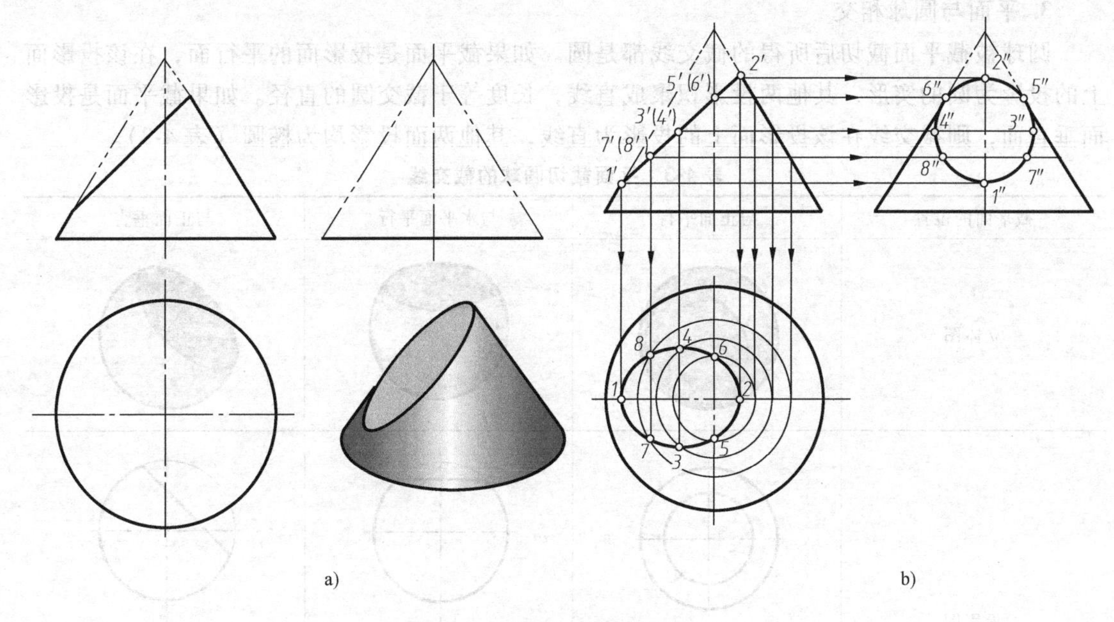

图 4-17 平面与圆锥相交（一）

【例 4-7】 圆锥被正平面 P 截切，求作截交线的投影，如图 4-18a 所示。

分析 因为截平面与圆锥的轴线平行，所以截交线为双曲线。其水平投影积聚在平面 P 的水平投影 p 上，截交线上的最低点 A 和 B 的水平投影 a、b 位于 p 与圆锥底圆的水平投影的相交处。在圆锥底圆的正面投影上定出 a' 和 b'。最高点 E 的水平投影 e 位于 ab 的中点，其正面投影 e' 可用锥面上取点的方法（辅助圆法）求出。为此，以 s 为中心、以 se 为半径作一辅助圆，找出该圆对应的正面投影（积聚成一条水平线），e' 的位置即可确定（还可用什么方法确定？若有圆锥截切后的左视图，点 e' 又如何作？）

一般点 C 和 D 的投影 c' 和 d' 的求法和 e' 的求法相同，如图 4-18b 所示。

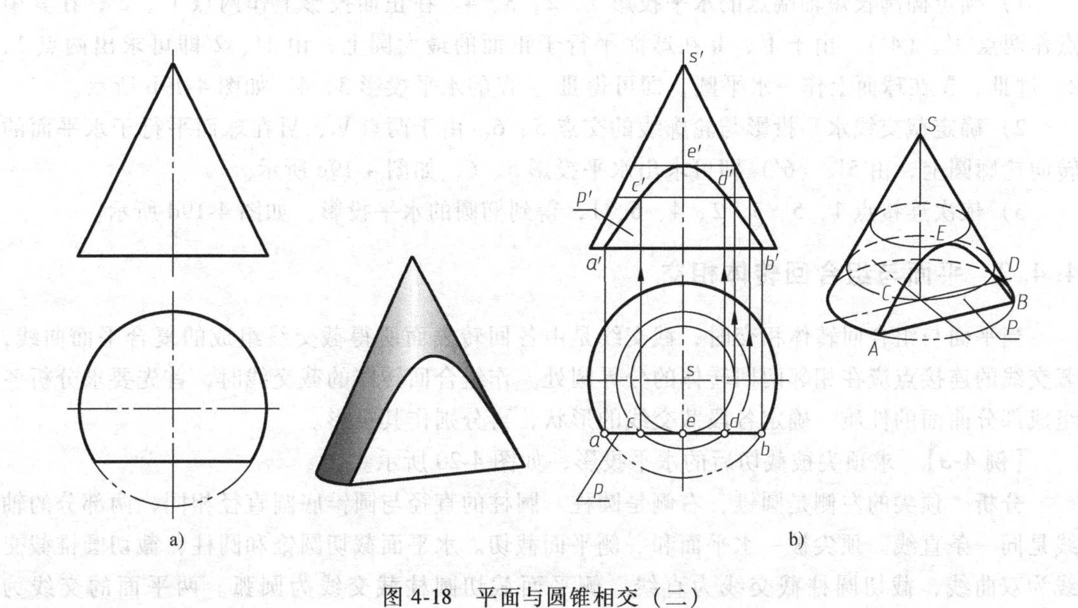

图 4-18 平面与圆锥相交（二）

3. 平面与圆球相交

圆球被截平面截切后所得的截交线都是圆。如果截平面是投影面的平行面，在该投影面上的投影为圆的实形，其他两投影积聚成直线，长度等于截交圆的直径。如果截平面是投影面垂直面，则截交线在该投影面上的投影为直线，其他两面投影均为椭圆（表 4-3）。

表 4-3 平面截切圆球的截交线

截平面的位置	与正面平行	与水平面平行	与正面垂直
立体图	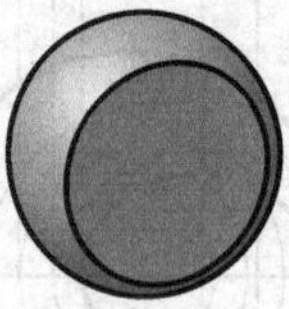	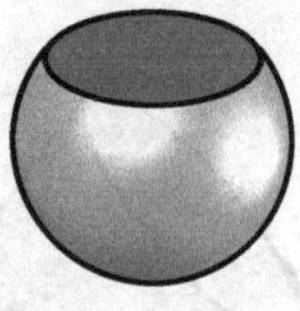	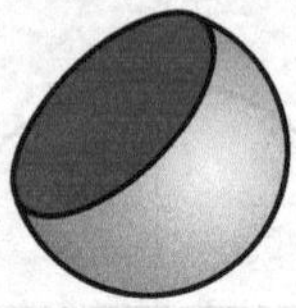
投影图	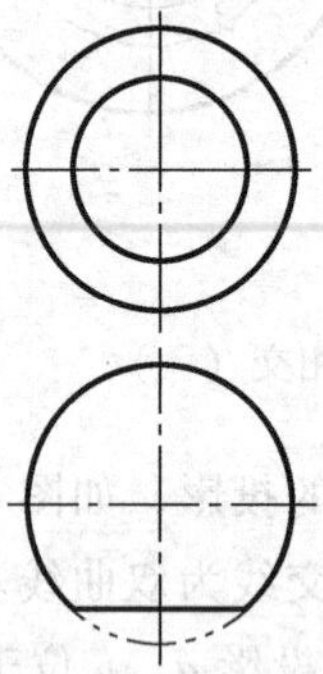	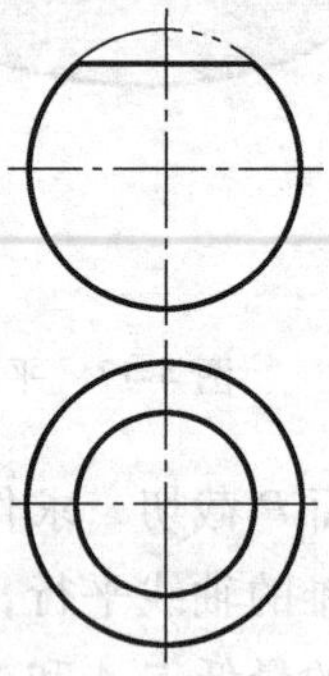	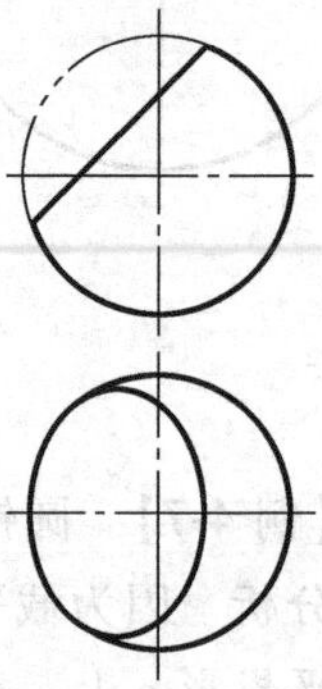

【例 4-8】 正垂面截切圆球，完成其截交线的投影，如图 4-19a 所示。

分析 图 4-19a 所示为圆球被正垂面截切，截交线的正面投影积聚为直线，且等于截交圆的直径，水平投影为椭圆。

作图步骤如下。

1）确定椭圆长短轴端点的水平投影 1、2、3、4。在正面投影上作两点 1′、2′，在其中点作两点 3′、(4′)。由于Ⅰ、Ⅱ在球面平行于正面的最大圆上，由 1′、2′即可求出两点 1、2。过Ⅲ、Ⅳ在球面上作一水平圆，即可得Ⅲ 、Ⅳ的水平投影 3、4，如图 4-19b 所示。

2）确定截交线水平投影与轮廓线的交点 5、6。由于两点Ⅴ、Ⅵ在球面平行于水平面的转向轮廓圆上，由 5′、(6′) 即可求出水平投影 5、6，如图 4-19c 所示。

3）依次连接点 1、5、3、2、4、6、1，得到椭圆的水平投影，如图 4-19d 所示。

4.4.3 平面与组合回转体相交

当平面与组合回转体相交时，截交线是由各回转表面所得截交线组成的复合平面曲线，截交线的连接点应在相邻两回转体的分界圆处。作组合回转体的截交线时，首先要求分析各组成部分曲面的性质、确定各段截交线的形状，再分别作其投影。

【例 4-9】 求顶尖被截切后的水平投影，如图 4-20 所示。

分析 顶尖的左侧是圆锥，右侧是圆柱。圆柱的直径与圆锥底圆直径相同，两部分的轴线是同一条直线。顶尖被一水平面和一侧平面截切。水平面截切圆锥和圆柱，截切圆锥截交线为双曲线，截切圆柱截交线为直线。侧平面截切圆柱截交线为圆弧。两平面的交线为

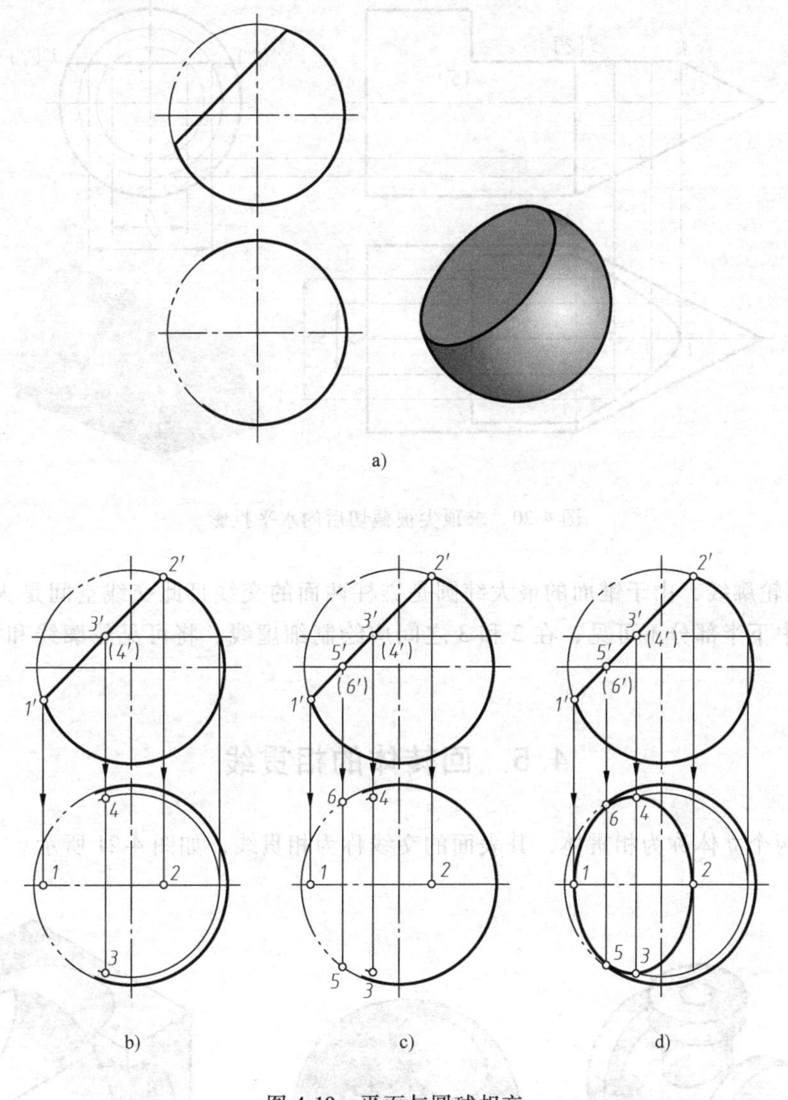

图 4-19 平面与圆球相交

直线。

作图步骤如下。

1）水平面截切圆锥得双曲线，水平投影为前后对称图形。先求特殊点：水平面截切转向轮廓线的交点Ⅰ为最左点；截切圆锥底圆的交点Ⅱ、Ⅲ为最右点，是双曲线的端点，也是截切右侧圆柱素线的左端点。为使双曲线连接光滑，再求若干一般点，依次光滑连接。

2）水平面截切圆柱得素线，左端点为Ⅱ、Ⅲ两点，素线与圆柱轴线平行，素线水平投影与轴线平行。素线长度由正面投影求得，于是得素线的右端点Ⅳ、Ⅴ两点，光滑连接完成素线水平投影。

3）侧平面截切圆柱得圆弧，水平投影积聚为4、5两点的连线，侧面投影与圆柱积聚性投影重合。

4）水平面和侧平面的交线是Ⅳ、Ⅴ连线，已完成投影。

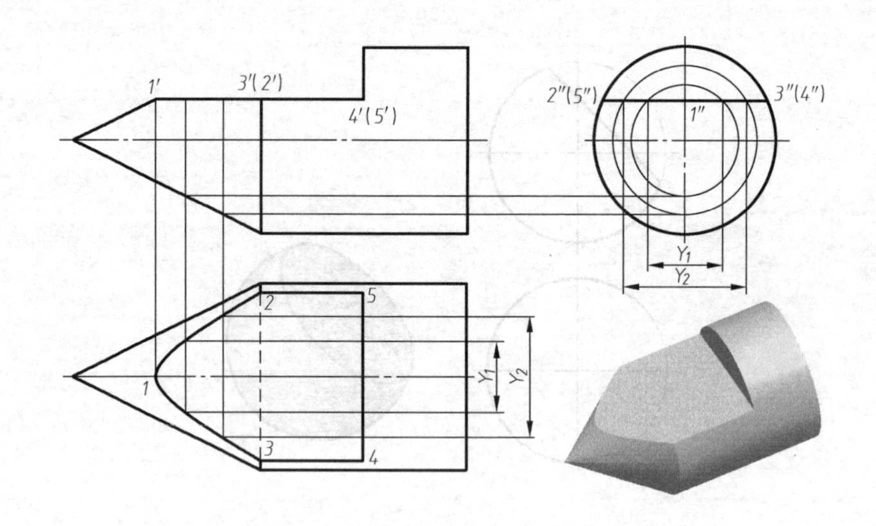

图 4-20 求顶尖被截切后的水平投影

5）整理轮廓线，由于锥面的最大纬圆是锥柱两面的交线且此交线空间是大半圆周，在水平投影图中下半部分不可见，在 2 和 3 之间应绘制细虚线。将可见轮廓线和截交线加深，完成全图。

4.5 回转体的相贯线

相交的两个立体称为相贯体，其表面的交线称为相贯线，如图 4-21 所示。

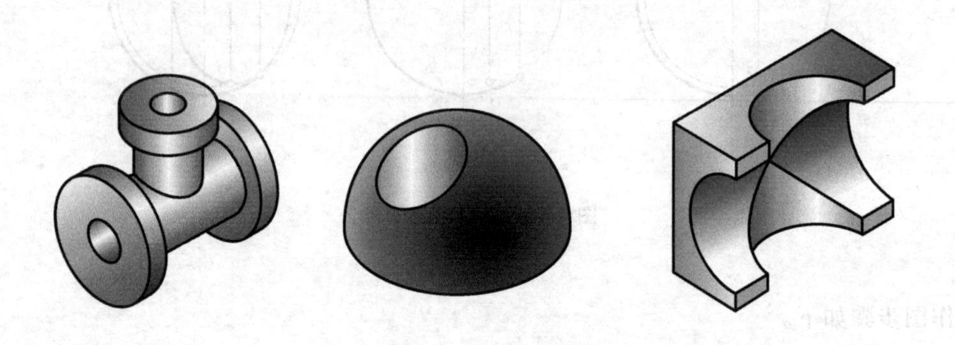

图 4-21 机件上常见的相贯线

相贯线具有以下两条重要性质。

1）相贯线是两立体表面的共有线，是两立体表面共有点的集合，也是两立体表面的分界线。

2）相贯线的形状一般是封闭的空间曲线，特殊情况下可以是平面曲线或直线。

从以上两条性质可见，求相贯线的实质就是求两立体表面共有点的投影问题，最常用的方法是辅助平面法，但当相交两表面中存在积聚性投影时，可利用积聚性投影作图。

4.5.1 积聚性法求相贯线

两圆柱相交，如果是轴线垂直于投影面的圆柱，则相贯线在该投影面上的投影积聚在圆柱面具有积聚性的投影上。这时，可以把相贯线看成是另一回转体表面的曲线，利用在回转体表面上取点的方法作相贯线的其余投影。

【例 4-10】 如图 4-22 所示，已知轴线垂直相交的两圆柱的三面投影，求作相贯线的投影。

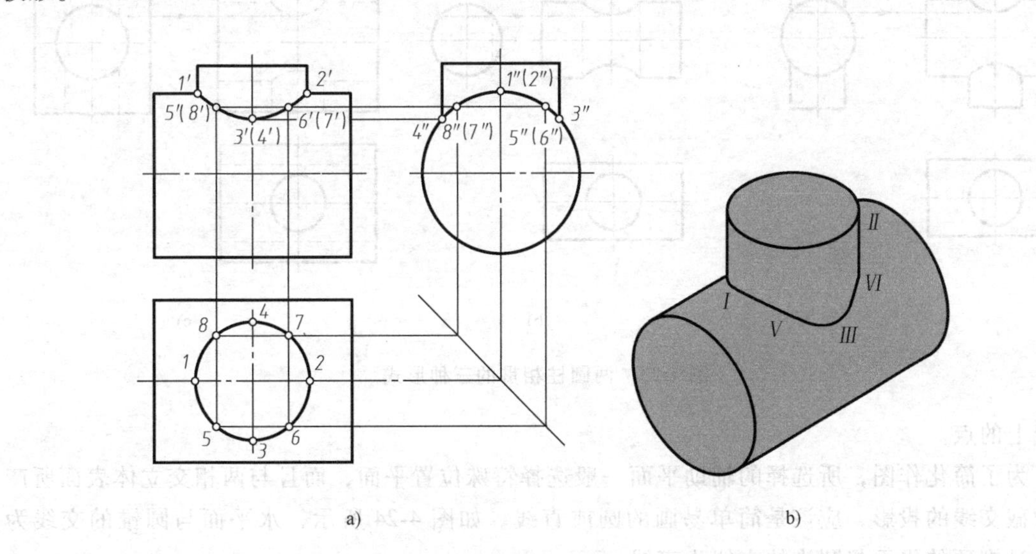

图 4-22 求作轴线垂直相交的两圆柱的相贯线投影

分析 由图 4-22a 可知，直径不同的两圆柱轴线垂直相交，相贯线为前后左右对称的空间曲线。由于大圆柱轴线垂直于侧面，小圆柱轴线垂直于水平面，所以，相贯线的侧面投影为一段圆弧，水平投影为圆，只有正面投影需要求作。

作图步骤如下。

1）求特殊点。先在相贯线的水平投影上定出最左、最右、最前、最后点Ⅰ、Ⅱ、Ⅲ、Ⅳ的投影 1、2、3、4，再在相贯线的侧面投影上相应地定出 1″、(2″)、3″、4″，根据水平投影和侧面投影再求出正面投影 1′、2′、3′、(4′)。

2）求一般点。先在已知相贯线的侧面投影上任取一重影点 5″（6″），找出水平投影 5、6，然后求出正面投影 5′、6′同理得到正面投影（7′）、(8′)。

3）光滑连接。相贯线的正面投影左右、前后对称，相贯线的后半部分与前半部分重影，只需按顺序光滑连接前面可见部分的各点 1′、5′、3′、6′、2′，即完成作图。

圆柱相贯有外表面与外表面相贯（图 4-23a）、外表面与内表面相贯（见图 4-23b）、两内表面相贯（见图 4-23c）三种形式。这三种形式的相贯线的形状和作图方法相同。

4.5.2 辅助平面法求相贯线

用辅助平面法求相贯线的基本原理是：作一辅助平面，使辅助平面与两回转体都相交，求出辅助平面与两回转体的截交线，两截交线的交点即为三个面的共有点，即是所要求的相

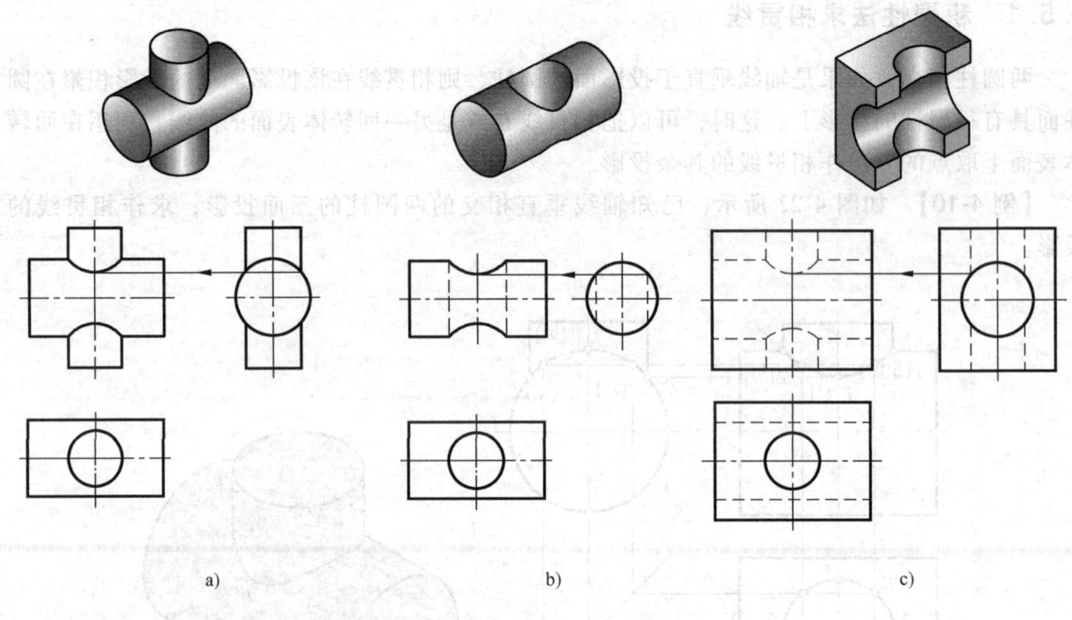

图 4-23 两圆柱相贯的三种形式

贯线上的点。

为了简化作图，所选择的辅助平面一般选择特殊位置平面，而且与两相交立体表面所产生的截交线的投影，应该是简单易画的圆或直线。如图 4-24 所示，水平面与圆锥的交线为圆，过锥顶的平面与圆锥的交线为直线。

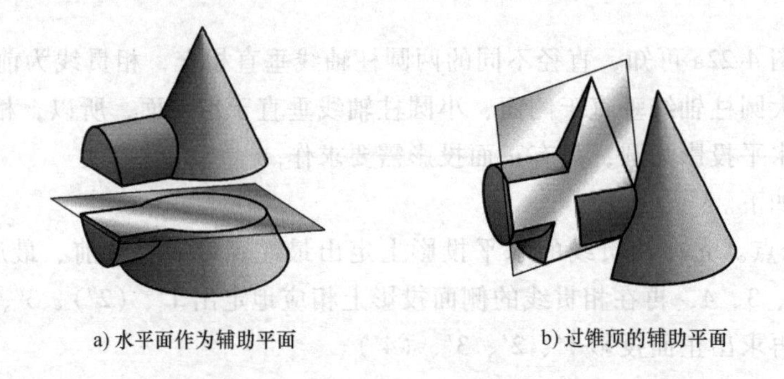

a) 水平面作为辅助平面　　b) 过锥顶的辅助平面

图 4-24 利用辅助平面法求相贯线

【例 4-11】 求圆柱与圆锥相贯线的投影，如图 4-25a 所示。

分析 由投影图可知，圆柱与圆锥轴线垂直相交，相贯线为一条封闭的空间曲线，并且前后对称。由于圆柱的侧面投影为圆，所以，相贯线的侧面投影积聚在该圆上。从两形体相交的位置来分析，求一般点可采用一系列与圆锥轴线垂直的水平面作为辅助平面最为方便，其与圆锥的截交线是圆，与圆柱的截交线是直线，圆和直线都是简单易画的图线；也可采用过锥顶的辅助平面，这样，辅助平面与圆锥的截交线是直线，与圆柱的截交线（或相切的切线）也是直线。若用过锥顶的正平面作为辅助平面，其与圆锥的截交线是最左、最右的转向轮廓线，与圆柱的截交线是最上、最下的转向轮廓线，其四条转向线的交点为相贯线上最高、最低的特殊点。

作图步骤如下。

1）求特殊点。从正面投影可以看出，圆柱的上、下两条转向轮廓线和圆锥的最左转向轮廓线彼此相交，其交点 1′、2′是相贯线的最高点和最低点的正面投影，由此可求出水平投影 1、(2)。由侧面投影可知，圆柱的最前、最后转向轮廓线上点 5″、6″是相贯线上的最前、最后点的侧面投影，过 5″、6″作一水平辅助平面 Q，平面 Q 与圆锥的截交线为圆，与圆柱的截交线为圆柱的最前、最后转向轮廓线，圆与直线水平投影的交点即为 5、6，由 5、6 可求出正面投影 5′、(6′)。过锥顶作侧垂面 R 与圆柱相切，切点 3″、4″为相贯线上的点的侧面投影，平面 R 与圆锥的截交线为过锥顶的两直线，与圆柱的截交线为平行于圆柱轴线的两直线，它们的交点即为 3、4，由水平投影 3、4 和侧面投影 3″、4″可求出 3′、(4′)。作图过程如图 4-25b 所示。

2）求一般点。在 Q 面下方适当的位置作一水平辅助平面 P，与圆柱积聚性投影交于 7″、8″，平面 P 与圆锥的截交线为圆，与圆柱的截交线为平行于圆柱轴线的直线，圆与直线

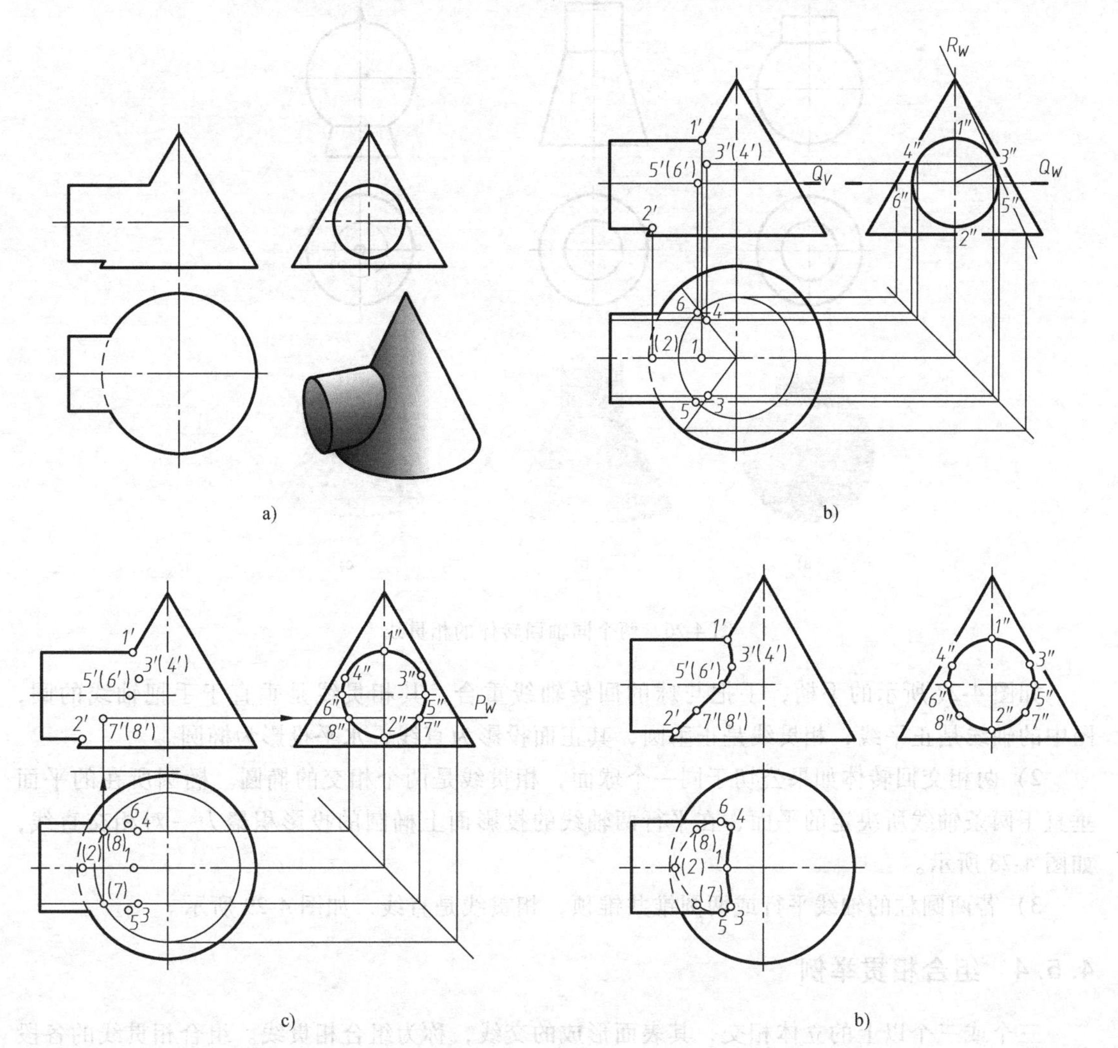

图 4-25 圆柱与圆锥相贯线的投影

水平投影的交点即为（7）、（8），由（7）、（8）和 7″、8″可求出正面投影 7′、（8′），如图 4-25c 所示。

3）判别可见性。当两回转体表面都可见时，其上的交线才可见。按此原则，相贯线的正面投影前后对称，后面的相贯线与前面的相贯线重合，只需按顺序光滑连接前面可见部分各点 1′、3′、5′、7′、2′；在相贯线的水平投影中，圆锥表面未被圆柱遮挡的部分为可见，而圆柱上半部分为可见，下半部分为不可见，所以 5、6 为可见性分界点。故 5、3、1、4、6 为可见，用粗实线依次光滑连接，其余为不可见，用细虚线依次光滑连接。结果如图 4-25d 所示。

4.5.3 相贯线的特殊情况

1）两个同轴回转体相交时，相贯线是垂直于轴线的圆。当回转体轴线平行于某一投影面时，相贯线圆在该投影面上的投影积聚为垂直于轴线的直线，如图 4-26 所示。

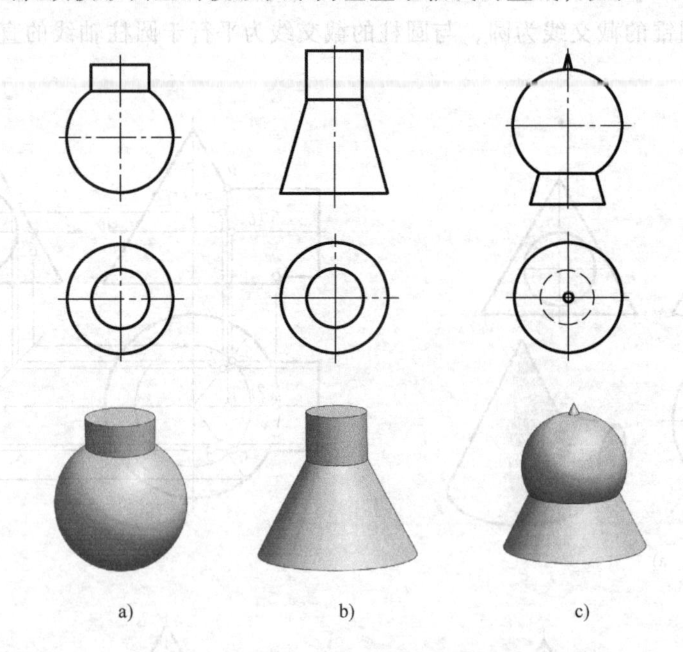

图 4-26 两个同轴回转体的相贯线

如图 4-27 所示的手柄，手把与球的回转轴线重合，其相贯线是垂直于手把轴线的圆，图中的轴线是正平线，相贯线是正垂圆，其正面投影为直线，水平投影为椭圆。

2）两相交回转体如果公切于同一个球面，相贯线是两个相交的椭圆。椭圆所在的平面垂直于两条轴线所决定的平面，在平行两轴线的投影面上椭圆的投影积聚为一对相交直线，如图 4-28 所示。

3）若两圆柱的轴线平行或两圆锥共锥顶，相贯线是直线，如图 4-29 所示。

4.5.4 组合相贯举例

三个或三个以上的立体相交，其表面形成的交线，称为组合相贯线。组合相贯线的各段相贯线，分别是两个立体表面的交线；而两段相贯线的连接点，则必是相贯体上的三个表面的共有点。求组合相贯线时应先分析各立体的表面性质及所生成的相贯线情况，然后再着手作图。

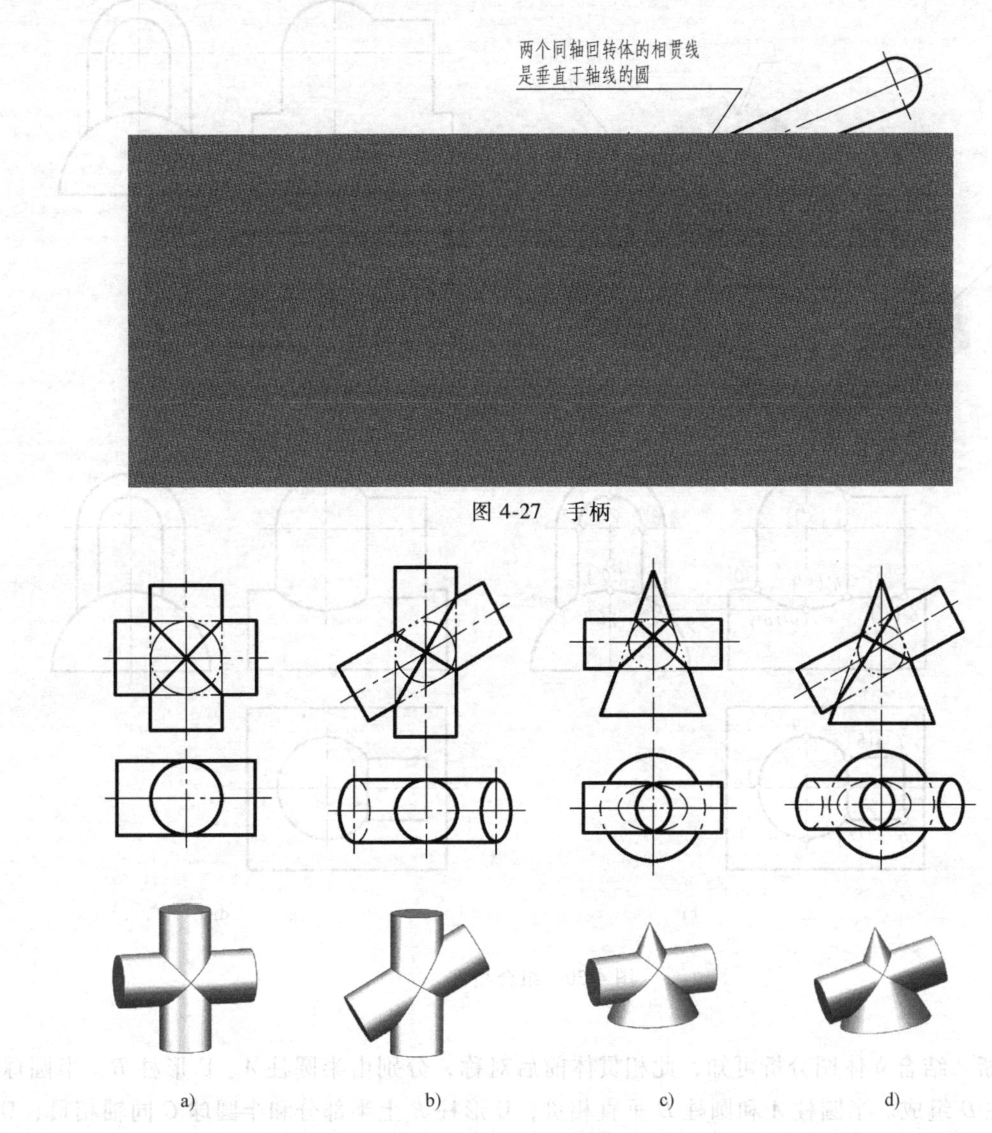

图 4-27 手柄

图 4-28 公切于同一个球面的回转体的相贯线

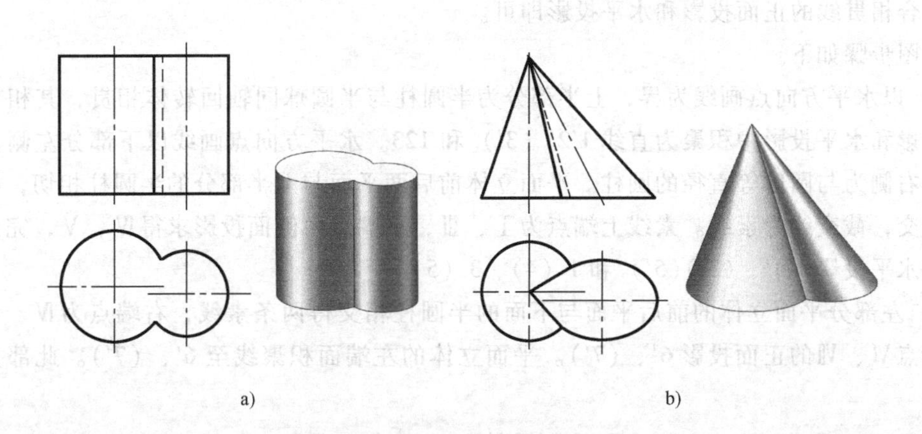

图 4-29 两圆柱的轴线平行或两圆锥共锥顶的相贯线

【例 4-12】 求出如图 4-30 所示立体的组合相贯线投影。

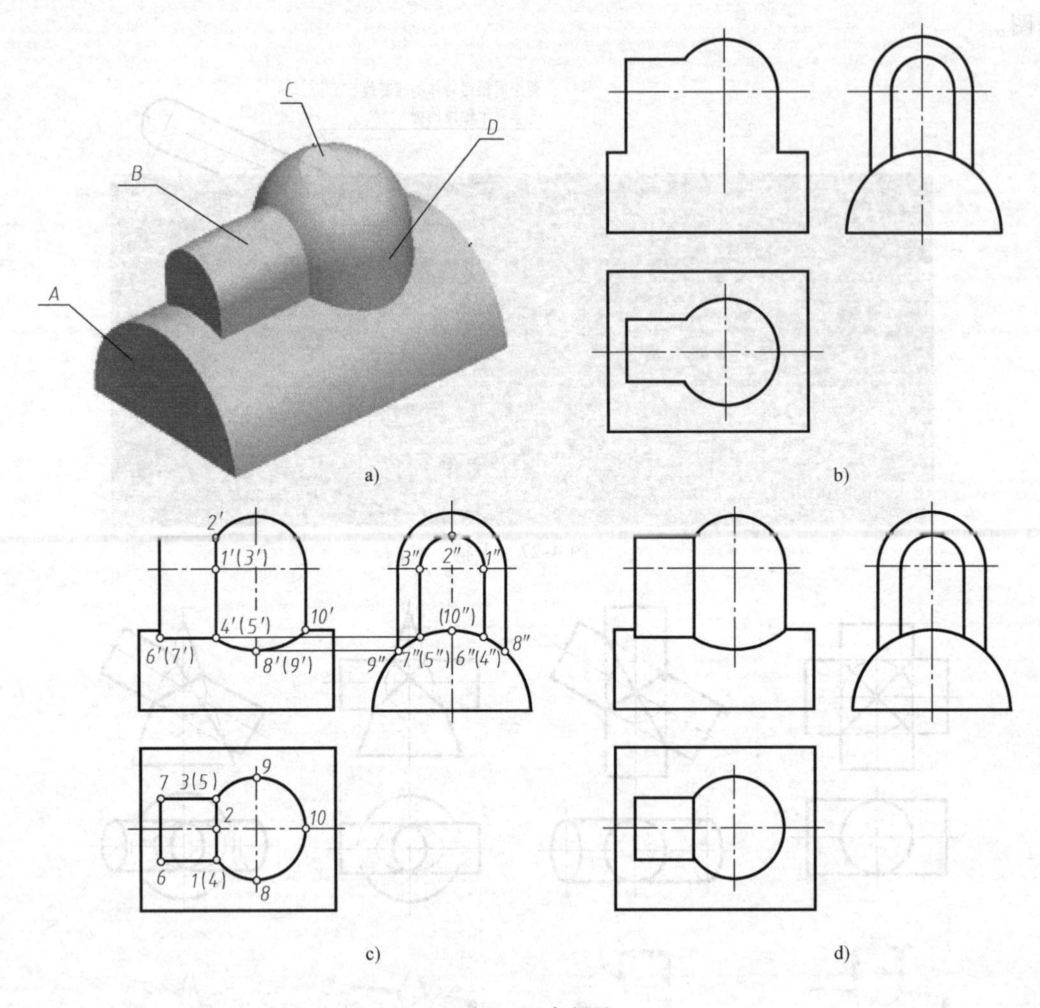

图 4-30　组合相贯

分析　结合立体图分析可知，此相贯体前后对称，分别由半圆柱 *A*、U 形柱 *B*、半圆球 *C*、圆柱 *D* 组成。半圆柱 *A* 和圆柱 *D* 垂直相贯，U 形柱 *B* 上半部分和半圆球 *C* 同轴相贯，U 形柱 *B* 下半部分和半圆柱 *A* 和圆柱 *D* 属平面与立体相交。相贯线在侧面投影上有积聚性，只求组合相贯线的正面投影和水平投影即可。

作图步骤如下。

1）以水平方向点画线为界，上半部分为半圆柱与半圆球同轴回转体相贯，其相贯线在正面投影和水平投影中积聚为直线 1′2′（3′）和 123。水平方向点画线以下部分左侧为平面立体，右侧为与圆球等直径的圆柱。平面立体前后两平面与上半部分的半圆柱相切，与右侧圆柱相交，截交线为素线。素线上端点为Ⅰ、Ⅲ，下端点由侧面投影求得Ⅳ、Ⅴ，完成正面投影和水平投影 1′4′、(3′)(5′）和 1（4）、3（5）。

2）左部分平面立体的前后平面与下面的半圆柱相交得两条素线，右端点为Ⅳ、Ⅴ。求得左端点Ⅵ、Ⅶ的正面投影 6′、(7′)。平面立体的左端面积聚线至 6′、(7′)。此部分相贯线的水平投影为已知。

3）右侧圆柱与水平方向半圆柱相交，相贯线为曲线，求出特殊点的正面投影 8′、(9′)、10′、4′、(5′)，光滑连接成实线。水平投影积聚在圆周上为已知。

4）整理图面，完成全图。

组合相贯的解题思路以及作图时应注意的问题如下。

① 注意分析问题的方法。形体分析是非常重要的。作图前一定要搞清楚物体是由哪些基本立体组成的；它们的相互位置关系如何；哪些表面有交线，交线的形状和投影特性如何。

② 具体作图时要按形体“两两求交”。

③ 出现局部形体相交时，要能够“由局部还原整体”，先进行整体的交线分析，作图时可先整体求解再取局部的交线。

4.5.5 相贯线的简化画法

在不引起误解时，图形中的相贯线可以简化成圆弧。例如：轴线垂直相交且平行于正面的两圆柱相贯，相贯线的正面投影可以用半径与大圆柱半径相等的圆弧来代替。圆弧的圆心在小圆柱的轴线上，圆弧通过正面转向轮廓线的两个交点，并凸向大圆柱的轴线，如图 4-31 所示。

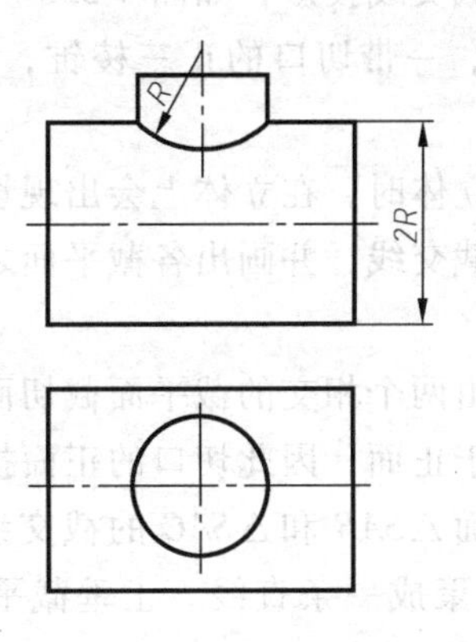

图 4-31 用圆弧代替非圆相贯线

4.6 实例分析

4.6.1 平面立体截交线的画法

平面立体的表面是平面图形，因此平面与平面立体的截交线为封闭的平面多边形。多边形的各个顶点是截平面与立体的棱线（包括底边）的交点，多边形的各条边是截平面与平面立体表面的交线。

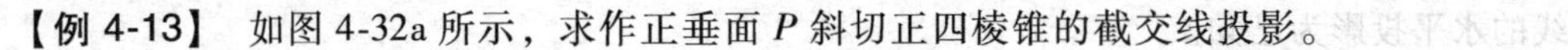

【例 4-13】 如图 4-32a 所示，求作正垂面 P 斜切正四棱锥的截交线投影。

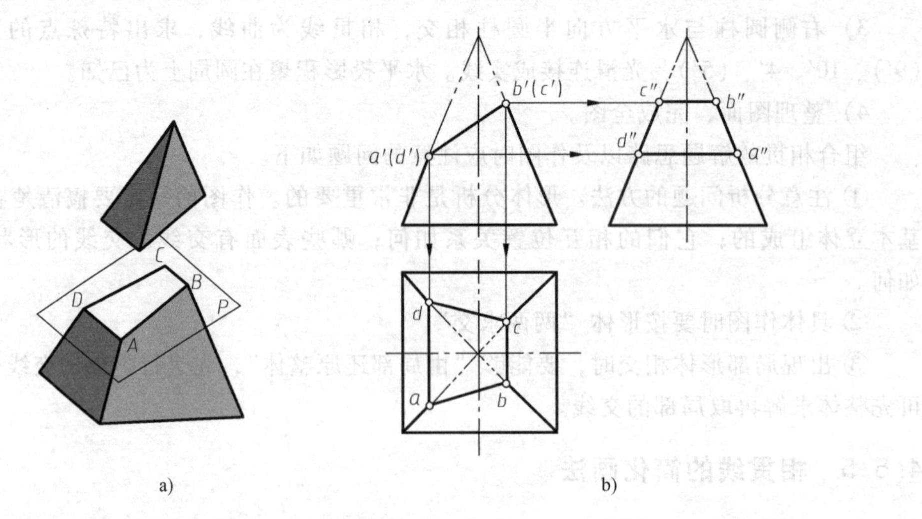

图 4-32 正四棱锥的截交线投影

分析 截平面与正四棱锥的四条棱线相交，可判定截交线是四边形，其四个顶点分别是四条棱线与截平面的交点。因此，只要求出截交线的四个顶点在各投影面上的投影，然后依次连接顶点的同面投影，即可得截交线投影，如图 4-32b 所示。

【例 4-14】 如图 4-33a 所示，一带切口的正三棱锥，已知它的正面投影，求其另外两面投影。

当用两个以上平面截切平面立体时，在立体上会出现切口、凹槽或穿孔等。作图时，只要画出各个截平面与平面立体的截交线，并画出各截平面之间的交线，就可画出这些平面立体的投影。

分析 该正三棱锥的切口是由两个相交的截平面截切而形成的。两个截平面一个是水平面，一个是正垂面，它们都垂直于正面，因此切口的正面投影具有积聚性。水平截平面与正三棱锥的底面平行，因此它与棱面△SAB 和△SAC 的截交线 DE、DF 必分别平行于底边 AB 和 AC，水平截平面的侧面投影积聚成一条直线。正垂截平面分别与棱面△SAB 和△SAC 交于直线 GE、GF。由于两个截平面都垂直于正面，所以两截平面的交线一定是正垂线。根据以上分析作图，如图 4-33b~d 所示。

【例 4-15】 如图 4-34 所示，完成三棱锥被截切后的水平投影和侧面投影。

分析 三棱锥上部被相交两平面（正垂面和水平面）截去，水平面与侧棱面 SAB、SAC 分别交于ⅠⅡ、ⅠⅢ（ⅠⅡ$/\!/AB$、ⅠⅢ$/\!/AC$），正垂面与棱线 SB、SC 分别交于Ⅳ、Ⅴ。两平面相交，交线为正垂线ⅡⅢ，因此，截交线为两相交的三角形和四边形平面。

作图步骤（见图 4-35）如下。

1）在正面投影中标出各点的投影。

2）利用平行线的投影特性求交线ⅠⅡ、ⅠⅢ的水平投影和侧面投影。

3）求出棱线与正垂面的交点Ⅳ、Ⅴ的水平投影和侧面投影。

4）把同一投影面上的点依次连接。

5）检查后描深，注意棱线要描至交点。

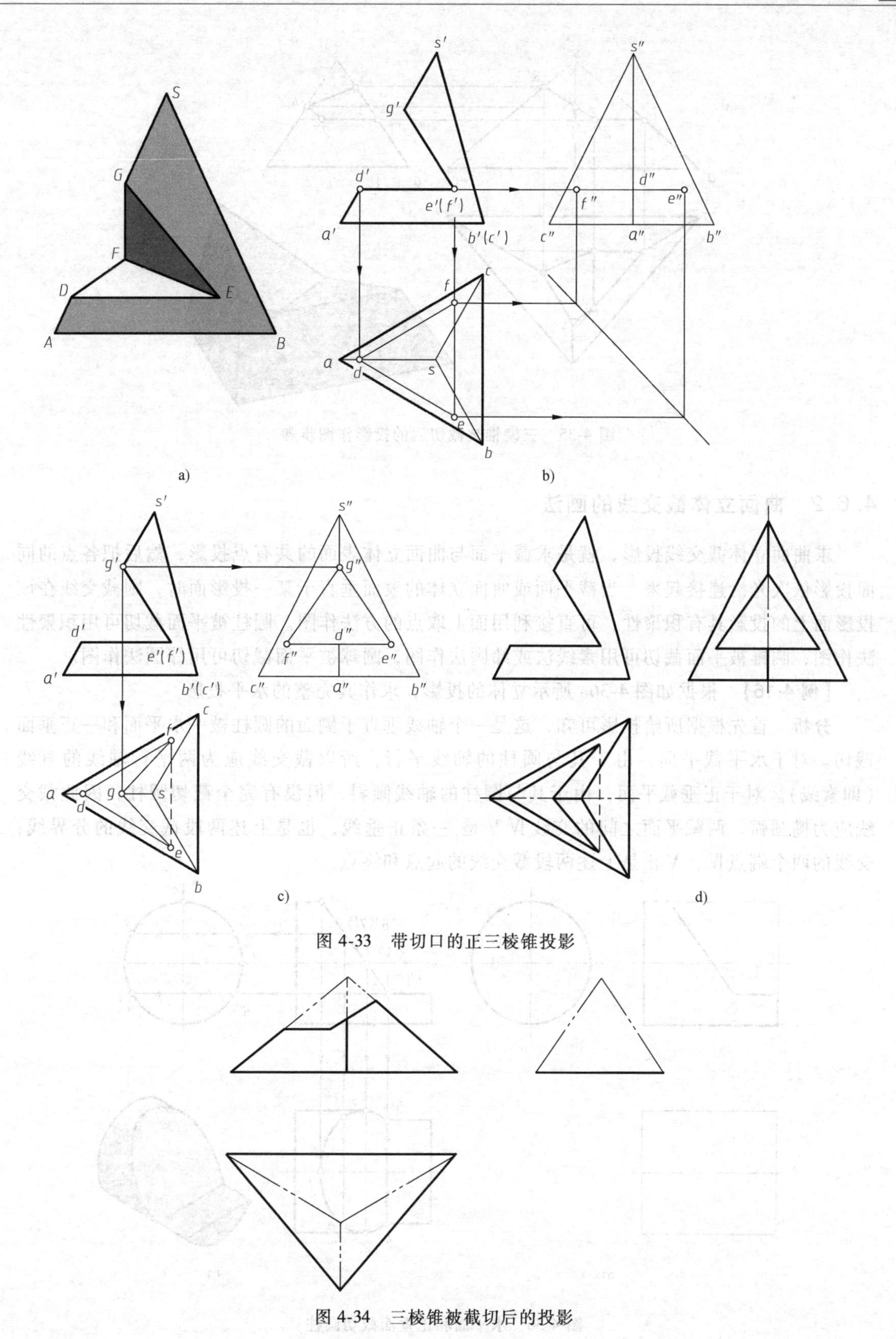

图 4-33　带切口的正三棱锥投影

图 4-34　三棱锥被截切后的投影

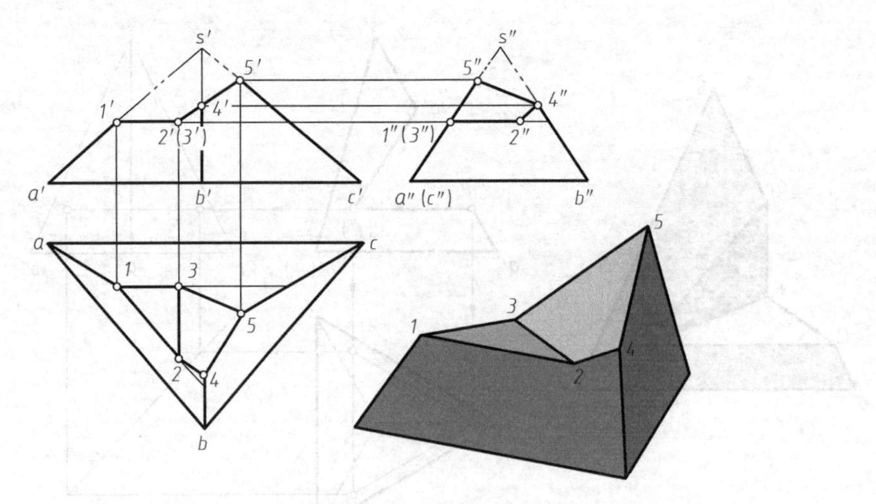

图 4-35 三棱锥被截切后的投影作图步骤

4.6.2 曲面立体截交线的画法

求曲面立体截交线投影，就是求截平面与曲面立体表面的共有点投影，然后把各点的同面投影依次光滑连接起来。当截平面或曲面立体的表面垂直于某一投影面时，则截交线在该投影面上的投影具有积聚性，可直接利用面上取点的方法作图。圆柱被平面截切可用积聚性法作图，圆锥被平面截切可用素线法或纬圆法作图，圆球被平面截切可用纬圆法作图。

【例 4-16】 根据如图 4-36a 所示立体的投影，求作其完整的水平投影。

分析 首先根据所给投影可知，这是一个轴线垂直于侧面的圆柱被一水平面和一正垂面截切。对于水平截平面，由于其与圆柱的轴线平行，所以截交线应为两平行轴线的直线（即素线）。对于正垂截平面，由于其与圆柱的轴线倾斜，但没有完全截切圆柱，因此截交线应为椭圆弧。两截平面之间的交线ⅣⅤ是 一条正垂线，也是上述两段截交线的分界线；交线的两个端点Ⅳ、Ⅴ正是上述两段截交线的起点和终点。

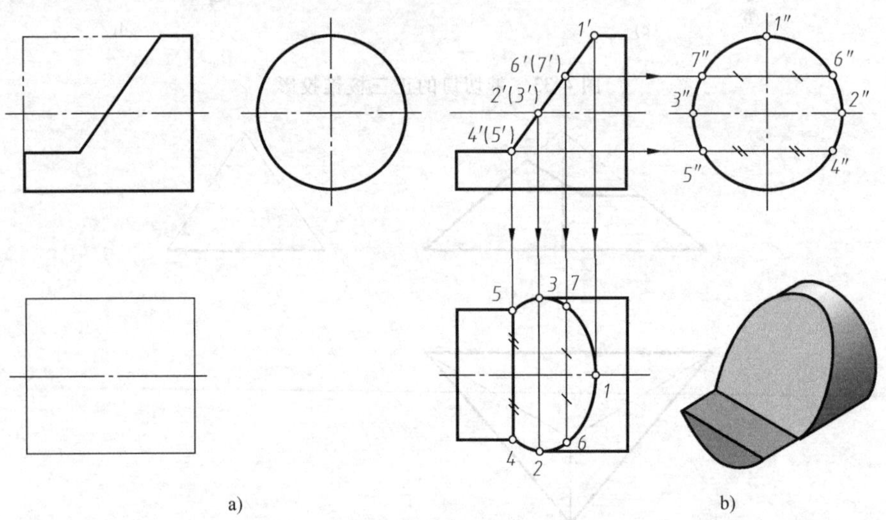

a) b)

图 4-36 水平面和正垂面截切圆柱

为清楚起见，作图时可在正面投影上标出特殊点Ⅰ、Ⅱ、Ⅲ、Ⅳ、Ⅴ的正面投影1′、2′、(3′)、4′、(5′)和一般点Ⅵ、Ⅶ的正面投影6′、(7′)，根据圆柱侧面投影所具有的积聚性，求出其水平投影。求出各点的投影后，判别可见性后光滑连接。最后注意整理轮廓线以及截平面之间的交线（正垂线）。整个作图过程如图4-36b所示。

【例4-17】 根据如图4-37a所示的立体，求作其完整的水平投影和侧面投影。

分析 很明显，这是一个轴线垂直于水平面的圆锥被两个正垂面截切。对照圆锥截交线的五种情况，对于过锥顶的正垂面，其截交线应为过锥顶的两条直素线。因此只要利用纬圆法求出Ⅶ、Ⅷ的水平投影和侧面投影，连接锥顶和Ⅶ、Ⅷ的同面投影即可求出截交线的两面投影。

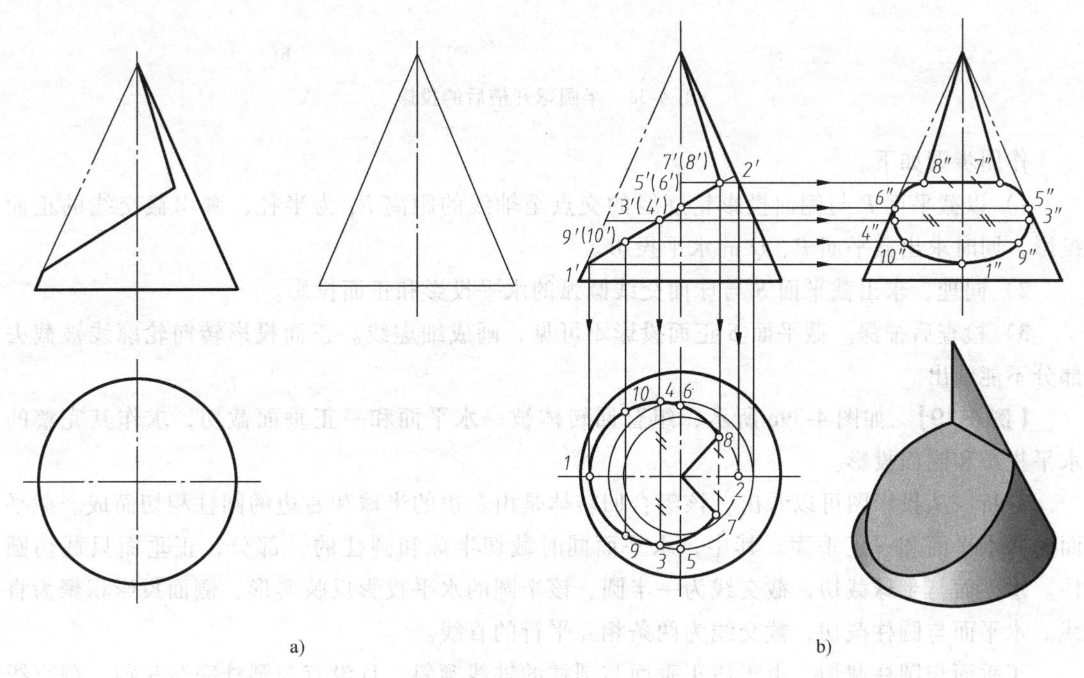

图4-37　两个正垂面截切圆锥

另一个正垂截平面，由于其与圆锥的轴线倾斜，延长后与圆锥的所有素线相交，因此截交线应为椭圆弧（没有完全截切圆锥）。在正面上延长该截平面与圆锥的最右轮向轮廓线相交于2′。取1′、2′的中点3′(4′)为椭圆短轴上两点的正面投影，同时也为该椭圆上的最前点和最后点的正面投影。Ⅴ和Ⅵ为圆锥上最前和最后转向轮廓线上的两点。利用纬圆法和圆锥转向轮廓线上点的投影特性，可以求出这些点的另外两面投影。

Ⅸ、Ⅹ两点为一般点，可用纬圆法求出其另外两面投影。在求出特殊点和一般点后，判别可见性并光滑连接。

整理轮廓线，可以看出在侧面上，Ⅴ和Ⅵ以上的圆锥的最前和最后转向轮廓线被截切。最后注意两个截平面之间的交线及其可见性，整个作图过程如图4-37b所示。

【例4-18】 如图4-38a所示，完成半圆球开槽后的正面投影和水平投影。

分析 截平面P、Q前后对称且平行于正面，因此，截交线的正面投影重影为一圆弧；截平面S为水平面，截交线圆弧的水平投影反映实形。

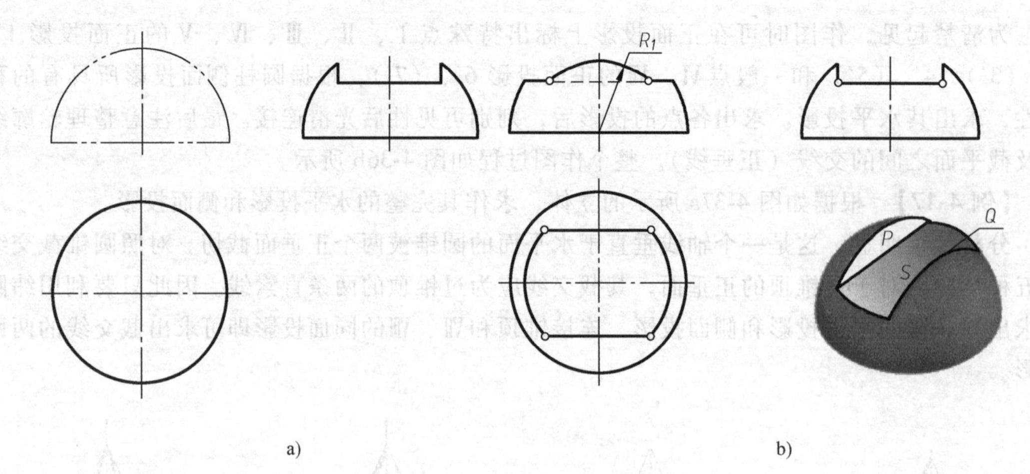

图 4-38　半圆球开槽后的投影

作图步骤如下。

1）以截平面 P 与侧面投影轮廓线的交点至轴线的距离 R_1 为半径，画出截交线的正面投影，同时求出截平面 P、Q 的水平投影。

2）同理，求出截平面 S 与球面交线圆弧的水平投影和正面投影。

3）检查后描深。截平面 S 正面投影不可见，画成细虚线。正面投影转向轮廓线被截去部分不能画出。

【例 4-19】　如图 4-39a 所示，组合回转体被一水平面和一正垂面截切，求作其完整的水平投影和侧面投影。

分析　从投影图可以看出，该组合回转体是由左边的半球和右边的圆柱相切而成。截平面为一水平面和一正垂面。其中，水平面同时截切半球和圆柱的一部分，正垂面只截切圆柱。水平面与半球截切，截交线为一半圆，该半圆的水平投影反映实形，侧面投影积聚为直线。水平面与圆柱截切，截交线为两条相互平行的直线。

正垂面与圆柱截切，由于该正垂面与圆柱的轴线倾斜，且没有与圆柱完全相截，截交线

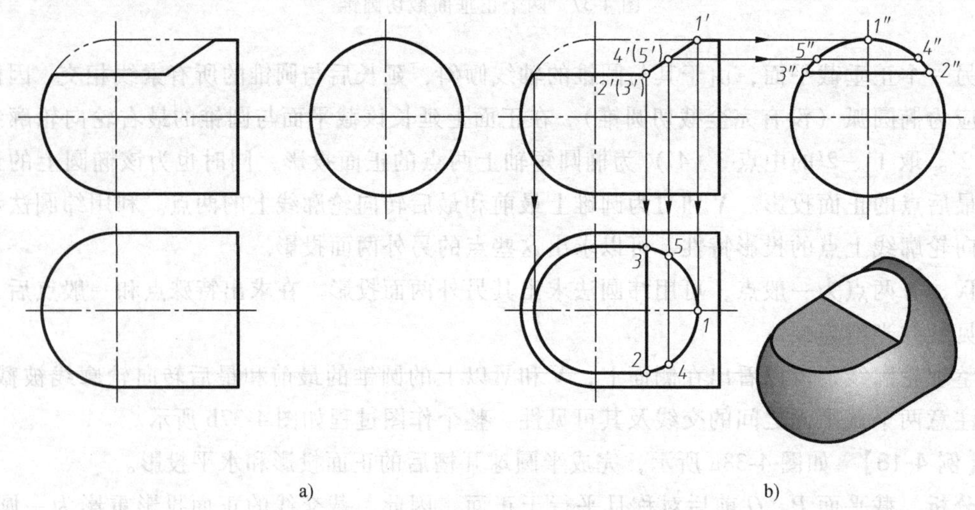

图 4-39　组合回转体被截切

为椭圆弧。可利用圆柱面上取点的方法求出Ⅰ、Ⅱ、Ⅲ、Ⅳ、Ⅴ这五个点的水平投影和侧面投影。注意两个截平面之间的交线为正垂线。整个作图过程如图4-39b所示。

4.6.3 立体与立体表面交线的画法

【例4-20】 如图4-40a所示，圆球被挖一水平孔和一竖直孔，要求补全其三面投影上所缺的图线。

分析 圆球被挖一水平孔和一竖直孔属于特殊相贯中的同轴相贯。圆球与圆柱同轴相贯，相贯线为圆。该圆球被挖一水平孔，水平孔轴线通过圆球的球心，所以其相贯线为侧平圆，侧平圆的正面投影和水平投影均积聚成一条直线，如图4-40b所示。同理，该圆球被挖一竖直孔，竖直孔轴线通过圆球的球心，所以其相贯线为水平圆，水平圆的正面投影和侧面投影均积聚成一条直线，如图4-40c所示。

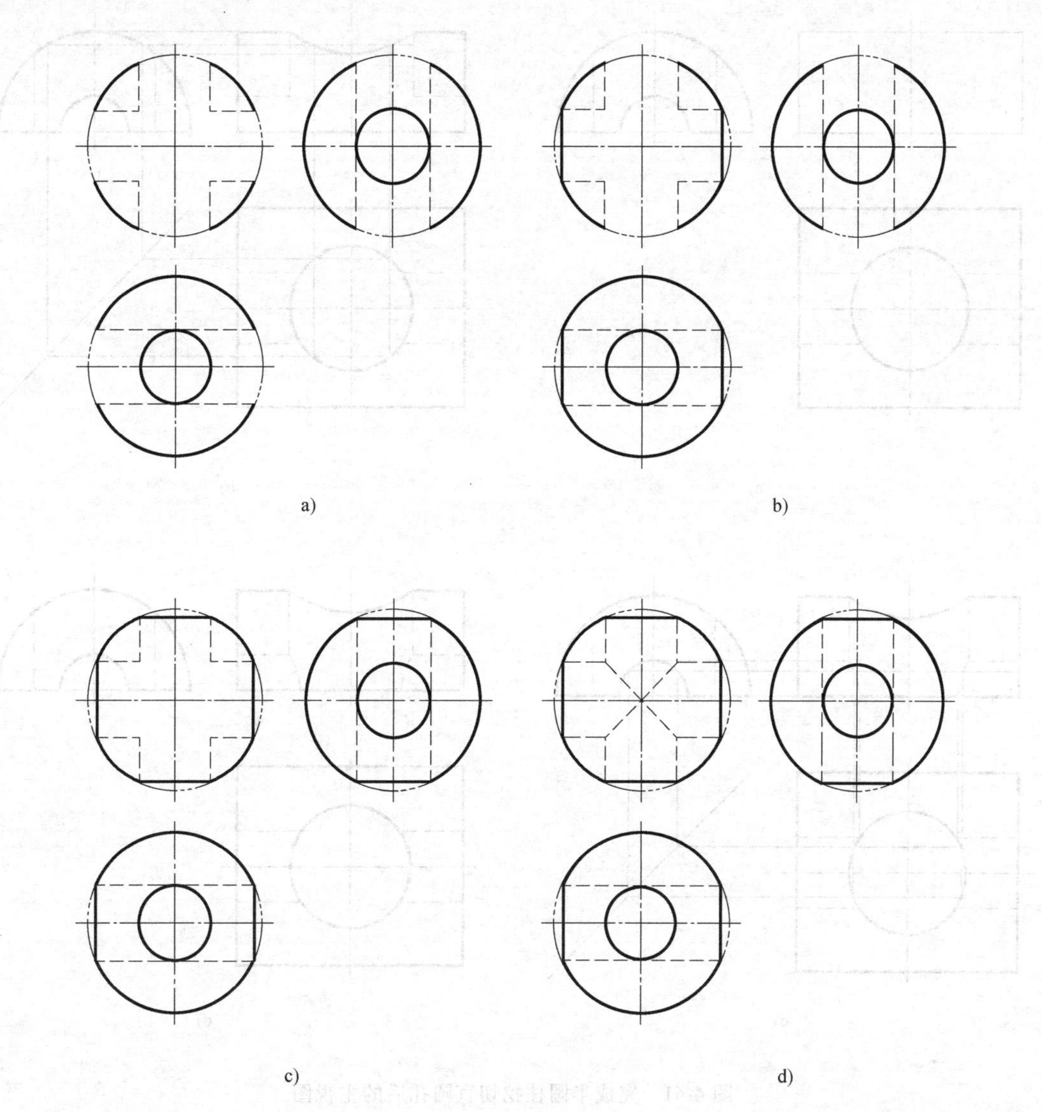

图4-40 圆球被挖一水平孔和一竖直孔

一水平孔和一竖直孔为正交，两内圆柱直径相等，属于特殊相贯，所以其相贯线的正面投影为两条相交的直线。由于内圆柱不可见，这两条相交的直线要画成细虚线，如图 4-40d 所示。

【例 4-21】 如图 4-41a 所示，完成半圆柱被圆柱孔挖切后的主视图。

分析 根据图 4-41a 三视图可以看出半圆柱的轴线为侧垂线，被挖切圆柱孔轴线为铅垂线，两圆柱的轴线垂直相交，所产生相贯线的水平投影和侧面投影具有积聚性。

圆柱孔与半圆柱的外表面相交产生的相贯线的正面投影为一条曲线，该相贯线的特殊点及一般点的作法如图 4-41b 所示；与圆柱内表面相交产生的相贯线的正面投影为左右两段曲线，该相贯线的特殊点及一般点的作法如图 4-41c 所示。

注意相贯线投影可见部分画粗实线、不可见部分画虚线（图 4-41d）。

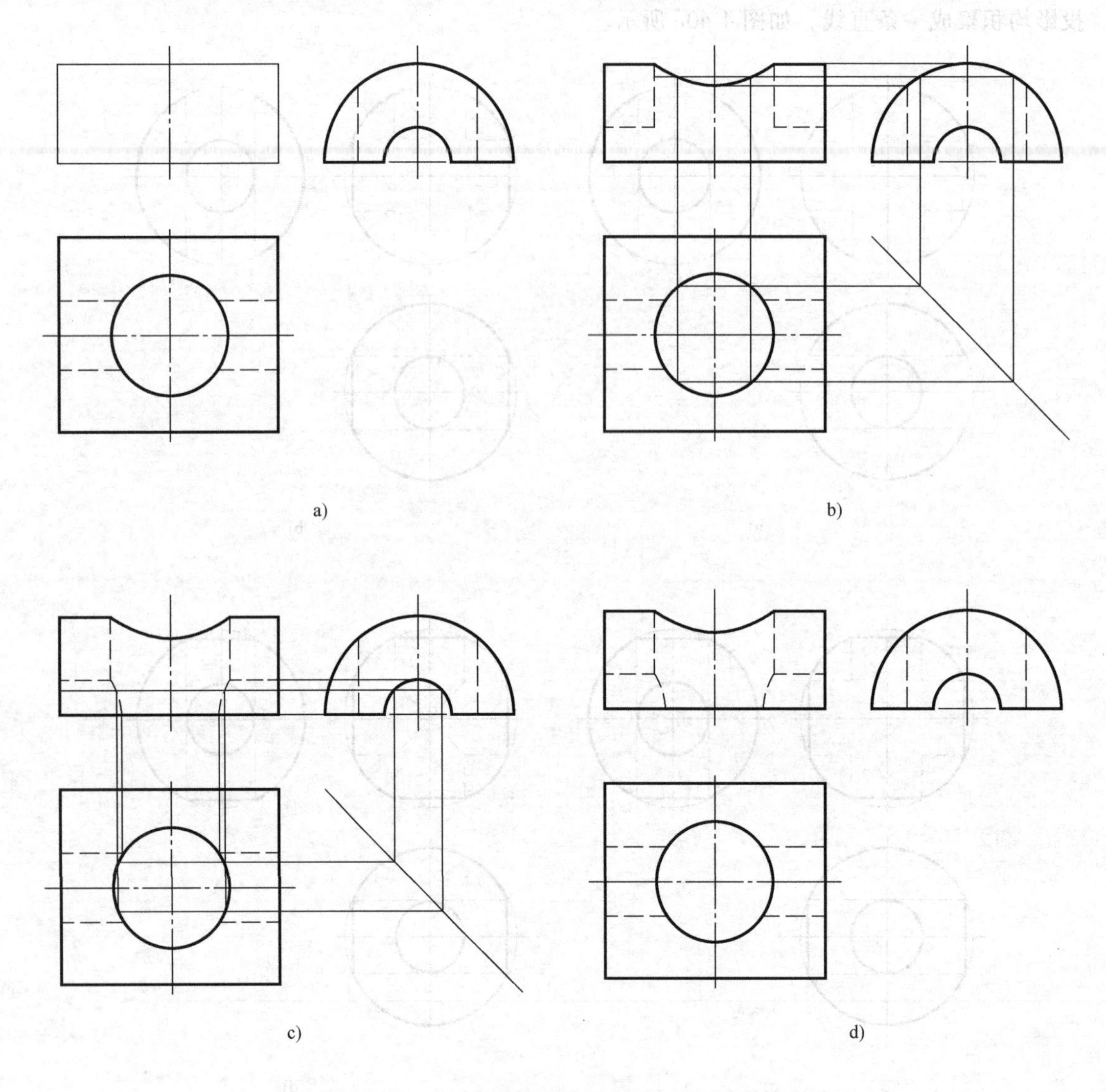

图 4-41 完成半圆柱挖切直圆孔后的主视图

【例 4-22】 如图 4-42a 所示，补出铅垂圆柱被切出 U 型槽后的左视图。

分析　U型槽可理解为两个侧平面和一个半圆柱面相切构成，半圆柱槽与铅垂圆柱面相交产生相贯线为空间曲线，侧平面与直立圆柱面相交产生截交线为两条平行直线。三维立体模型见图4-42d。

半圆柱槽与直立圆柱面产生的相贯线可通过求特殊点和一般点的方法完成，作图步骤如图4-42b所示。注意不要漏掉半圆柱槽的最低素线（虚线）。

侧平面与铅垂圆柱产生的截交线为两条平行线，作图步骤如图4-42c所示。

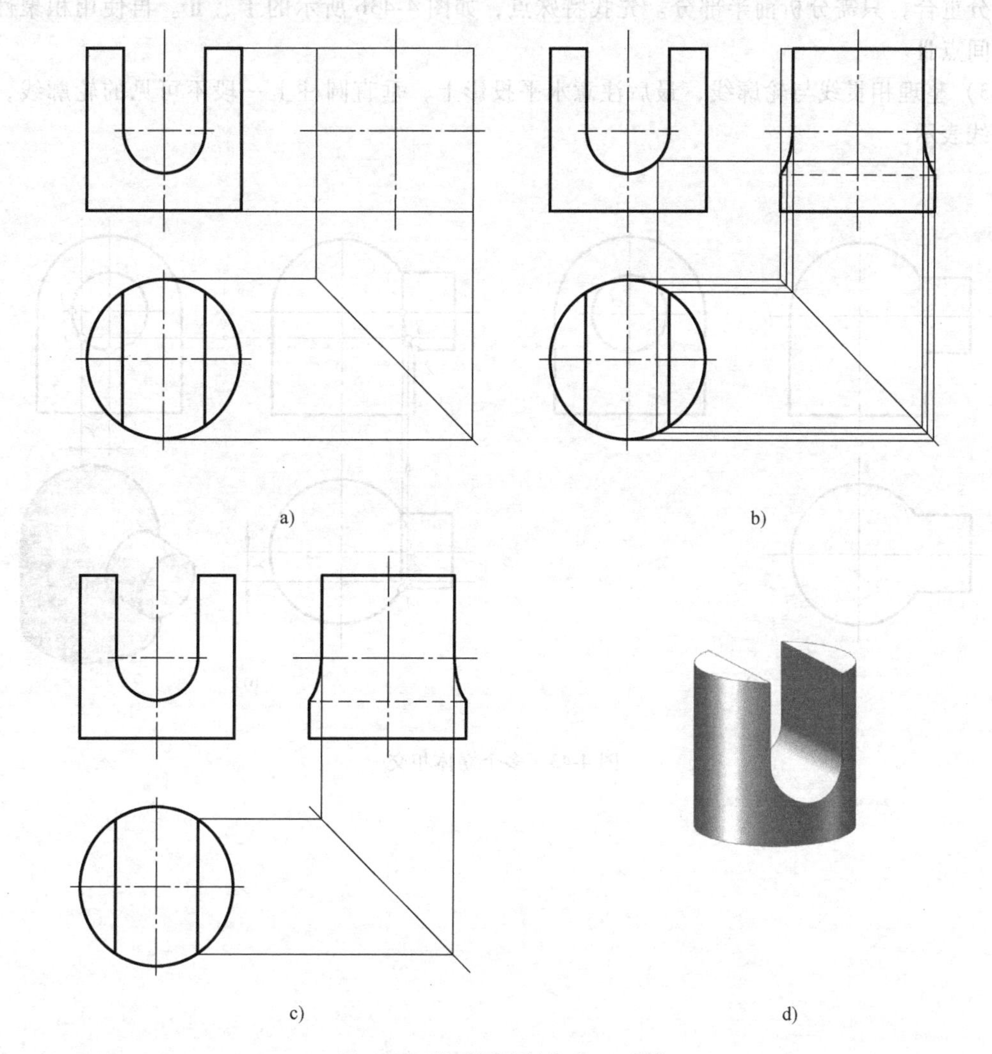

图4-42　铅垂圆柱被切出U型槽

【例4-23】　如图4-43a所示，试补全三面投影中所缺的相贯线投影。

分析　从三面投影中可以看出，该形体由三部分组成。主体部分由一半圆球和一垂直圆柱相切而成，且球心落在圆柱的轴线上；左上部是一个轴线垂直于侧面的水平圆柱，其轴线落在主体部分半圆球和圆柱的分界面上。对于这样的多个立体相交，在进行上述形体分解后，应逐一分析两两立体之间的相贯线。本例中，上半个水平圆柱和半圆球相交，它们之间属于特殊的相贯线，该相贯线应是一个垂直于圆柱轴线且平行于侧面的半圆弧；下半个水平圆柱和垂直圆柱的相贯线属于一般相贯的情况，其相贯线是一条空间曲线，可用辅助平面法求得；半圆球与垂直圆柱直径相同，圆柱面与球面相切，无相贯线。

作图步骤如下。

1）求水平圆柱和半圆球之间的相贯线。由于该相贯线是一平行于侧面的半圆弧，该半圆弧正面投影和水平投影都积聚为直线，侧面投影反映实形，如图 4-43b 所示。

2）求水平圆柱和垂直圆柱之间的相贯线。由于形体前后对称，相贯线可见部分与不可见部分重合，只需分析前半部分。先找特殊点，如图 4-43b 所示的Ⅰ、Ⅱ。再使用积聚性法取中间点Ⅲ。

3）整理相贯线与轮廓线，最后注意水平投影上，垂直圆柱上一段不可见的轮廓线，用细虚线表示。

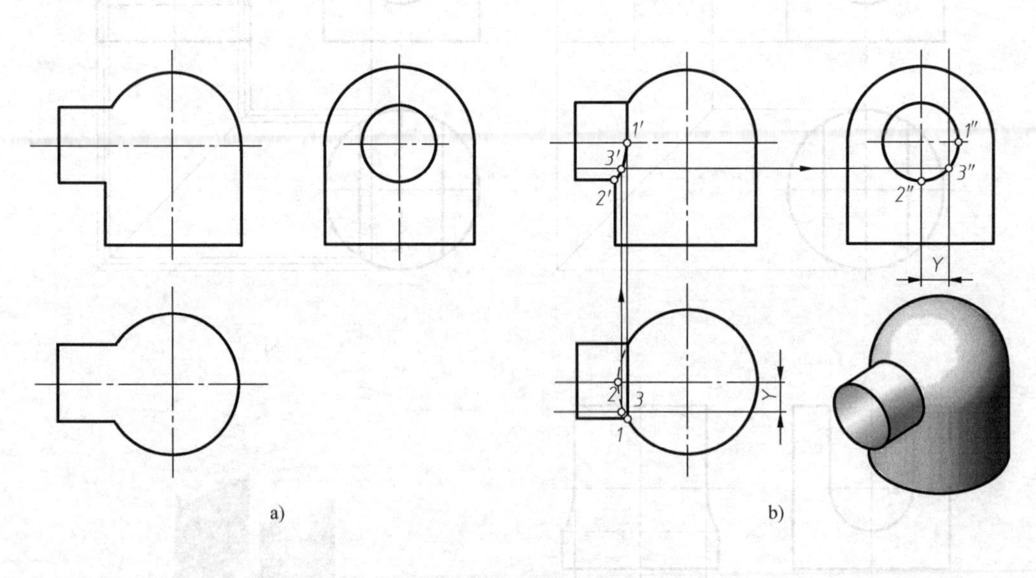

图 4-43　多个立体相交

第5章 计算机绘图基础

本章内容提要

1）掌握 AutoCAD 的基本操作。

2）掌握 AutoCAD 的二维绘图功能（绘图命令和编辑命令）。

3）掌握 AutoCAD 的尺寸标注命令。

4）应用 AutoCAD 进行图形的绘制。

重点

掌握 AutoCAD 的二维绘图功能。

难点

应用 AutoCAD 绘制三视图。

计算机绘图具有绘图速度快、精度高，便于产品信息的保存和修改，设计过程直观，便于人机对话，劳动强度轻等优点。因此，应用与发展计算机绘图具有十分重要的意义。

本章以 AutoCAD 为软件环境，介绍其二维绘图的相关功能，旨在培养和提高学生计算机绘图的能力。

5.1 AutoCAD 基础知识

5.1.1 AutoCAD2013 的启动

安装 AutoCAD 2013 后会在桌面上出现一个按钮，双击该按钮可以启动 AutoCAD2013。或者选择“开始”→“程序”→“Autodesk”→“AutoCAD 2013—Simplified Chinese”→“AutoCAD 2013” 选项也可以启动 AutoCAD2013。

启动 AutoCAD 2013 后，直接进入 AutoCAD 的工作界面，如图 5-1 所示。

5.1.2 AutoCAD 2013 的工作界面

打开 AutoCAD 2013，工作空间选择“AutoCAD 经典”，如图 5-1 所示，AutoCAD 2013 的工作界面包含如下几个部分。

1. 标题栏

如同 Windows 的其他应用软件一样，在工作界面的最左边是菜单浏览器，最上面是标题栏，列有当前编辑的图形文件名称，最右侧是标准 Windows 程序的最小化、还原和关闭按钮。

2. 菜单栏

AutoCAD 2013 菜单栏位于标题栏下面。通常显示的一行菜单称为主菜单，单击主菜单后将在该项下面拉出子菜单，继续单击某些子菜单拉出下一级子菜单。

AutoCAD 2013 菜单栏包含文件（F）、编辑（E）、视图（V）、插入（I）、格式（O）、工具（T）、绘图（D）、标注（N）、修改（M）、参数（P）、窗口（W）和帮助（H）主菜单，利用下拉菜单可执行 AutoCAD 2013 的大部分常用命令。AutoCAD 2013 的下拉菜单有如下特点。

1）在下拉菜单中，右面有小三角形按钮（▶）的菜单项，表示还有子菜单。

2）在下拉菜单中，选择右面有省略号（…）的菜单项，将弹出一个对话框。例如：选择“视图”→“工具栏…”选项，将弹出一个对话框。

3）选择右面没有内容的菜单项，即可执行相应的 AutoCAD 命令。

4）菜单项拉出后可用<Esc>键关闭，单击其他菜单或命令时也将自动关闭拉出的菜单项。

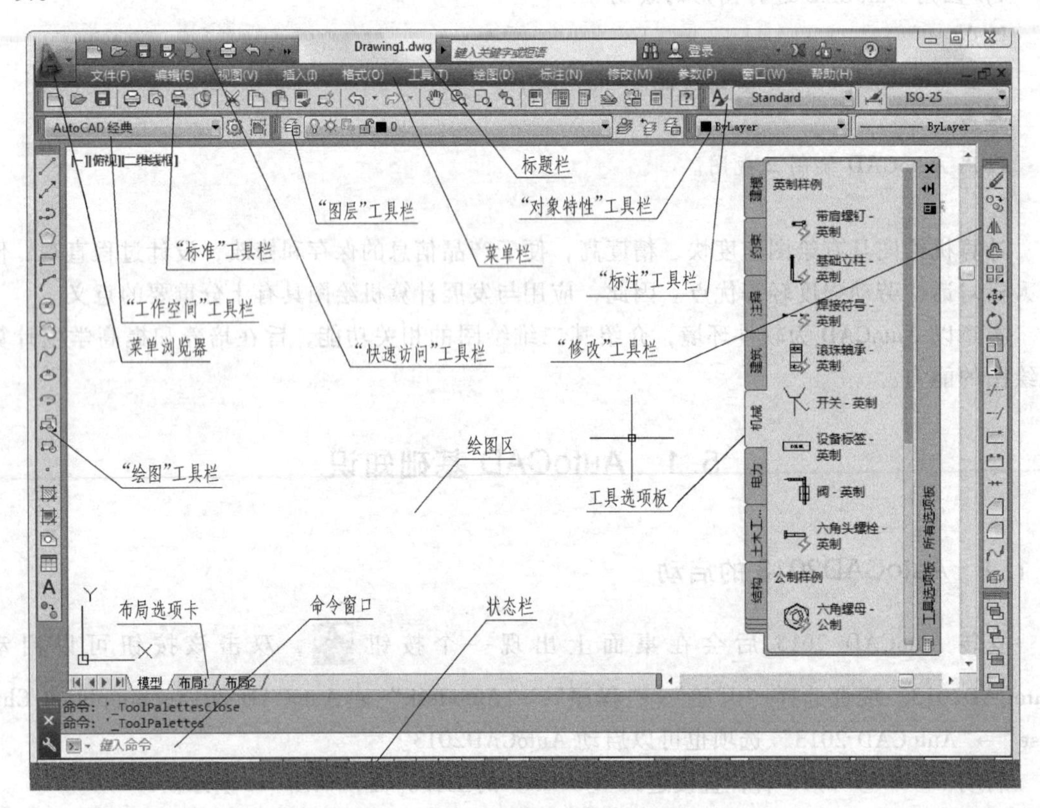

图 5-1 AutoCAD 2013 的工作界面

3. 工具栏

在 AutoCAD 2013 软件中，每一个工具栏都是同一类常用命令的集合，工具栏用起来比较方便，只需用鼠标单击相应的工具按钮就能执行相应的命令。默认的 AutoCAD 2013 的工作界面只显示八个工具栏，分别是“标准”工具栏、“标注”工具栏、“工作空间”工具栏、“图层”工具栏、“对象特性”工具栏、“绘图”工具栏、“修改”工具栏和“快速访问”工具栏，如图 5-1 所示。

4. 命令窗口

命令窗口位于AutoCAD底部（见图5-2），用于接收用户的命令及显示各种信息与提示。默认时，AutoCAD在提示区中保留最后三行所执行的命令或提示信息。用户可以根据需要用拖动的方法改变提示区的大小，使其显示多于三行或少于三行的信息。

图5-2　命令窗口

用户执行某些命令后，提示区将出现一行文字，它要求用户输入相关的数值或做出某种选择，这种引导用户进行操作的文字信息称为命令提示。

5. 绘图区

绘图区是用户进行绘图的区域，用户的所有工作结果都反映在这个区域中。绘图区内的十字光标，其交点反映当前光标的位置，主要用于绘图、选择对象等。

6. 状态栏

状态栏在命令窗口的底部，用来显示当前的作图状态，如图5-3所示。状态栏中显示当前光标的位置，绘图时是否打开了正交、栅格捕捉、栅格显示、线宽、极轴等功能。单击这些按钮，可将它们切换成打开或关闭状态。另外，可以在某些按钮上右击，选择快捷菜单的设置项来设置对应绘图辅助工具的选项配置。

图5-3　状态栏

5.1.3 图形显示控制

计算机屏幕的大小是有限的。AutoCAD提供的显示控制命令可以平移和缩放图形。显示命令Zoom的作用是放大或缩小对象的显示；命令Pan不改变图形显示的大小，只是移动图形。具体的应用方法如下。

1）工具栏方式缩放。单击“标准”工具栏中的“实时缩放”按钮。

2）鼠标滚轮方式。AutoCAD为使用滚轮鼠标的用户提供一种更快捷的显示控制方法。滚动鼠标滚轮，则直接执行实时缩放的功能；压下鼠标滚轮，则直接执行平移。这样的操作可以在执行任何命令时直接使用，非常方便、实时地显示图形。

5.1.4 图层

1. 图层的概念

形象化地说，图层就像是透明的胶片，可以在其上绘制不同的对象，同一个图层中的对象默认情况下都具有相同的颜色、线型、线宽等对象特征，可以透过一个或者多个图层看到下面其他图层上绘制的对象，而每个图层还具备控制图层可见和锁定等的控制开关，可以很方便地进行单独控制，而且运用图层可以很好地组织不同类型的图形信息，使得这些信息便于管理，如图5-4所示。

图 5-4 “图层”工具栏

当用户创建一个文件时，系统自动生成一个默认的图层，图层名为“0”。用户可以根据设计的需要创建自己的图层，如在机械制图中，根据需要创建不同的图层，如中心线层、文字层、标注层，并设置不同的特性，如颜色、线型、线宽等。这样绘制的图形易于区分，而且可以对每个图层进行单独控制，极大地提高了设计和绘图的效率。

2. 图层的创建

启动图层特性管理器，可以创建新的图层、指定图层的各种特性、设置当前图层、选择图层和管理图层。

调用图层特性管理器的方法如下。

单击“图层”工具栏中“图层特性管理器”按钮；选择“格式”→“图层”选项。

激活图层命令后，出现“图层特性管理器”对话框，如图 5-5 所示。

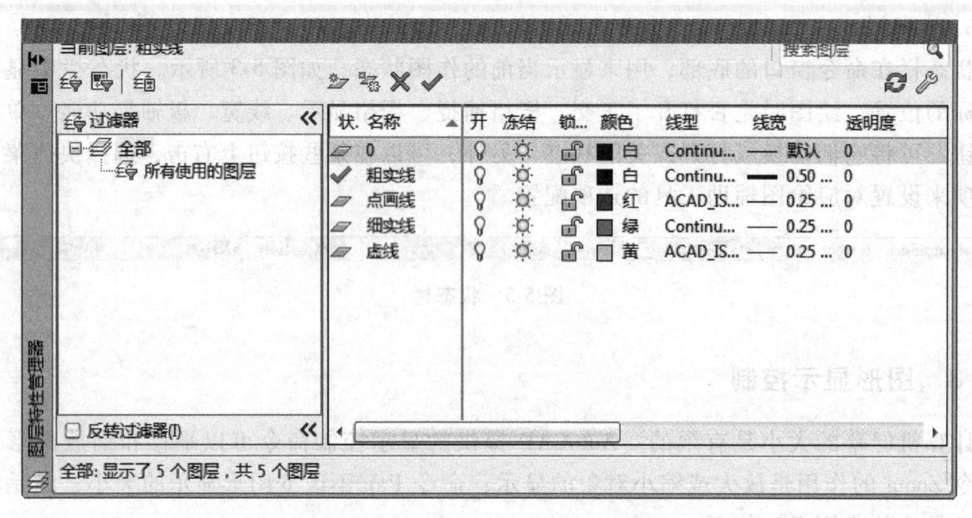

图 5-5 “图层特性管理器”对话框

创建图层的过程如下。

1）单击“图层”工具栏中“图层特性管理器”按钮，弹出“图层特性管理器”对话框。

2）在“图层特性管理器”对话框中单击“新建”按钮，新的图层以临时名称“图层 1”显示在列表中，并采用默认设置的特性。

3）输入新的图层名。

4）单击相应的图层颜色、线型、线宽等特性，可以修改该图层上对象的基本特性。用鼠标单击对应的特性，则出现相应的对话框。如图 5-6 所示为“选择颜色”对话框。图 5-7 所示为“线宽”对话框。在弹出的对话框中选择需要的特性。

图 5-8 所示为“选择线型”对话框。在弹出的对话框中选择任一线型，如果对话框中没有所需要的线型，可单击“加载”按钮，从弹出的“加载或重载线型”对话框中指定要加

载的线型，如图 5-9 所示。

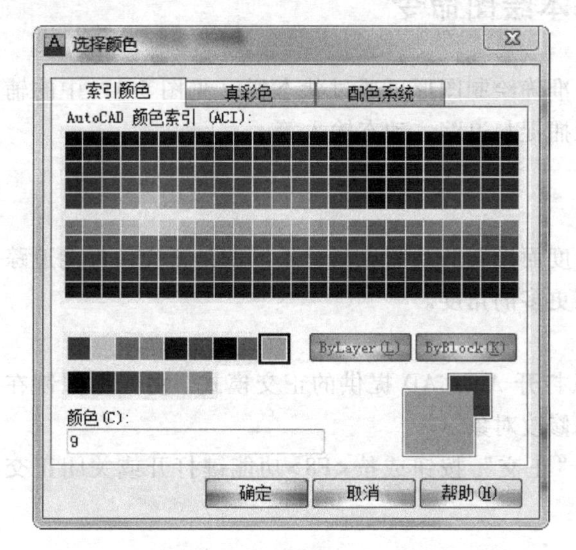

图 5-6 “选择颜色”对话框

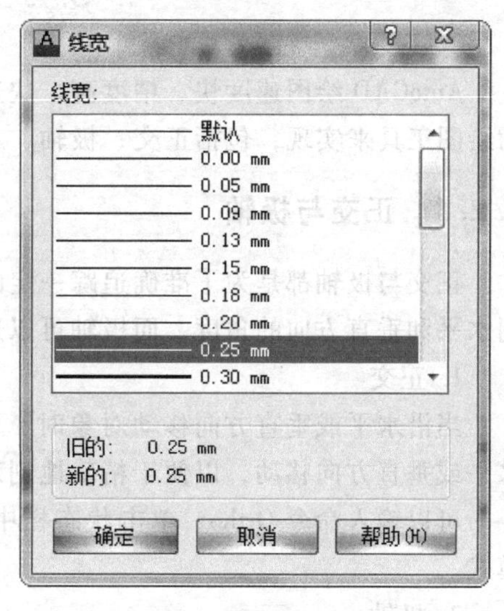

图 5-7 “线宽”对话框

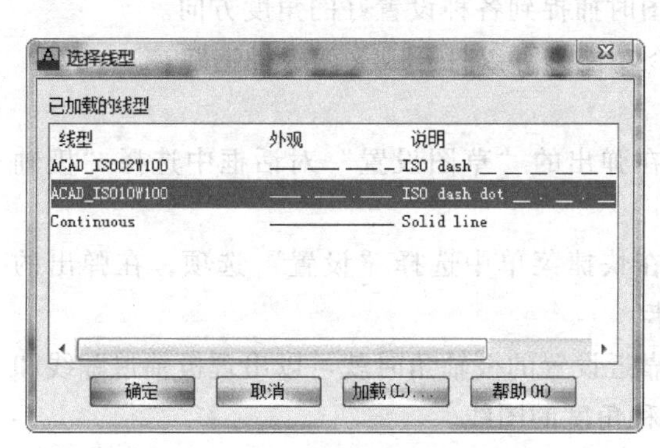

图 5-8 “选择线型”对话框

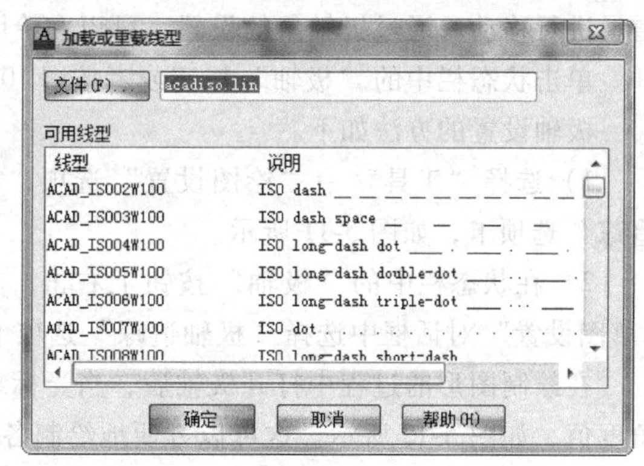

图 5-9 “加载或重载线型”对话框

5）需要创建多个图层时，要再次单击“新建”按钮，并输入新的图层名。

6）完成后单击“关闭”按钮，将修改应用到当前图形的图层中。

图层创建完毕，在“图层”工具栏的下拉列表框中可以看到新创建的图层，如图 5-10 所示。

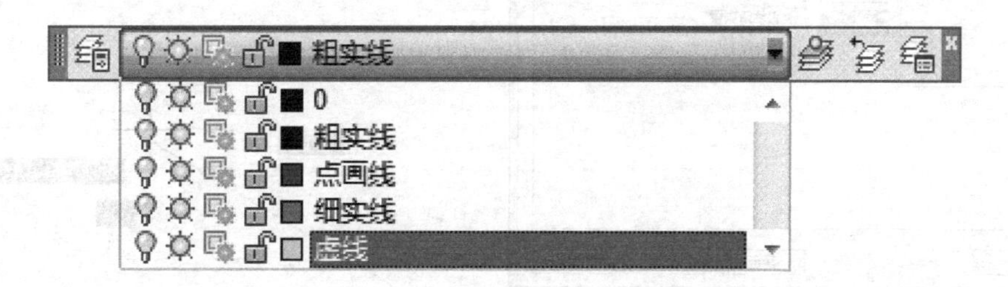

图 5-10 “图层”工具栏的下拉列表框

5.2 基本绘图命令

AutoCAD 绘图速度快、精度高，快速、准确绘制图形可通过状态栏（见图 5-3）中的辅助绘图工具来实现，包括正交、极轴、对象捕捉与追踪、动态输入等。

5.2.1 正交与极轴

正交与极轴都是为了准确追踪一定的角度而设置的绘图工具，不同的是正交仅仅能追踪到水平和垂直方向的角度，而极轴可以追踪更多的角度。

1. 正交

当沿水平或垂直方向移动对象时，可以打开 AutoCAD 提供的正交模式，将光标限制在水平或垂直方向移动，以便于精确地创建和修改对象。

可以输入命令 Ortho、单击状态栏中的“正交”按钮或按<F8>功能键打开或关闭正交模式。

2. 极轴

使用极轴追踪，光标将按指定角度提示角度值。使用极轴追踪，光标将沿极轴角按指定增量进行移动。通过极轴角的设置，可以在绘图时捕捉到各种设置好的角度方向。

单击状态栏中的“极轴”按钮或者按<F10>功能键可以打开或关闭极轴追踪。

极轴设置的方法如下。

1）选择“工具”→“绘图设置”选项，在弹出的“草图设置”对话框中选择“极轴追踪”选项卡，如图 5-11 所示。

2）在状态栏中的“极轴”按钮上右击，在快捷菜单中选择“设置”选项，在弹出的“草图设置”对话框中选择“极轴追踪”选项卡。

在绘制图形的过程中打开极轴后，当光标靠近设置的极轴角时就可以出现极轴追踪线和角度值，如图 5-12 所示。这可以方便地绘制各种角度的图线。

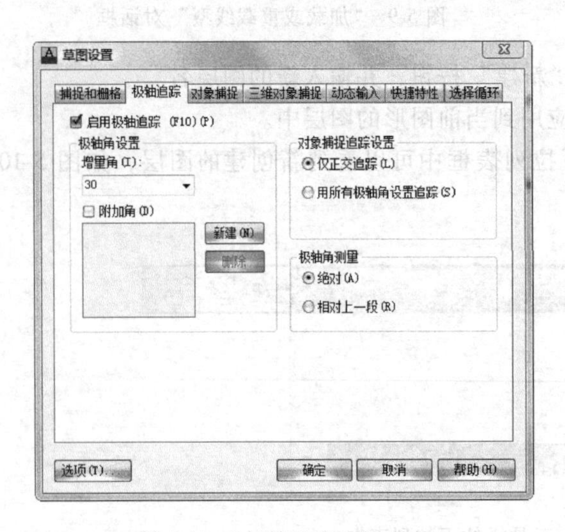

图 5-11 “极轴追踪”选项卡

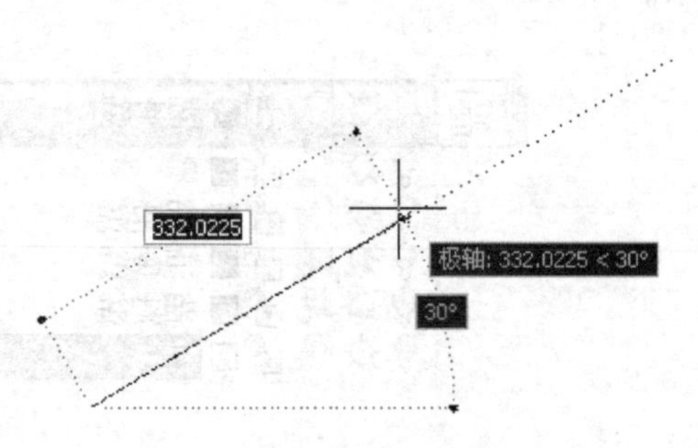

图 5-12 极轴追踪模式

5.2.2 对象捕捉

在状态栏中的“对象捕捉”按钮上右击，在快捷菜单中选择“设置”选项，在弹出的“草图设置”对话框中选择“对象捕捉”选项卡，如图 5-13 所示。

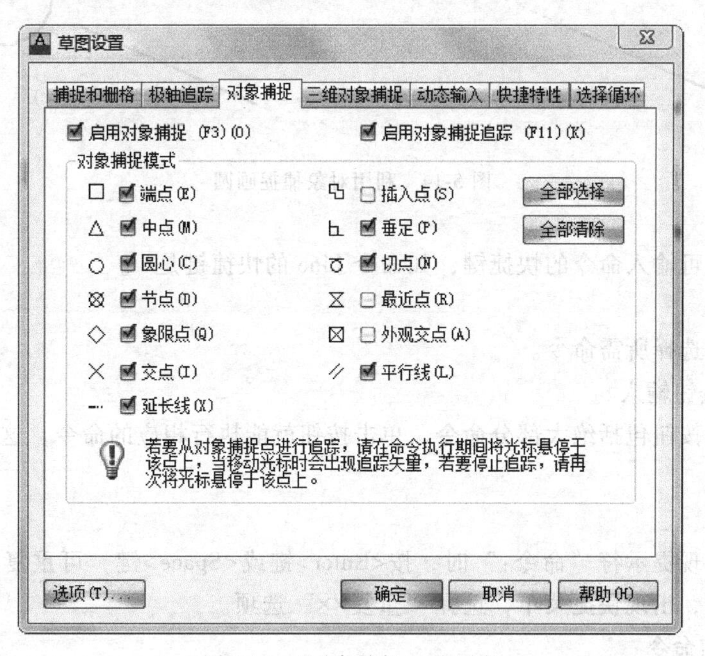

图 5-13 “对象捕捉”选项卡

在对话框中选择对象捕捉模式，如端点、中点、圆心等，然后单击“确定”按钮。当选择“启用对象捕捉”复选框后，用户在绘制图形遇到点提示时，一旦光标进入特定点的范围，该点就被捕捉到。<F3>键用于打开或关闭对象捕捉模式。

5.2.3 对象追踪

对于无法用对象捕捉直接捕捉到的某些点，利用对象追踪可以快捷地定义这些点的位置。对象追踪可以根据现有对象的特征点定义新的坐标点。对象追踪由状态栏中的“对象追踪”按钮控制，按<F11>键也可以打开或关闭对象追踪。

对象追踪必须配合对象捕捉完成，也就是说，使用对象追踪时必须将状态栏中的对象捕捉也打开，并且设置相应的捕捉类型。

如图 5-14 所示，若要以两直线交点为圆心绘制一个圆，可以利用对象追踪。利用对象追踪不用作辅助线就可以直接生成相关的特征点，这样既确保了精确绘图，又提高了效率。

5.2.4 AutoCAD 命令输入

AutoCAD 为交互式工作方式，命令输入方法有以下几种，这几种方法可单独使用，也可同时并行使用。

1. 命令行输入

直接从键盘输入 AutoCAD 命令，然后按<Space>键或<Enter>键。输入的命令用大写或

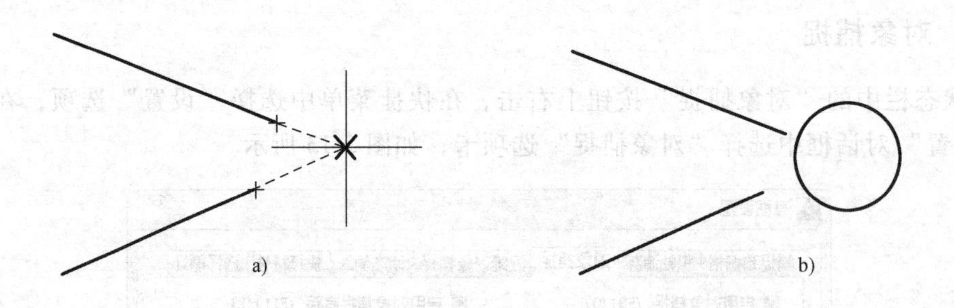

图 5-14 利用对象捕捉画圆

小写都可以，也可输入命令的快捷键，如命令 Line 的快捷键是 L。

2. 菜单输入

在菜单栏中选择所需命令。

3. 工具栏按钮输入

工具栏中的按钮包括绝大部分命令，单击按钮就能执行相应的命令，这种方法的输入速度最快。

4. 重复输入

在命令行出现提示符“命令:”时，按<Enter>键或<Space>键，可重复上一个命令，也可在命令行右击，出现快捷菜单，选择“重复××”选项。

5. 终止当前命令

按<Esc>键可终止或退出当前命令。

5.2.5 AutoCAD 数据输入

AutoCAD 的许多提示要求输入表示点位置的坐标值和距离等数据。这些数据可使用键盘输入。输入点的坐标时，AutoCAD 可以使用四种不同的坐标系类型，即笛卡儿坐标系、极坐标系、球面坐标系和柱面坐标系。但最常用的是笛卡儿坐标系和极坐标系。

常用的点的坐标输入方法有以下两种。

1. 手动定位

单击拾取屏幕上光标所在的点，这是一种最简单、最快捷的方法。

2. 坐标定位

利用键盘输入点的坐标值来确定点的位置，这是一种精确的定位方法。坐标定位分为绝对坐标和相对坐标两种。

（1） 绝对坐标

1） 直角坐标。直角坐标包括 X、Y、Z 三个坐标值。在平面绘图时，Z 坐标值为零，因此只需输入 X、Y 两个坐标值，每个坐标值之间用逗号相隔，如“5，10”。

2） 极坐标。极坐标包括距离和角度两个坐标值，其中距离值在前，角度值在后，两数值之间用小于符号“<”隔开，如“5<10”。

（2） 相对坐标　在 AutoCAD 中，直角坐标和极坐标都可以指定为相对坐标，其表示方法是在绝对坐标表达式前加符号“@”，如@5，10 或@5<10。

5.2.6 基本绘图命令介绍

任何复杂的图形都是由基本图元，如线段、圆、圆弧、矩形和多边形等组成的。这些图元在 AutoCAD 中被称为对象。基本绘图命令可以在“绘图”工具栏（见图 5-1）上调用。亦可通过菜单-绘图调用相关绘图命令。表 5-1 列出每个按钮对应的命令和快捷键，在命令提示符下输入命令和快捷键具有完全相同的作用。

表 5-1 基本绘图命令

按钮	命令	快捷键	中文名称	按钮	命令	快捷键	中文名称
	Line	L	直线		Ellipse	EL	椭圆弧
	Xline	XL	构造线		Insert	I	插入块
	Pline	PL	多段线		Block	B	创建块
	Polygon	POL	正多边形		Point	PO	点
	Rectang	REC	矩形		Bhatch	BH,H	图案填充
	Arc	A	圆弧		Bhatch	BH,H	图案填充
	Circle	C	圆		Region	REG	面域
	Revcloud		修订云线		Table		表格
	Spline	SPL	样条曲线		Mtext	MT,T	多行文字
	Ellipse	EL	椭圆		Addselected		添加定对象

1. 直线

此命令的调用方法如下。

工具栏：“绘图”工具栏→

菜单栏：“绘图”→“直线”选项。

系统提示指定第一点，即指定起点，可以在屏幕上指定，也可以在命令行上输入坐标值。然后系统提示指定下一点以完成第一条线段。

直线命令的选项有闭合（C）和放弃（U）。

1）闭合（C）。以第一条线段的起点作为最后一条线段的终点，形成一个闭合的线段环。在绘制了一系列线段（两条或两条以上）之后，可以使用“闭合”选项。

2）放弃（U）。删除最近绘制的点。

2. 正多边形

此命令的调用方法如下。

工具栏："绘图" 工具栏→⬠。

菜单栏："绘图" →"正多边形" 选项。

系统提示输入边数，默认值是 4，正多边形是具有 3~1024 条等长边的闭合多段线。创建正多边形是创建正方形、等边三角形、正八边形等的简单方法。有许多创建正多边形的方法，如图 5-15 所示。

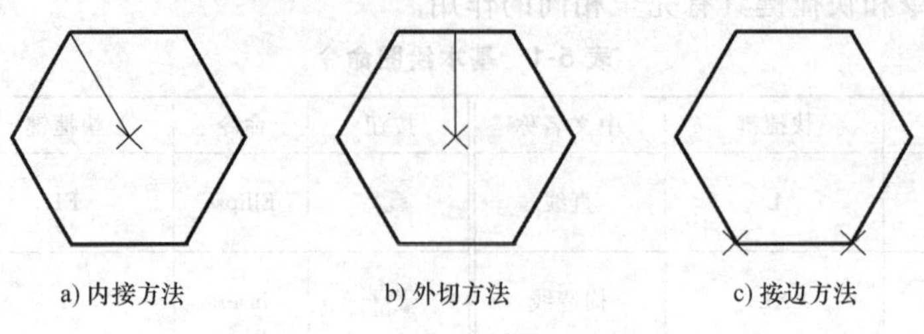

a) 内接方法　　b) 外切方法　　c) 按边方法

图 5-15　绘制正六边形的方法

1）内接于圆，指定外接圆的半径，正多边形的所有顶点都在此圆周上。

2）外切于圆，指定从正多边形中心点到各边中点的距离。

3）边，通过指定第一条边的端点来定义正多边形。

3. 矩形

此命令的调用方法如下。

工具栏："绘图" 工具栏→□

菜单栏："绘图" → "矩形" 选项。

操作过程如下。

命令：Rectang

指定第一个角点或［倒角(C)/标高(E)/圆角(F)/厚度(T)/宽度(W)］：

指定另一个角点或［面积(A)/尺寸(D)/旋转(R)］：

用户在绘制矩形时，默认仅需提供其两个对角的坐标值即可，如图 5-16 所示。

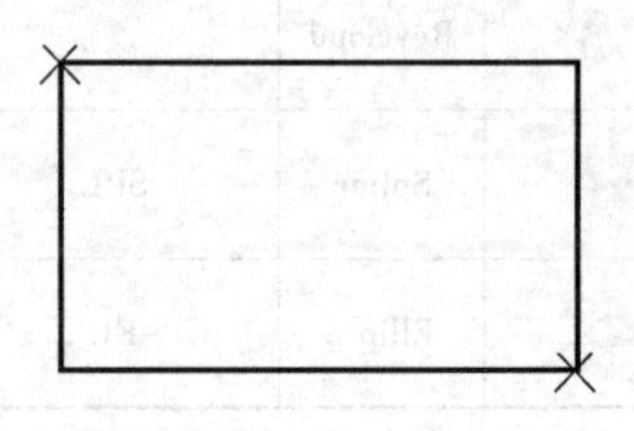

图 5-16　绘制矩形

4. 圆

此命令的调用方法如下。

工具栏："绘图" 工具栏→⊙。

菜单栏："绘图" → "圆" 选项。

圆命令用于创建一个完整的圆。圆命令包含有多种不同的选项，如图 5-17 所示。

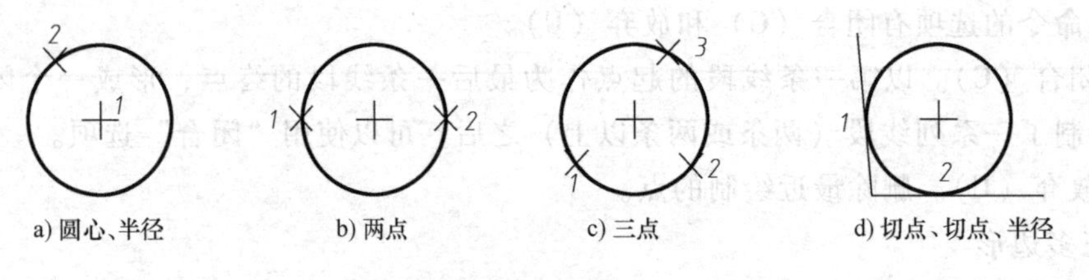

a) 圆心、半径　　b) 两点　　c) 三点　　d) 切点、切点、半径

图 5-17　画圆

命令：Circle

指定圆的圆心或［三点(3P)/两点(2P)/切点、切点、半径(T)］：

1）指定圆心和半径画圆。

2）指定圆心和直径画圆。

3）三点（3P）。通过指定圆周上的三点画圆。

4）两点（2P）。通过指定圆周上直径的两个端点画圆。

5）切点、切点、半径（T）。通过指定与圆相切的两对象（直线、圆弧或者圆），然后给出圆的半径画圆。

5. 多行文本

书写文本时必须首先指定采用的字体，AutoCAD 可以使用自身专用的矢量字体和 Windows 中的 TureType 字体，推荐使用 AutoCAD 专用的矢量（SHX）字体。

（1）文字样式　选择“格式”→“文字样式（S）…”选项，或键入 ST 启动字体设定命令。“文字样式”对话框如图 5-18 所示。

1）单击“新建”按钮，在弹出的对话框中键入新字体名“机械”的全拼“jixie”，然后单击“确定”按钮关闭对话框。

2）选择“SHX 字体”下面的“使用大字体”复选框，确认使用 AutoCAD 大字体字库。

3）在“SHX 字体”下拉列表框中选择“gbeitc. shx”选项。

4）在“大字体”下拉列表框中选择“gbcbig. shx”选项。

5）在“高度”文本框中输入字高“0 ”。

6）单击“关闭”按钮完成设定。

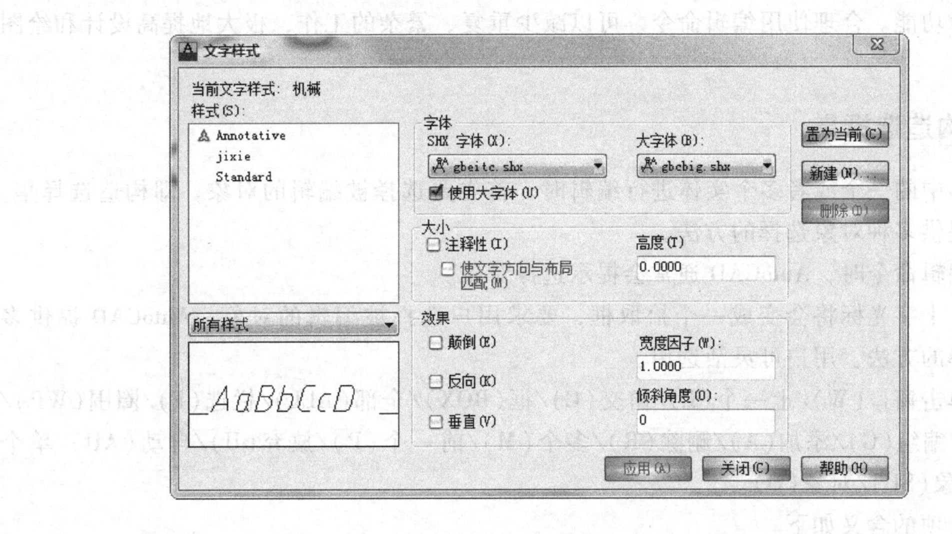

图 5-18 “文字样式”对话框

（2）创建多行文字　该命令的调用方法如下。

工具栏：“绘图”工具栏→A。

菜单栏：“绘图”→“文字”→“多行文字”选项。

调用该命令后，AutoCAD 将弹出“多行文字编辑器”对话框，如图 5-19 所示。

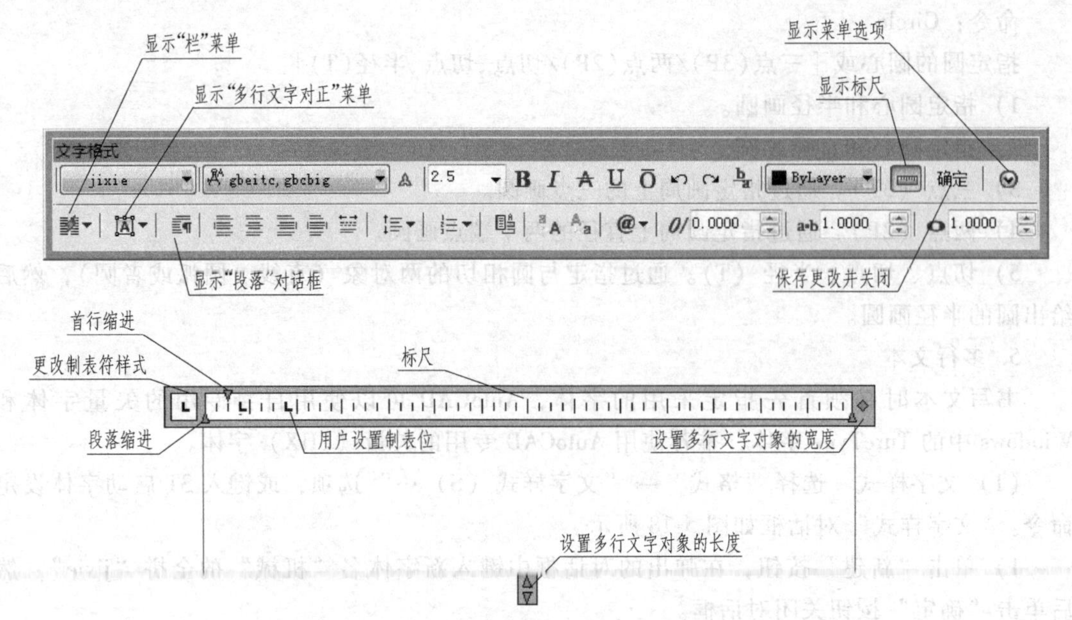

图 5-19 "多行文字编辑器"对话框

5.3 基本编辑命令

图形编辑是对已有的图形对象进行修剪、移动、旋转等操作。AutoCAD 具有十分强大的图形编辑功能。合理使用编辑命令，可以减少重复、繁杂的工作，极大地提高设计和绘图的效率。

5.3.1 构造选择集

对图形中的一个或者多个实体进行编辑时，首先要选择被编辑的对象，即构造选择集。AutoCAD 提供多种对象选择的方法。

执行编辑命令时，AutoCAD 通常会提示选择对象。

此时，十字光标将会变成一个拾取框，要求用户选择被编辑的对象。AutoCAD 提供多种对象选择的方法，用户可灵活选用。

需要单击窗口(W)/上一个(L)/窗交(C)/框(BOX)/全部(ALL)/栏选(F)/圈围(WP)/圈交(CP)/编组(G)/添加(A)/删除(R)/多个(M)/前一个(P)/放弃(U)/自动(AU)/单个(SI)/子对象(SU)/对象(O)。

常用选项的含义如下。

1）窗口（W）。选择矩形区域（由两点定义）中的所有对象。

2）窗交（C）。选择矩形区域（由两点确定）内部或与之相交的所有对象。窗交显示的方框为虚线或高亮度方框，这与窗口选择框不同。

3）框（BOX）。选择矩形区域（由两点确定）内部或与之相交的所有对象。如果该矩形区域的点是从右向左指定的，框与窗交等价，否则，框与窗口等价。

默认选项是框。

5.3.2 基本编辑命令介绍

图形编辑是对已有的图形对象进行修剪、移动、旋转等操作。编辑命令可以从如图5-20所示的“修改”工具栏中调用，或通过“菜单”-“修改”执行该命令。

图5-20 “修改”工具栏

表5-2列出每个按钮对应的命令和快捷键，在命令提示符下输入命令和快捷键具有完全相同的作用。

表5-2 基本编辑命令

按钮	命令	快捷键	名称	按钮	命令	快捷键	名称
	Erase	E	删除		Trim	TR	修剪
	Copy	CO、CP	复制		Extend	EX	延伸
	Mirror	MI	镜像		Break	BR	打断于点
	Offset	O	偏移		Break	BR	打断
	Array	AR	阵列		Join	J	合并
	Move	M	移动		Chamfer	CHA	倒角
	Rotate	RO	旋转		Fillet	F	圆角
	Scale	SC	缩放		Explode	X	分解
	Stretch	S	拉伸		Blend	BLE	光顺曲线

1. 删除

删除已绘制的图形。此命令的调用方法如下。

工具栏：“修改”工具栏→。

菜单栏：“修改”→“删除”选项。

快捷菜单：选择对象后右击，弹出快捷菜单，选择“删除”选项。

调用该命令后，系统将提示用户选择对象。用户可在此提示下构造对象选择集，然后右击或按<Enter>键就可以结束命令。

2. 复制

复制命令可以将用户所选择的一个或多个对象生成一个副本，并将该副本放置到其他位置。

此命令的调用方法如下。

工具栏：“修改”工具栏→

菜单栏：“修改”→“复制”选项。

快捷菜单：选择对象后右击，弹出快捷菜单，选择“复制（Copy）”选项。

以图5-21为例的操作如下。

命令：Copy

选择对象：找到 1 个

选择对象：（按<Enter>键）

当前设置：复制模式=多个

指定基点或［位移(D)/模式(O)］<位移>:(选择基点)

指定第二个点或[阵列(A)]<使用第一个点作为位移>:

指定第二个点或[阵列(A)/退出(E)/放弃(U)]<退出>:(指定 1 点)

指定第二个点或[阵列(A)/退出(E)/放弃(U)]<退出>:(指定 2 点)

指定第二个点或[阵列(A)/退出(E)/放弃(U)]<退出>:(指定 3 点)

指定第二个点或[阵列(A)/退出(E)/放弃(U)]<退出>:(按<Enter>键)

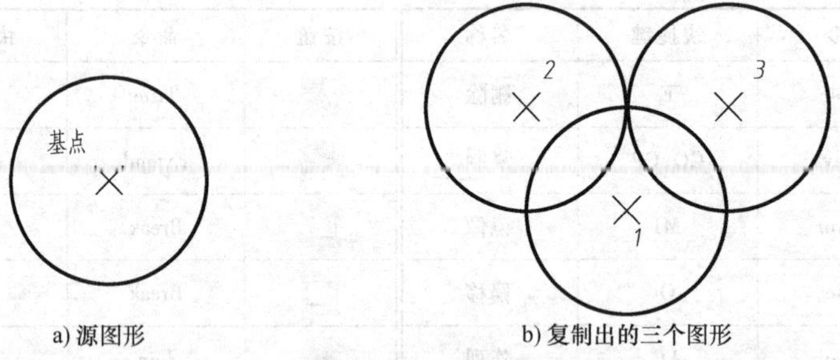

a) 源图形　　b) 复制出的三个图形

图 5-21　复制命令

3. 镜像

镜像命令可用两点定义的镜像轴线来创建选择对象的镜像。此命令的调用方法如下。

工具栏："修改"工具栏→。

菜单栏："修改"→"镜像"选项。

以图 5-22 为例的操作如下。

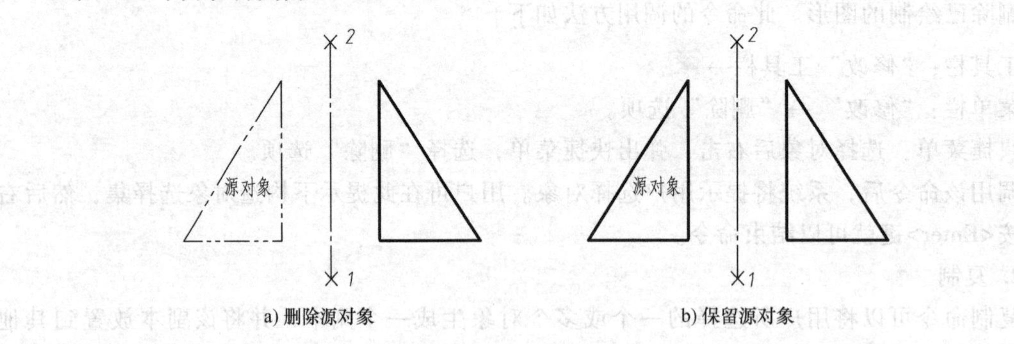

a) 删除源对象　　b) 保留源对象

图 5-22　镜像命令

命令：Mirror

选择对象：指定对角点：找到 3 个（选择源对象）

选择对象：（按<Enter>键）

指定镜像线的第一点：（指定 1 点）

指定镜像线的第二点：（指定 2 点）

要删除源对象吗？［是（Y）/否（N）］<N>：（按<Y>键删除源对象，如图 5-22a 所示；按<Enter>键保留源对象，如图 5-22b 所示）。

4. 偏移

偏移命令可利用两种方式对选中对象进行偏移操作，从而创建新的对象：一种是按指定的距离进行偏移；另一种则是通过指定点来进行偏移。该命令常用于创建同心圆、平行线和平行曲线等。调用方法如下。

工具栏：“修改”工具栏→。

菜单栏：“修改”→“偏移”选项。

以图 5-23 为例的操作如下。

命令：Offset

当前设置：删除源=否 图层=源 OFFSETGAPTYPE=0

指定偏移距离或［通过(T)/删除(E)/图层(L)］<通过>：500

选择要偏移的对象,或［退出(E)/放弃(U)］<退出>:(选择源对象)

指定要偏移的那一侧上的点,或［退出(E)/多个(M)/放弃(U)］<退出>:(单击源对象要偏移的那一侧上的点)

选择要偏移的对象,或［退出(E)/放弃(U)］<退出>:(选择偏移对象)

指定要偏移的那一侧上的点,或［退出(E)/多个(M)/放弃(U)］<退出>:(单击偏移对象要偏移的那一侧上的点)……

选择要偏移的对象,或［退出(E)/放弃(U)］<退出>:(按<Enter>键,结束命令)

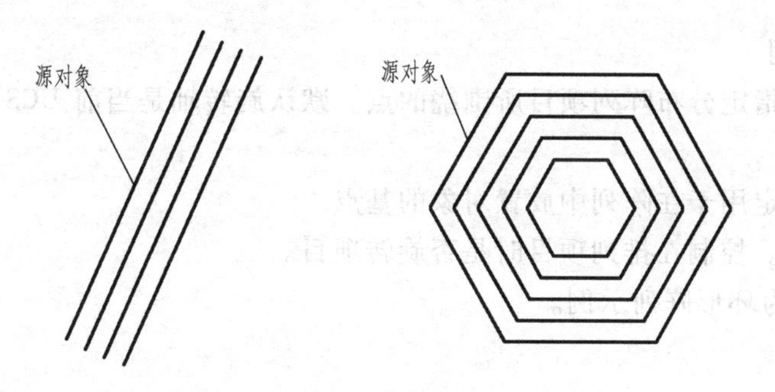

图 5-23 偏移命令

5. 阵列

阵列命令可利用三种方式对选中对象进行阵列操作，从而创建新的对象，即矩形阵列、环形阵列和路径阵列。

此命令的调用方法如下。

工具栏：“修改”工具栏→→。

菜单栏：“修改”→“阵列”→“矩形阵列”/“路径阵列”/“环形阵列”选项。

操作过程如下。

选择对象：

输入阵列类型［矩形(R)/路径(PA)/极轴(PO)］<矩形>：

选择对象后，命令行要求输入阵列类型。

(1) 矩形阵列

1) 计数。指定行数和列数并使用户在移动光标时可以动态观察结果（一种比“行和列”选项更快捷的方法)。

2) 单位单元。通过设置等同于间距的矩形区域的每个角点来同时指定行间距和列间距。

图 5-24 所示为矩形阵列示例。

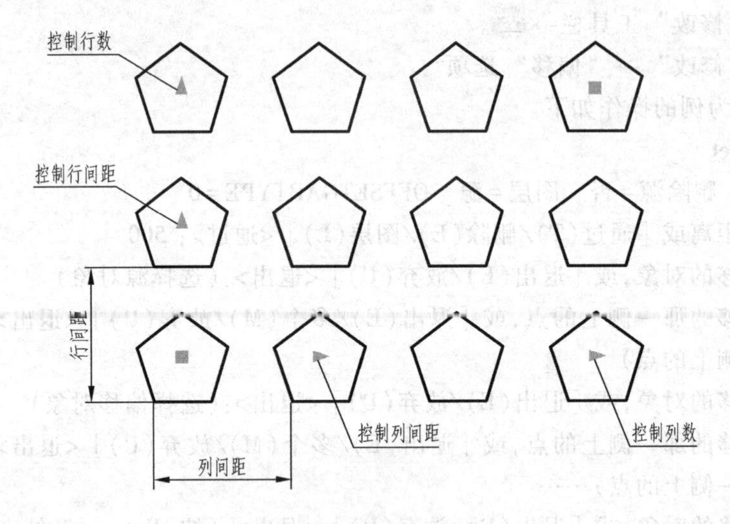

图 5-24 矩形阵列示例

(2) 环形阵列

1) 中心点。指定分布阵列项目所围绕的点。默认旋转轴是当前 UCS（用户坐标系）的 Z 轴。

2) 基点。指定用于在阵列中放置对象的基点。

3) 旋转项目。控制在排列项目时是否旋转项目。

图 5-25 所示为环形阵列示例。

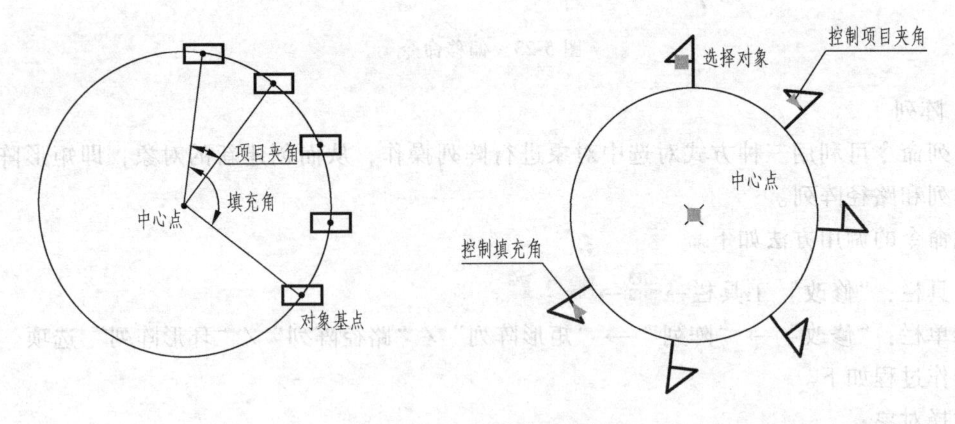

图 5-25 环形阵列示例

(3) 路径阵列　路径阵列是沿路径或部分路径均匀分布选定对象的副本。如果选择了路径阵列，必须选择直线、多段线、三维多段线、样条曲线、螺旋线、圆弧、圆或椭圆作为路径。

6. 移动

移动命令用于将选定的实体从当前位置平移到一个新的指定位置。

此命令的调用方法如下。

工具栏：“修改”工具栏→。

菜单栏：“修改”→“移动”选项。

快捷菜单：选择对象后右击，弹出快捷菜单，选择“移动”选项。

操作步骤如下。

1）选择要移动的对象。

2）指定移动基点。

3）指定第二点，即位移点。

4）选择的对象移动到新位置上。

7. 修剪

修剪命令可以将图形对象的多余部分去掉。它不仅可以修剪相交或不相交的二维对象，还可以修剪三维对象。此命令的调用方法如下。

工具栏：“修改”工具栏→。

菜单栏：“修改”→“修剪”选项。

在选择修剪对象时，出现“选择要修剪的对象，或按住 Shift 键选择要延伸的对象，或[栏选(F)/窗交(C)/投影(P)/边(E)/删除(R)/放弃(U)]:”的提示。用户可以直接选择修剪对象或选项。选项中的“栏选(F)/窗交(C)”是构造选择集的方式。在修剪模式下，除了可以用鼠标拾取对象以外，还可以通过栏选或窗交方式选择对象。选项中的“边(E)”包括“延伸”和“不延伸”:“延伸”是延伸边界，被修剪的对象按照延伸边界进行修剪；“不延伸”表示不延伸剪切边，被修剪的对象仅在与剪切边相交时才可以进行修剪。

以图 5-26 为例的操作如下。

命令：Trim

当前设置：投影=UCS，边=无

选择剪切边...

选择对象或 <全部选择>:　找到 1 个（指定 1 点）

选择对象：找到 1 个，总计 2 个（指定 2 点）

选择对象：（按<Enter>键）

选择要修剪的对象,或按住 Shift 键选择要延伸的对象,或

[栏选(F)/窗交(C)/投影(P)/边(E)/删除(R)/放弃(U)]:（指定 3 点）

选择要修剪的对象,或按住 Shift 键选择要延伸的对象,或

[栏选(F)/窗交(C)/投影(P)/边(E)/删除(R)/放弃(U)]:（指定 4 点）

选择要修剪的对象,或按住 Shift 键选择要延伸的对象,或

[栏选(F)/窗交(C)/投影(P)/边(E)/删除(R)/放弃(U)]:（按<Enter>键）

8. 夹点编辑

AutoCAD 的夹点功能是一种非常灵活的编辑功能，利用它可以实现对象的拉伸、移动、

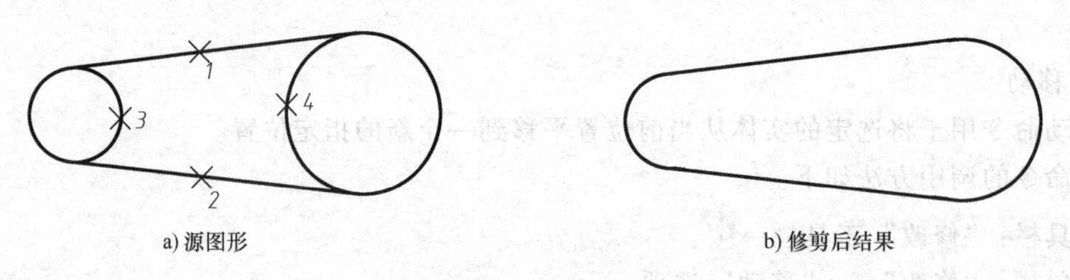

图 5-26 修剪命令

旋转、镜像、缩放、复制。通常，人们利用夹点功能快速实现对象的拉伸和移动。

在不输入任何命令的情况下，拾取对象，被拾取的对象上将显示夹点。夹点就是选择对象上的控制点，如图 5-27 所示。不同对象的控制夹点是不同的，如圆弧共有四个夹点，即圆心、起点、中间点、终点。

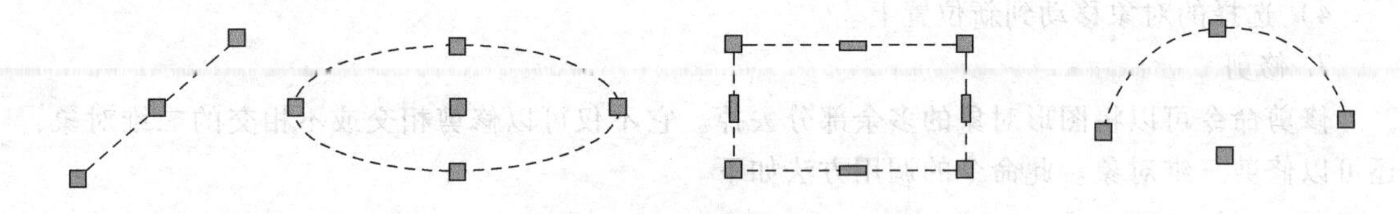

图 5-27 各种对象的控制夹点

当对象被选中时夹点是蓝色的，称为“冷夹点”。如果再次单击对象，某个夹点则变为红色，称为“暖夹点”，此时，夹点处于编辑状态。也可以利用鼠标的右键在弹出的快捷菜单上选择编辑命令。

5.4 尺寸标注方法

5.4.1 标注样式

在机械制图的尺寸标注中，标注样式的设置非常重要，如果标注样式设置合理，可以快捷、方便地进行各种不同的尺寸标注。

下面以“机械”标注样式为例进行说明。

1. 打开“标注样式管理器”对话框

此命令的调用方法如下。

工具栏：“标注”工具栏→![icon]。

菜单栏：“标注”→“标注样式”选项。

弹出“标注样式管理器”对话框，如图 5-28 所示。

2. 新建

单击“新建”按钮，弹出如

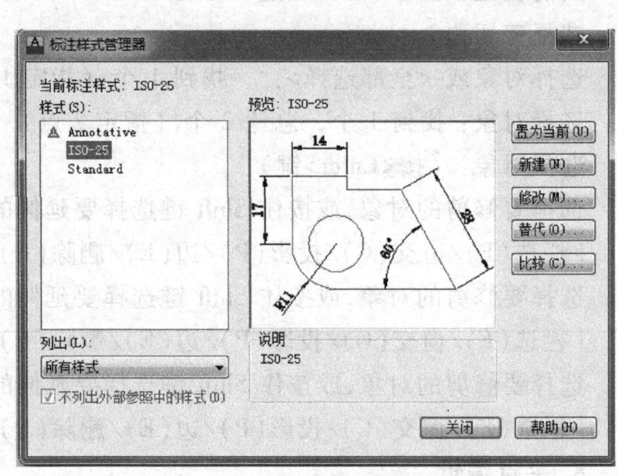

图 5-28 “标注样式管理器”对话框

图 5-29所示的对话框。在“新样式名”文本框中输入“机械”，确定基础样式为 ISO-25。单击“继续”按钮，弹出如图 5-30 所示的对话框。

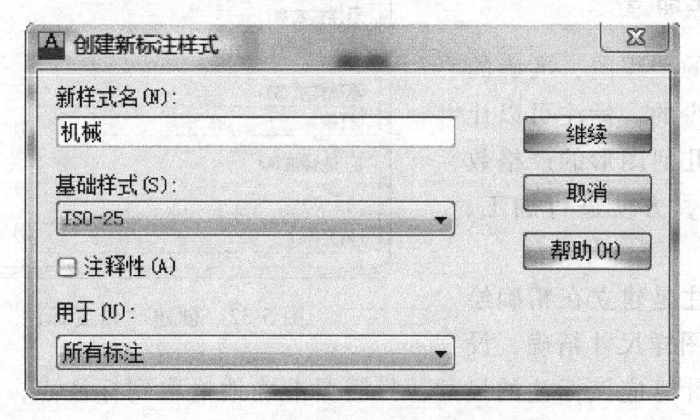

图 5-29“创建新标注样式”对话框

3. 设置箭头和文字

单击“符号和箭头”选项卡，选择合适的箭头大小。单击“文字”选项卡，如图 5-31 所示，输入与箭头大小对应的文字高度，“文字对齐”选项组中，选择“ISO 标准”。

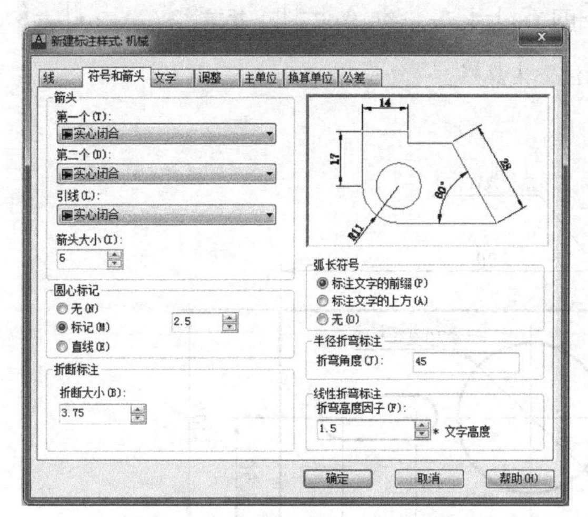

图 5-30　“符号和箭头”选项卡

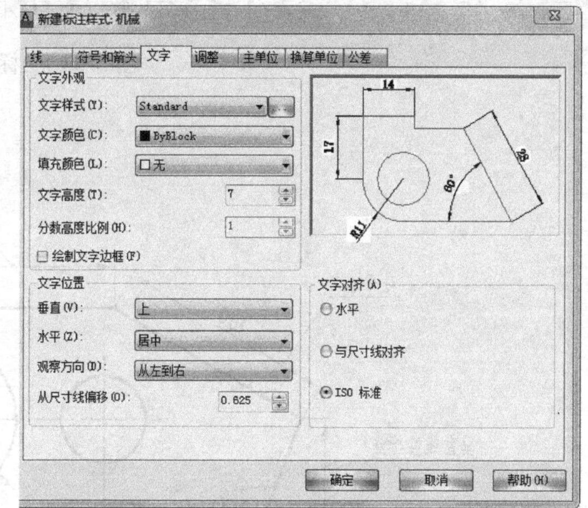

图 5-31　“文字”选项卡

4. 设置主单位

单击“主单位”选项卡，在“精度”下拉列表框中选择“0”，在“小数分隔符”下拉列表框中选择“句点”。单击“确定”按钮，返回“标注样式管理器”对话框。

5. 建立子样式

在“机械”中建立“角度标注”子样式。在“标注样式管理器”对话框中，单击“新建”按钮，弹出对话框。“基础样式”下拉列表框中选择“机械”，“用于”下拉列表框中选择“角度标注”，如图 5-32 所示。单击“继续”按钮，在弹出的对话框中单击“文字”选项卡，在“文字对齐”选项组中，选择“水平”。

6. 完成

单击“确定”按钮，返回“标注样式管理器”对话框。再单击“置为当前”按钮，关闭对话框，完成设置。

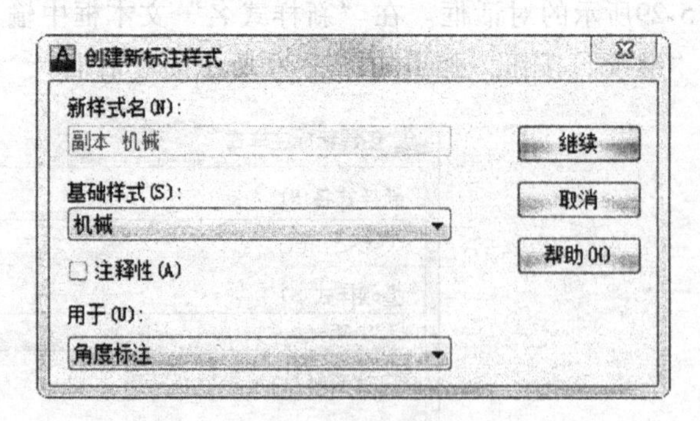

图 5-32 创建“角度标注”子样式

5.4.2 尺寸标注命令

对于一张完整的工程图，准确的尺寸标注是必不可少的。标注可以让其他工程人员清楚几何图形的严格数字关系和约束条件，方便进行加工、制造和检验工作。

AutoCAD 的标注是建立在精确绘图的基础上。只要图样尺寸精确，设计人员不必花时间计算应该标注的尺寸，只需要准确地拾取到标注点，AutoCAD 便会自动给出正确的标注尺寸而且标注尺寸和被标注对象相关联。如果修改了标注对象，尺寸便会自动更新。一般标注尺寸由尺寸线、尺寸界线和尺寸数字组成，它们是一个整体。

AutoCAD 提供了全面的尺寸标注命令，如长度、圆弧和角度等，如图 5-33 所示。在进行尺寸标注前，先将“对象捕捉”设置成端点、交点和圆心等。尺寸标注类型如图 5-34 所示。

图 5-33 “标注”工具栏

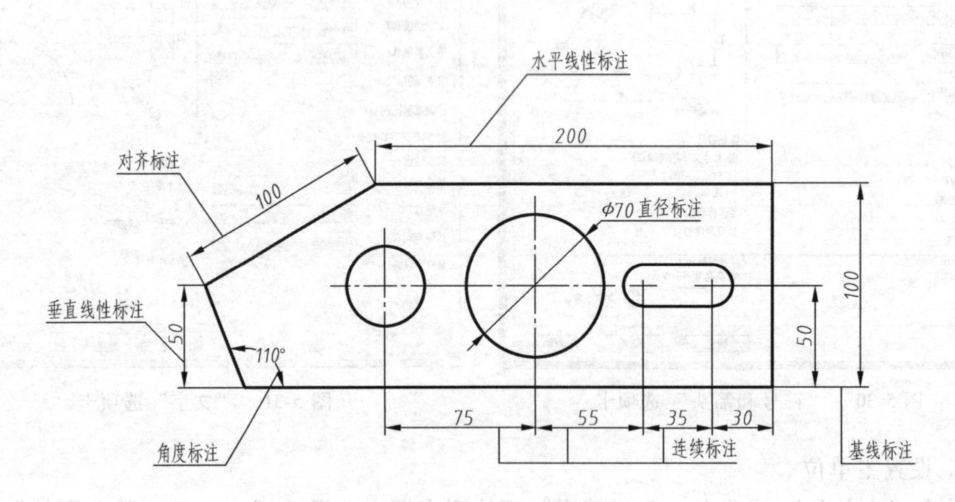

图 5-34 尺寸标注类型

1）若选择直线，则通过指定的两条直线来标注其角度。

2）若选择圆弧，则以圆弧的圆心作为角度的顶点，以圆弧的两个端点作为角度的两个端点来标注圆弧的夹角。

3）若选择圆，则以圆心作为角度的顶点，以圆周上指定的两个点作为角度的两个端点来标注圆弧的夹角。

1. 线性标注

标注水平和垂直尺寸，使用命令 Dimlinear。

命令 Dimlinear 的操作过程如下。

命令：Dimlinear

指定第一条尺寸界线原点或 <选择对象>：

指定第二条尺寸界线原点：

指定尺寸线位置或[多行文字(M)/文字(T)/角度(A)/水平(H)/垂直(V)/旋转(R)]：

1）在指定标注原点时，若按<Enter>键，则选择要标注的对象，系统会测量此对象的长度。

2）在需要指定尺寸线位置时，系统会根据光标移动的路径自动选择垂直或水平。若要强制水平，请输入“H”；若要强制垂直，请输入“V”。

3）要改变系统默认的尺寸数字，输入“M”或“T”。如需手动加入直径符号“ϕ”时，可输入“M”，按<Enter>键后弹出多行文字编辑框，在默认值前面输入“%%c”或右击，弹出快捷菜单，选择“符号”中的“直径”就可以了。除非要修改尺寸数字，否则不要删除系统默认的测量值。

2. 对齐标注

在对齐尺寸标注中，尺寸线平行于尺寸界线两原点连成的直线，其操作过程如下。

命令：Dimaligned

指定第一条尺寸界线原点或 <选择对象>：

指定第二条尺寸界线原点：

指定尺寸线位置或[多行文字(M)/文字(T)/角度(A)]：

3. 直径标注

直径标注用来标注圆的直径，其尺寸数字前自动加上“ϕ”，使用时选择圆周上的点即可。

4. 半径标注

半径标注用来标注圆弧的半径，其尺寸数字前自动加上“R”，操作同直径标注。

5. 角度标注

角度标注用来标注两条直线之间的夹角或者三点构成的角度，其尺寸数字后会自动加上“°”，其操作过程如下。

命令：Dimangular

选择圆弧、圆、直线或 <指定顶点>：

选择第二条直线：

指定标注弧线位置或［多行文字(M)/文字(T)/角度(A)/象限点(Q)］：

5.4.3 尺寸编辑

1. 编辑标注

编辑标注按钮是编辑标注对象上的标注文字和尺寸界线。

操作过程如下。

命令：Dimedit

输入标注编辑类型［默认(H)/新建(N)/旋转(R)/倾斜(O)］<默认>：

选择对象：

1）默认（H）。使标注文字回归到默认位置。

2）新建（N）。使用在位文字编辑器更改标注文字。

3）旋转（R）。旋转标注文字。

4）倾斜（O）。调整线性标注尺寸界线的倾斜角度。将创建线性标注，使尺寸界线与尺寸线不垂直。当尺寸界线与图形的其他部分冲突时，“倾斜”选项将很有用处。

2. 编辑标注文字

编辑标注文字按钮用于改变标注文字的位置，如图 5-35 所示。

操作过程如下。

命令：Dimtedit

选择标注：

指定标注文字的新位置或［左(L)/右(R)/中心(C)/默认(H)/角度(A)］：

1）左（L）。沿尺寸线左侧对正标注文字。

2）右（R）。沿尺寸线右侧对正标注文字。

3）中心（C）。将标注文字放在尺寸线的中间。

4）默认（H）。将标注文字移回默认位置。

5）角度（A）。修改标注文字的角度。

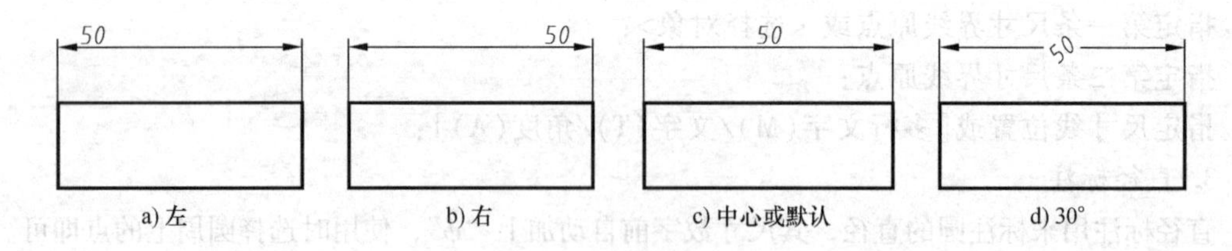

图 5-35 编辑标注文字

尺寸还可以通过“特性”选项卡和夹点方式编辑。同时，双击需要编辑的标注，同样可以实现编辑功能。

5.5 AutoCAD 绘图实例

5.5.1 AutoCAD 绘制平面图形

绘制平面图形时，先对其进行线段分析，以确定绘图顺序，即先绘制已知线段，再绘制中间线段，最后绘制连接线段。AutoCAD 提供了绘图工具、编辑工具和精确绘图辅助工具，以便精确、高效地完成绘图。下面以吊钩（见图 5-36）为例，说明 AutoCAD 绘制平面图形的方法和步骤。

1. 图层的设置

新建一个文件，打开“图层特性管理器”对话框，设置图层及相应的对象特性（参见图 5-5）。

2. 绘制中心线

把当前图层切换到中心线层，用直线命令绘制一条水平中心线和一条垂直中心线，如图 5-37 所示。

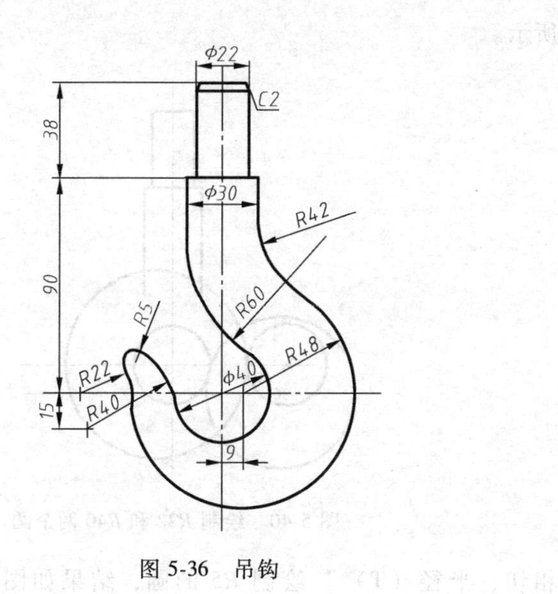

图 5-36 吊钩

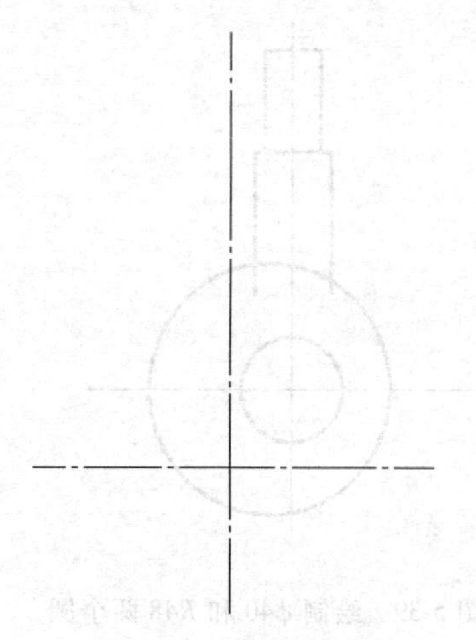

图 5-37 绘制中心线

3. 绘制已知线段

1）利用偏移命令，将水平中心线向上偏移 90 和 128，将垂直中心线左右对称偏移 11 和 15。利用修剪命令把多余线段修剪掉，并把图层转换到轮廓线层，结果如图 5-38 所示。

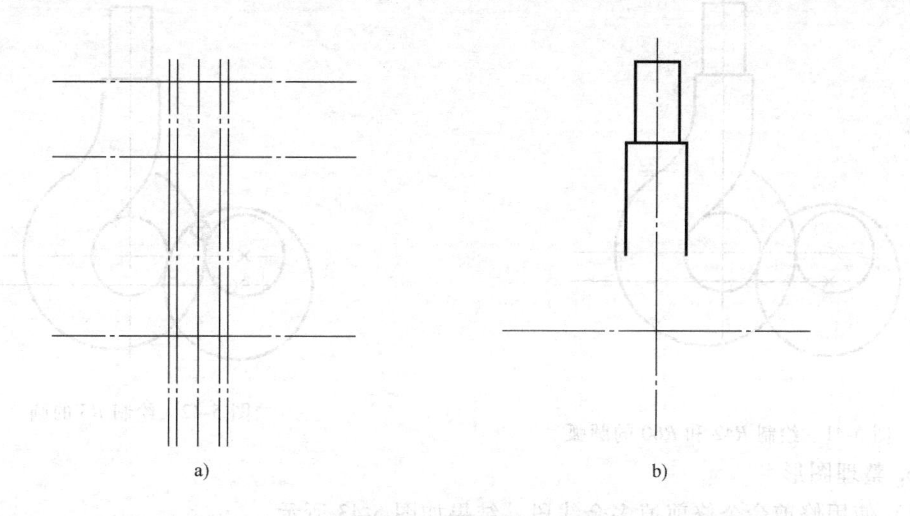

图 5-38 绘制线段

2）利用圆命令绘制 ϕ40 和 R48 两个圆，结果如图 5-39 所示。

4. 绘制中间线段

利用圆弧连接知识，绘制 R22 和 R40 两个圆。利用偏移命令，将水平中心线向下偏移 15mm，以 ϕ40 圆的圆心为圆心，以（20+40）mm 为半径绘制圆，与线 3 交于点 2，点 2 为 R40 圆的圆心。以 R48 圆的圆心为圆心，以（48+22）mm 为半径绘制圆，与水平中心线交于点 1，点 1 为 R22 圆的圆心。利用圆命令绘制 R22 和 R40 两个圆，删除辅助圆，结果如图 5-40 所示。

5. 绘制连接线段

1）利用圆命令中的选项“相切、相切、半径（T）”绘制 R42 和 R60 的圆弧。用修剪命令，修剪掉多余线段，结果如图 5-41 所示。

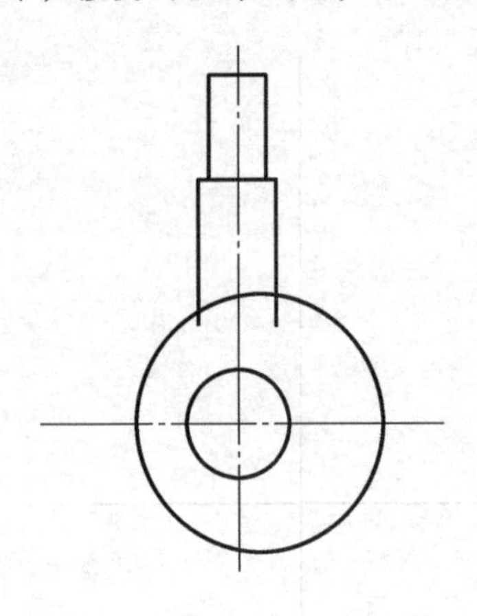

图 5-39　绘制 $\phi40$ 和 $R48$ 两个圆

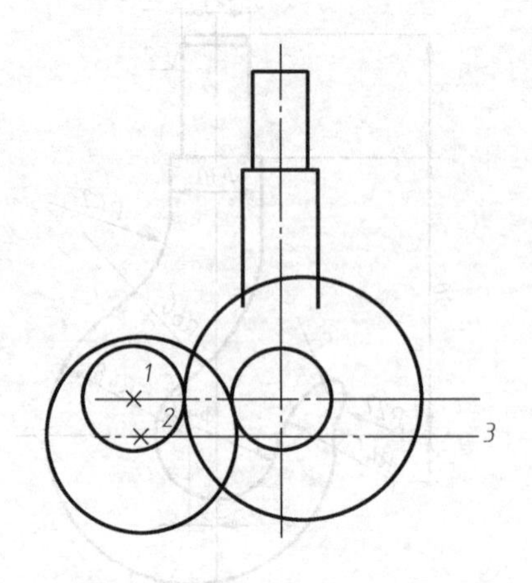

图 5-40　绘制 $R22$ 和 $R40$ 两个圆

2）利用圆命令中的选项“相切、相切、半径（T）”绘制 $R5$ 的圆，结果如图 5-42 所示。

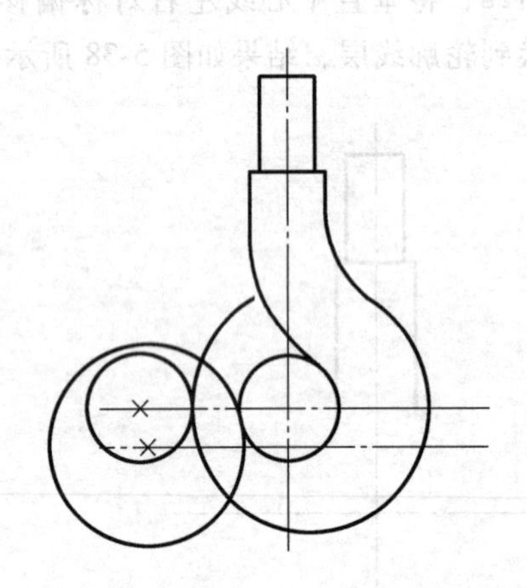

图 5-41　绘制 $R42$ 和 $R60$ 的圆弧

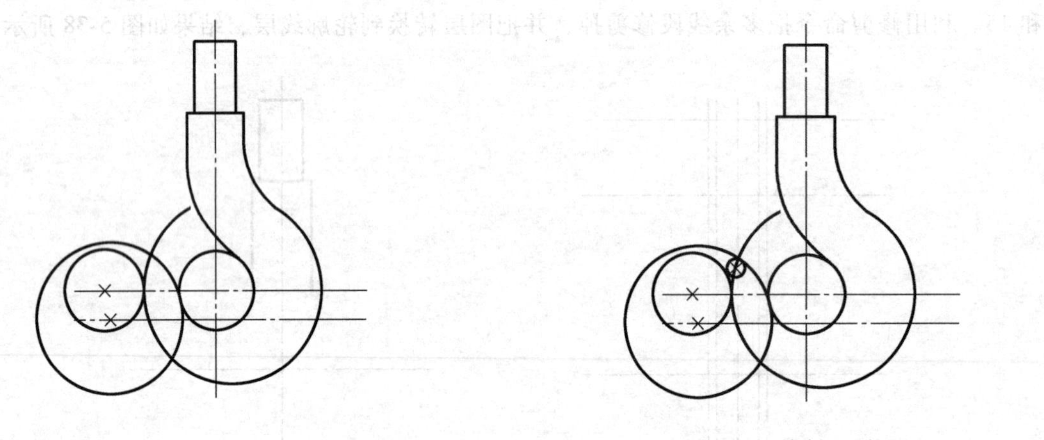

图 5-42　绘制 $R5$ 的圆

6. 整理图形

1）使用修剪命令修剪掉多余线段，结果如图 5-43 所示。

2）完成倒角 $C2$，删除其他多余线段，利用夹点功能调整中心线长度。单击状态栏中的“线宽”按钮，调整各个图层上的对象，完成全图，保存图形文件，结果如图 5-44 所示。

5.5.2 AutoCAD 绘制三视图

在绘制三视图时，可以充分利用 AutoCAD 提供的极轴、对象捕捉和对象追踪来保证三视图的“长对正、高平齐、宽相等”的投影规律，或者利用辅助线法满足投影规律。

1. 辅助线法

以图 5-45 为例，利用辅助线满足投影规律。

1）利用直线命令绘制中心线，然后绘制俯视图。

2）单击“正交”按钮，利用直线命令绘制辅助线，满足“长对正”投影规律绘制主视图。

3）绘制左视图时，利用直线命令绘制辅助线，满足“高平齐”的投影规律；单击“极轴”按钮，设置增量角为45°，绘制45°斜线，满足“宽相等”的投影规律。

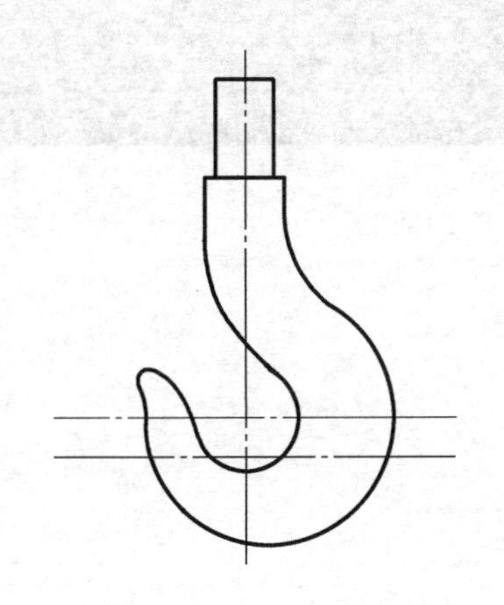

图 5-43　修剪后的图形

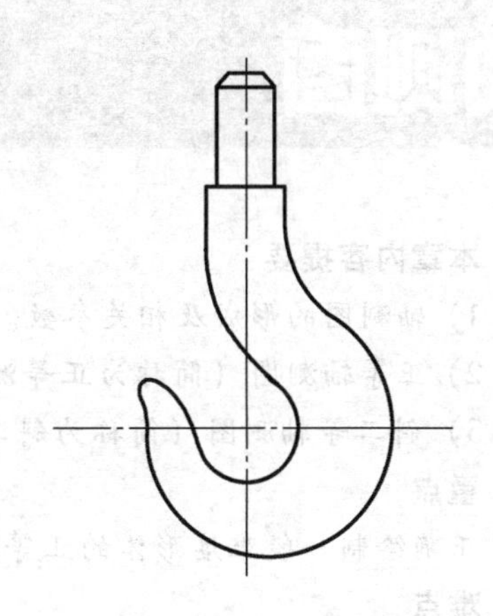

图 5-44　完成图形

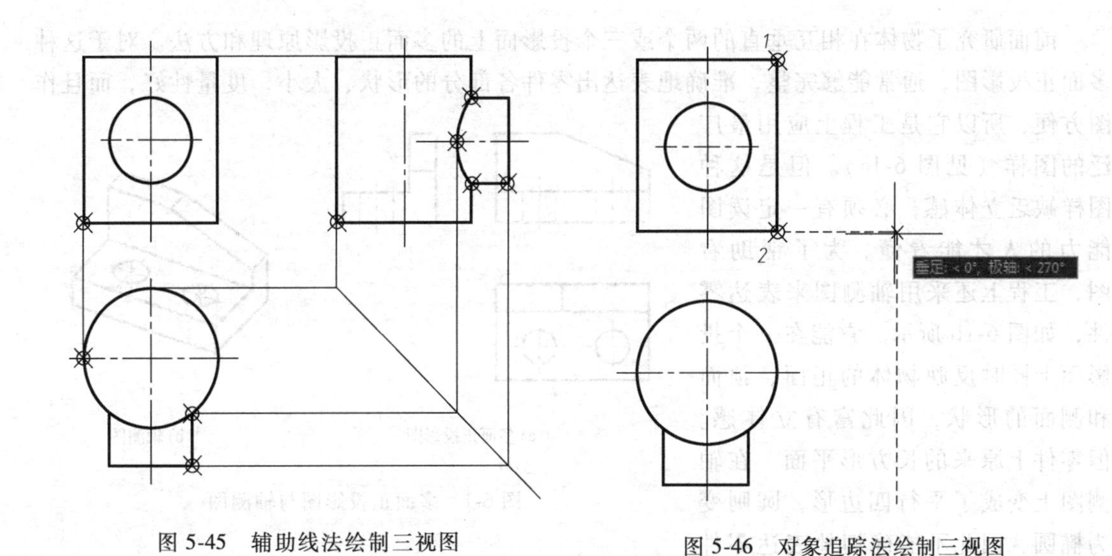

图 5-45　辅助线法绘制三视图　　图 5-46　对象追踪法绘制三视图

2. 对象追踪法

将极轴、对象捕捉和对象追踪设成有效状态，用直线命令绘制左视图上的直线，如图5-46所示。调用直线命令后，先将光标移至主视图需要对齐的投影点1，停顿一下，待出现此点的特征名称后，水平移动（此时对象追踪出现）至左视图对应的某点时，单击。再移动光标至主视图需要对齐的投影点2，停顿一下，待出现此点的特征名称后，水平移动（此时对象追踪出现）至左视图对应的某点时，出现垂直的对象追踪线与水平追踪线相交，单击，完成一条直线的绘制。

第6章 轴测图

本章内容提要

1）轴测图的形成及相关参数。

2）正等轴测图（简称为正等测）。

3）斜二等轴测图（简称为斜二测）。

重点

正确绘制一般难度形体的正等轴测图。

难点

曲面形体的正等轴测图的绘制。

前面研究了物体在相互垂直的两个或三个投影面上的多面正投影原理和方法。对于这种多面正投影图，通常能够完整、准确地表达出零件各部分的形状、大小，度量性好，而且作图方便，所以它是工程上应用最广泛的图样（见图 6-1a）。但是这种图样缺乏立体感，必须有一定读图能力的人才能看懂。为了帮助看图，工程上还采用轴测图来表达零件，如图 6-1b 所示。它能在一个投影面上同时反映物体的正面、顶面和侧面的形状，因此富有立体感。但零件上原来的长方形平面，在轴测图上变成了平行四边形，圆则变为椭圆，因此不能确切地表达零件的原来形状与大小，而且作图较为复杂，因而轴测图在工程上一般仅用来作为辅助图样。

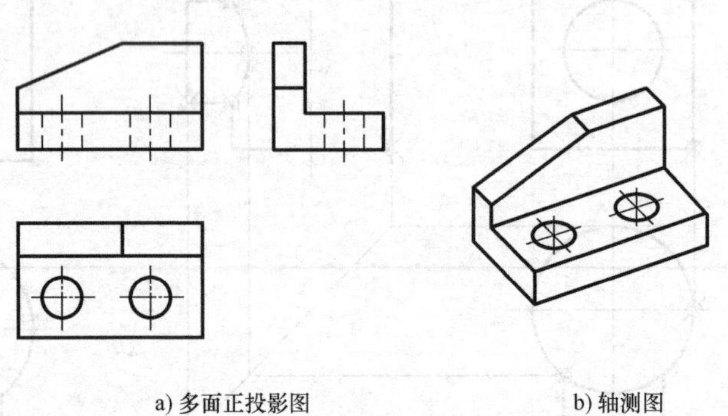

a) 多面正投影图　　b) 轴测图

图 6-1　多面正投影图与轴测图

6.1 轴测图的基本概念

6.1.1 轴测图的形成

用平行投影法将物体连同确定该物体位置的空间直角坐标系，沿不平行于任一坐标面的方向投射到单一投影面上所得到的图形，称为轴测投影，简称为轴测图，如图 6-2 所示。图 6-2 中 S 称为投射方向，平面 P 称为轴测投影面，空间直角坐标轴 OX、OY 和 OZ 在轴测投

影面 P 上的投影 O_1X_1、O_1Y_1 和 O_1Z_1 称为轴测投影轴，简称为轴测轴。

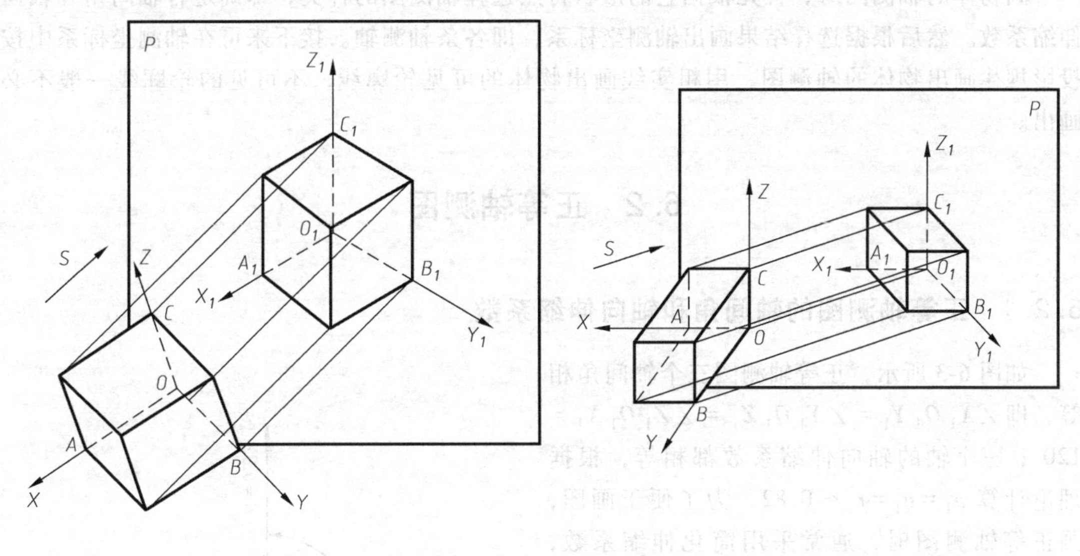

a) 正轴测图　　b) 斜轴测图

图 6-2　轴测图的形成

当投射方向与轴测投影面垂直时，得到的轴测图称为正轴测图，否则称为斜轴测图。

轴测图是用平行投影法得到的，因此具有平行投影的投影特性。

1）物体上相互平行的两条直线，其轴测投影仍相互平行。

2）物体上相互平行的两线段长度之比或同一直线上的两线段长度之比，在轴测投影上保持不变。

6.1.2　轴间角及轴向伸缩系数

如图 6-2 所示，相邻两轴测轴之间的夹角 $\angle X_1O_1Y_1$、$\angle Z_1O_1X_1$ 和 $\angle Y_1O_1Z_1$ 称为轴间角。

在轴测图形成过程中，由于空间三个坐标轴对轴测投影面倾斜的角度不同，坐标轴上的单位长度在轴测轴上的对应长度也就各不相同。因此规定，各轴测轴的轴向单位长度 O_1A_1、O_1B_1、O_1C_1 与其相应的空间坐标轴轴向单位长度 OA、OB、OC 的比值称为 O_1X_1、O_1Y_1 和 O_1Z_1 轴的轴向伸缩系数，分别用 p_1、q_1 和 r_1 表示，即轴向伸缩系数分别为

$$p_1 = O_1A_1/OA$$
$$q_1 = O_1B_1/OB$$
$$r_1 = O_1C_1/OC$$

根据轴向伸缩系数之间的相互关系，将轴测图分为三类。

1）当 $p_1 = q_1 = r_1$ 时，称为正（或斜）等轴测图，简称为正（斜）等测。

2）当 $p_1 = q_1 \neq r_1$ 或 $p_1 \neq q_1 = r_1$ 或 $p_1 = r_1 \neq q_1$ 时，称为正（或斜）二等轴测图，简称为正（斜）二测。

3）当 $p_1 \neq q_1 \neq r_1$ 时，称为正（或斜）三轴测图，简称为正（斜）三测。

其中，正等测和斜二测两种轴测图具有相对简单易画和立体感较好的综合优点，得到广

泛使用。

画物体的轴测图时，首先根据它的形状特点选择轴测图的种类，即确定各轴间角和轴向伸缩系数。然后根据选择结果画出轴测坐标系，即各条轴测轴。接下来可在轴测坐标系中按投影规律画出物体的轴测图，用粗实线画出物体的可见轮廓线，不可见的轮廓线一般不必画出。

6.2 正等轴测图

6.2.1 正等轴测图的轴间角和轴向伸缩系数

如图 6-3 所示，正等轴测图三个轴间角相等，即 $\angle X_1O_1Y_1=\angle Y_1O_1Z_1=\angle Z_1O_1X_1=120°$；三个轴的轴向伸缩系数都相等，根据理论计算 $p_1=q_1=r_1\approx0.82$。为了便于画图，画正等轴测图时，通常采用简化伸缩系数，取 $p=q=r=1$，即可沿轴测轴方向直接量取立体的真实长度画图，不必缩小。采用简化伸缩系数画出的正等轴测图形状不变，只是沿各轴向放大了约 1.22 倍。

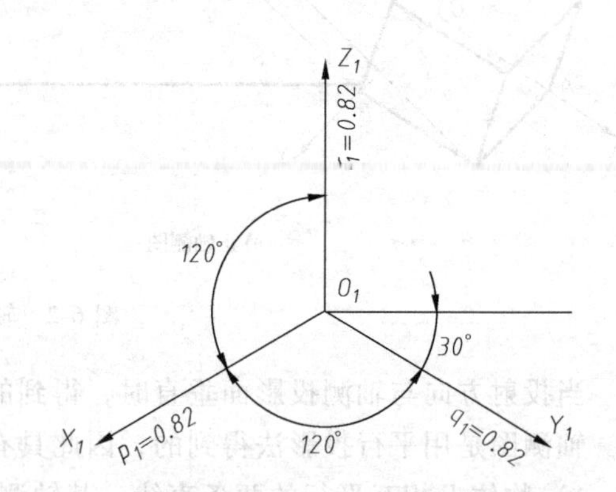

图 6-3 正等轴测图的轴间角和轴向伸缩系数

6.2.2 平面立体正等轴测图的画法

画平面立体轴测图的最基本方法是坐标法。坐标法就是根据立体表面上每个顶点的坐标，画出它们的轴测投影，然后连成立体表面的轮廓线，从而获得立体轴测投影的方法。但在实际作图时，还应根据立体的形状特点不同而灵活采用各种不同的作图步骤。

【例 6-1】 画出如图 6-4a 所示正六棱柱的正等轴测图。

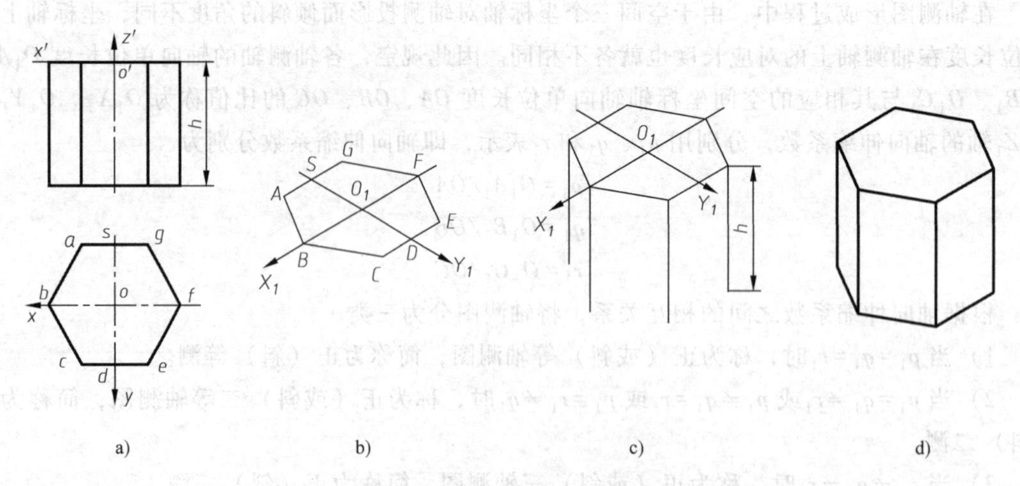

图 6-4 画正六棱柱的正等轴测图

分析 正六棱柱前后、左右对称，故可选取正六棱柱的中心线作为OZ轴，正六棱柱顶面的中点为原点O，从顶面开始作图。具体作图步骤如下。

1）在投影图上选定坐标原点和坐标轴，如图6-4a所示。

2）画轴测轴和正六棱柱的顶面。自原点O_1沿O_1X_1轴向左、右各量取$O_1B=ob$、$O_1F=of$；再沿O_1Y_1轴向前、后各量取$O_1D=od$、$O_1S=os$。过D、S分别作直线$CE/\!/O_1X_1$、$AG/\!/O_1X_1$，并使得$CD=DE=AS=SG=cd$，连接相应各点，即画出顶面六边形的正等轴测图，如图6-4*b*所示。注意，顶面的六条边中只有平行于O_1X_1轴的两条边可以直接量取长度，其他四条边与坐标轴不平行，故不能直接量取长度。

3）自顶面六边形各顶点向下画正六棱柱的棱线平行于O_1Z_1轴，并使其长度均等于h，即得到各棱线的轴测投影。注意不可见的棱线一般不画出，如图6-4c所示。

4）画出底面可见边的轴测投影，擦去多余图线并加深，即完成正六棱柱的正等轴测图，如图6-4d所示。

【例6-2】 画出如图6-5a所示垫块的正等轴测图。

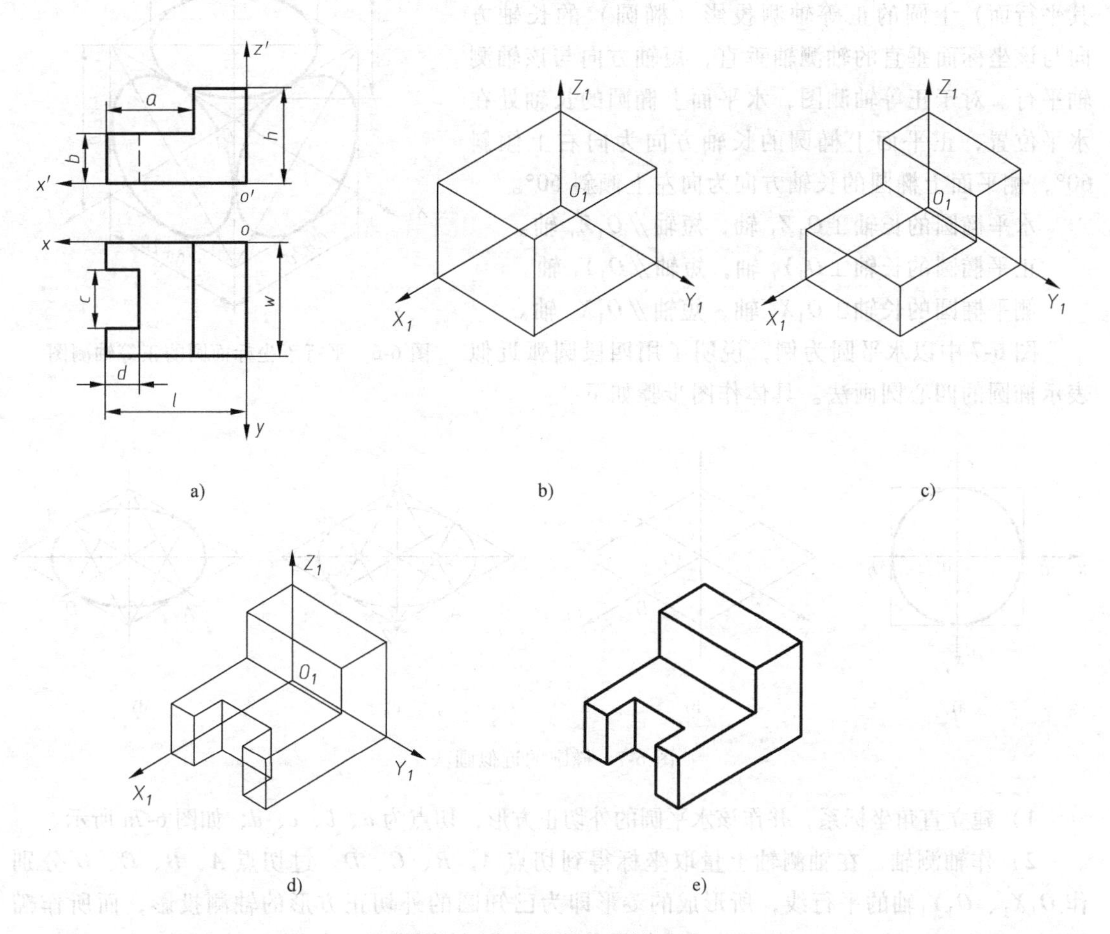

图6-5 画垫块的正等轴测图

分析 该垫块可看成由一个长方体经两次切割而形成的，先在其左上方切去一个长方体，再在其左前方切去一个长方体。画图时可先画出完整的长方体，然后逐步画出被切割的部分，这种方法称为切割法。具体作图步骤如下。

1）在视图上选定坐标原点和坐标轴，如图 6-5a 所示。

2）根据尺寸 l、w 和 h，画出长方体的正等轴测图，如图 6-5b 所示。

3）根据尺寸 a、b 画出左上方被切去长方体的正等轴测图，擦去被切去的轮廓线，如图 6-5c 所示。

4）根据尺寸 c、d 画出左前方被切去长方体的正等轴测图，擦去被切去的轮廓线，如图 6-5d 所示。

5）擦去多余的图线，加深可见轮廓线，完成的正等轴测图如图 6-5e 所示。

6.2.3 回转体正等轴测图的画法

1. 平行于坐标面圆的正等轴测图

根据正等轴测图的形成原理可知，平行于坐标面圆的正等轴测图为椭圆。如图 6-6 所示，坐标面（或其平行面）上圆的正等轴测投影（椭圆）的长轴方向与该坐标面垂直的轴测轴垂直，短轴方向与该轴测轴平行。对于正等轴测图，水平面上椭圆的长轴处在水平位置，正平面上椭圆的长轴方向为向右上倾斜 60°，侧平面上椭圆的长轴方向为向左上倾斜 60°。

水平椭圆的长轴 ⊥ O_1Z_1 轴，短轴 // O_1Z_1 轴。

正平椭圆的长轴 ⊥ O_1Y_1 轴，短轴 // O_1Y_1 轴。

侧平椭圆的长轴 ⊥ O_1X_1 轴，短轴 // O_1X_1 轴。

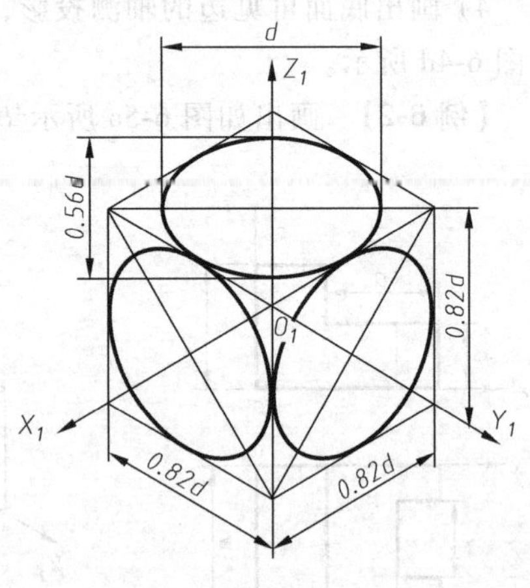

图 6-6 平行于坐标面圆的正等轴测图

图 6-7 中以水平圆为例，说明了用四段圆弧近似表示椭圆的四心圆画法。具体作图步骤如下。

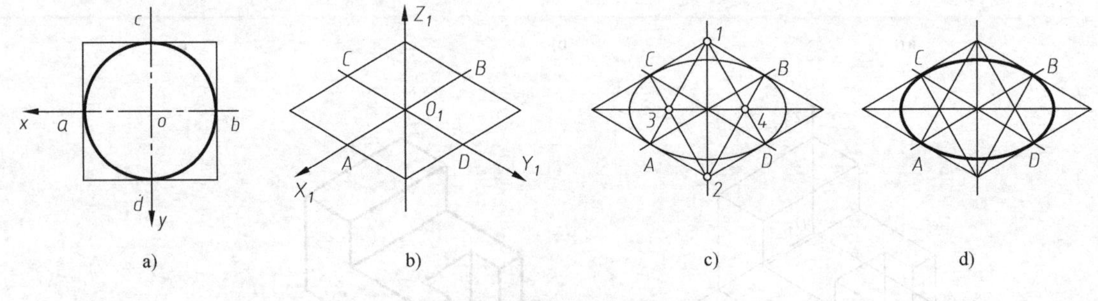

图 6-7 椭圆的近似画法

1）建立直角坐标系，并作该水平圆的外切正方形，切点为 a、b、c、d，如图 6-7a 所示。

2）作轴测轴，在轴测轴上量取坐标得到切点 A、B、C、D。过切点 A、B、C、D 分别作 O_1X_1、O_1Y_1 轴的平行线，所形成的菱形即为已知圆的外切正方形的轴测投影，而所作椭圆则必然内切于该菱形。该菱形的对角线即为长、短轴的位置，如图 6-7b 所示。

3）过切点 A、B、C、D 分别作它们各自所在边的垂线，与长、短轴相交于 1、2、3、4，分别以 1、2 为圆心、$1A$（或 $2B$）为半径画圆弧 $\overset{\frown}{BC}$ 和 $\overset{\frown}{AD}$，分别以 3、4 为圆心、$3A$（或

4B）为半径画圆弧$\overset{\frown}{AC}$、$\overset{\frown}{BD}$，如图 6-7c 所示。

4）四段圆弧首尾相接，构成近似椭圆，用来表示水平圆的正等轴测图，如图 6-7d 所示。

2. 常见回转体正等轴测图的画法

回转体的表面包含回转面，回转面的边界轮廓线往往是圆，所以绘制回转体的正等轴测图时必然用到圆的正等轴测图画法。

【例 6-3】 画出如图 6-8a 所示圆柱的正等轴测图。

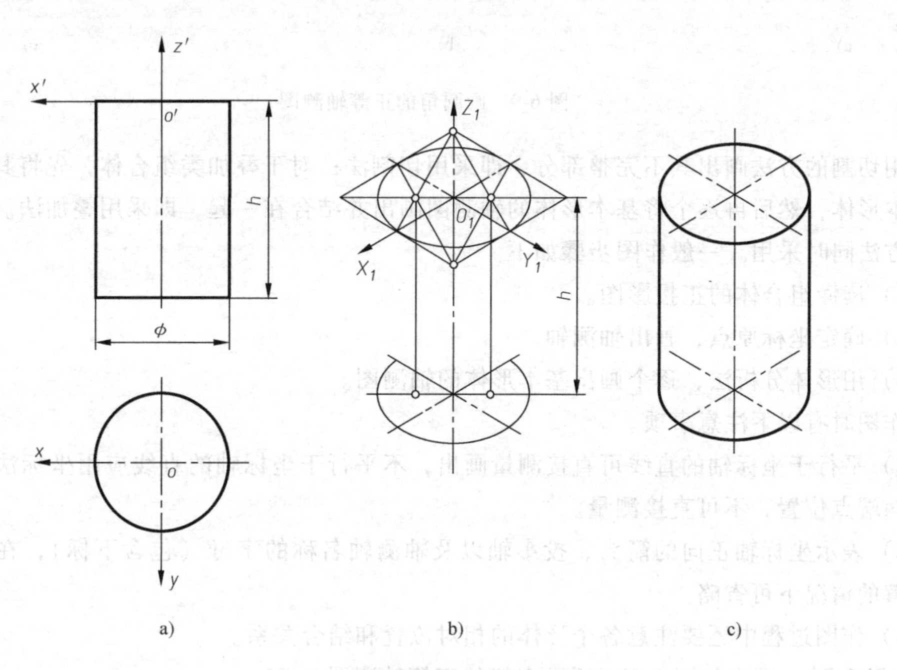

图 6-8 画圆柱的正等轴测图

分析 用四心圆画法作圆柱顶面圆的正等轴测图后，采用移心画法即可得到底面圆的正等轴测图，最后画出两者的公切线表示转向轮廓线。具体作图步骤如下。

1）确定坐标系，坐标原点选定为顶面圆的圆心，XOY 坐标面与顶面圆重合，如图 6-8a 所示。

2）作轴测轴，用四心圆画法作圆柱顶面圆的轴测投影——椭圆，将该椭圆沿 O_1Z_1 轴向下平移 h，即得底面圆的轴测投影，如图 6-8b 所示。

3）作上、下两椭圆的公切线（长轴端点的连线），即为圆柱面对于轴测投影面的转向轮廓线，擦去多余的图线并加深，结果如图 6-8c 所示。

机件中的矩形板块常做成圆角，其画法已形成习惯画法，见例 6-4。

【例 6-4】 画出如图 6-9a 所示圆角的正等轴测图。

分析 图 6-9a 所示的圆角是圆的 1/4，画圆角正等轴测图的原理与画圆的正等轴测图相同。画图时，先在画圆角的边线上量取圆角半径 R 得到圆弧与边的切点，再过切点作边线的垂线，两垂线交点为圆弧圆心，画出相应圆弧就是圆角的正等轴测图。画出顶面圆角的正等轴测图后，用移心画法可得到底面圆角的正等轴测图。作图步骤如图 6-9b、c 所示。

3. 综合作图

画组合体轴测图时，可采用形体分析法。对于不完整的形体，可先按完整的形体画出，

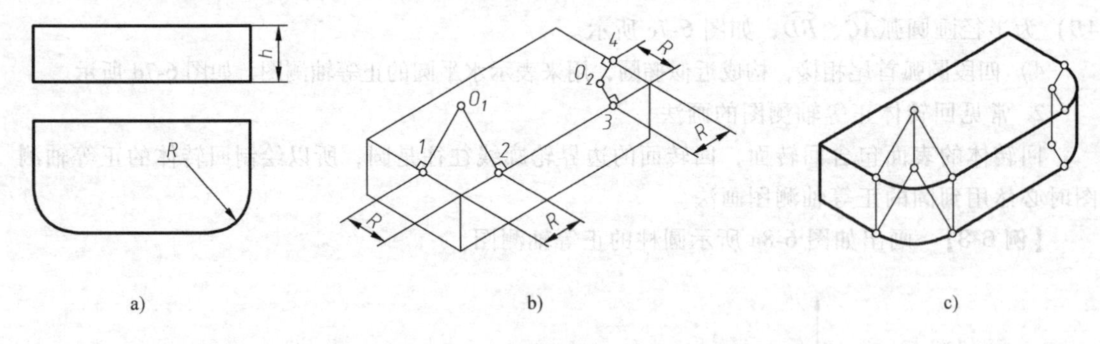

图 6-9 画圆角的正等轴测图

然后用切割的方法画出其不完整部分，即采用切割法；对于叠加类组合体，先将其分解成若干基本形体，然后再逐个将基本形体的轴测图画出并结合在一起，即采用叠加法。有时也可两种方法同时采用。一般作图步骤如下。

1）读懂组合体的正投影图。

2）确定坐标原点，画出轴测轴。

3）用形体分析法，逐个画出基本形体的轴测图。

作图时有以下注意事项。

1）平行于坐标轴的直线可直接测量画出，不平行于坐标轴的直线应用坐标法先确定直线的两端点位置，不可直接测量。

2）表示坐标轴正向的箭头、投影轴以及轴测轴名称的字母（包含下标），在不至于引起误解的情况下可省略。

3）作图过程中还要注意各个形体的相对位置和结合关系。

【例 6-5】 画出如图 6-10a 所示支架的正等轴测图。

分析 支架由下方的矩形底板和上方的一块 U 形竖板所组成，底板上挖切两个圆孔并

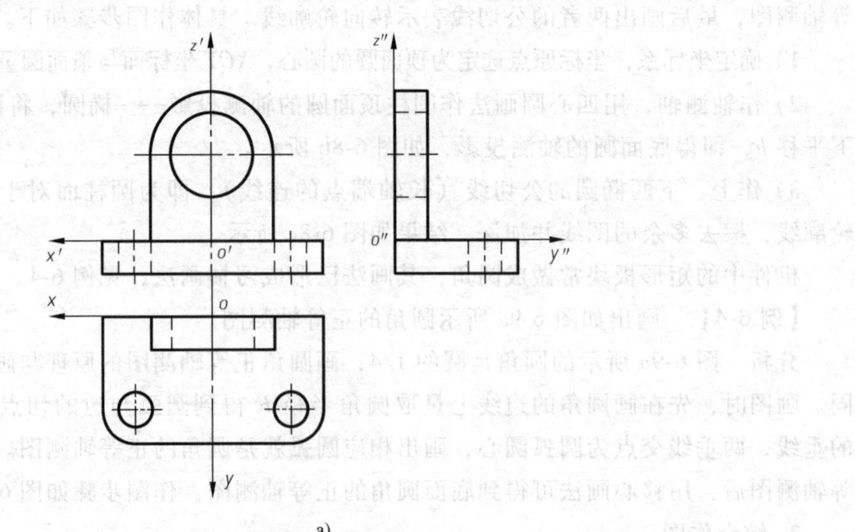

图 6-10 画支架的正等轴测图

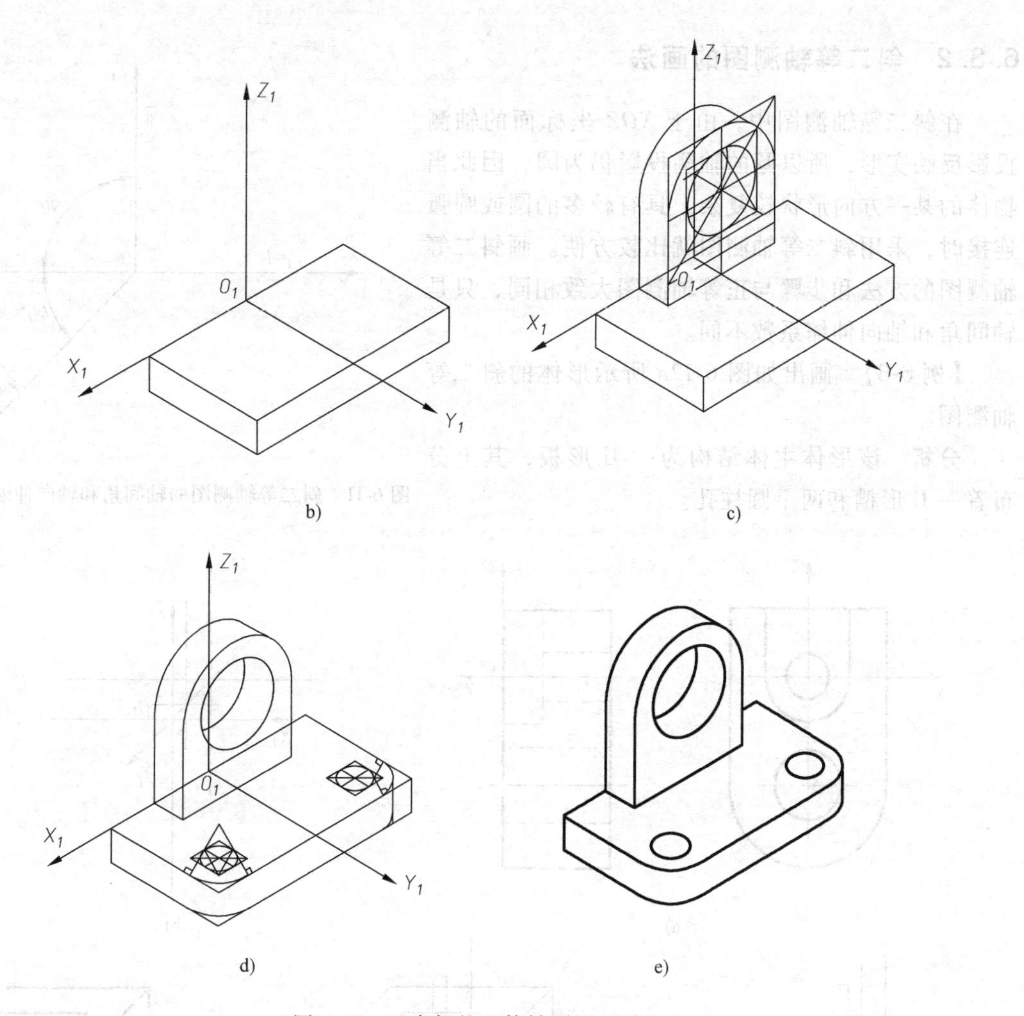

图 6-10 画支架的正等轴测图（续）

倒圆角，U 形竖板上挖切一个圆孔。首先作底板和竖板的正等轴测图，然后作圆孔和圆角的正等轴测图。作图步骤如图 6-10 所示。

6.3 斜二等轴测图

6.3.1 斜二等轴测图的轴间角和轴向伸缩系数

如图 6-2b 所示，在斜轴测投影中通常将物体放正，即使 *XOZ* 坐标面平行于轴测投影面 *P*，因而 *XOZ* 坐标面或其平行面上的任何图形在 *P* 面上的投影都反映实形，称为正面斜轴测投影。最常用的一种为正面斜二测（简称为斜二测），其轴间角 $\angle X_1O_1Z_1=90°$、$\angle X_1O_1Y_1=\angle Y_1O_1Z_1=135°$，此时轴向伸缩系数 $p_1=r_1=1$、$q_1=0.5$。画图时，一般使 O_1Z_1 轴处于垂直位置，则 O_1X_1 轴为水平线，O_1Y_1 轴与水平线成 45°，可利用 45°三角板方便地画出（见图 6-11）。作平面立体的斜二等轴测图时，只要采用上述轴间角和轴向伸缩系数，其作图步骤和正等轴测图完全相同。

6.3.2 斜二等轴测图的画法

在斜二等轴测图中，由于 XOZ 坐标面的轴测投影反映实形，所以圆的轴测投影仍为圆，因此当物体的某一方向形状较复杂，具有较多的圆或圆弧连接时，采用斜二等轴测图就比较方便。画斜二等轴测图的方法和步骤与正等轴测图大致相同，只是轴间角和轴向伸缩系数不同。

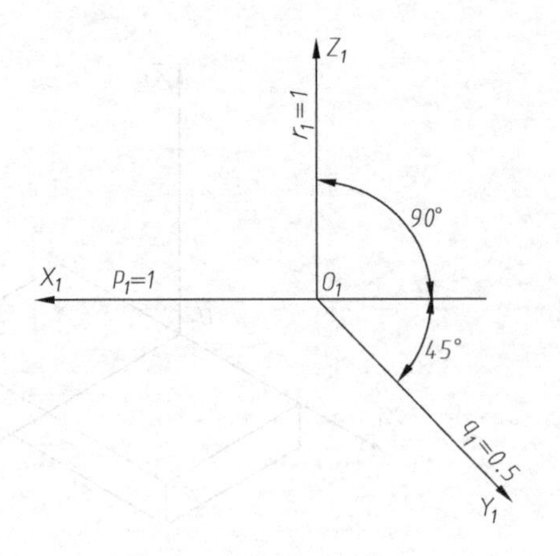

图 6-11 斜二等轴测图的轴间角和轴向伸缩系数

【例 6-6】 画出如图 6-12a 所示形体的斜二等轴测图。

分析 该形体主体结构为一 U 形板，其上分布着一 U 形槽和两个圆柱孔。

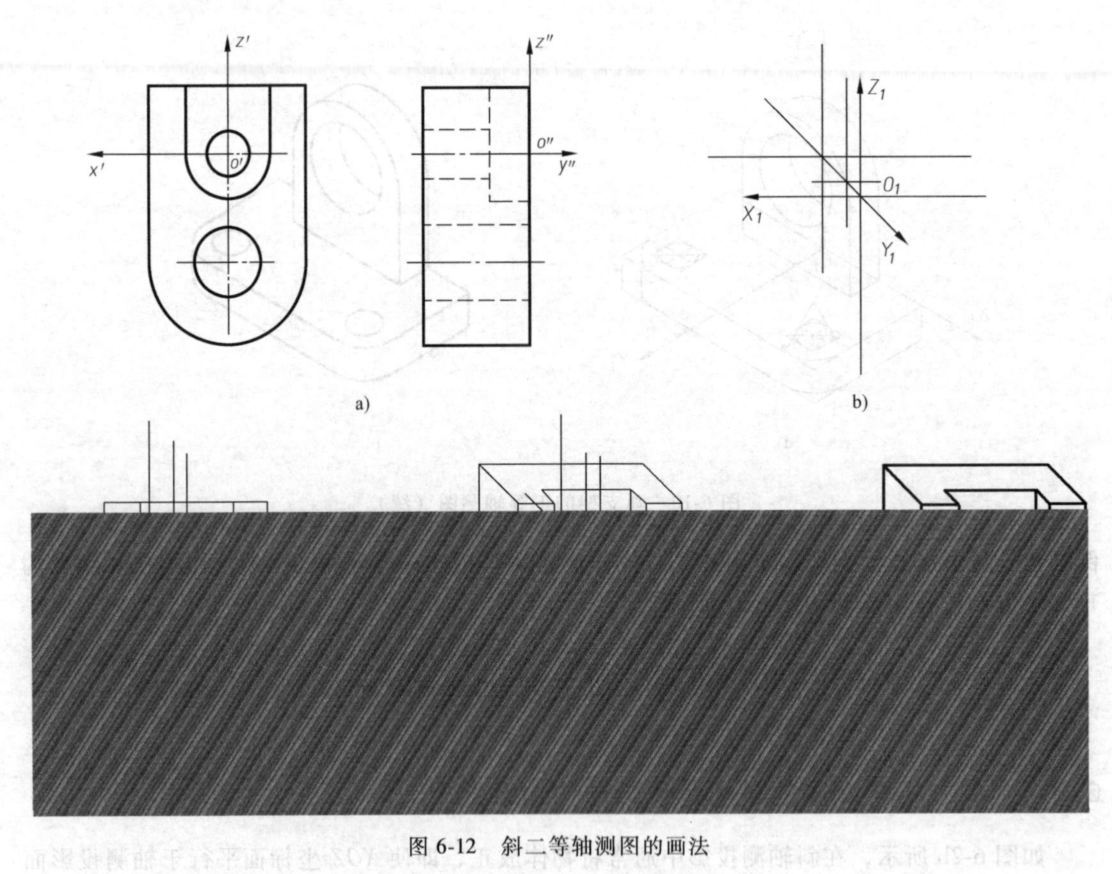

图 6-12 斜二等轴测图的画法

作图步骤如图 6-12 所示。

1）选定坐标轴，如图 6-12a 所示。

2）作轴测轴，如图 6-12b 所示。

3）作前表面的轴测图，如图 6-12c 所示。

4）作 U 形槽和圆柱孔，如图 6-12d 所示。

5）最后擦去多余的作图线并加深，即完成该形体的斜二等轴测图，如图 6-12e 所示。

第7章 组合体

本章内容提要

1) 用形体分析法和线面分析法来研究组合体的组合形式。

2) 画组合体视图。

3) 读懂组合体视图所表达的形体。

4) 组合体尺寸标注。

重点

能运用形体分析法和线面分析法进行组合体的画图、读图和尺寸标注。画图做到投影正确；尺寸标注做到正确、完整、清晰；读图能根据投影图想象出形体的形状。

难点

各种表面连接关系下表面交线的绘制、线面分析法读图。

组合体是机器零件简化了工艺结构以后的抽象几何模型，它们大多数可以看作是由一些基本几何体按照一定形式及相对位置组合构成的。本章以形体分析法为主线对组合体进行研究，研究组合体三视图的绘制方法、阅读方法以及尺寸标注方法等问题。

7.1 组合体的形体分析及组合形式

7.1.1 组合体的形体分析

将复杂的组合体分解为若干个基本形体，通过分析各基本形体的形状、各基本形体之间的相对位置及表面连接关系，从而形成对组合体完整认识的思维方法称为**形体分析法**。

根据形体分析法的思想，组合体随着其组合形式不同可分为叠加类、切割类（包括穿孔）和综合类。图 7-1a 所示的支架是由圆柱Ⅰ和Ⅱ、肋Ⅲ、支承板Ⅳ和底板Ⅴ五个基本形体叠加而形成的。图 7-1b 所示的磁钢则可看作是由一个半圆柱经过四次切割，切去四个基本形体而形成的。

形体分析法是组合体画图、读图以及尺寸标注的基本方法。运用形体分析法把一个复杂的组合体分解为若干个简单基本形体是一种化繁为简、化难为易的分析手段。

7.1.2 组合体的组合形式

由简单的立体形成组合体时，相邻立体上原有的一些表面将由于相互结合成为组合体的内部而不复存在，有些表面将连成同一表面，有些表面将被切割掉，有些表面将发生相交或

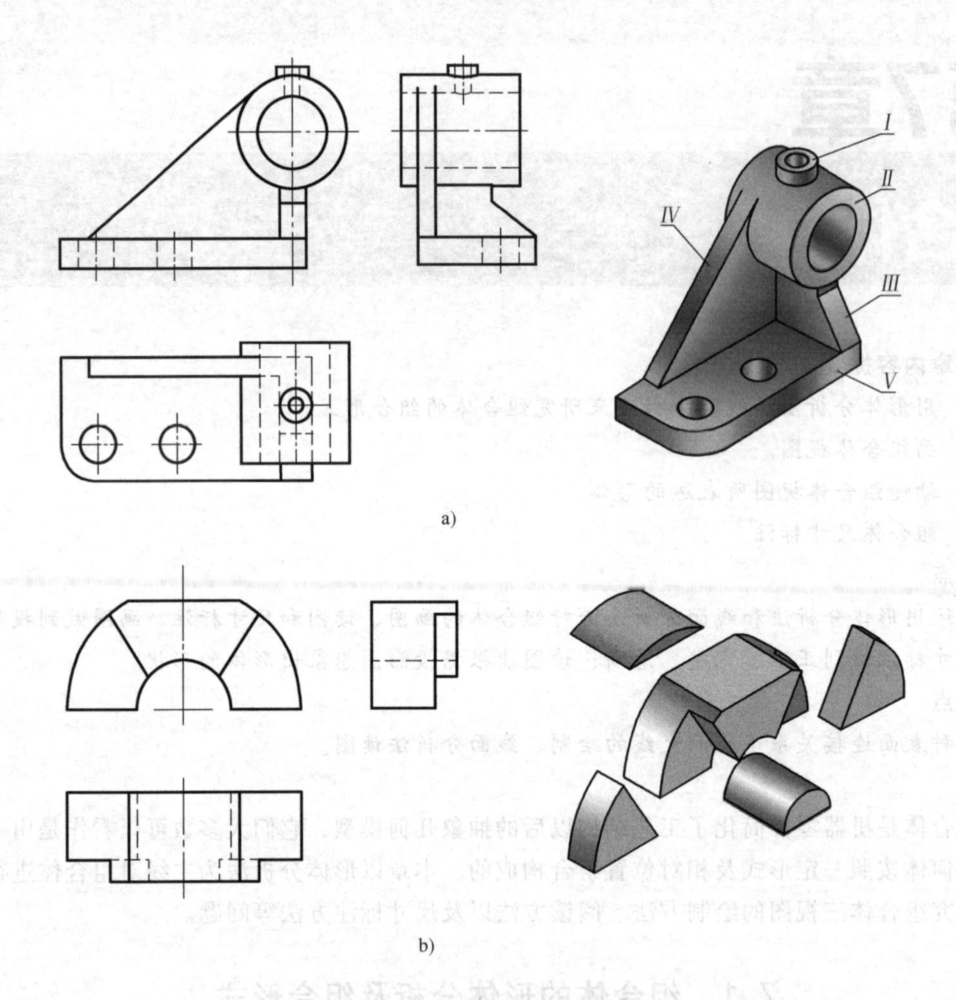

图 7-1 组合体的形体分析

相切等各种结合关系，而在画组合体的视图时，应该将上述表面的各种结合关系正确地表达出来。

1. 叠加类组合体

(1) 叠合 叠合是两个基本形体的表面相互重合，可分为平齐、不平齐。当立体上的两个平面相互不平齐时，在它们之间就有分界线，如图 7-2a、d 所示。当立体上的两个平面相互平齐时，在它们之间就是共面关系，而不再有分界线，如图 7-2b、c 所示。

(2) 相切 相切是两个基本形体表面（平面与曲面或曲面与曲面）光滑过渡。两立体的表面相切时，两表面是光滑过渡的，不存在轮廓线，所以相切处不画线，如图 7-3 所示。

(3) 相交 两基本形体的表面相交时，会产生交线（截交线或相贯线），视图中应该画出交线的投影。图 7-4a 所示为平面与曲面相交形成截交线；图 7-4b 所示为曲面与曲面相交形成相贯线。

以上情况经常会同时出现在一个组合体上，如图 7-5 所示支座，由于底板的前、后面与圆柱表面相切，在主、左视图上相切处不画线，底板顶面在主、左视图上的投影应画到相切处为止；右耳板的前、后面与圆柱表面相交，有截交线；圆柱与前面的圆台相交，有相贯

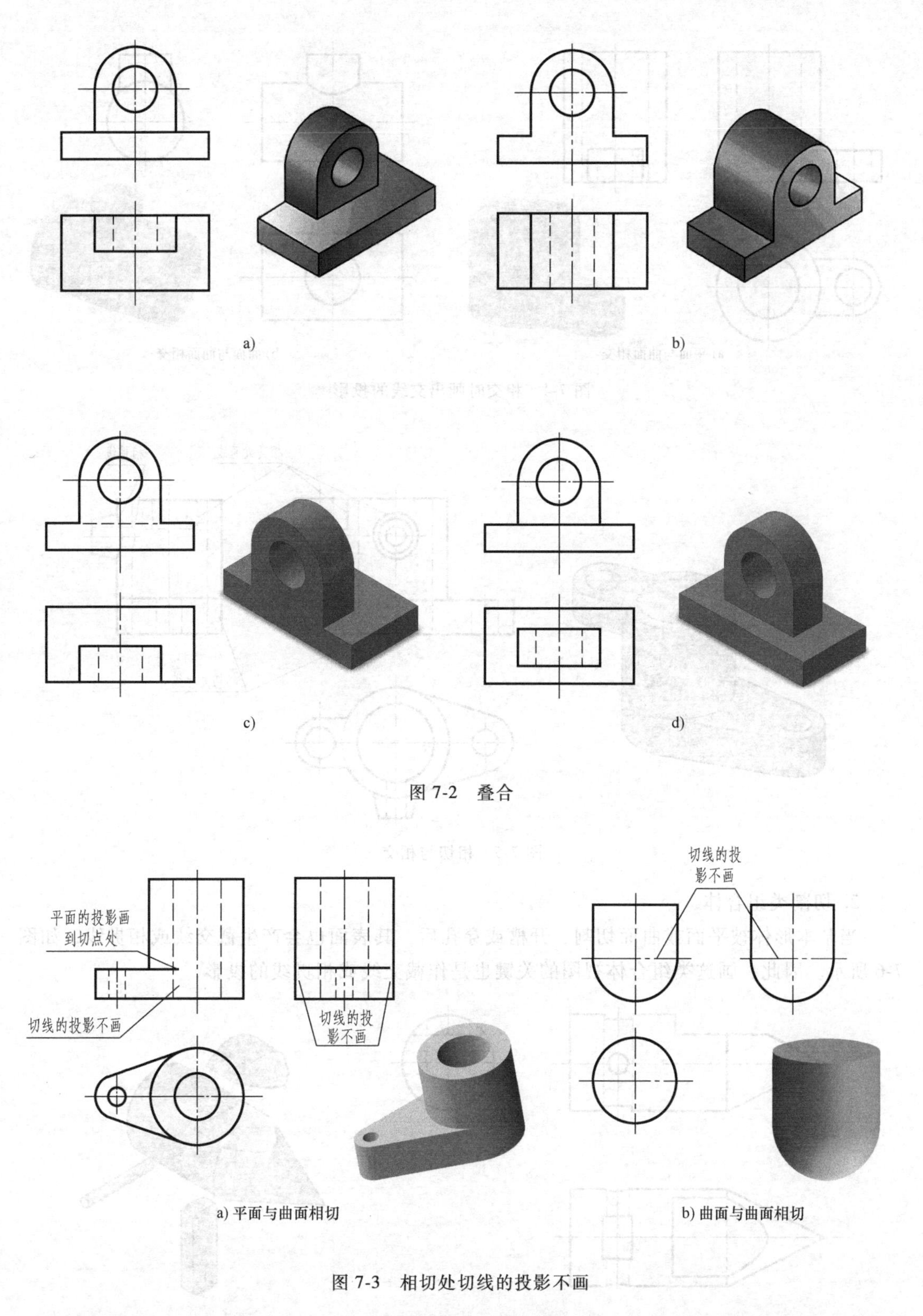

图 7-2 叠合

图 7-3 相切处切线的投影不画

线，两圆柱的孔壁相交，有相贯线；右耳板与圆柱上表面平齐，俯视图画细虚线。

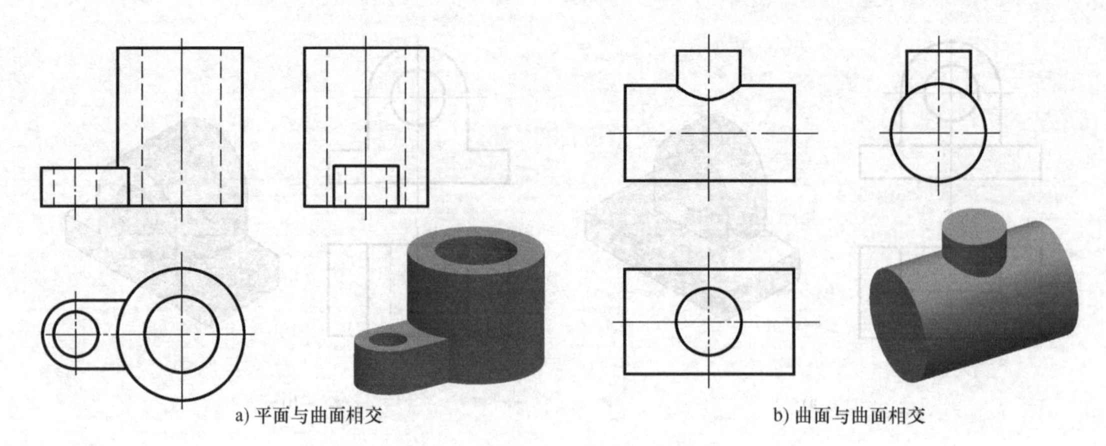
a) 平面与曲面相交　　b) 曲面与曲面相交

图 7-4　相交时画出交线的投影

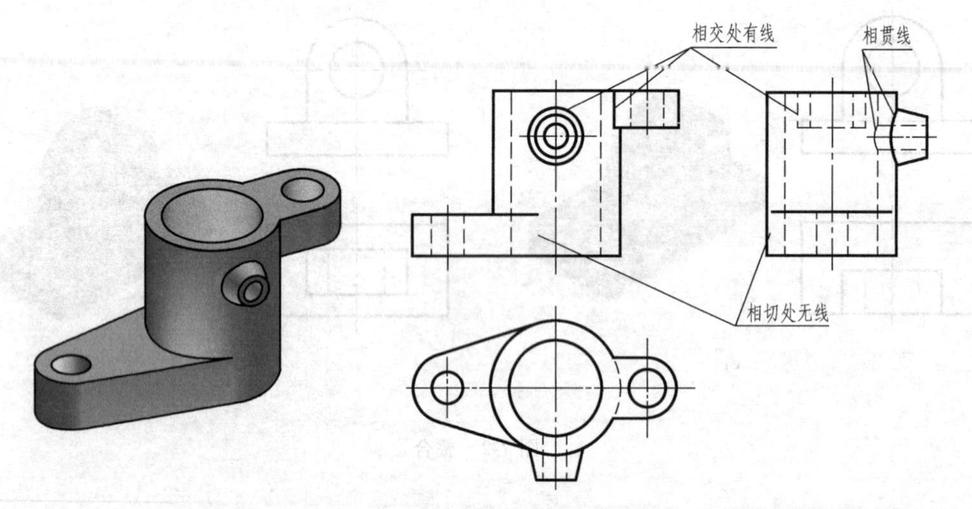

图 7-5　相切与相交

2. 切割类组合体

当基本形体被平面或曲面切割、开槽或穿孔后，其表面也会产生截交线或相贯线，如图 7-6 所示。因此，画这类组合体视图的关键也是作截交线或相贯线的投影，

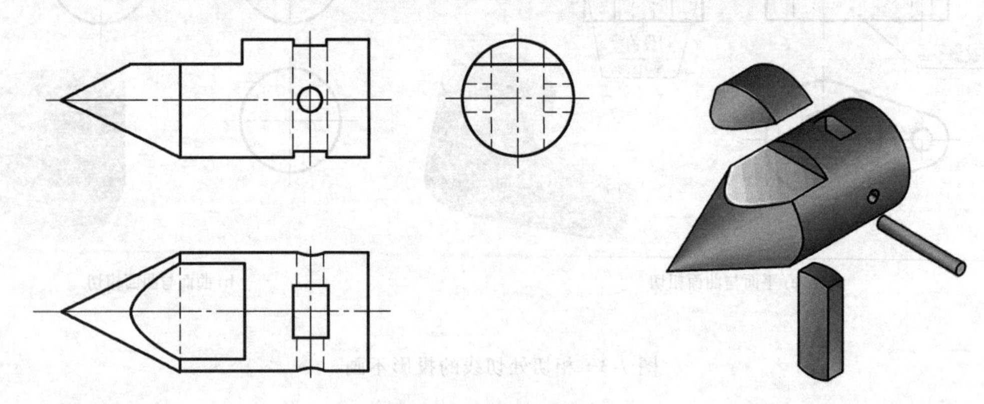

图 7-6　切割与穿孔

图 7-7 所示为切割与穿孔的图例。

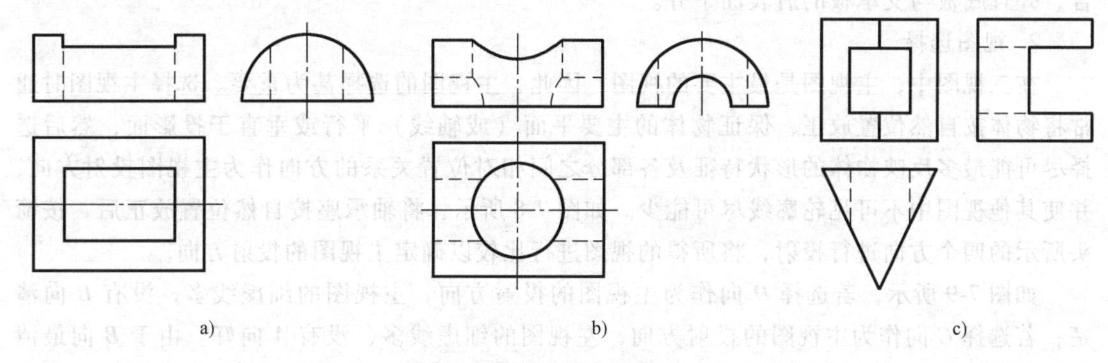

图 7-7 切割与穿孔的图例

7.2 画组合体视图

7.2.1 叠加类组合体的画图方法

形体分析法是画组合体视图的基本方法，特别对于叠加类组合体更为有效。下面结合具体实例，说明组合体视图的画法及画图步骤。

1. 形体分析

如图 7-8 所示，轴承座由注油用的凸台 1、支承轴的圆筒 2、支承圆筒的支承板 3、肋板 4 和底板 5 五个部分组成。其中，凸台 1 与圆筒 2 的轴线垂直相交，内外圆柱面都有交线——相贯线；支承板 3 的两侧与圆筒 2 的外圆柱面相切，画图时应注意相切处无轮廓线；肋

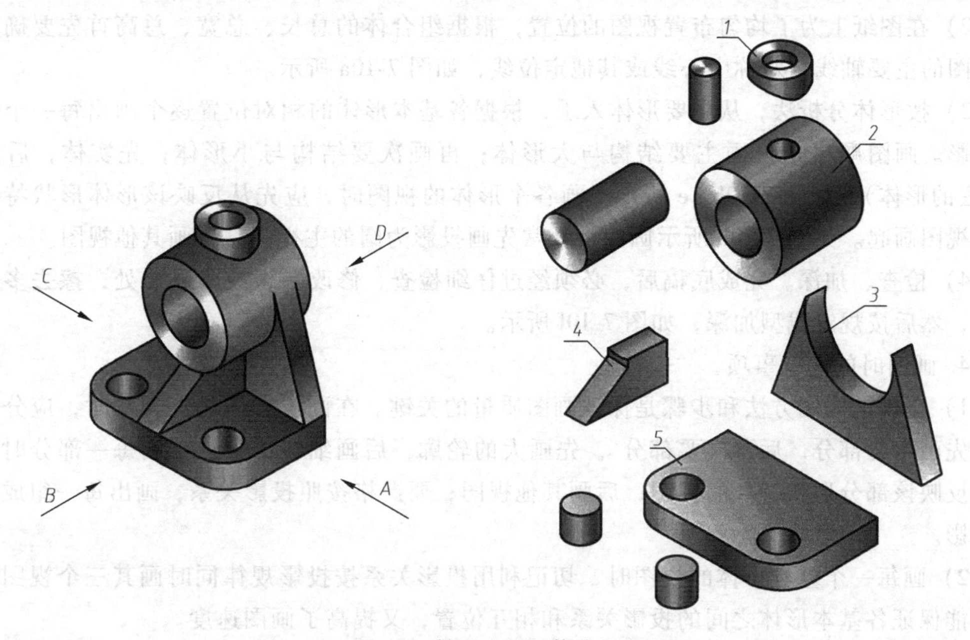

图 7-8 轴承座的形体分析

板 4 的左右侧面与圆筒 2 的外圆柱面相交，交线为两条素线；底板、支承板、肋板相互叠合，并且底板与支承板的后表面平齐。

2. 视图选择

在三视图中，主视图是最主要的视图，因此，主视图的选择甚为重要。选择主视图时通常将物体按自然位置放正，保证物体的主要平面（或轴线）平行或垂直于投影面，然后选择尽可能最多反映物体的形状特征及各部分之间相对位置关系的方向作为主视图投射方向，并使其他视图中不可见轮廓线尽可能少。如图 7-8 所示，将轴承座按自然位置放正后，按箭头所示的四个方向进行投射，将所得的视图进行比较以确定主视图的投射方向。

如图 7-9 所示，若选择 *D* 向作为主视图的投射方向，主视图的细虚线多，没有 *B* 向清楚；若选择 *C* 向作为主视图的投射方向，左视图的细虚线多，没有 *A* 向好。由于 *B* 向最清楚地反映了轴承座的形状特征及其各组成部分相对位置，比 *A* 向好，所以，选择 *B* 向作为主视图的投射方向。主视图一旦确定了，俯视图和左视图的投射方向也就相应确定了。

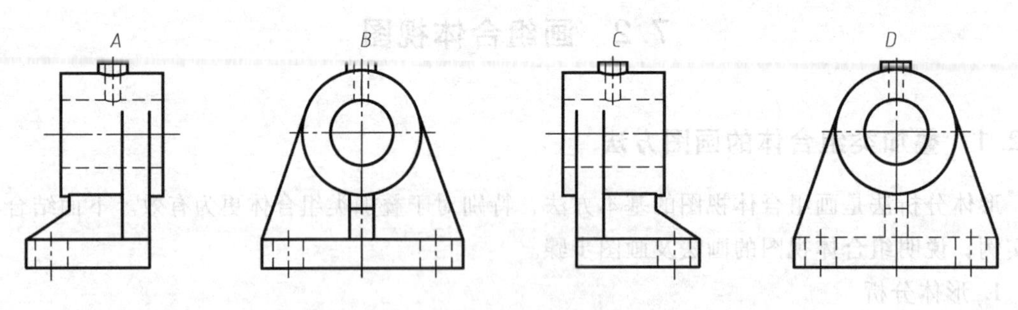

图 7-9 选择主视图

3. 画图步骤

1）根据组合体的大小和复杂程度，选择适当的比例和图纸幅面。

2）在图纸上为了均匀布置视图的位置，根据组合体的总长、总宽、总高首先要确定好各视图的主要轴线、对称中心线或其他定位线，如图 7-10a 所示。

3）按形体分析法，从主要形体入手，根据各基本形体的相对位置逐个画出每一个形体的投影。画图顺序是先画主要结构与大形体；再画次要结构与小形体；先实体，后虚体(挖去的形体)，如图 7-10b~e 所示。画各个形体的视图时，应先从反映该形体形状特征的那个视图画起。如图 7-10b 所示圆筒，通常先画投影为圆的主视图，再画其他视图。

4）检查、加深。完成底稿后，必须经过仔细检查，修改错误或不妥之处，擦去多余的图线，然后按规定线型加深，如图 7-10f 所示。

4. 画图时的注意事项

1）正确的画图方法和步骤是保证画图质量的关键。在画组合体的三视图时，应分清主次，先画主要部分，后画次要部分 ，先画大的轮廓，后画细节部分；在画每一部分时，要先画反映该部分形状特征的视图，后画其他视图；要严格按照投影关系，画出每一组成部分的投影。

2）画每一个基本形体的视图时，切记利用投影关系按投影规律同时画其三个视图，这样既能保证各基本形体之间的投影关系和相互位置，又提高了画图速度。

3）画截交线、相贯线时，先画截交线有积聚性的投影，再根据投影关系画出截交线的

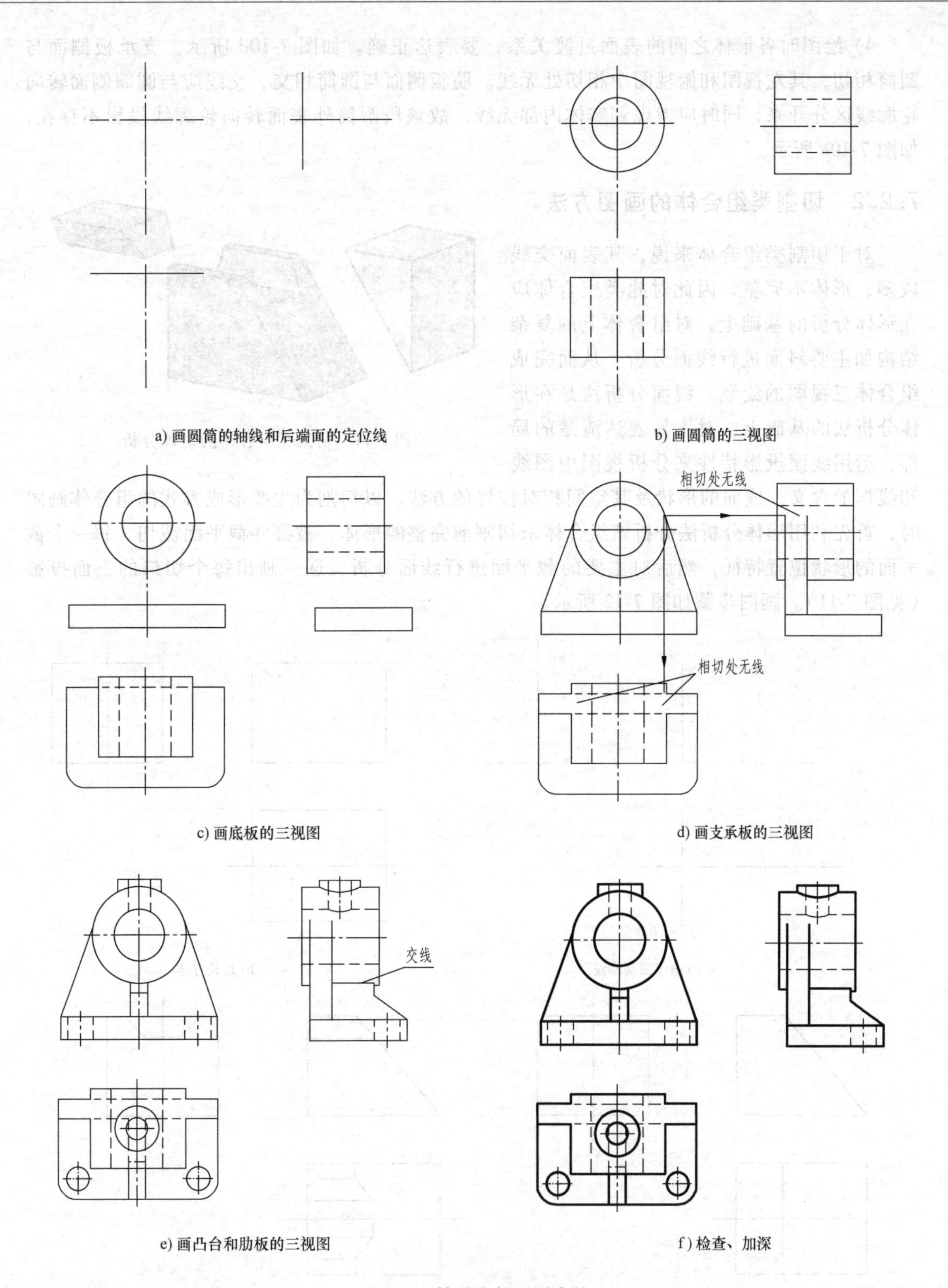

a) 画圆筒的轴线和后端面的定位线　b) 画圆筒的三视图

c) 画底板的三视图　d) 画支承板的三视图

e) 画凸台和肋板的三视图　f) 检查、加深

图 7-10　轴承座的画图步骤

其他投影，如图 7-10e 所示。

4）绘图时各形体之间的表面过渡关系，要表达正确。如图 7-10d 所示，支承板侧面与圆筒相切，其左视图和俯视图中相切处无线。肋板侧面与圆筒相交，交线应与圆筒侧面转向轮廓线区分开来，同时应考虑到实体内部无线，故该段圆筒外表面转向轮廓线投影不存在，如图 7-10e 所示。

7.2.2 切割类组合体的画图方法

对于切割类组合体来说，其表面交线较多，形体不完整，因此对此类组合体应在形体分析的基础上，对组合体上的复杂结构如主要斜面进行线面分析，从而完成组合体三视图的绘制。线面分析法是在形体分析法的基础上，对不易表达清楚的局部，运用线面投影特性来分析视图中图线和线框的含义、线面的形状及其空间相对位置的方法。以切割为主要形成方式的组合体画图时，首先利用形体分析法分析该组合体未切割前完整的形体、被哪些截平面截切、每一个截平面的形状位置特征，然后对主要的截平面进行线面分析，逐一画出每个切口的三面投影（见图 7-11）。画图步骤如图 7-12 所示。

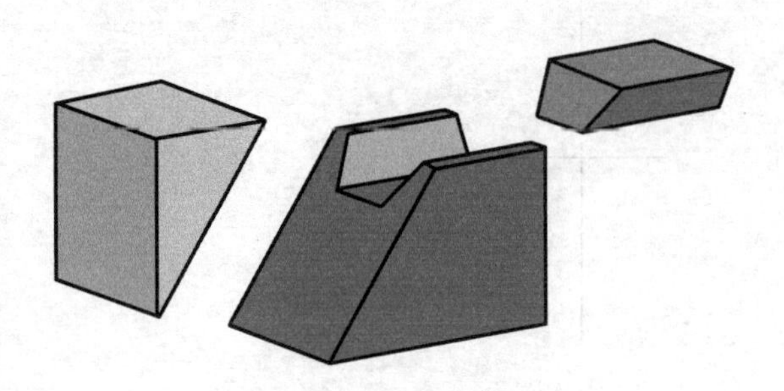

图 7-11 切割类组合体的形体分析

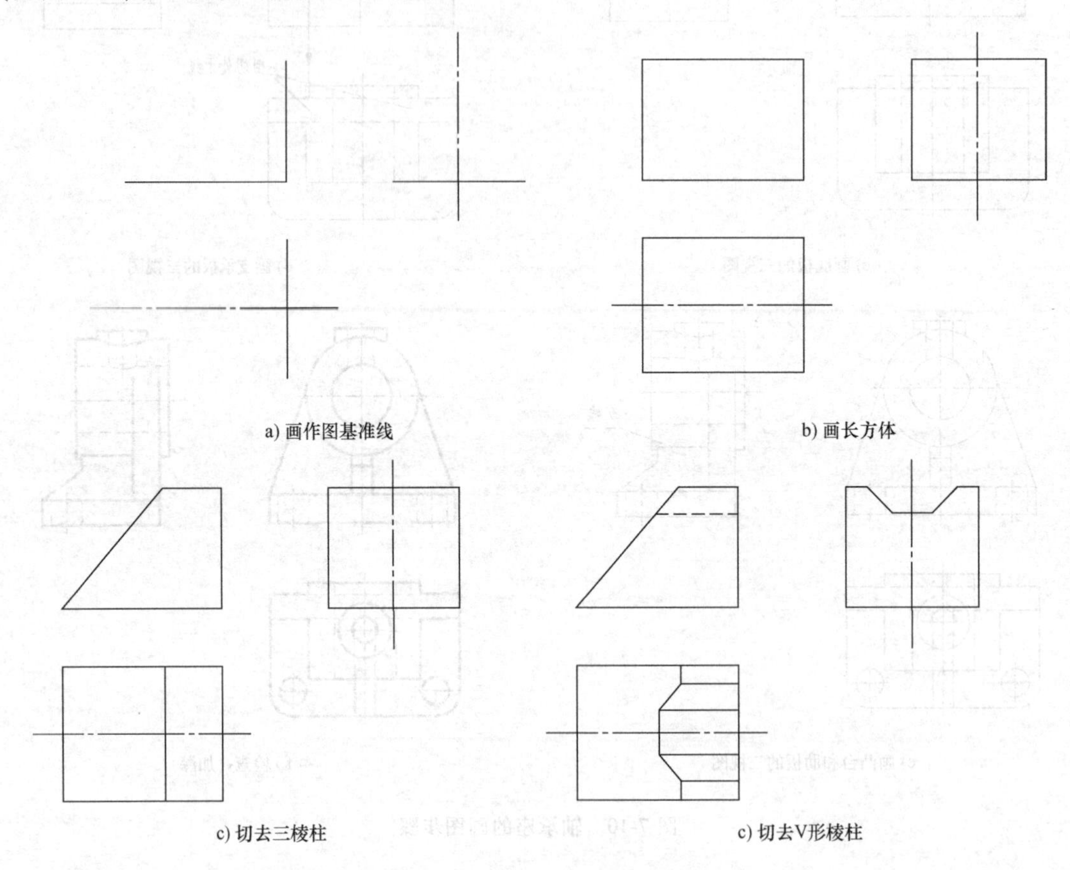

图 7-12 切割类组合体的画图步骤

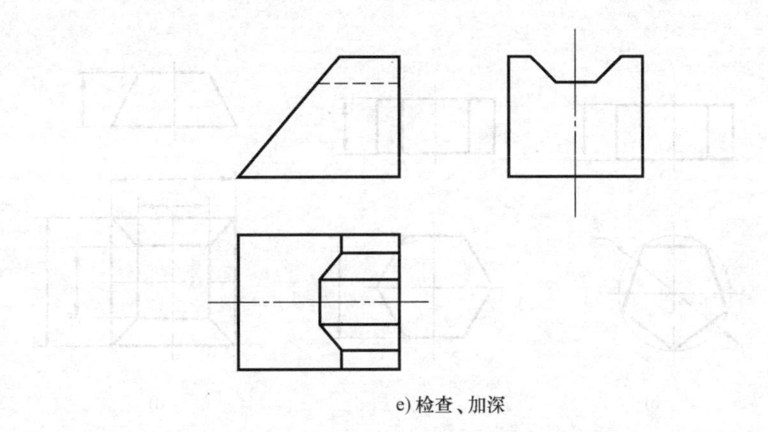

e) 检查、加深

图 7-12 切割类组合体的画图步骤（续）

注意：画截平面或切口投影时，一般先画有积聚性的投影或切口形状特征明显的投影。如图 7-12c 所示，要先画正垂面的主视图，再画其他视图；如图 7-12d 所示，先画反映切口的左视图，再画其他视图。另外要特别注意左视图与俯视图中面的类似形分析。

7.3 组合体的尺寸标注

视图只能表达物体的形状，而物体的真实大小必须由图上标注的尺寸来确定。

标注组合体尺寸的基本要求如下。

（1）正确 尺寸标注符合国家标准的规定。

（2）完整 尺寸标注必须完整，所注尺寸能唯一确定组合体各组成部分的形状大小和各部分的相对位置，不能遗漏尺寸但也不能有多余、重复尺寸。

（3）清晰 尺寸布局整齐、清晰，标注在视图的适当的位置，便于读图。

7.3.1 基本形体的尺寸标注

图 7-13 所示为基本形体的尺寸标注。标注基本形体的尺寸时，一般要标注长、宽、高三个方向的尺寸。在图 7-13 中，三棱柱不注三角形斜边长；五棱柱的底面是圆内接正五边形，可注出底面外接圆直径和高度尺寸；正六棱柱正六边形不注边长，而是注对面距（或对角距）和高度尺寸；四棱台只标注上、下两个底面尺寸和高度尺寸；标注圆柱、圆台、圆环等回转体的直径尺寸时，应在数字前加注 ϕ，并且常注在其投影为非圆的视图上，用这种形式标注尺寸时，只要用一个视图就能确定其形状和大小，其他视图可省略不画；圆球也只需画一个视图，可在直径或半径符号前加注 S；圆环需注出母线圆和中心圆的直径。

7.3.2 带切口基本形体的尺寸标注

对于带切口的基本形体，除了注出基本形体的尺寸外，应该标注切口的定位尺寸，而不应该标注截交线的尺寸，如图 7-14 所示。因为截平面位置确定之后，立体表面的截交线通过几何作图可以确定，因此不应该标注截交线的尺寸。

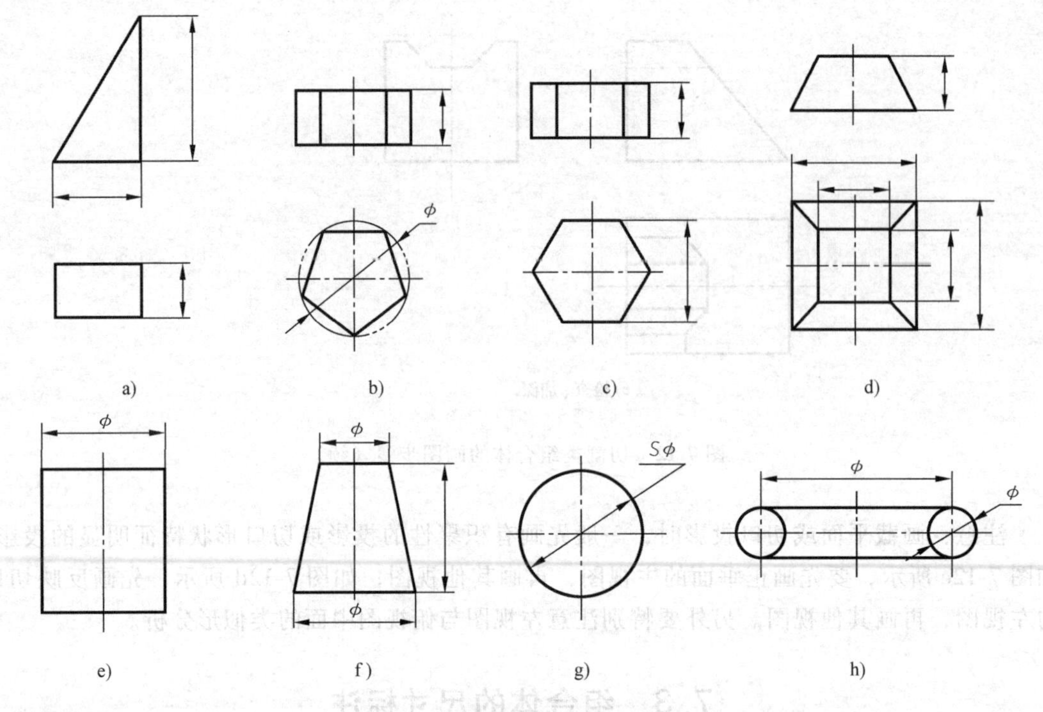

图 7-13 基本形体的尺寸标注

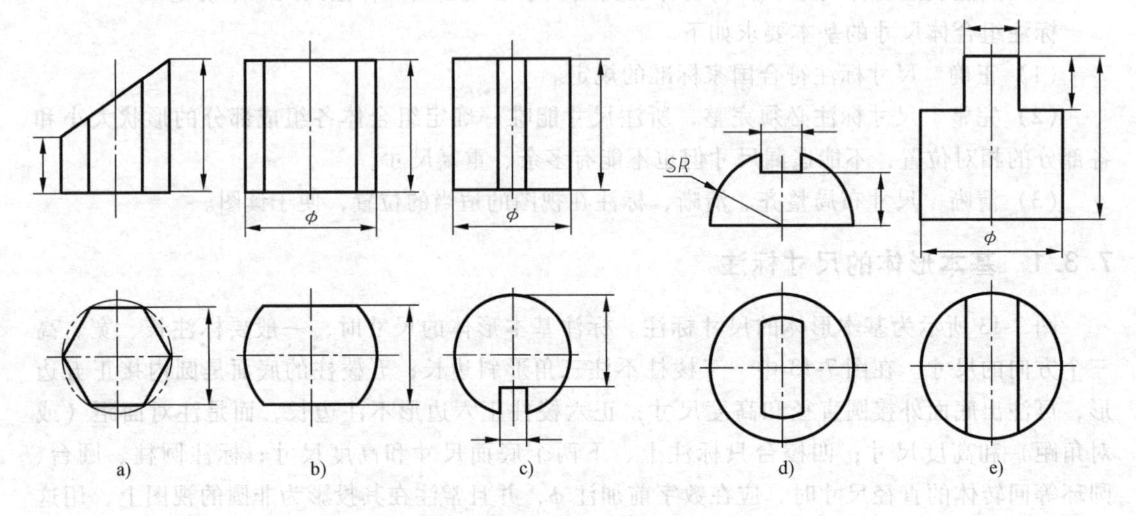

图 7-14 带切口基本形体的尺寸标注

7.3.3 常见简单形体的尺寸标注

基本形体经过切割或穿孔后形成的简单形体，在标注尺寸时应注意避免重复尺寸。图 7-15 所示为常见简单形体的尺寸标注。图 7-15a、b 所示为不注底板总长的标注示例，这两类底板在某个方向具有回转面的结构，由于已经注出了它们的定形尺寸和定位尺寸，所以该方向的总体尺寸一般不再注出；图 7-15c 所示为对称结构底板的标注示例，当标注了四个圆孔在长度、宽度方向的定位尺寸时，总长和总宽尺寸仍应标注。

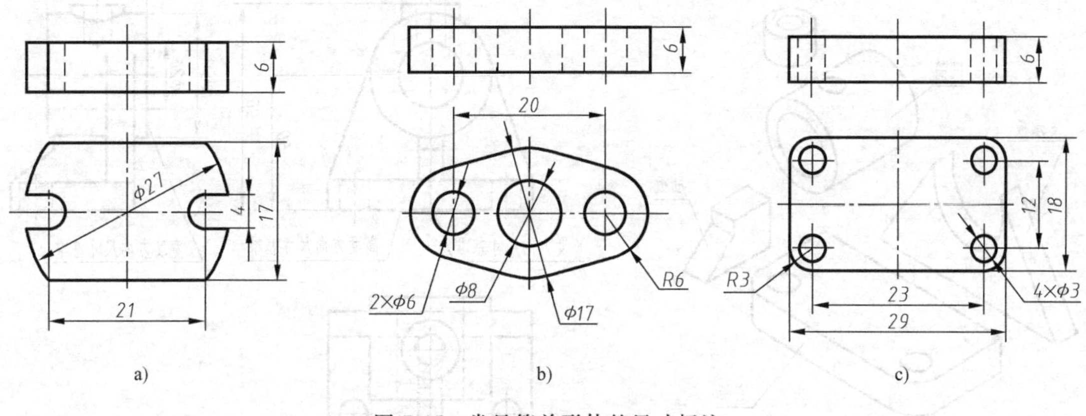

图 7-15 常见简单形体的尺寸标注

对于形体上直径相同的圆孔，可在直径符号 ϕ 前注明个数，如图 7-15b、c 所示的 2×ϕ6、4×ϕ3。但在同一平面上半径相同的圆角，不必标注数目，如图 7-15b、c 所示的 *R*6、*R*3。

7.3.4 组合体的尺寸标注

1. 标注组合体尺寸的方法与步骤

由于组合体是由若干基本形体按一定的相对位置组成的，所以在标注尺寸时，仍需用形体分析法。一般先对组合体进行形体分析，选定三个方向的尺寸基准，标注出各形体的定形尺寸和定位尺寸，再标注总体尺寸和调整尺寸，最后检查。

下面以图 7-16 所示轴承座为例说明标注组合体尺寸的方法与步骤。

（1）形体分析　轴承座由凸台、圆筒、支承板、肋板和底板五个部分组成，如图 7-16a 所示。在形体分析的基础上可以确定出各形体需要标注的定形尺寸和定位尺寸。

（2）选定长、宽、高三个方向的尺寸基准　该轴承座所选定的尺寸基准如图 7-16b 所示：用轴承座的左、右对称面作为长度方向尺寸基准；后端面作为宽度方向尺寸基准；底板的底面作为高度方向尺寸基准。

（3）逐个标注各基本形体的定形尺寸和定位尺寸　通常先标注组合体中最主要的或比较大的基本形体尺寸（在该轴承座中为圆筒），然后依次由大到小或由重要到次要标注其余的基本形体尺寸。按这样的顺序逐个标注各基本形体的定形尺寸和定位尺寸。

1）圆筒。如图 7-16b 所示，从高度方向尺寸基准出发，标注圆筒轴线的定位尺寸 60，以这条轴线作为径向尺寸基准，注出圆筒内、外圆柱面的定形尺寸 ϕ26 和 ϕ50；从宽度方向尺寸基准（后端面）出发，标注圆筒长度的定形尺寸 50，这样就完整地标注了圆筒的定形尺寸和定位尺寸。

2）凸台。如图 7-16b 所示，从宽度方向尺寸基准出发，标注凸台轴线的定位尺寸 26；以此为径向尺寸基准，标注凸台定形尺寸 ϕ14 和 ϕ26；从高度方向尺寸基准出发，标注凸台顶面的定位尺寸 90，定出凸台的位置；由于凸台顶面已定位，则凸台的高度也就确定了，不应再标注，这样就完整地标注了凸台的定形尺寸和定位尺寸。

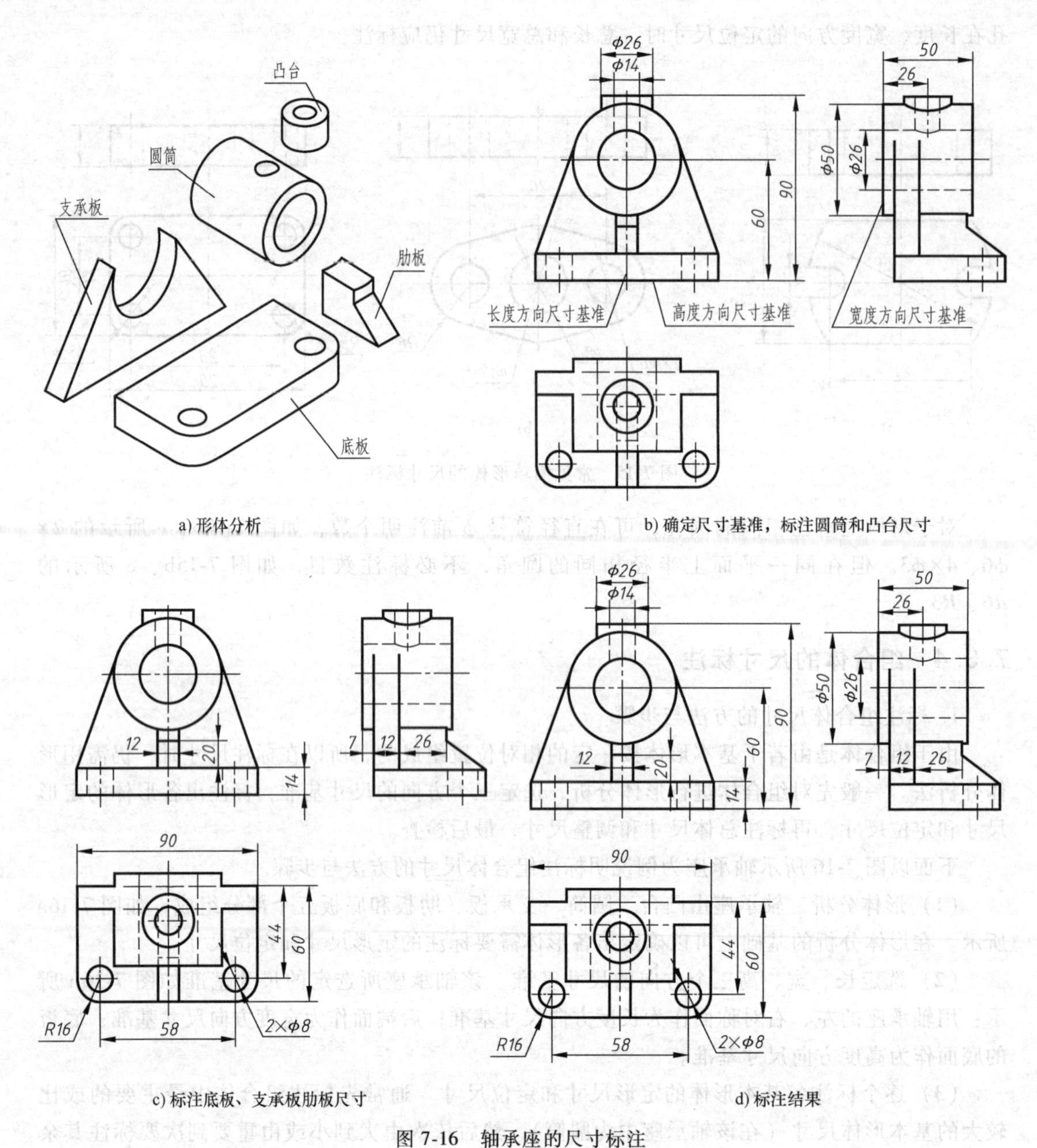

a) 形体分析　b) 确定尺寸基准，标注圆筒和凸台尺寸

c) 标注底板、支承板肋板尺寸　d) 标注结果

图 7-16　轴承座的尺寸标注

3）底板。如图 7-16c 所示，从宽度方向尺寸基准出发，标注定位尺寸 7，定出底板后面的位置，并由此标注板宽尺寸 60 和底板上圆孔、圆角的定位尺寸 44；从长度方向尺寸基准出发，标注板长尺寸 90 和底板上圆孔、圆角的定位尺寸 58；由上述定位尺寸 44 和 58 定出圆孔的轴线，以此为径向尺寸基准，标注定形尺寸 2×ϕ8 和 R16；从高度方向尺寸基准出发，注出板厚尺寸 14，这就完整地标注了底板的定形尺寸和定位尺寸。

4）支承板。如图 7-16c 所示，还用已标注的从宽度方向尺寸基准出发的定位尺寸 7，定出支承板后面的位置，由此标注板厚尺寸 12；底板的厚度尺寸 14 就是支承板底面位置的定位尺寸；从长度方向尺寸基准标注的支承板底面的长度尺寸，由已标注的底板长度尺寸 90

充当，不应再标注；左右两侧与轴承相切的斜面可直接作图确定，不需标注任何尺寸，这就完整地标注了支承板的定形尺寸和定位尺寸。

5）肋板。如图7-16c所示，从长度方向尺寸基准出发，标注肋厚尺寸12；肋板底面的定位尺寸已由底板厚度尺寸14充当，肋板后面的定位尺寸也已由支承板的定位尺寸7和厚度尺寸12充当，都不应再标注；由肋板的底面和后面出发，分别标注定形尺寸20和26；肋板底面的宽度尺寸可由底板的宽度尺寸60减去支承板的厚度尺寸12得出，不应再标注；肋板两侧面与圆筒的截交线由作图确定，故不应标注高度尺寸，这就完整地标注了肋板的定形尺寸和定位尺寸。

（4）将尺寸进行调整，标注总体尺寸，去掉多余尺寸　标注了组合体中各基本形体的定形尺寸和定位尺寸后，对于整个轴承座还要考虑总体尺寸的标注。如图7-16b、c所示，轴承座的总长尺寸和总高尺寸都是90，在图上已经标注。总宽尺寸应为67，但该尺寸以不标注为宜，因为如果标注总宽尺寸，那么尺寸7或60就是不应标注的重复尺寸，然而标注上述两个尺寸7和60，有利于明显表示底板与支承板的相对位置和宽度。如果保留了7和60这两个尺寸后，还想标注总宽尺寸，则可将67加括号作为参考尺寸。

（5）检查尺寸有无多余及遗漏；是否符合国家标准规定，布置是否合理　最后，对已标注的尺寸，按正确、完整、清晰的要求进行检查，如有不妥则进行适当调整或修改，这样才完成了标注尺寸的工作，如图7-16d所示。

2. 标注尺寸的注意事项

为了使尺寸标注做到正确、完整、清晰，以便于读图，现说明标注组合体尺寸的注意事项。

（1）突出特征　尺寸应尽量标注在反映该形体形状特征最明显的视图上。如图7-17a所示，多个同心圆标注直径时，最好将直径尺寸集中标注在非圆视图上，而不要标注成如图7-17b所示的形式；如图7-17c、d所示，半径尺寸都应标注在投影为圆弧的视图上；如图7-17d、e所示，切口的尺寸都应标注在反映切口实形的视图上。

（2）相对集中　同一基本形体的尺寸应尽量集中标注。如图7-16b所示圆筒的定形尺寸$\phi26$、$\phi50$和50，都集中标注在左视图上；如图7-16c所示底板的定形尺寸90、60和$2\times\phi8$、$R16$和圆孔的定位尺寸58、44等，都集中标注在俯视图上，这样便于在读图时查找尺寸。

（3）布局整齐　尺寸标注要排列整齐，避免分散和杂乱。相互平行的尺寸应尽量排列整齐，应小尺寸在内、大尺寸在外，尺寸线避免相交，如图7-16所示主视图中的尺寸14、60、90等。

（4）尺寸尽量标注在两视图之间，并标注在视图之外靠近所要标注的部分　为了避免尺寸界线过长或与其他图线相交，必要时尺寸可标注在视图内部，如图7-16d所示肋板的定形尺寸26、12和20等。

（5）尺寸尽量不标注在细虚线上　如轴承座底板上两个小圆孔的尺寸$\phi8$标注在俯视图上，而不标注在主视图或左视图的细虚线上。但是凸台小圆孔的尺寸$\phi14$和左视图上的尺寸$\phi26$，标注在细虚线上是按照多个同心圆集中标注在特征视图上的原则标注的。

（6）避免形成封闭的尺寸链　如图7-16d所示俯视图中总宽尺寸67不能标注。

以上各点在实际标注中，有时也会出现不能兼顾的情况，但必须在保证尺寸标注正确、完整的前提下，灵活掌握，合理布置，力求清晰。

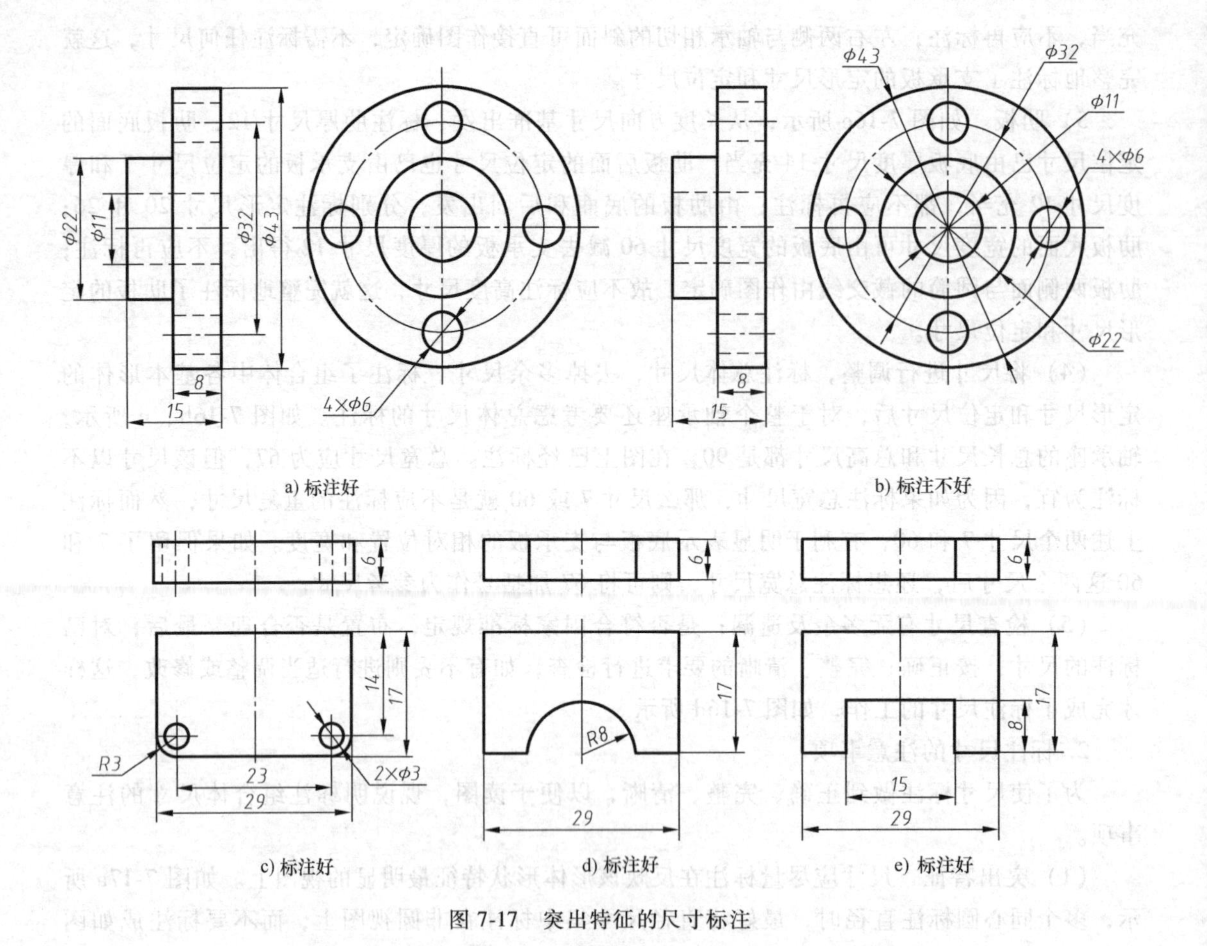

图 7-17 突出特征的尺寸标注

7.4 读组合体视图

画图和读图是两项基本技能。画图是把空间物体用正投影法表达在平面的图纸上；而读图则是运用正投影法，根据平面图形（视图）想象出空间物体结构形状的过程。两者相比，画图侧重于感性思维，读图则更多应用理性思考。所以，要能正确、迅速地读懂视图，必须掌握读图的基本要领和基本方法，培养空间想象能力和构思能力，通过不断实践，逐步提高读图能力。本节举例说明读组合体视图的基本方法，为今后读机械图样打下坚实的基础。

7.4.1 读图的基本知识

1. 要善于构思物体的形状

为了提高读图能力，应注意不断培养构思物体形状的能力，从而进一步丰富空间想象能力，达到能正确和迅速地读懂视图。图 7-18 所示为根据三视图构思物体形状的过程。图 7-18a所示为三视图。首先根据主视图，只能够想象出该物体是一个 L 形物体（见图 7-18b），但无法确定该物体的宽度，也不能判断主视图内的三条细虚线和一条粗实线表示什么。在上面构思的基础上，进一步观察俯视图并进行想象（见图 7-18c），即确定该物体的宽度，其左端的形状为前、后各有一个倒角，中间开了一个长方形槽。但右端直立部分的形状仍无法确定。最后观察左视图并进一步想象（见图 7-18d），便能确定右端是一个顶部为半圆形的竖板，中间开了一个圆孔（在主、俯视图上用细虚线表示）。经过这样构思与分析，从而完整地想象出该物体的形状。

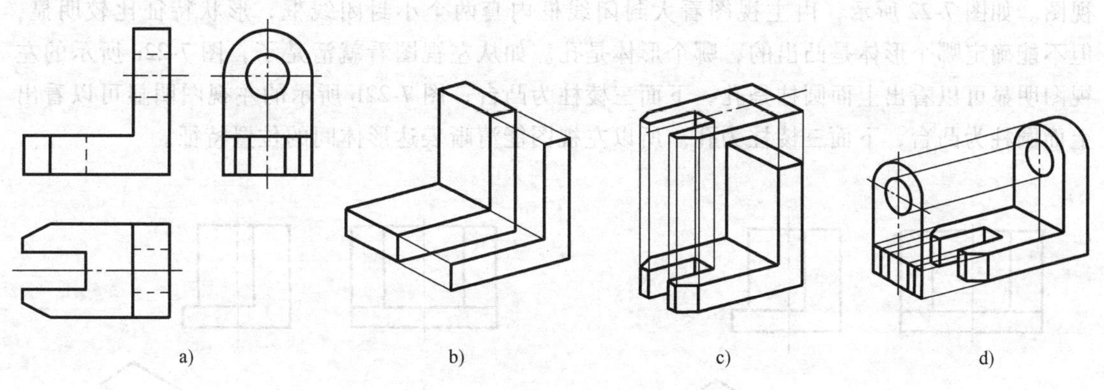

图 7-18　根据三视图构思物体形状的过程

2. 将几个视图联系起来分析构思物体

物体的形状是通过几个视图来表达的，每个视图只能反映物体一个方向的形状。因此，仅由一个或两个视图往往不能唯一地表达某一物体的形状。如图 7-19 所示，主视图都相同，但实际上表达了五种不同形状的物体。当然，对应这个主视图还有其他不同形状的物体。如图 7-20 所示，它们的主、俯视图均相同，但也表达了多种不同形状的物体。因此，要把几个视图联系起来分析，才能确定物体的形状。

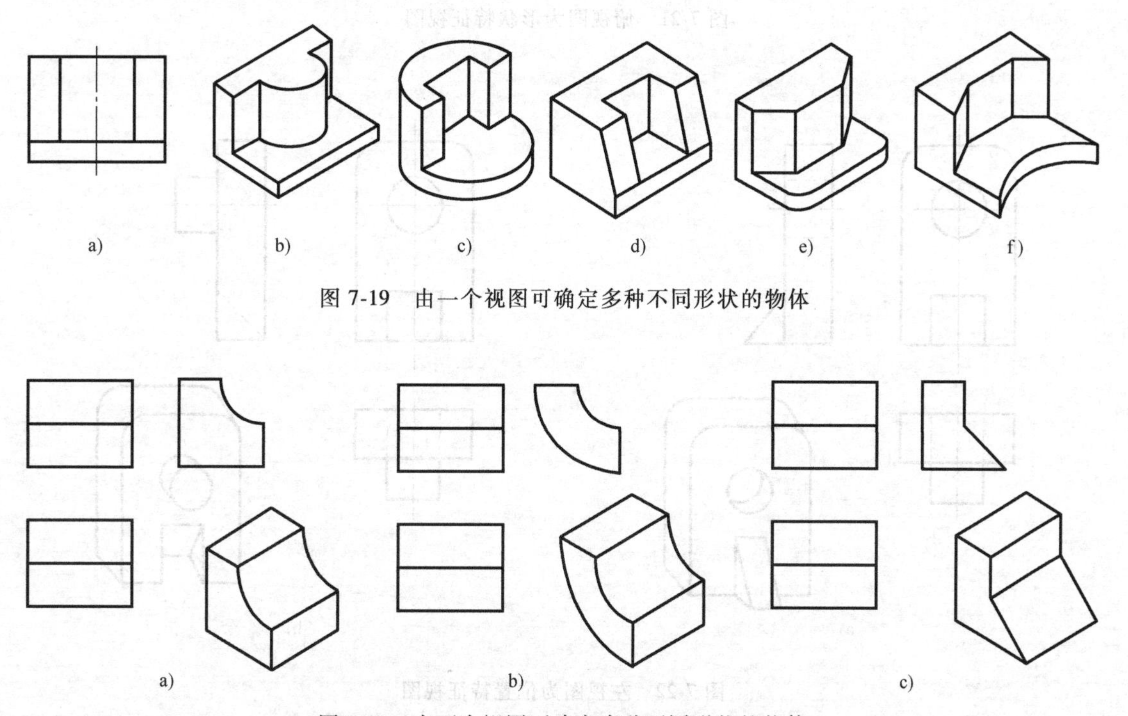

图 7-19　由一个视图可确定多种不同形状的物体

图 7-20　由两个视图可确定多种不同形状的物体

3. 善于抓住特征视图构思物体

特征视图有两类，一类为最能清晰表达物体形状的视图，称为形状特征视图，如图 7-21 所示的俯视图能清晰表达物体的形状特征。

另一类为最能清晰表达构成组合体的各形体之间的相互位置关系的视图，称为位置特征视图。如图 7-22 所示，由主视图看大封闭线框内套两个小封闭线框，形状特征比较明显，但不能确定哪个形体是凸出的，哪个形体是孔。如从左视图看就清楚了，图 7-22a 所示的左视图明显可以看出上面圆柱是孔，下面三棱柱为凸台；图 7-22b 所示的左视图明显可以看出上面圆柱为凸台，下面三棱柱为孔。所以左视图能清晰表达形体间的位置特征。

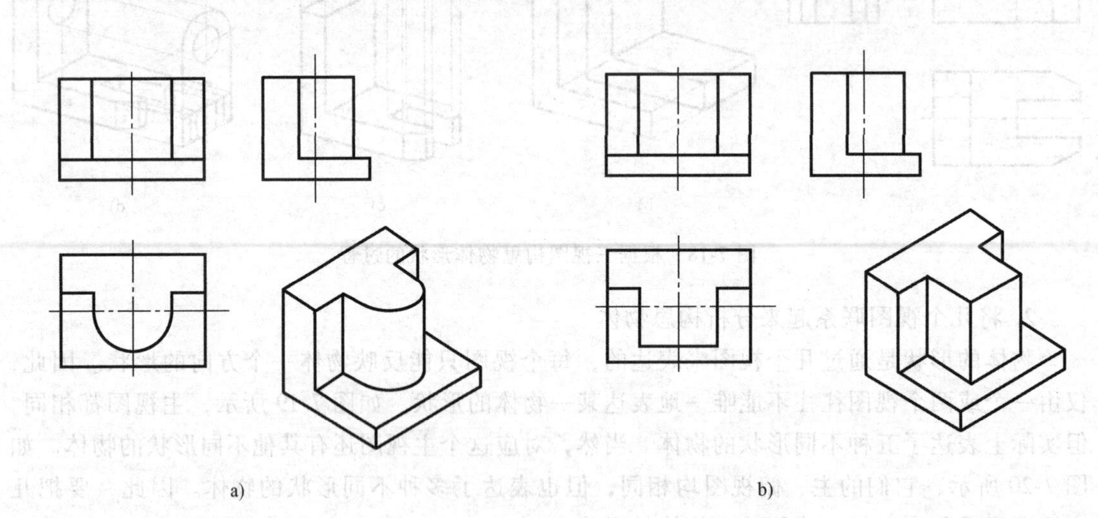

图 7-21　俯视图为形状特征视图

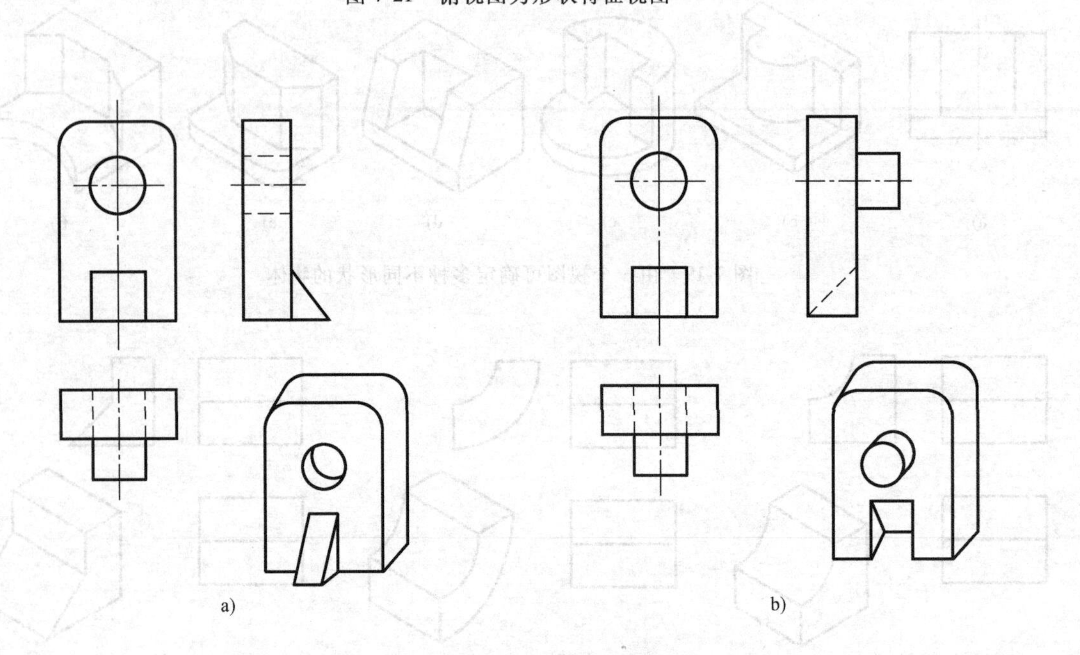

图 7-22　左视图为位置特征视图

由以上可知，读图时首先要找出最能反映物体形状特征的那个视图。由于主视图往往能最多反映物体的形状特征，故应从主视图入手，同时配合其他视图进行形体分析，就能很快地确认物体的形状了。但是，物体各部分的形状、位置特征并非总是集中在一个视图上，因此读图时，要善于在视图中抓住反映物体形状特征和位置特征的视图。

4. 分析视图中图线和封闭线框的含义

视图中每个封闭线框（图线围成的封闭图形），通常都是物体上一个表面（平面或曲面）或孔的投影；视图中每条图线则可能是平面或曲面的积聚投影，也可能是线（两面交线或曲面转向轮廓线）的投影。因此，必须将几个视图联系起来对照分析，才能明确视图中图线和封闭线框的含义。

（1）视图中图线的含义

1）积聚性投影。图 7-23 所示俯视图中的线段 a、b 表示铅垂面和正平面的水平投影，线段 c 表示曲面（圆柱）的水平投影。

2）两个面交线的投影。图 7-23 所示主视图中线段 d' 表示两平面交线的正面投影。

3）曲面转向轮廓线的投影。图 7-23 所示左视图中线段 e''、f'' 表示圆柱和内孔转向轮廓线的侧面投影。

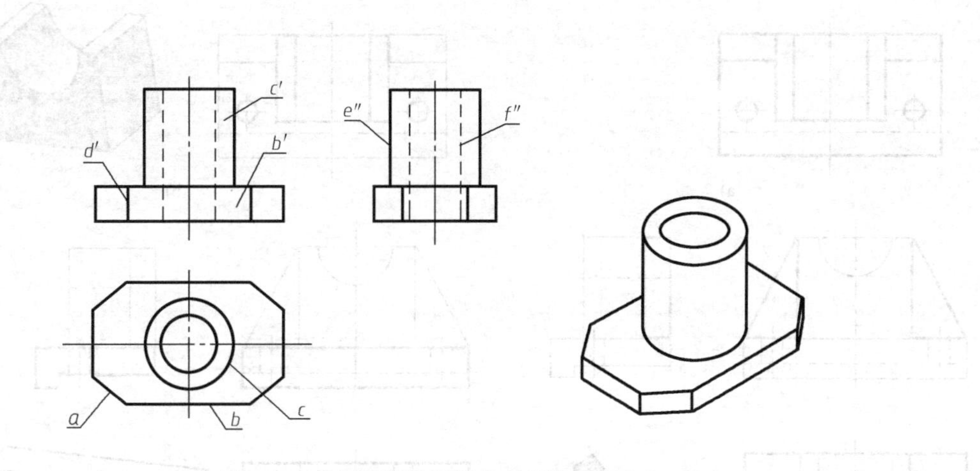

图 7-23　分析视图中图线和封闭线框的含义

（2）视图中封闭线框的含义　视图中封闭线框通常表示物体表面（平面或曲面）的投影。图 7-23 所示主视图中封闭线框 b'、c' 分别表示正平面和圆柱面的正面投影。视图中封闭线框套封闭线框通常表示两个凹凸不平的面或具有打通的孔，如图 7-23 所示俯视图。视图中两封闭线框相邻，通常表示两个相邻位置不同的面或相交的两个面，如图 7-23 所示主视图中线框 b'、c' 为高低和前后不同的两个面。

通过上述讨论可知：读图时，不仅要几个视图联系起来，还要对视图中的每条图线和每个封闭线框的含义及关系进行分析，才能逐步想象出物体的完整形状。同时，在读图的整个过程中，要注意对物体构思能力的训练，这也是培养读图能力的一个重要途径。

7.4.2　读图的基本方法

和画图一样，读图常用的方法是形体分析法，有时也会应用到线面分析法，两者结合，相辅相成。

1. 形体分析法读图

画图时是在三维空间对组合体进行形体分析，而读图时则是在平面视图上进行图形分析。读图的基本方法与画图一样，主要也是运用形体分析法。一般是从反映组合体形状特征的主视图着手，首先按照轮廓线构成的封闭线框将组合体分解成几个部分，它们就是各个简单形体表面的一个投影；然后按照投影规律找出它们在其他视图上对应的图形，想象出简单形体的形状；同时，根据图形特点分析出各个简单形体之间的相对位置及叠合、切割等组合形式，综合想象出整个组合体的三维形状。

【例 7-1】 读懂所给视图，构思轴承座形状，如图 7-24a 所示。

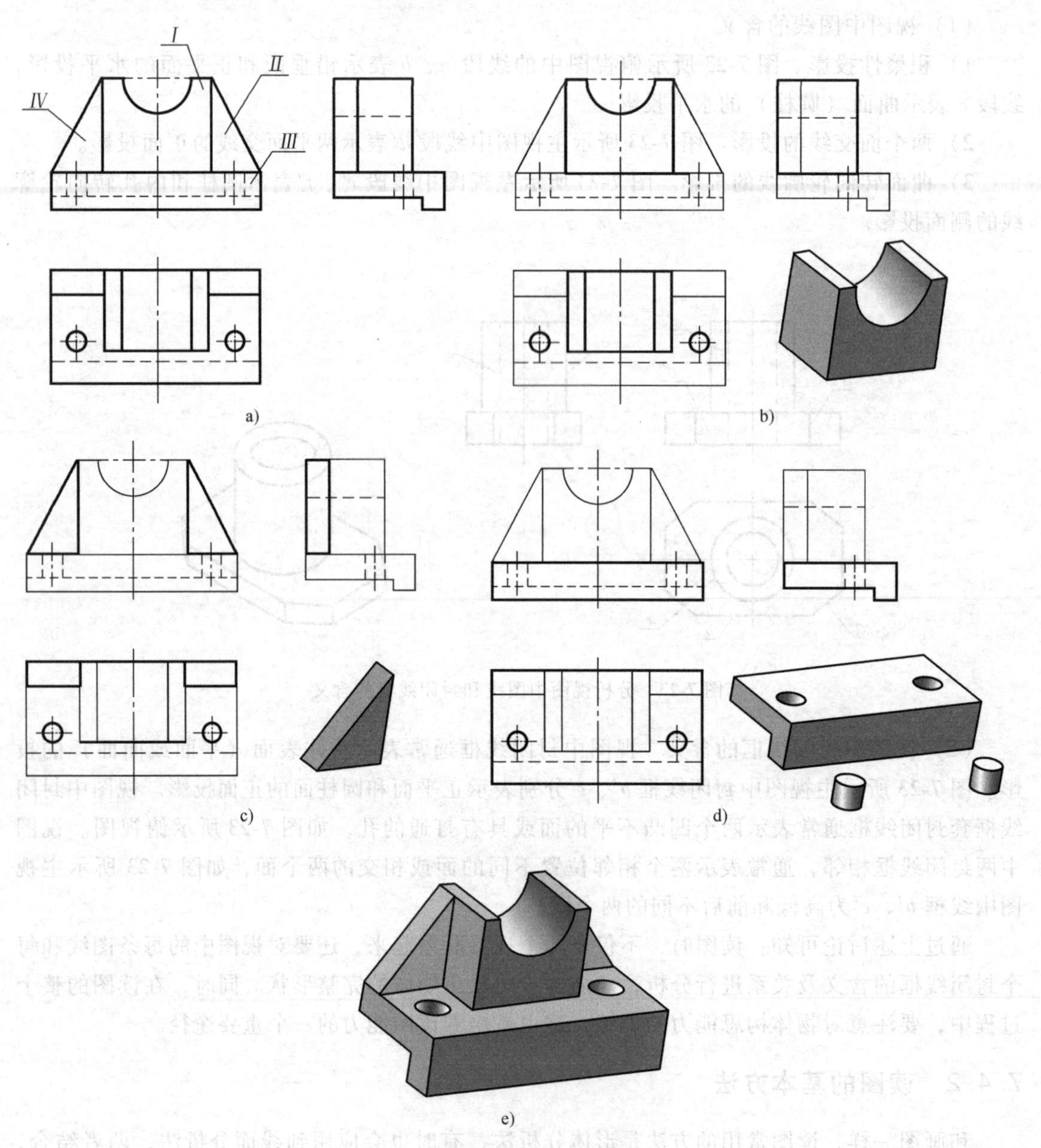

图 7-24 轴承座的形体分析

分析

1）抓特征分解形体。从主视图入手，将其分为Ⅰ、Ⅱ、Ⅲ、Ⅳ四部分，其中Ⅱ、Ⅳ为两对称形体。

2）对投影确定形体。根据三视图投影规律，在视图上找出每部分的三个视图，分别构思出它们的形状。如图7-24b~d所示，可构思出形体Ⅰ是上部挖去了一个半圆槽的长方体，形体Ⅱ、Ⅳ为一个三棱柱，形体Ⅲ为L形的左右有小圆孔的形体。

3）综合起来想象整体。在读懂每部分形体的基础上，抓住位置特征视图，分析各部分形体之间的相对位置及表面连接关系，最后综合起来想象组合体的整体形状。由图7-24a所示主、俯视图可知，形体Ⅰ在形体Ⅲ的上面居中靠后，形体Ⅱ、Ⅳ在形体Ⅰ左右两侧，形体Ⅰ、Ⅱ、Ⅳ的后面均平齐。综合起来想象出组合体的空间形状，如图7-24e所示。

2. 线面分析法读图

形体分析法是读图最基本的方法，但有些比较复杂的形体，尤其是切割或穿孔后形成的形体，往往在形体分析法的基础上，还需要运用线面分析法来帮助想象和读懂局部的形状。线面分析法就是根据视图中图线和封闭线框的含义，分析表面的形状、相邻表面的相对位置及面与面的交线特征，从而确定形体结构。

若基本形体被平面截切，读图时常常利用投影的类似性来判断截平面的空间形状，从而构思形体。图7-25a所示为一个L形的铅垂面，图7-25b所示为一个工形的正垂面，图7-25c所示为一个凹形的侧垂面，图7-25d所示为一个一般位置的平行四边形平面。

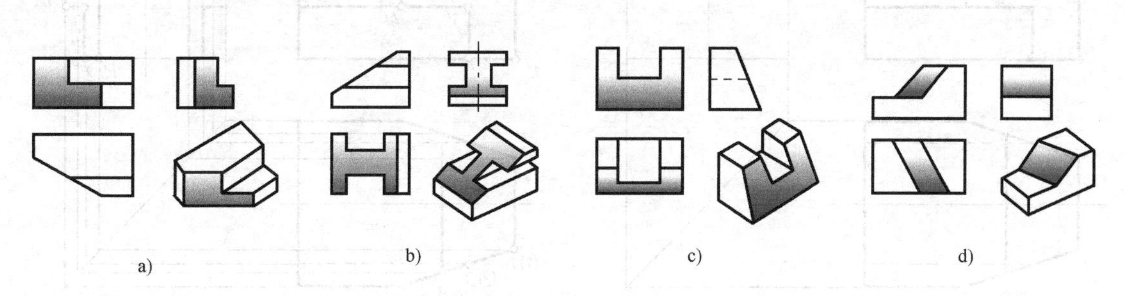

图7-25 分析面的形状

【例7-2】 已知压块的主视图和俯视图，如图7-26a所示，想象物体形状并补画左视图。

分析 由主视图和俯视图可知，该压块是长方体经过切割后形成的，其左上角被正垂面切去一角，主视图上的线1为正垂面的积聚性投影，根据正垂面的投影特征可知，其俯视图对应一梯形线框 q，所补的侧面投影是与俯视图相类似的等腰梯形。

由俯视图可知，压块左方的前后被铅垂面各切掉一角，所以俯视图中线2、3是铅垂面的积聚性投影。根据“长对正”的关系，它们对应主视图中的线框 p'，其空间形状和侧面投影是与线框 p'类似的七边形。

主视图中矩形线框 r'，其俯视图在长对正范围内对应一细虚线，所以线框 r'为正平面的投影，并且是凹进去的。俯视图中细虚线围成的直角梯形线框，对应主视图中的线4，为水平面，表明压块下方前后各被切去一四棱柱。综合起来，其整体形状如图7-26b所示。

补画左视图的步骤如下。

1）先画未切割前的长方体左视图，如图7-27a所示。

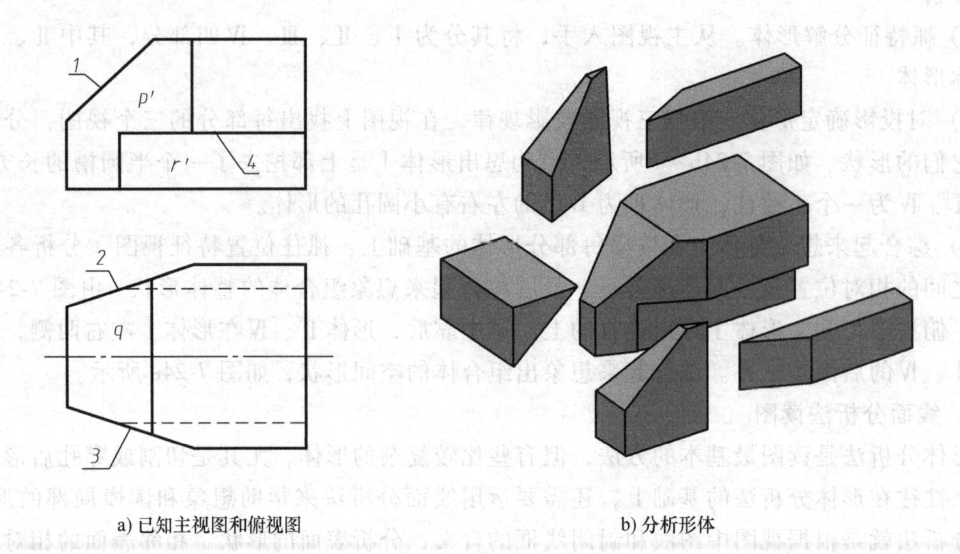

a) 已知主视图和俯视图　　b) 分析形体

图 7-26　补画压块的左视图

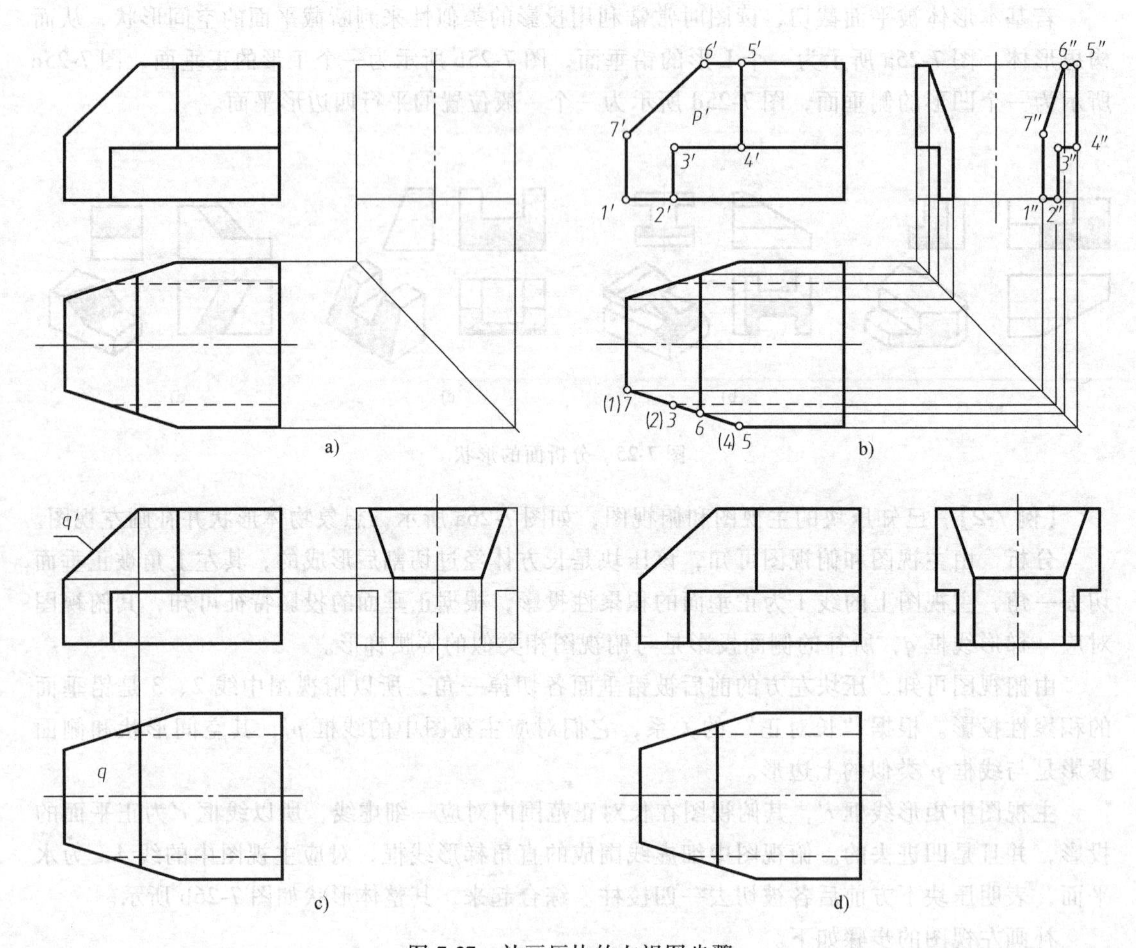

a)　　b)　　c)　　d)

图 7-27　补画压块的左视图步骤

2）画两铅垂面 p' 的侧面投影 p''，即类似的七边形，如图 7-27b 所示。

3）画正垂面 q 的侧面投影 q''，即类似的等腰梯形，如图 7-27c 所示。

4）画下方前后被水平面和正平面切掉两个角的投影，最终结果如图 7-27d 所示。

3. 小结

读图的一般顺序是“先整体后细节”和“先主要后次要”，大致形状心中有数后，再进行细节分析，当然也要掌握“先易后难”的原则。

在整个读图过程中，一般以形体分析法为主，结合线面分析法，边分析、边想象、边作图，这样有利于较快地读懂视图。

（1）抓特征分解形体　从主视图着手结合其他视图进行形体分析，将组合体分解成若干部分。

（2）对投影分析形体　按照投影规律利用“三等”关系对投影，以确定每一部分形体的形状。

（3）线面分析攻难点　在形体分析法的基础上，结合线面分析法分析表面的性质和相对位置。

（4）综合起来想整体　在明确每一部分形状的基础上，分析各形体之间的位置关系及连接关系，综合起来想象整体形状。

7.5　实例分析

【例 7-3】　已知组合体的主、俯视图（见图 7-28a），补画其左视图。

分析

1）抓特征分解形体。将主视图分解为如图 7-28b 所示的四部分。

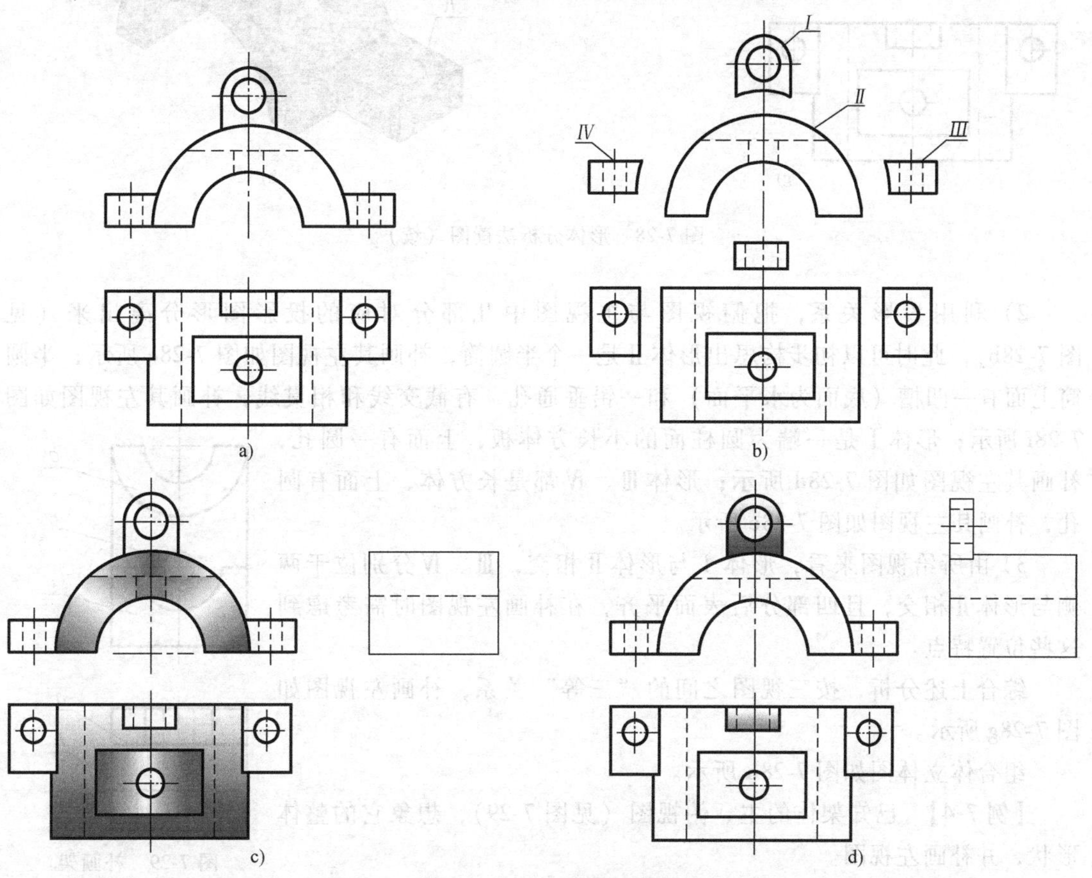

图 7-28　形体分析法读图

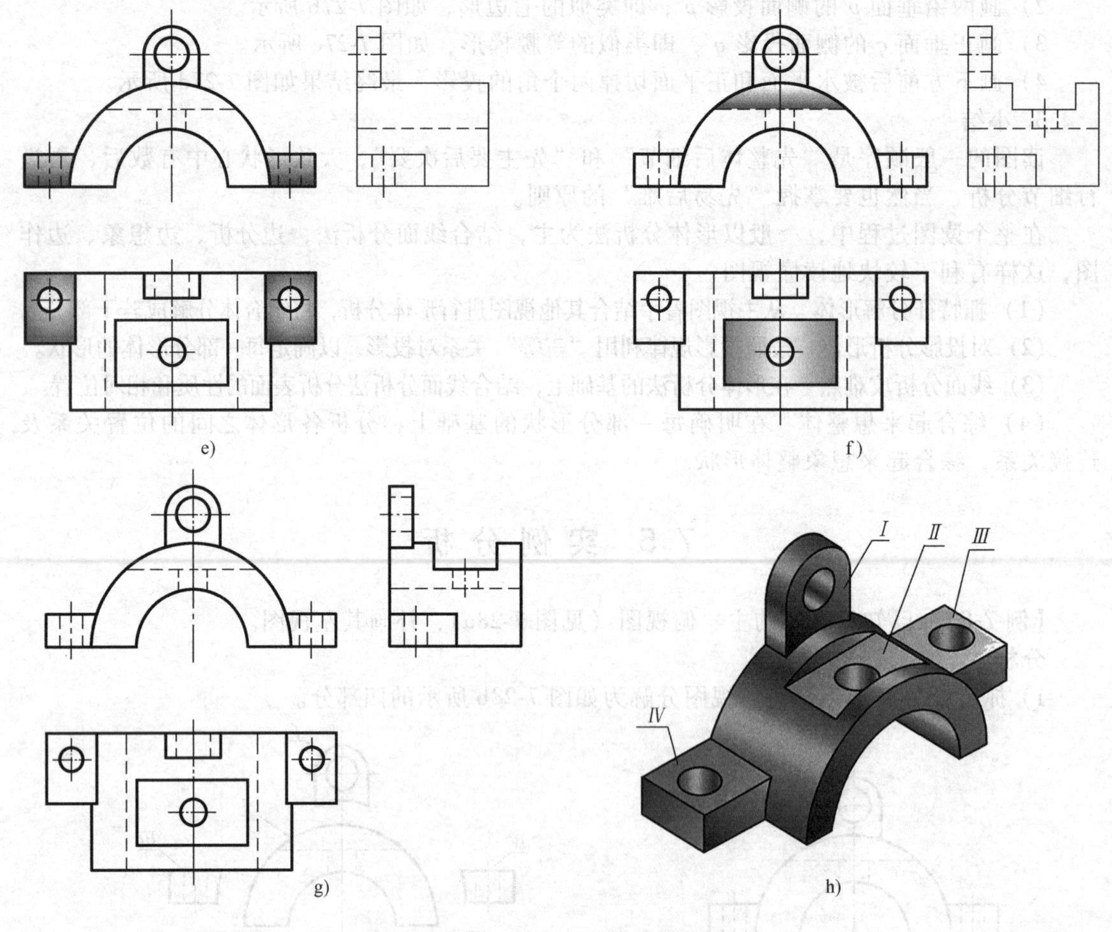

图 7-28 形体分析法读图（续）

2）利用投影关系，把俯视图与主视图中几部分对应的投影图形分离出来（见图 7-28b)，此时可以初步构思出形体Ⅱ是一个半圆筒，补画其左视图如图 7-28c 所示；半圆筒上面有一凹槽（底面为水平面）和一铅垂通孔，有截交线和相贯线，补画其左视图如图 7-28f 所示；形体Ⅰ是一端为圆柱面的小长方体板，上面有一圆孔，补画其左视图如图 7-28d 所示；形体Ⅲ、Ⅳ都是长方体，上面有圆孔，补画其左视图如图 7-28e 所示。

3）由所给视图来看，形体Ⅰ与形体Ⅱ相交，Ⅲ、Ⅳ分别位于两侧与形体Ⅱ相交，且四部分后表面平齐，在补画左视图时需考虑到这些位置特点。

综合上述分析，按三视图之间的“三等”关系，补画左视图如图 7-28g 所示。

组合体立体图如图 7-28h 所示。

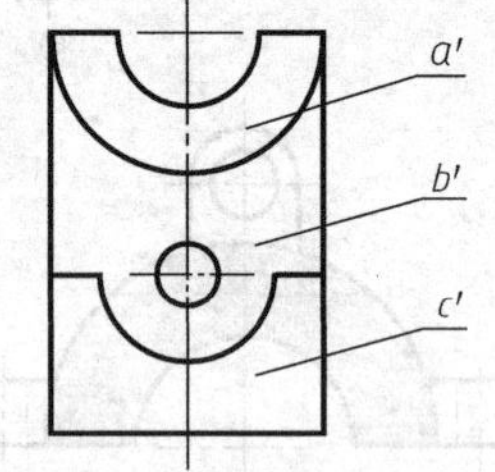

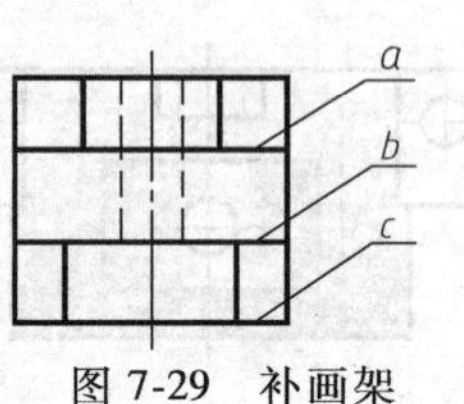

图 7-29 补画架体的左视图

【例 7-4】 已知架体的主、俯视图（见图 7-29)，想象它的整体形状，并补画左视图。

分析 如图 7-29 所示，主视图中有三个同长的封闭实线框 a'、

b'、c'，对照俯视图没有类似形与它们有对应关系，所以这三个封闭实线框所表示的面在俯视图中必对应三条可见直线。由于主视图中三个封闭实线框 a'、b'、c'可见且相邻，故应为凹凸不平的三个平面，根据俯视图可判断 c 面在前、b 面居中、a 面在后。综上所述，该架体分前、后两层，且前、后两层左右侧面平齐；前层为上方切割有半圆柱槽的四棱柱；后层为上方中部切割有一个阶梯形半圆柱槽，并由前向后在中间切割出一个圆柱形通孔的四棱柱。至此想象出该架体的整体形状，并可逐步补画其左视图，如图 7-30 所示。

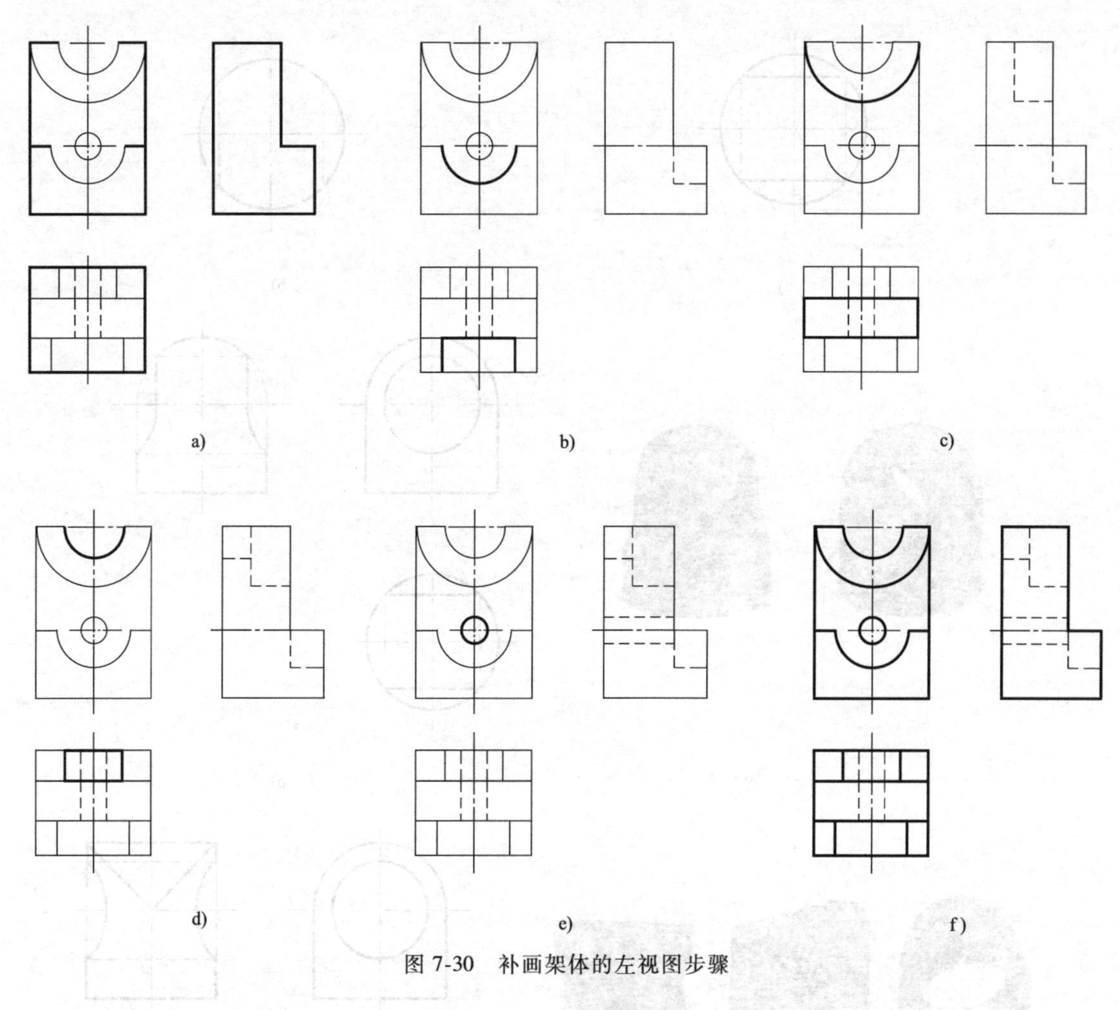

图 7-30　补画架体的左视图步骤

【例 7-5】 如图 7-31a、b 所示，已知主、俯视图，分别补画其左视图。

分析　当视图上出现面与面的交线，尤其是曲面的交线时，应运用正投影原理，对交线的性质和画法进行分析，从而清晰地读懂相关的结构形状。

本题中的两个形体极其相似，都是由两部分叠加而成的，如图 7-31c、e 所示的立体图。求解时注意它们的区别。

图 7-31a 所示的形体是一个由铅垂圆柱与半圆球相切组合而成的，并从前向后挖一圆柱通孔（孔轴线过半圆球心）。该通孔与半圆球相交时产生的特殊相贯线是一正平的半个圆弧，其水平投影和侧面投影均为直线，与铅垂圆柱相交时产生的相贯线为一段曲线。补画左视图如图 7-31d 所示。

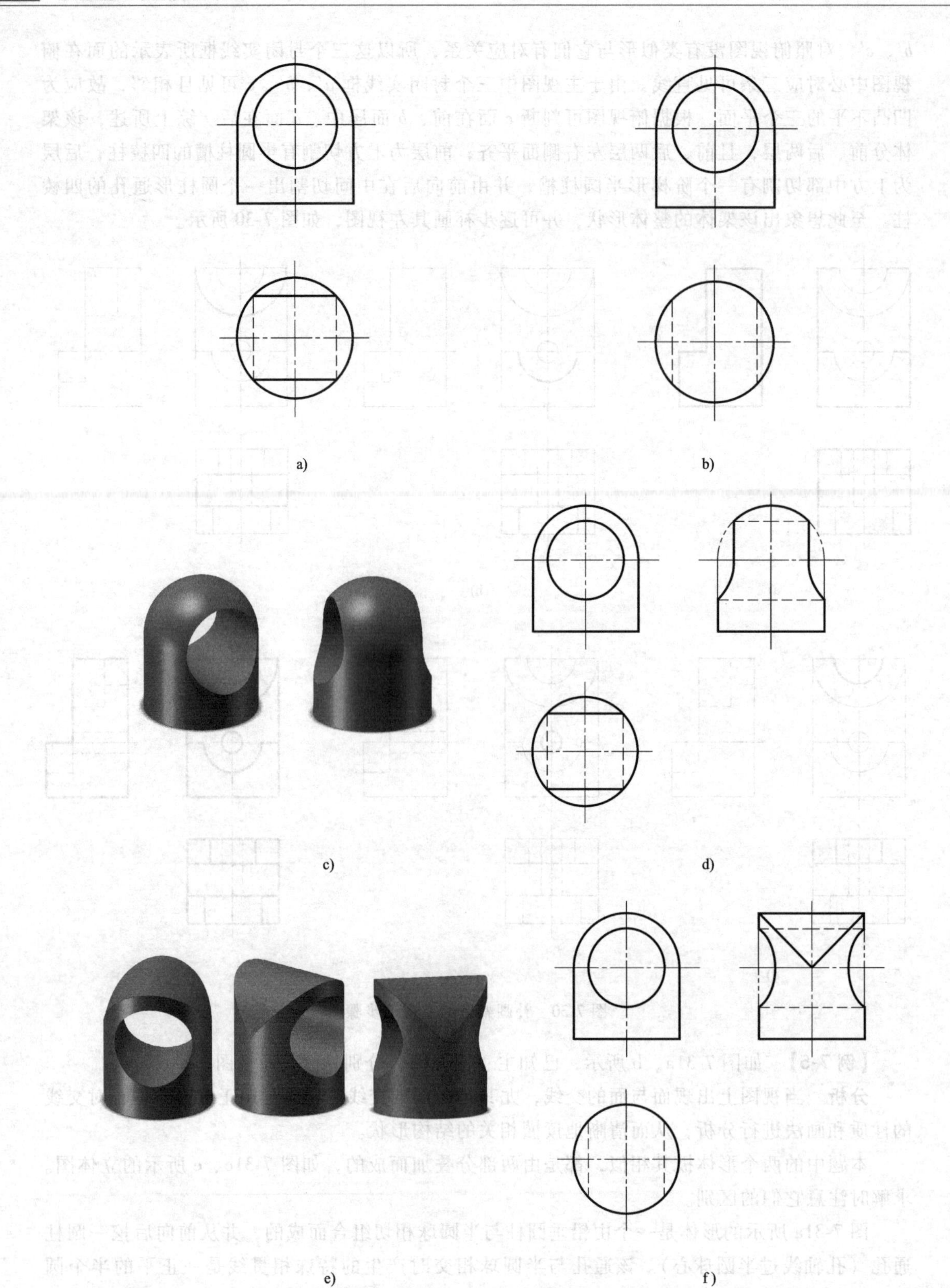

图 7-31 分析面与面的交线

图 7-31b 所示的形体是由下部的铅垂圆柱和与之等径的正垂半圆柱组合而成的，也可认为铅垂圆柱上部用半圆柱面切割而成的，然后自前向后挖一通孔。其中，正垂半圆柱与铅垂圆柱等径相贯，相贯线为特殊相贯线，其投影积聚为相交两直线。另外，正垂圆孔与圆柱相交时产生的相贯线为曲线。补画左视图如图 7-31f 所示。

【例 7-6】　指出图 7-32a 中错误的尺寸标注，并重新进行正确的尺寸标注。

分析　标注尺寸的基本要求是正确、完整、清晰。尺寸数字水平方向字头向上，垂直方向字头向左；尺寸尽量标注在形状特征明显的视图上，半径应标注在投影为圆弧的视图上；尺寸标注应上下左右排列整齐，尺寸线不能相交；均匀分布的几个相同的圆，直径只需标注一次，但要注明总数如 $n\times\phi3$；半径相同的多个圆弧，在符号 R 之前不得标注圆弧的个数。该形体前后对称，前后对称面为宽度方向尺寸基准，尺寸 $2\times\phi3$ 的定位尺寸应为两孔的中心距。

1）找出错误的尺寸标注。如图 7-32a 所示，主视图中的尺寸 21、31、$R5$，俯视图中的尺寸 $2\times R4$、42、4。

2）重新进行正确的尺寸标注，如图 7-32b 所示。

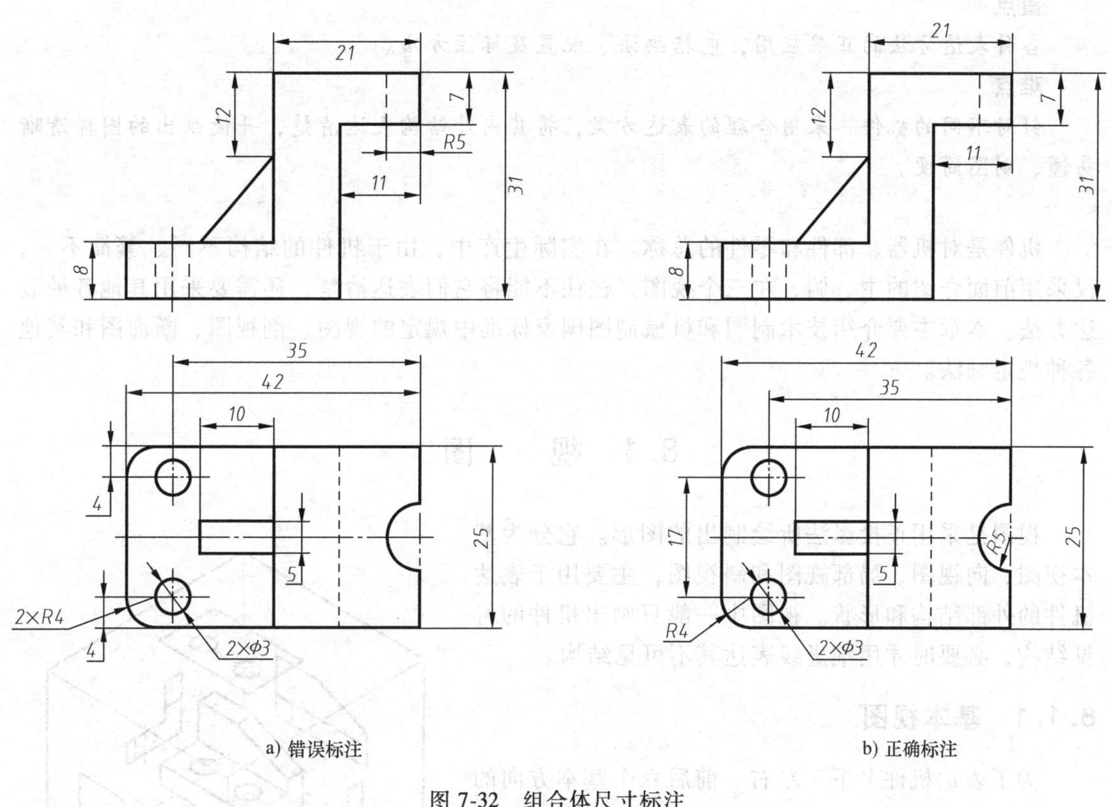

a) 错误标注　　b) 正确标注

图 7-32　组合体尺寸标注

第8章 机件常用的表达方法

本章内容提要

1）视图。

2）剖视图。

3）断面图。

4）其他表达方法。

5）表达方案分析。

重点

各种表达方法的正确应用，包括画法、配置及标注方法。

难点

针对不同的机件，采用合理的表达方案，将其内外结构表达清楚，并使画出的图样清晰易懂、制图简便。

机件是对机器、部件和零件的总称。在实际生产中，由于机件的结构不同、繁简不一，仅采用前面介绍的主、俯、左三个视图，往往不能将它们表达清楚，还需要采用其他各种表达方法。本章主要介绍技术制图和机械制图国家标准中规定的视图、剖视图、断面图和其他各种规定画法。

8.1 视图

视图是采用正投影法所绘制出的图形。它分为基本视图、向视图、局部视图和斜视图，主要用于表达机件的外部结构和形状。视图中一般只画出机件的可见结构，必要时才用细虚线表达其不可见结构。

8.1.1 基本视图

为了表达机件上下、左右、前后六个基本方向的结构形状，在原来的三个投影面的基础上，再增加三个相互垂直的投影面，从而构成一个正六面体的六个面，这六个面称为基本投影面。将机件放在正六面体内，分别向各基本投影面投射，所得到的视图称为基本视图，如图8-1所示。其中，除了前面学过的主视图、俯视图和左视图外，还包括从后向前投射所得到

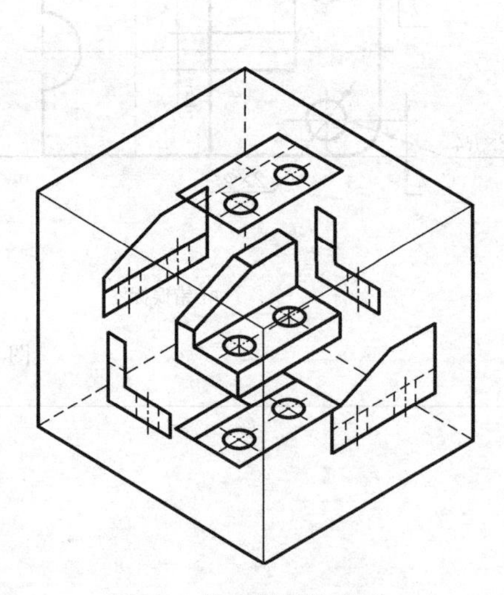

图8-1 基本视图的形成

的后视图，从下向上投射所得到的仰视图和从右向左投射所得到的右视图。基本投影面的展开方法如图 8-2 所示。在同一张图纸上，如基本视图按图 8-3 所示位置配置时，一律不标注视图名称；六个基本视图之间仍遵循“长对正、高平齐、宽相等”的投影规律。

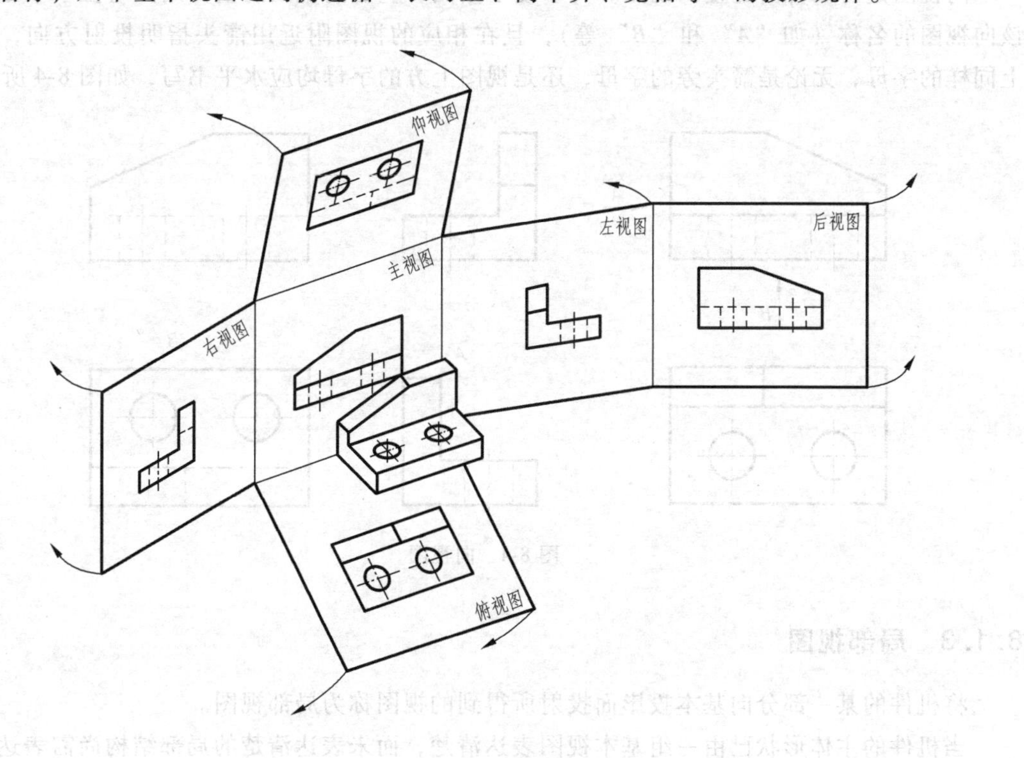

图 8-2 基本投影面的展开方法

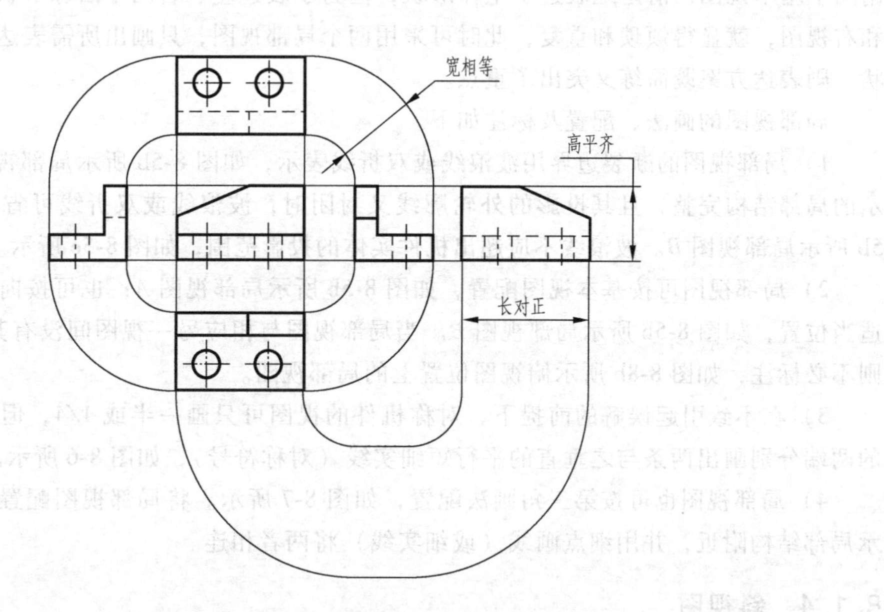

图 8-3 基本视图的配置与投影规律

8.1.2 向视图

向视图是可以自由配置的视图。为了便于读图，应在向视图的上方用大写拉丁字母标注该向视图的名称（如“*A*”和“*B*”等），且在相应的视图附近用箭头指明投射方向，并注上同样的字母，无论是箭头旁的字母，还是视图上方的字母均应水平书写，如图 8-4 所示。

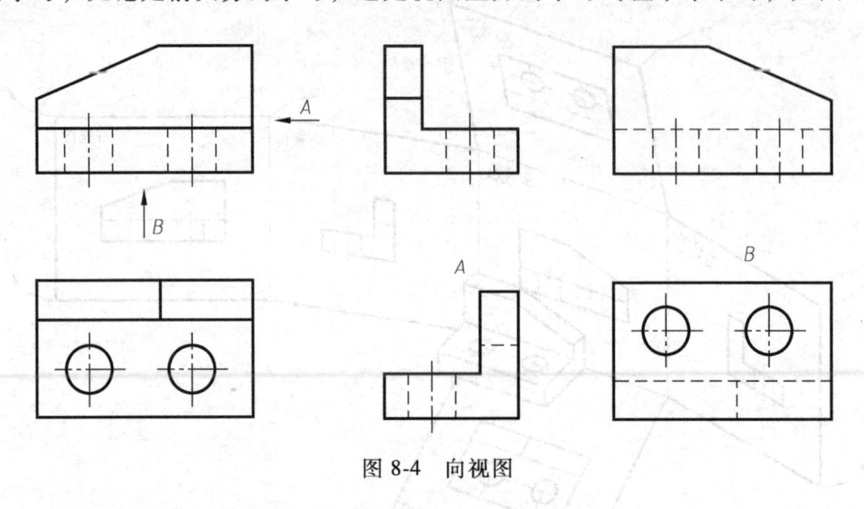

图 8-4 向视图

8.1.3 局部视图

将机件的某一部分向基本投影面投射所得到的视图称为局部视图。

当机件的主体形状已由一组基本视图表达清楚，而未表达清楚的局部结构尚需表达，但又没有必要再画出其完整的基本视图，此时可采用局部视图。如图 8-5a 所示的机件，用主、俯两个基本视图已清楚地表达了主体形状，但为了表达左、右两个凸缘形状，再增加左视图和右视图，就显得烦琐和重复，此时可采用两个局部视图，只画出所需表达的左、右凸缘形状，则表达方案既简练又突出了重点。

局部视图的画法、配置及标注如下。

1）局部视图的断裂边界用波浪线或双折线表示，如图 8-5b 所示局部视图 *A*。但当所表示的局部结构完整，且其投影的外轮廓线又封闭时，波浪线或双折线可省略不画，如图 8-5b 所示局部视图 *B*。波浪线不应超出机件实体的投影范围，如图 8-5c 所示。

2）局部视图可按基本视图配置，如图 8-5b 所示局部视图 *A*；也可按向视图配置在其他适当位置，如图 8-5b 所示局部视图 *B*。当局部视图与相应另一视图间没有其他图形隔开时，则不必标注，如图 8-8b 所示俯视图位置上的局部视图。

3）在不致引起误解的前提下，对称机件的视图可只画一半或 1/4，但需在对称中心线的两端分别画出两条与之垂直的平行短细实线（对称符号），如图 8-6 所示。

4）局部视图也可按第三角画法配置，如图 8-7 所示。将局部视图配置在视图上所需表示局部结构附近，并用细点画线（或细实线）将两者相连。

8.1.4 斜视图

将机件向不平行于基本投影面的投影面投射所得到的视图，称为斜视图。斜视图主要用

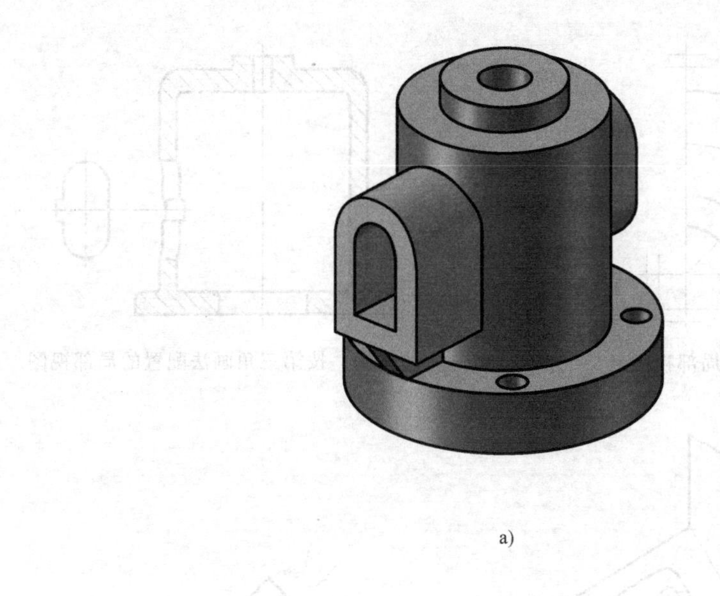

a)

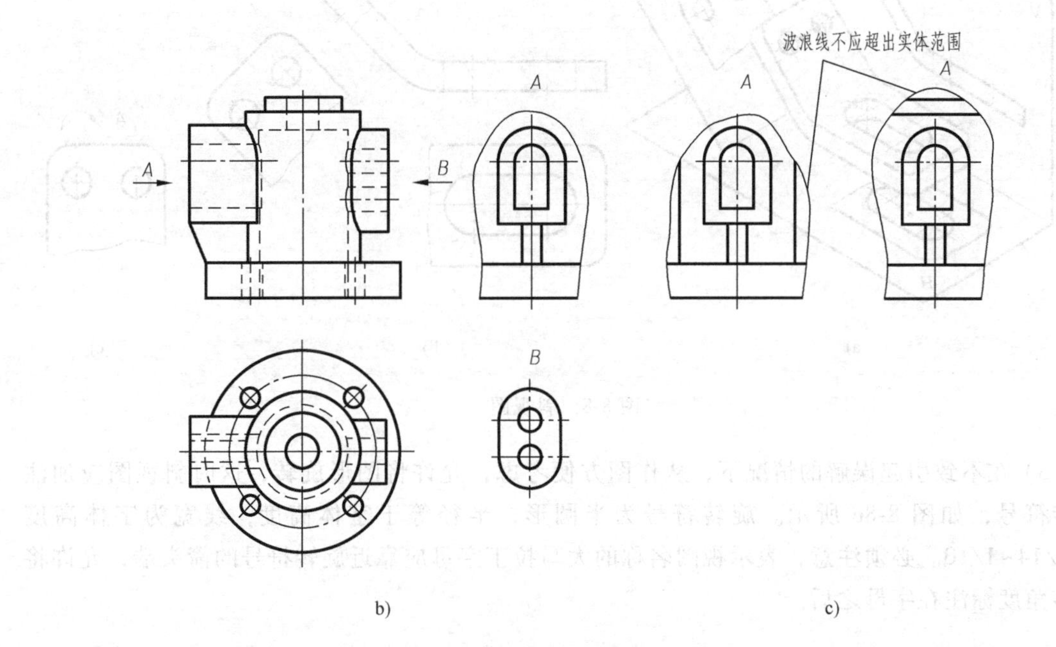

b)　　　　c)

图 8-5　局部视图

于表达机件倾斜结构的外形，其理论基础是投影变换的换面法。

如图 8-8a 所示，当机件上有倾斜于基本投影面的结构时，为了表达倾斜结构的实形，可设置一个与倾斜结构平行且垂直于一个基本投影面的辅助投影面，然后将该倾斜结构向辅助投影面投射并展平，得到反映实际形状的斜视图。

斜视图的画法、配置及标注如下。

1）斜视图只表达倾斜结构的真实形状，其与其他部分用波浪线或双折线断开，如图 8-8 所示。

2）斜视图一般按向视图的配置形式配置，在斜视图的上方必须用大写拉丁字母标注视图的名称，在相应的视图附近用箭头指明投射方向，并注上同样的字母，如图 8-8b 所示。

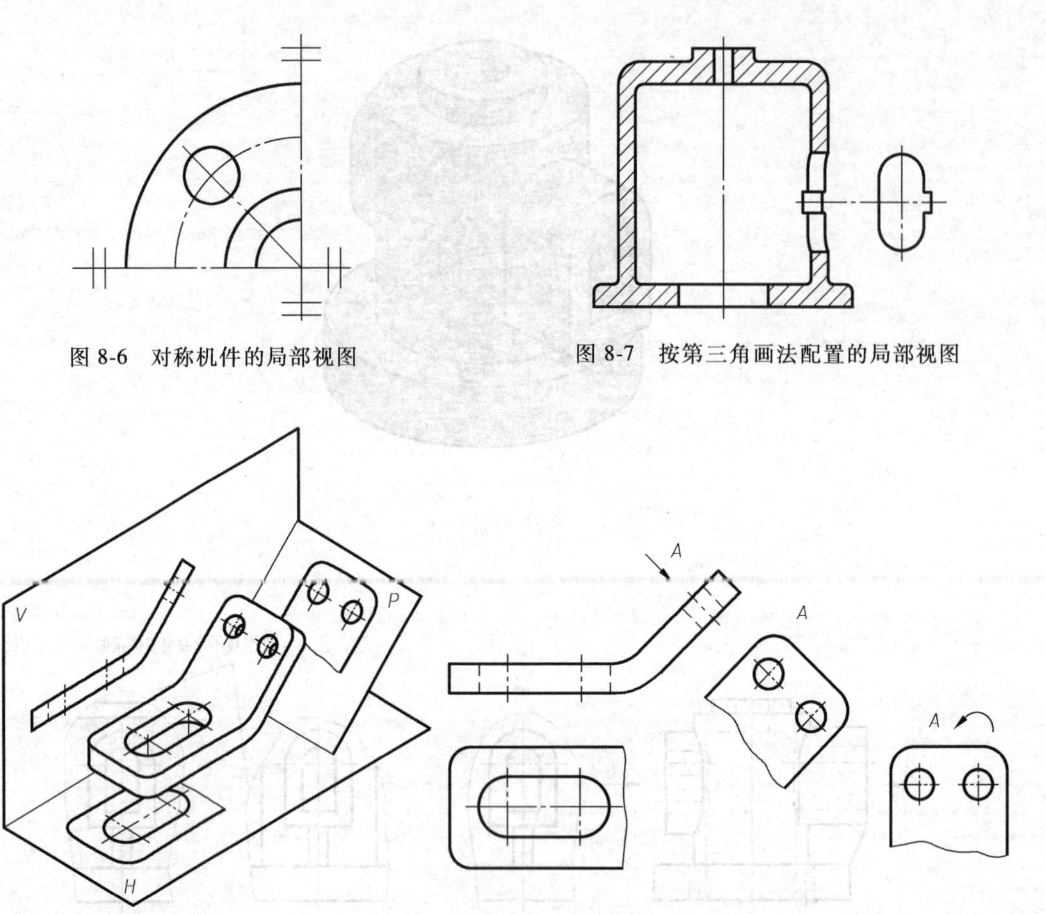

图 8-6　对称机件的局部视图

图 8-7　按第三角画法配置的局部视图

a)　b)　c)

图 8-8　斜视图

3）在不致引起误解的情况下，从作图方便考虑，允许将图形旋转，这时斜视图应加注旋转符号，如图 8-8c 所示。旋转符号为半圆形，半径等于字体高度，线宽为字体高度的 1/14~1/10。必须注意，表示视图名称的大写拉丁字母应靠近旋转符号的箭头端，允许将旋转角度标注在字母之后。

8.2 剖 视 图

剖视图主要用于表达机件的内部结构。当机件的内部结构复杂时，仅用视图必然会出现许多交叉重叠的细虚线，不利于画图和读图，也给标注尺寸带来困难。为了清楚地表达机件的内部结构，国家标准中规定了剖视图及剖面区域的表示法。

8.2.1 剖视图的概念

1. 剖视图的形成

假想用剖切面剖开机件，把处在观察者和剖切面之间的部分移开，将剩余部分向投影面投射所得到的图形，称为剖视图，简称为剖视。

图 8-9 所示为支架的两视图，主视图中有许多表达内部结构的细虚线。为表达这些内部结构，假想用如图 8-10 所示的剖切面剖开机件，把处在观察者和剖切面之间的部分移开，将剩余部分向投影面投射，如图 8-11 所示。图 8-12 所示主视图即为支架的剖视图。

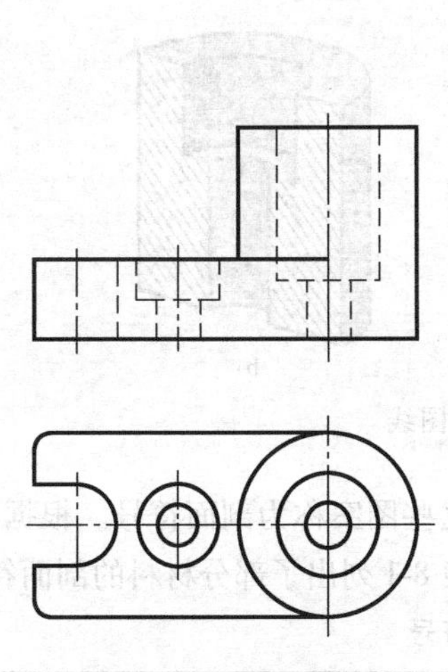

图 8-9 支架的两视图

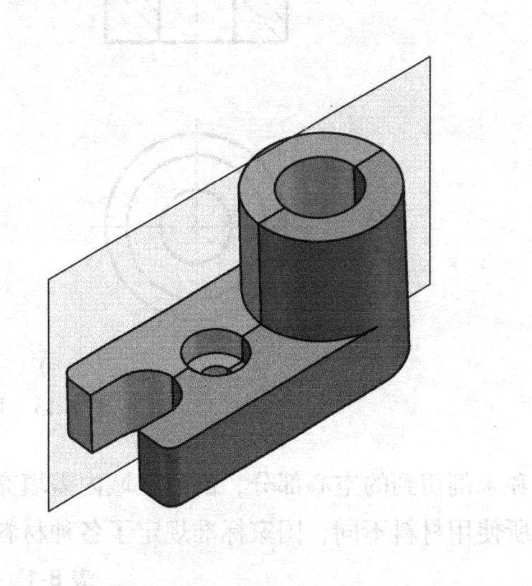

图 8-10 假想剖开支架

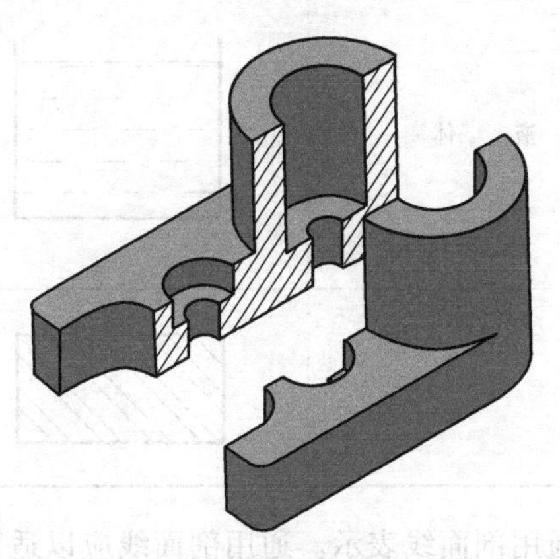

图 8-11 移去前部然后投射

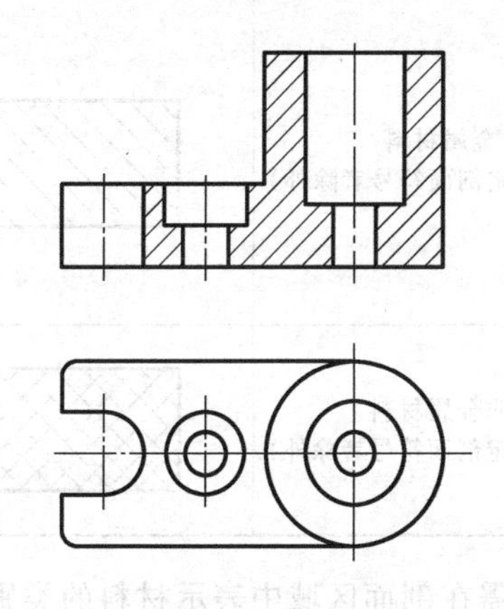

图 8-12 支架的剖视图

2. 画剖视图时应注意的问题

1）剖开机件是假想的，并不是真正将其切掉一部分，因此，当机件的一个视图画成剖视图后，其他视图仍应完整地画出，如图 8-12 所示俯视图。若在一个机件上进行几次剖切，则每次剖切都应认为是对完整机件进行的，即与其他的剖切无关。

2）当采用剖视后，剖切平面后面的可见部分，应全部向投影面投射，并用粗实线画出所有可见部分的投影。图 8-13 所示图线是画剖视图时容易漏画的图线，画图时应特别注意。

3）在剖视图中，机件后部的不可见轮廓线一般省略不画，只有对尚未表达清楚的结构才用细虚线画出。

4）在剖视图中，剖切面剖切到的实体部分称为剖面区域。为区分机件上剖切到的实体部分

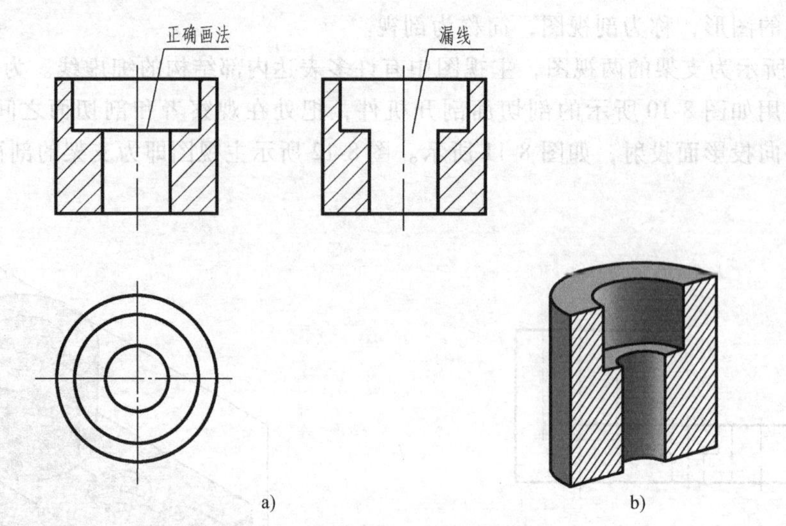

图 8-13　画剖视图时易漏的图线

和未剖切到的空心部分，剖面区域内需填充特定的图案，这些图案称为剖面符号。根据各种机件所使用材料不同，国家标准规定了各种材料的剖面符号。表 8-1 列出了部分材料的剖面符号。

表 8-1　部分材料的剖面符号

材料名称	剖面符号	材料名称	剖面符号
金属材料（已有规定剖面符号者除外）		液体	
非金属材料（已有规定剖面符号者除外）		砖	

不需在剖面区域中表示材料的类别时，可采用通用剖面线表示。通用剖面线应以适当角度的细实线绘制，最好与主要轮廓线或剖面区域的对称线成 45°角，如图 8-14 所示。若需要在剖面区域中表示材料的类别时，则应采用国家标准规定的剖面符号。对同一机件，在它的各个剖视图和断面图中，所有剖面线的倾斜方向应一致、间隔要相同。

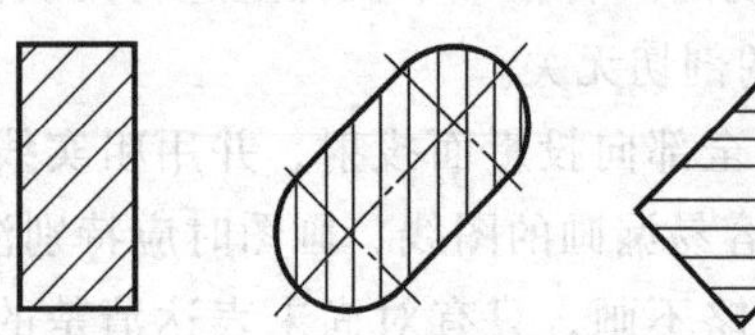

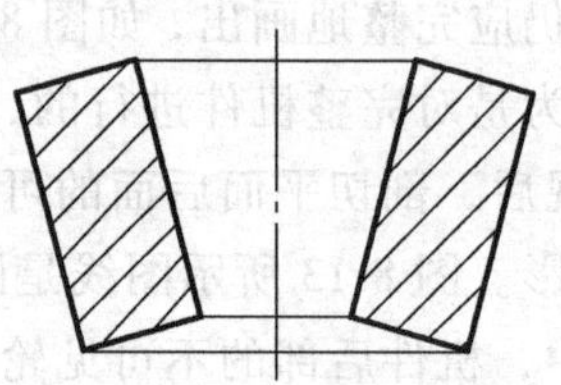
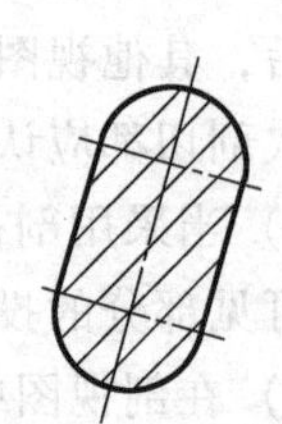

图 8-14　通用剖面线的画法

5）肋板等特殊结构的处理方法。对于机件上的肋板、轮辐和薄壁等结构，当剖切面沿纵向（通过轮辐、肋板等结构的轴线或对称平面）剖切时，规定在这些结构的断面上不画剖面符号，但必须用粗实线将它与邻接部分分开，如图 8-15 所示左视图中的肋板和图 8-16 所示主视图中的轮辐。但当剖切面沿横向（垂直于轮辐、肋板等结构的轴线或对称平面）剖切时，仍需画出剖面符号，如图 8-15 所示俯视图。

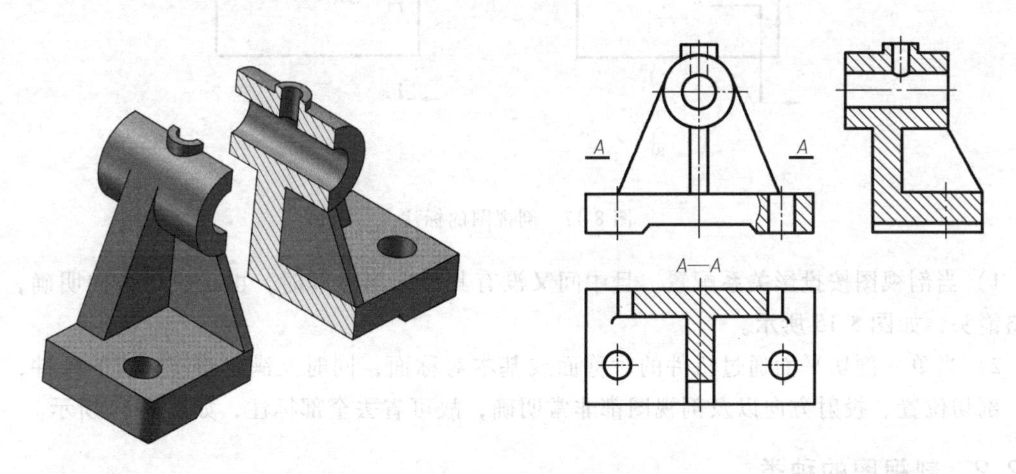

图 8-15　肋板的画法

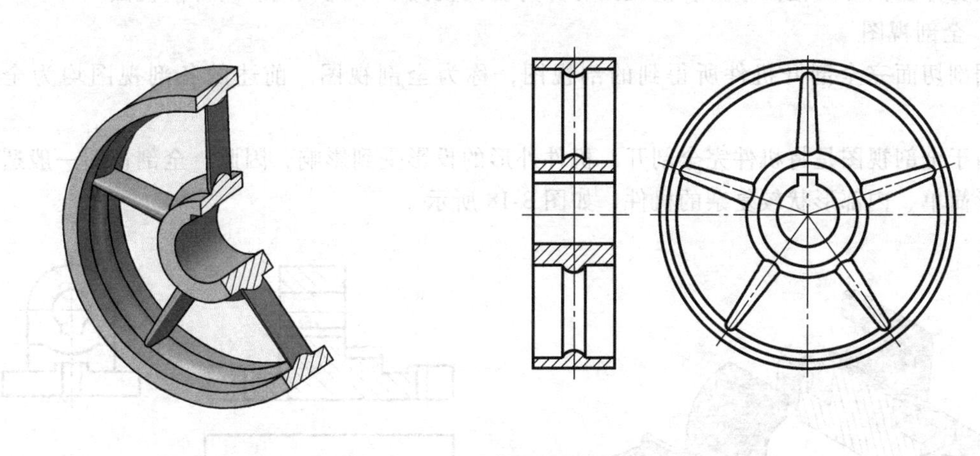

图 8-16　轮辐的画法

3. 剖视图的配置与标注

剖视图一般按投影关系配置，也可根据图面布局将剖视图配置在其他适当位置。

为了读图时便于找出投影关系，剖视图一般需要用剖切线（采用细点画线）表示剖切面的位置（也可省略不画），用剖切符号（采用粗实线）标注剖切面的起讫和转折位置，用箭头表示投射方向，用大写拉丁字母（注写在剖视图的上方）表示剖视图的名称“×—×”，并在剖切符号附近注上相同的字母。剖切平面的起讫和转折位置通常用长 5 ~ 10mm 的粗实线表示，它尽可能不与图形轮廓线相交，箭头应绘制在剖切符号外侧并与剖切符号相垂直，如图 8-17 所示。

在下列两种情况下，可省略或部分省略标注。

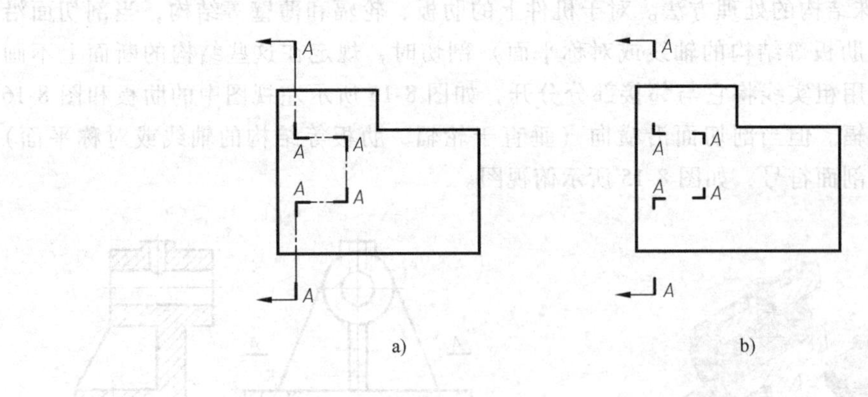

图 8-17 剖视图的标注

1）当剖视图按投影关系配置，且中间又没有其他图形隔开时，由于投射方向明确，可省略箭头，如图 8-15 所示。

2）当单一剖切平面通过机件的对称面或基本对称面，同时又满足情况 1）的条件，此时，剖切位置、投射方向以及剖视图都非常明确，故可省去全部标注，如图 8-12 所示。

8.2.2 剖视图的种类

按机件被剖开的范围来分，剖视图可分为全剖视图、半剖视图和局部剖视图三种。

1. 全剖视图

用剖切面完全剖开机件所得到的剖视图，称为全剖视图。前述的各剖视图均为全剖视图。

由于全剖视图是将机件完全剖开，机件外形的投影受到影响，因此，全剖视图一般适用于外形简单、内部形状较复杂的机件，如图 8-18 所示。

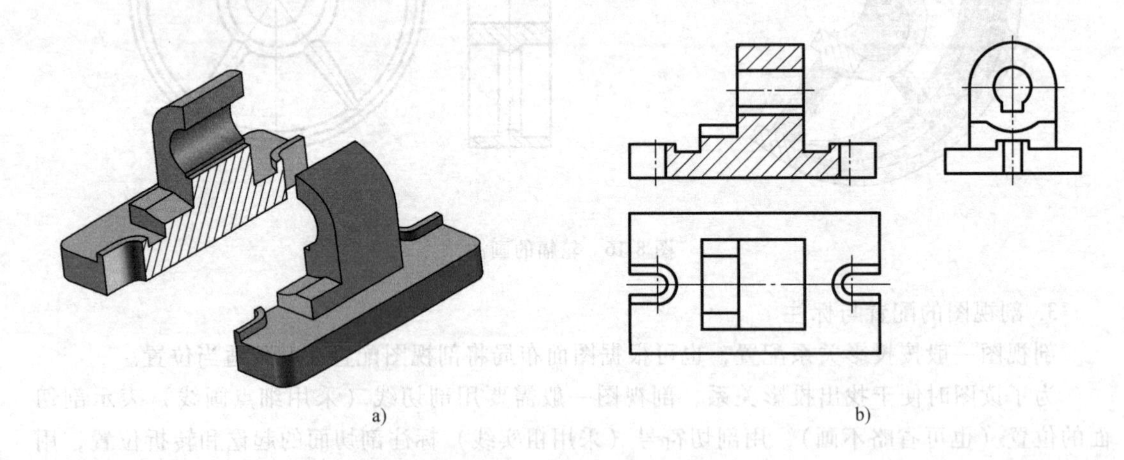

图 8-18 全剖视图（一）

对于一些具有空心回转体的机件，即使结构对称，但由于外形简单，也常采用全剖视图，如图 8-19 所示。

2. 半剖视图

当机件具有对称平面时，向垂直于对称平面的投影面上投射所得到的图形，允许以对称中心线为界，一半画成视图，另一半画成剖视图，这样得到的剖视图称为半剖视图。半剖视图主要用于内外形状都需要表达、结构对称的机件，如图 8-20 所示。

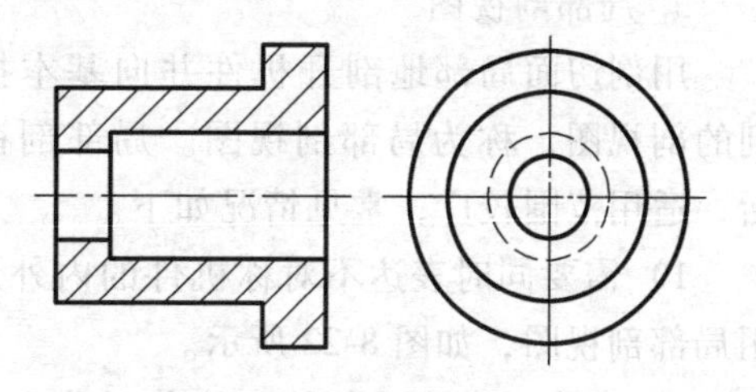

图 8-19　全剖视图（二）

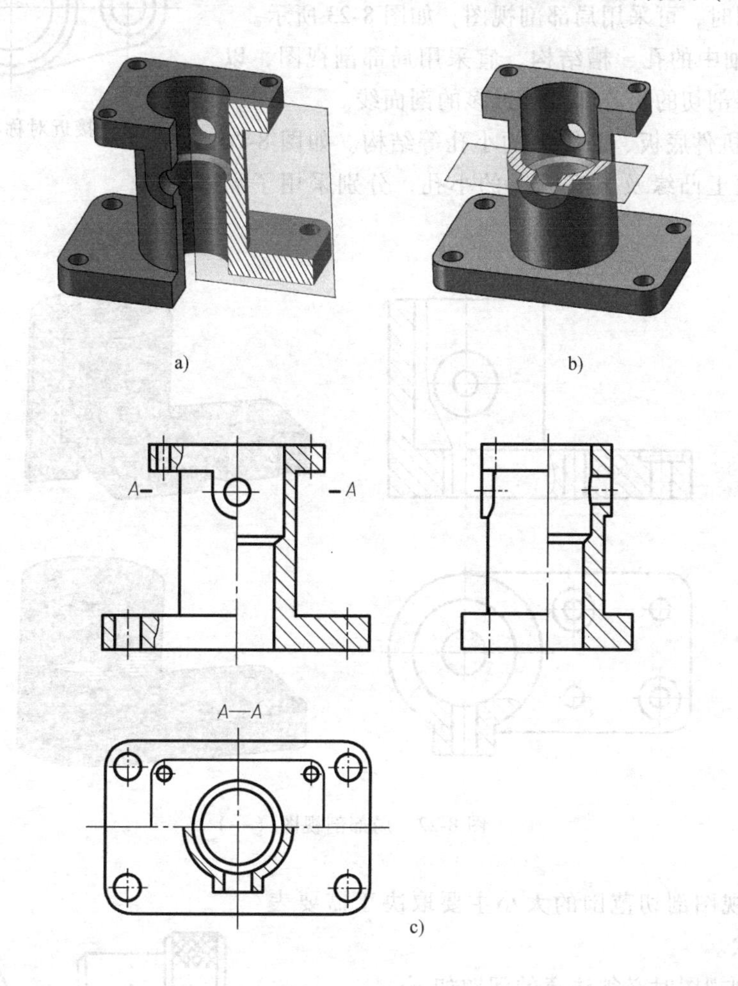

图 8-20　半剖视图

当机件的形状接近于对称，且不对称部分已另有图形表达清楚时，也可以画成半剖视图，如图 8-21 所示。

画半剖视图时必须注意的问题如下。

1）在半剖视图中，因机件的内部形状已由半个剖视图表达清楚，所以在不剖的半个外形视图中，表达内部形状的细虚线应省去不画，如图 8-20 和图 8-21 所示。

2）在半剖视图中，视图与剖视图的分界线是细点画线，如图 8-20 和图 8-21 所示。

3. 局部剖视图

用剖切面局部地剖开机件并向基本投影面投射所得到的剖视图，称为局部剖视图。局部剖视图应用比较灵活，适用范围较广，常见情况如下。

1）需要同时表达不对称机件的内外形状时，可以采用局部剖视图，如图 8-22 所示。

2）虽有对称面，但轮廓线与对称中心线重合，不宜采用半剖视图时，可采用局部剖视图，如图 8-23 所示。

3）实心轴中的孔、槽结构，宜采用局部剖视图，以避免在不需要剖切的实心部分画过多的剖面线。

4）表达机件底板、凸缘上的小孔等结构。如图 8-20 所示，为表达上凸缘及下底板上的小孔，分别采用了局部剖视图。

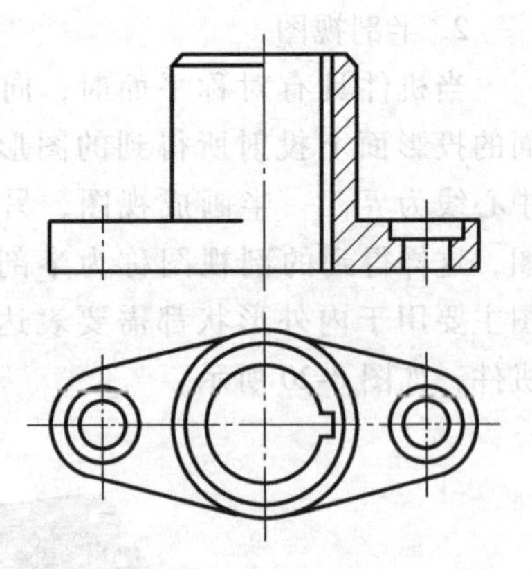

图 8-21　接近对称机件的半剖视图

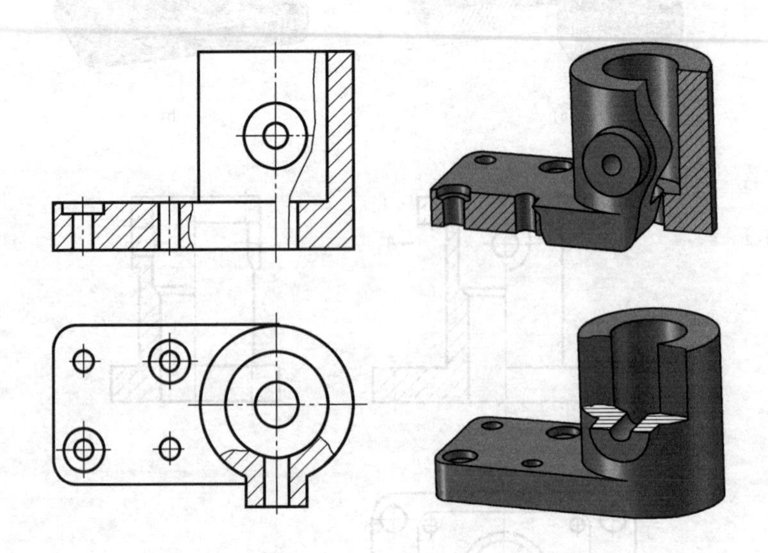

图 8-22　局部剖视图（一）

局部剖视图剖切范围的大小主要取决于需要表达的内部形状。

画局部剖视图时必须注意的问题如下。

1）局部剖视图中视图与剖视图部分的分界线为波浪线或双折线，如图 8-22 和图 8-23 所示。

2）波浪线是机件假想断裂面的投影，波浪线的起讫都在机件的边界轮廓线上，且波浪线不能穿过通孔，也不能与图线或图线的延长线重合，更不能用轮廓线代替，如图 8-24 所示。

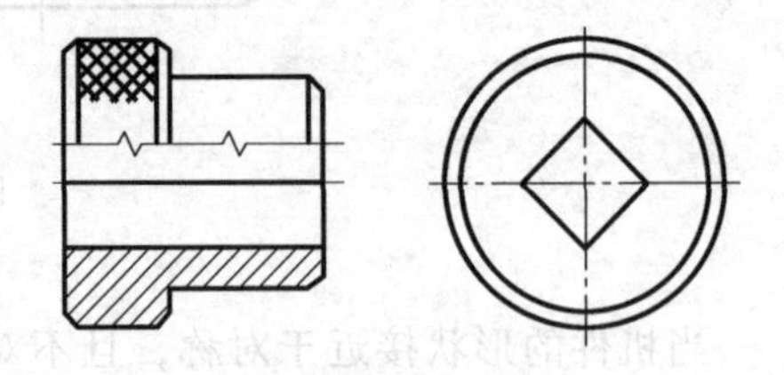

图 8-23　局部剖视图（二）

3）在同一个视图中，局部剖视图的数量不宜过多，否则会显得零乱，以致影响图形清晰。

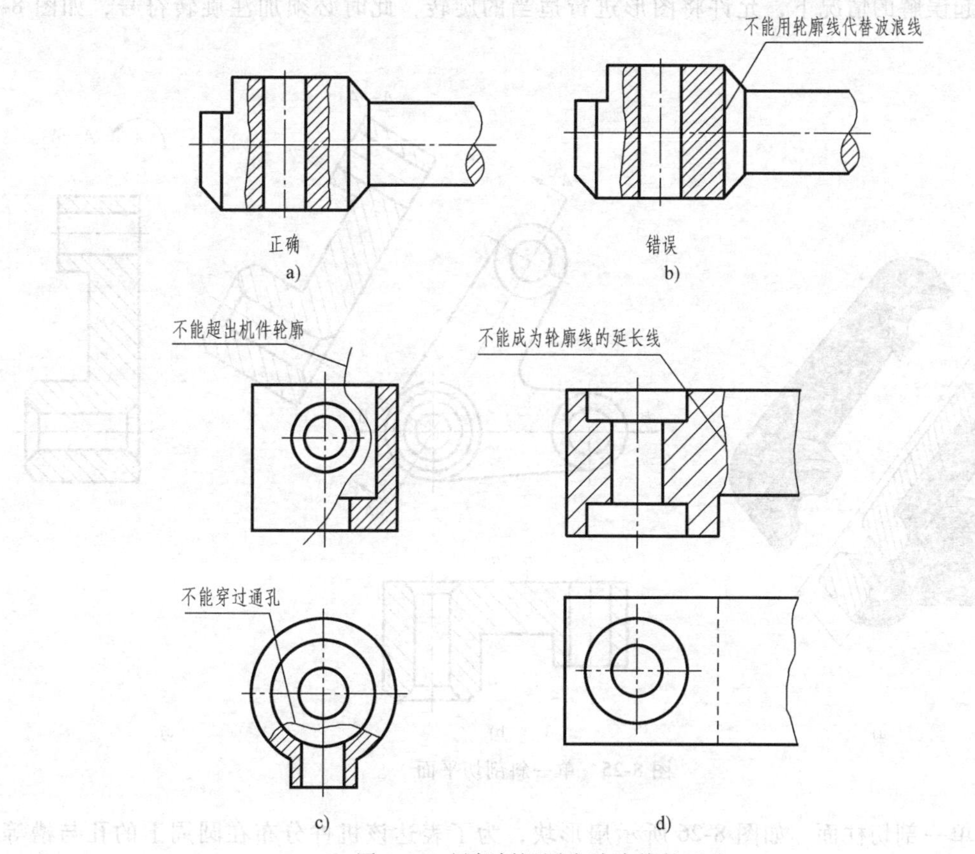

图 8-24 局部剖视图中波浪线的画法

局部剖视图的标注方法与全剖视图基本相同；若为单一剖切平面，且剖切位置明显时，可以省略标注，如图 8-22 所示局部剖视图。

8.2.3 剖切面的种类

国家标准规定，根据机件的结构特点，可选择以下剖切面剖切机件以获得上述三种剖视图：单一剖切面、几个平行的剖切平面、几个相交的剖切面（交线垂直于某一基本投影面）。

1. 单一剖切面

仅用一个剖切面剖开机件。单一剖切面包括单一平行剖切平面、单一斜剖切平面和单一剖切柱面，它们均可获得三种剖视图。

（1）单一平行剖切平面　本节前述的图例均为单一平行剖切平面，这种剖切方式应用较多。

（2）单一斜剖切平面　当机件上倾斜部分的内部结构需要表达时，与斜视图一样，可以选择一个与该倾斜部分平行的辅助投影面，然后用一个平行于该投影面的单一剖切平面剖切机件，在辅助投影面上获得剖视图，如图 8-25a 所示。用这种方法获得的剖视图，必须注出剖切面位置、投射方向和剖视图名称。为了读图方便，应尽量使剖视图与剖切面投影关系相对应，并将剖视图配置在箭头所指方向的一侧，如图 8-25b 所示，也允许配置在其他位置。

在不致引起误解的情况下，允许将图形进行适当的旋转，此时必须加注旋转符号，如图 8-25c 所示。

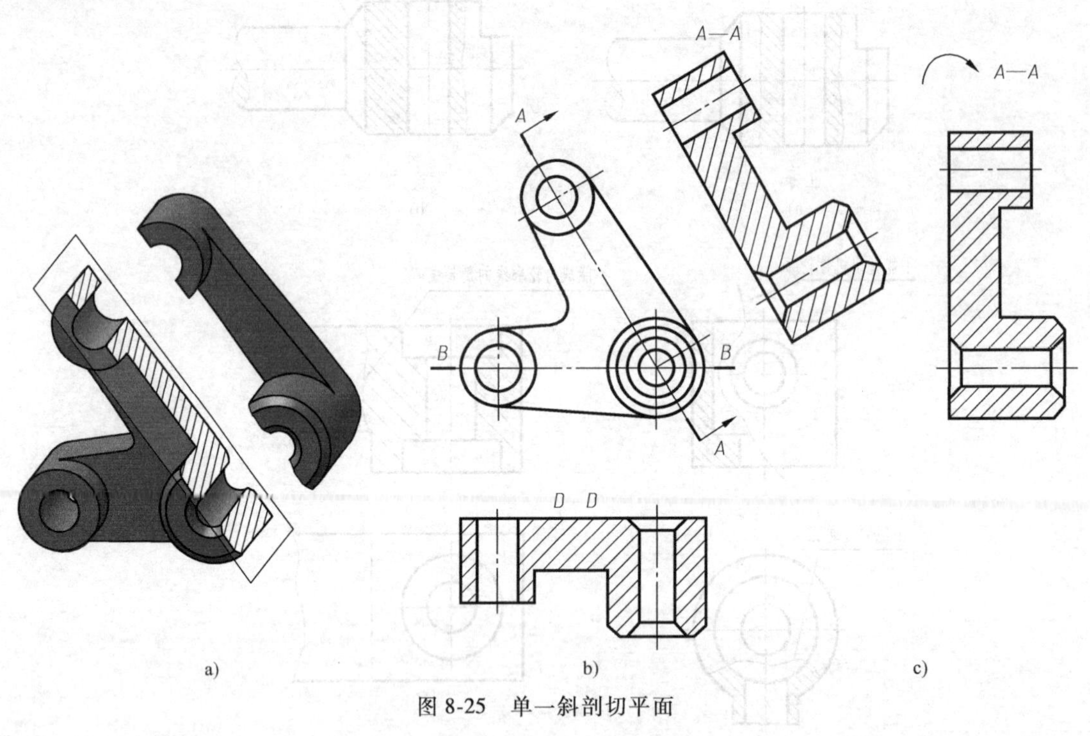

图 8-25 单一斜剖切平面

（3）单一剖切柱面 如图 8-26 所示扇形块，为了表达该机件分布在圆周上的孔与槽等结构，可以采用柱面进行剖切。采用柱面剖切时，一般应按展开绘制，因此在剖视图上方应标出“×—× 展开”。

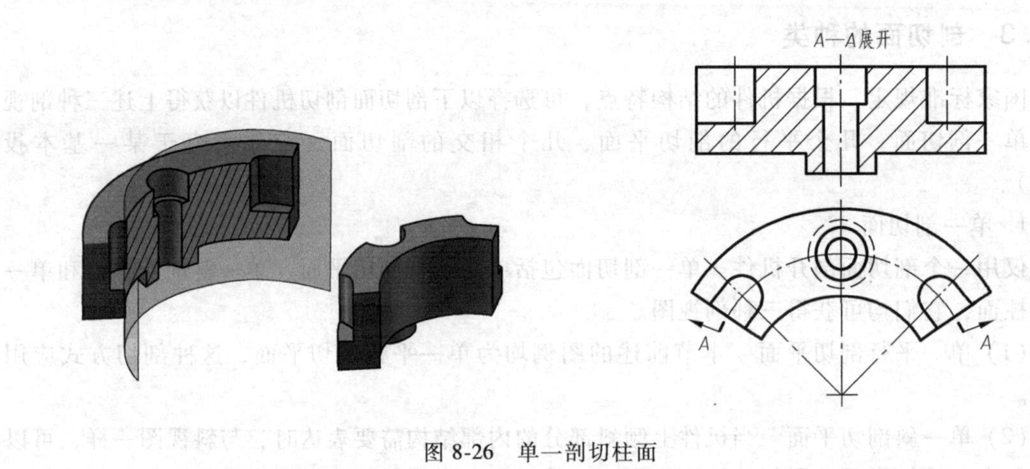

图 8-26 单一剖切柱面

2. 几个平行的剖切平面

当机件上具有几种不同的内部结构要素（如孔、槽等），它们的中心线排列在几个相互平行的平面上，且用一个剖切平面无法将其全部剖开时，可采用几个平行的剖切平面剖切，如图 8-27a 所示。几个平行的剖切平面可能是两个或两个以上，其数量根据机件的结构需要而选用，且各剖切平面的转折处必须是直角。

画此类剖视图时，应注意以下几个问题。

1）不应画出剖切平面转折处的分界线，如图 8-27c 所示。

2）剖切平面的转折处不应与轮廓线重合；转折处如因位置有限，在不会引起误解时，可以不注写字母，如图 8-28 所示。

3）剖视图中不应出现不完整要素，如图 8-27d 所示。

4）当机件上的两个要素在图形上具有公共对称中心线或轴线时，可以各画一半，此时不完整要素应以公共对称中心线或轴线为界，如图 8-28 所示。这是一种规定画法。

5）采用几个平行的剖切平面剖切获得的剖视图，必须进行标注，如图 8-27b 所示。

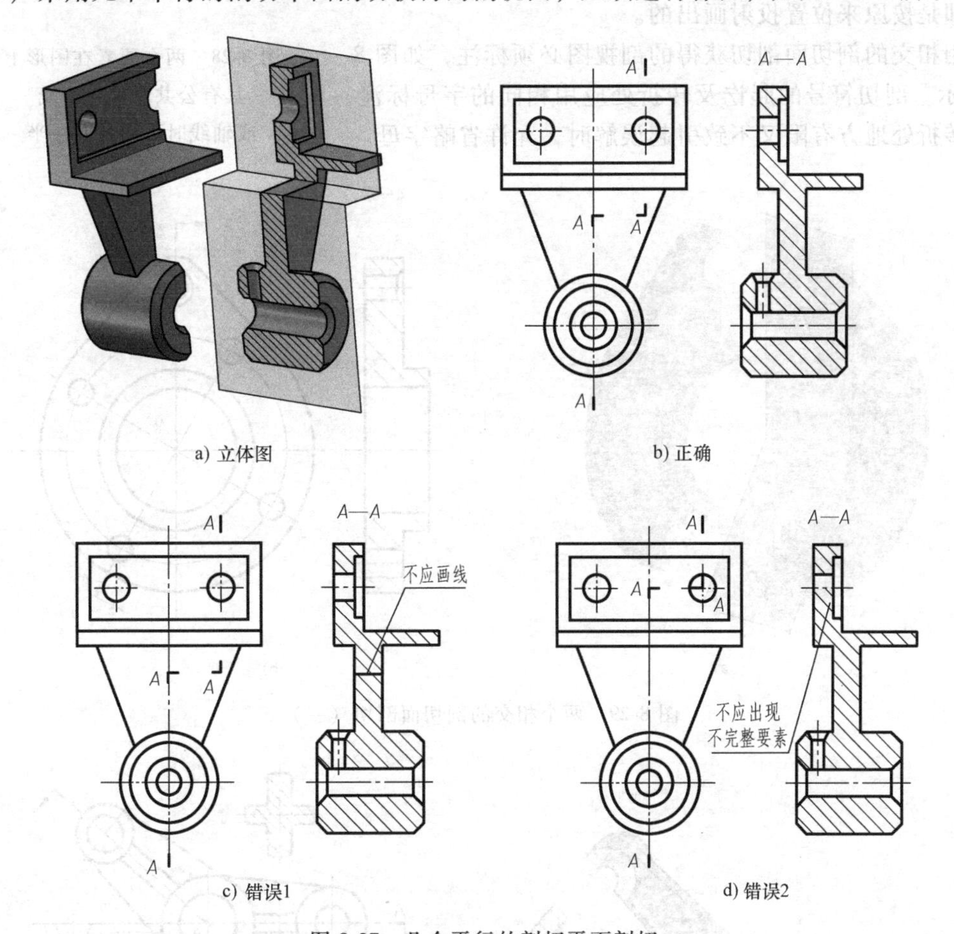

图 8-27　几个平行的剖切平面剖切

3. 几个相交的剖切面

有些机件可以根据结构需要，采用两个或两个以上相交的剖切面进行剖切，但必须保证其交线垂直于某一投影面（通常是基本投影面）。常见的有以下两种。

（1）两个相交的剖切面　图 8-29 所示为一端盖，若采用单一剖切平面，则机件上四个均匀分布的小孔没能剖切到。此时可假想再用一个与上述剖切平面相交于机件轴线的倾斜剖切平面来剖切其中的小孔。为了使被剖切到的倾斜结构在剖视图上反映实形，可将被剖切到的倾斜结构及相关结构旋转到与选定的投影面平行后再投射，这样就可以在同一剖视图中表达出两个相交剖切平面所剖切到的结构。

采用两个相交的剖切面剖切不仅适用于盘盖类零件，也适用于具有公共轴线的其他形状的零件，如图 8-30a 所示的摇杆。此零件上的肋板按国家标准规定，如剖切平面纵向剖切，则在肋板的部分不画剖面线，而用粗实线将它与其相邻部分分开。

应该注意的是，凡在剖切面后没有被剖到的结构，仍按原来位置投射。如图 8-30b 所示机件上的小圆孔，其俯视图即是按原来位置投射画出的。

用相交的剖切面剖切获得的剖视图必须标注，如图 8-30 所示。剖切符号的起讫及转折处应用相同的字母标注，但当转折处地方有限又不致引起误解时，允许省略字母。

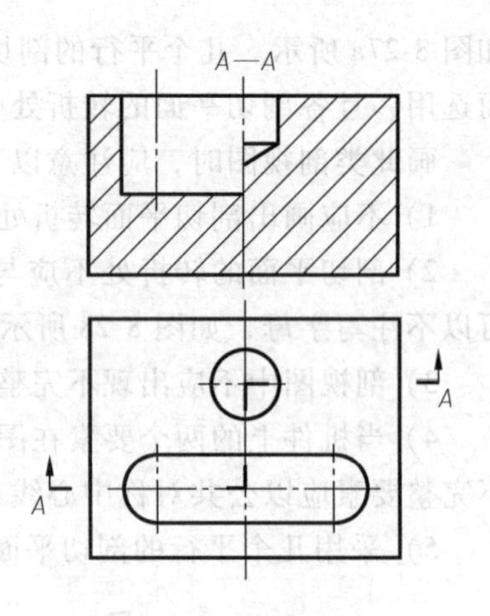

图 8-28 两个要素在图形上具有公共对称中心线或轴线时可以各画一半

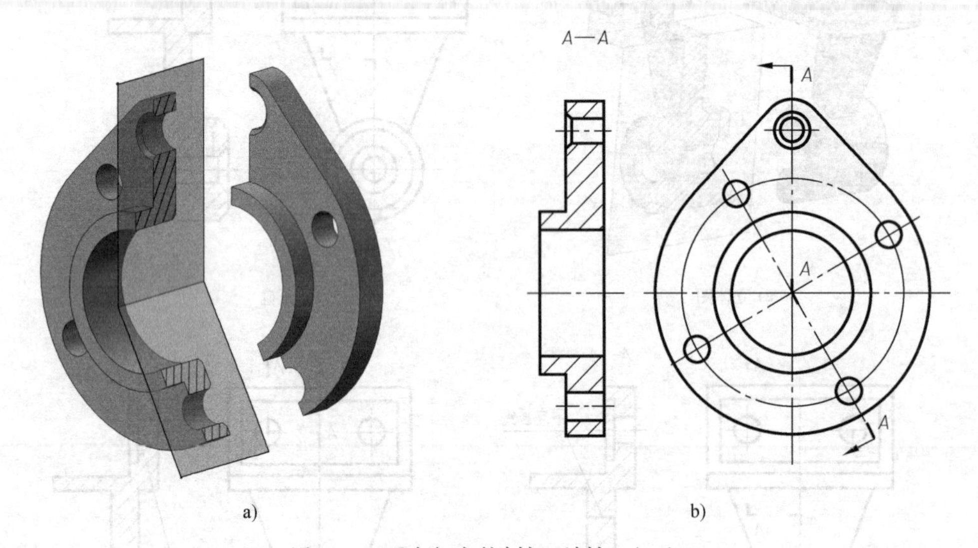

图 8-29 两个相交的剖切面剖切（一）

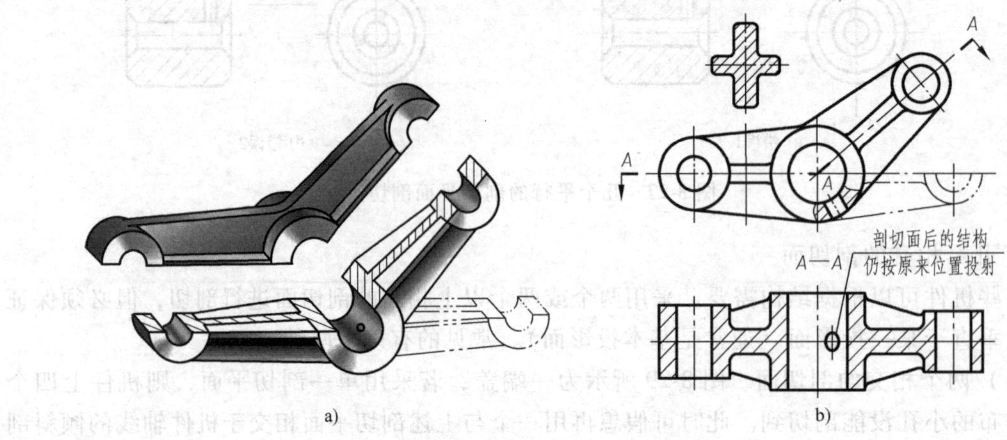

图 8-30 两个相交的剖切面剖切（二）

(2) 两个以上相交的剖切面　根据机件的结构特点，也可以用两个以上相交的剖切面剖开机件，用来表达内部形状较为复杂且分布在不同位置上的结构，如图 8-31 所示，其标注与两个相交的剖切面剖切类似。

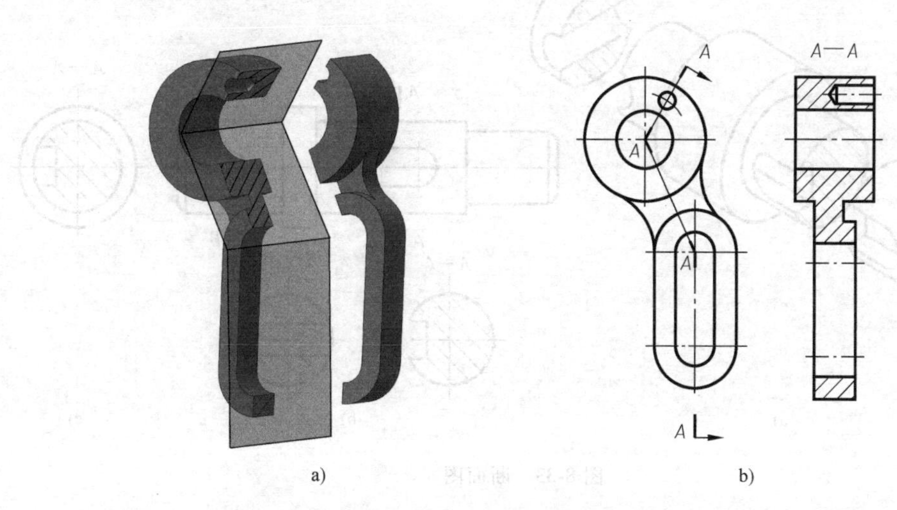

图 8-31　几个相交的剖切面剖切

4. 组合的剖切面

以上三种剖切面可以单独使用，也可以组合起来使用。图 8-32 所示为组合的剖切面剖切。

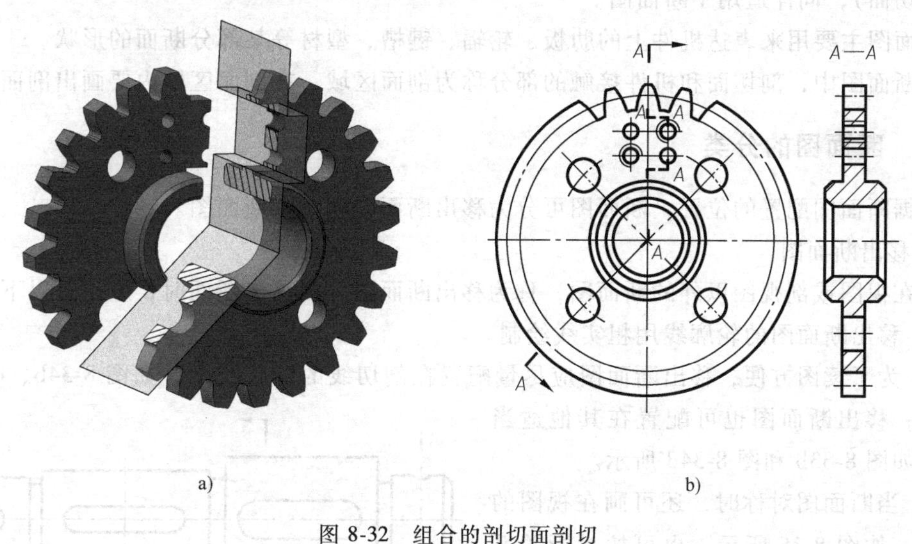

图 8-32　组合的剖切面剖切

8.3 断　面　图

8.3.1 断面图的形成

假想用剖切面将机件的某处切断，仅画出断面形状的图形，称为断面图（简称为断面）。如图 8-33a 所示的轴，为了表示键槽的深度和宽度，假想在键槽处用垂直于轴线的剖切面将轴切断，只画出断面形状，在断面上画出剖面符号，如图 8-33b 所示。

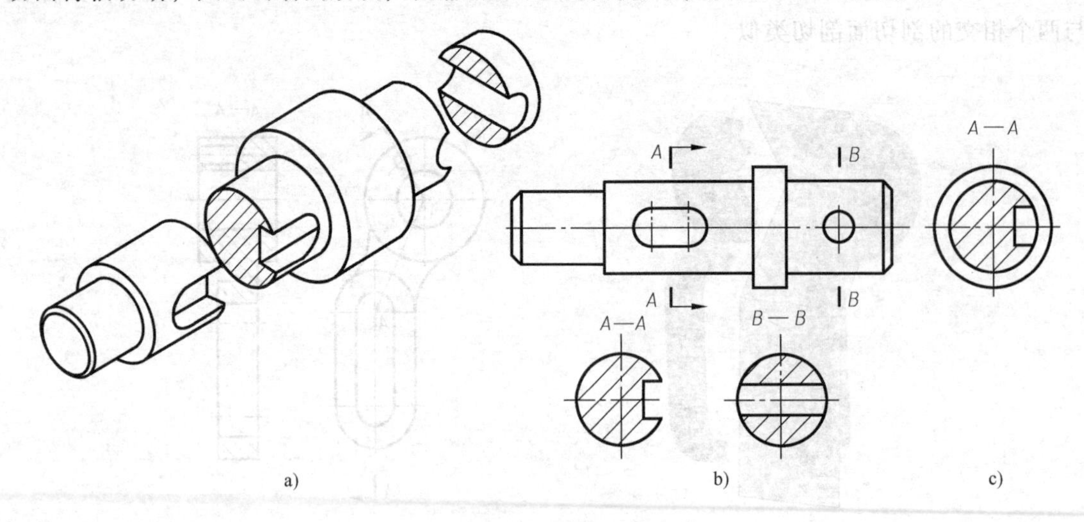

图 8-33　断面图

画断面图时，应特别注意断面图与剖视图的区别，断面图仅画出机件被切断处的断面形状，而剖视图除了画出断面形状外，还必须画出剖切面后面的可见轮廓线，如图 8-33c 所示。

上节中介绍的获得剖视图的三种剖切面（单一剖切面、几个平行的剖切平面、几个相交的剖切面），同样适用于断面图。

断面图主要用来表达机件上的肋板、轮辐、键槽、型材等某部分断面的形状。

在断面图中，剖切面和机件接触的部分称为剖面区域，在剖面区域内要画出剖面符号。

8.3.2　断面图的分类

根据断面图配置的位置，断面图可分为移出断面图和重合断面图。

1. 移出断面图

画在视图或剖视图以外的断面图，称为移出断面图。画移出断面时，应注意以下几点。

1）移出断面图的轮廓线用粗实线绘制。

2）为了读图方便，移出断面图应尽量配置在剖切线的延长线上，如图 8-34b、c 所示。必要时，移出断面图也可配置在其他适当位置，如图 8-33b 和图 8-34d 所示。

3）当断面图对称时，还可画在视图的中断处，如图 8-35 所示；也可按投影关系配置，如图 8-36 所示。

4）当剖切平面通过回转面形成的孔（见图 8-34a 和图 8-36）、凹坑（见图 8-34d），或当剖切平面通过非圆孔（图 8-34c 和图 8-37），会导致出现完全分离的几部分时，这些结构应按剖视图绘制。

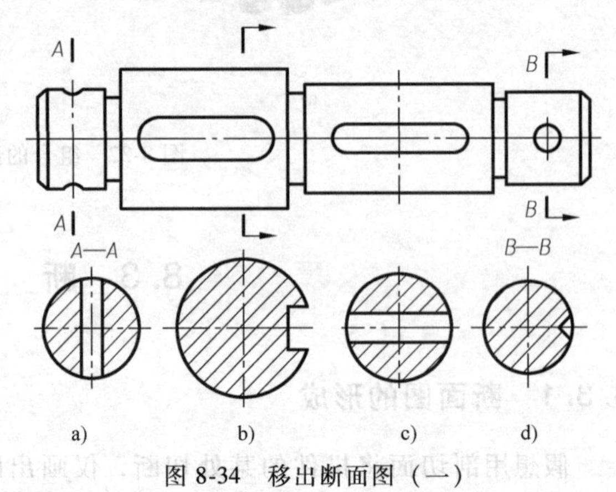

图 8-34　移出断面图（一）

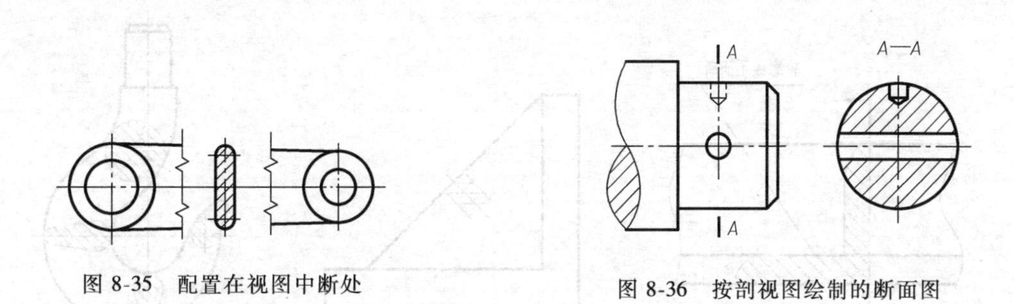

图 8-35 配置在视图中断处

图 8-36 按剖视图绘制的断面图

5）为了表示断面的真实形状，剖切平面一般应垂直于被剖切部分的主要轮廓线。

6）当遇到如图 8-38 所示的肋板结构时，可用两个相交的剖切面，分别垂直于左、右肋板进行剖切，这样画出的断面图，中间应用波浪线断开。

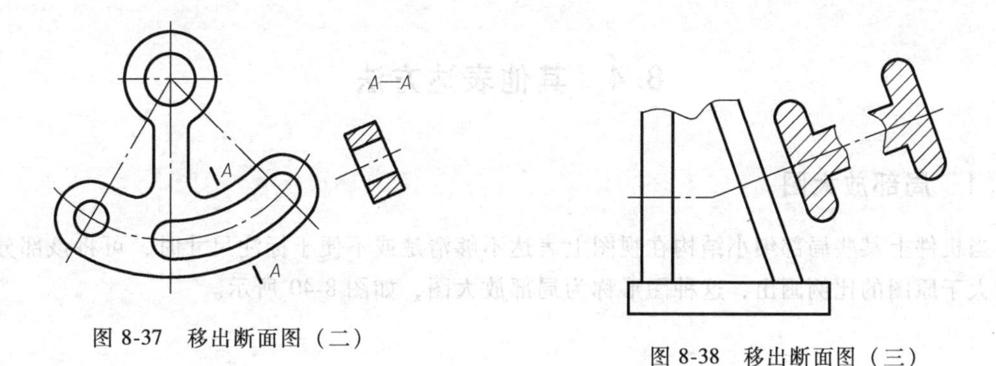

图 8-37 移出断面图（二）

图 8-38 移出断面图（三）

移出断面图的标注，应注意以下几点。

1）配置在剖切线延长线上的不对称移出断面图，须用剖切符号表示剖切面位置，在粗短线两端用箭头表示投射方向，省略字母，如图 8-34b 所示；如果断面图是对称图形，画出剖切线，其余省略，如图 8-34c 所示。

2）没有配置在剖切线延长线上的移出断面图，无论断面图是否对称，都应画出剖切符号，用字母标出断面图名称“×—×”，如图 8-34a 所示。如果断面图不对称，还须用箭头表示投射方向，如图 8-34d 所示。

3）按投影关系配置的移出断面图，可省略箭头，如图 8-36 所示。

2. 重合断面图

画在视图内的断面图，称为重合断面图。这种表示断面的方法只在断面形状简单且不影响图形清晰的情况下采用。

（1）重合断面图的画法 重合断面图的轮廓线用细实线绘制，如图 8-39 所示。

当视图中的轮廓线与重合断面图重叠时，视图中的轮廓线仍需完整地画出，不能间断，如图 8-39a、c 所示。肋板的断面图只需表示其端部形状，因此画成局部的，习惯上省略波浪线，如图 8-39b 所示。

（2）重合断面图的标注 对称的重合断面图不必标注，如图 8-39 b、c 所示。不对称的重合断面图可省略字母，但需画出剖切符号和箭头，如图 8-39a 所示。在不致引起误解时，不对称重合断面图也可省略标注。

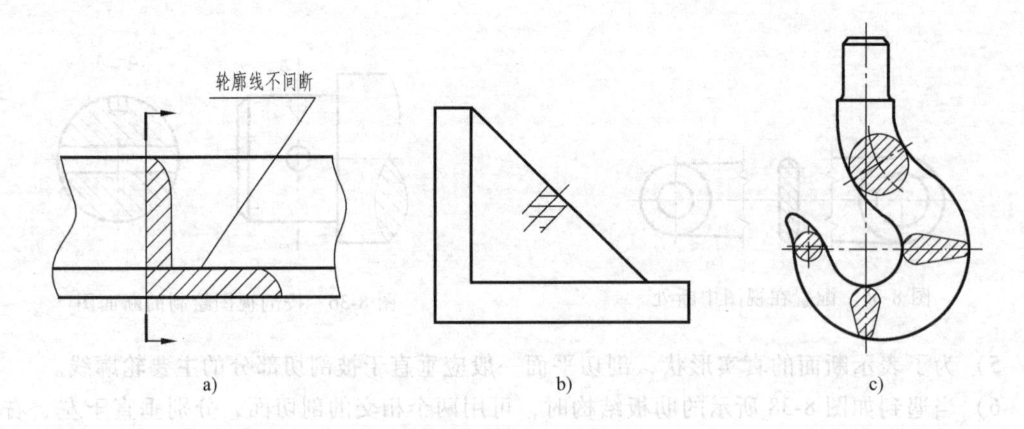

图 8-39 重合断面图

8.4 其他表达方法

8.4.1 局部放大图

当机件上某些局部细小结构在视图上表达不够清楚或不便于标注尺寸时，可将该部分结构用大于原图的比例画出，这种图形称为局部放大图，如图 8-40 所示。

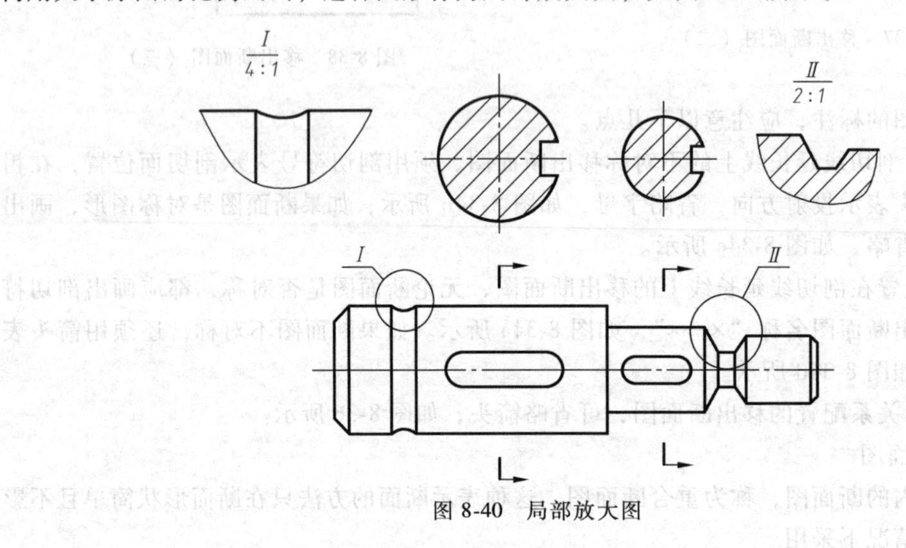

图 8-40 局部放大图

画局部放大图时，应注意以下几个问题。

1）局部放大图可以画成视图、剖视图或断面图，它与被放大部分所采用的表达方法无关。

2）画局部放大图时，应在视图上用细实线圈出被放大部分，并将局部放大图配置在被放大部分的附近。

3）当机件上被放大的部分仅有一处时，在局部放大图的上方只需注明所采用的比例；当同一机件上有几个放大部分时，需用罗马数字顺序注明，并在局部放大图上方标出相应的罗马数字及所采用的比例。

4）局部放大图中标注的比例为放大图尺寸与实物尺寸之比，而与原图所采用的比例无关。

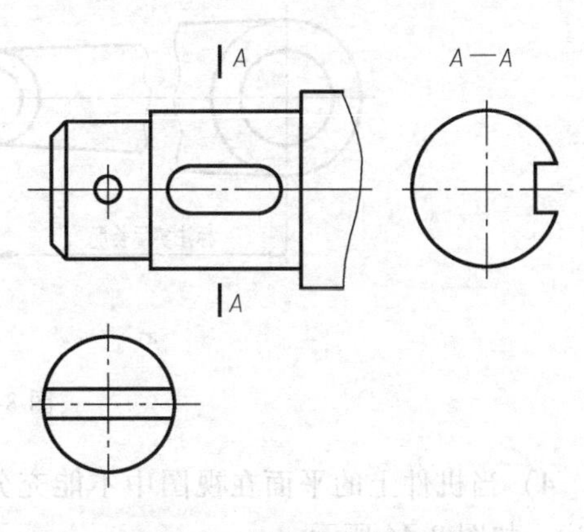

图 8-41 剖面符号的省略

8.4.2 简化表示法

国家标准规定的简化表示法很多，其原则是有些结构可采用简化表示法，也可按实际结构画出而不采用简化表示法。随着绘图技术的不断发展，有些简化表示法已失去原有的意义。为节省篇幅，本书仅列了很少的几种，供读者了解。

1）移出断面图一般要画出剖面符号，但当不致引起误解时，允许省略剖面符号，如图 8-41 所示。

2）当回转体机件上均匀分布的肋、轮辐、孔等结构不处于剖切平面上时，可将这些结构假想旋转到剖切平面上画出，如图 8-16 和图 8-42 所示。

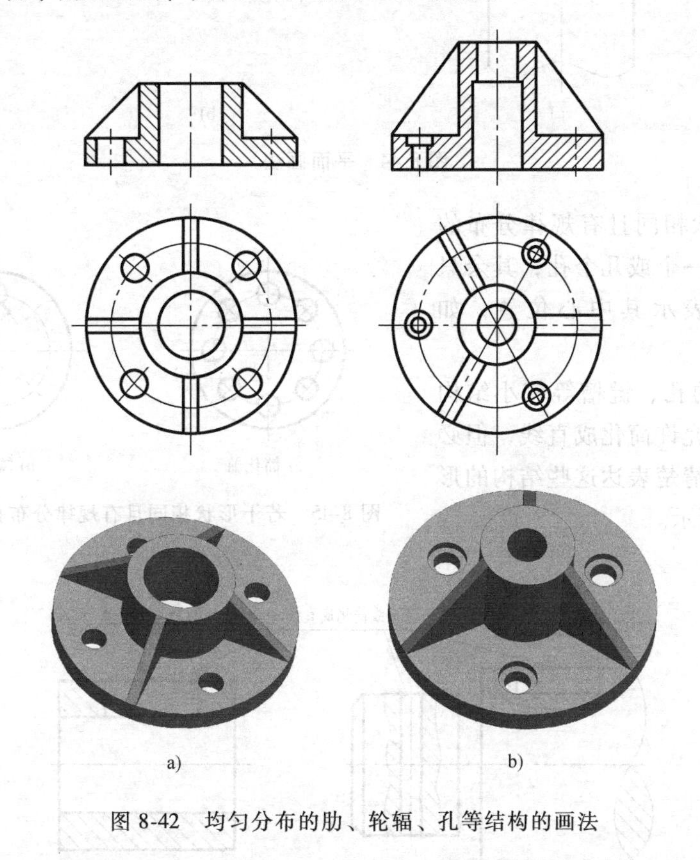

图 8-42 均匀分布的肋、轮辐、孔等结构的画法

3）对于较长的机件（如轴、杆或型材等），当沿长度方向的形状一致或按一定规律变化时，可将其断开缩短绘出，但尺寸仍要按机件的实际长度标注，如图 8-43 所示。

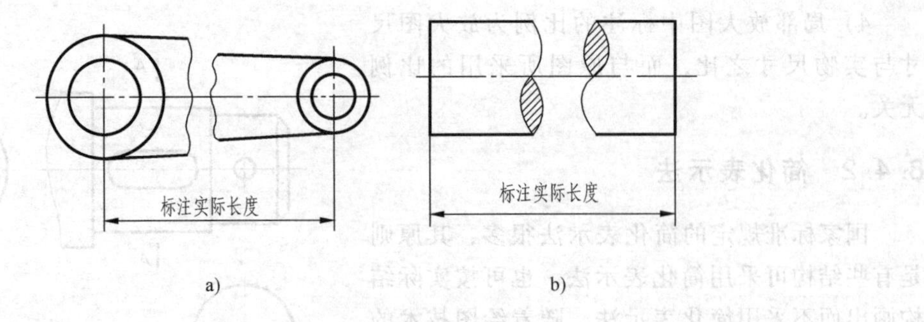

图 8-43 断开画法

4）当机件上的平面在视图中不能充分表达时，可采用平面符号（两条相交的细实线）表达，如图 8-44 所示。

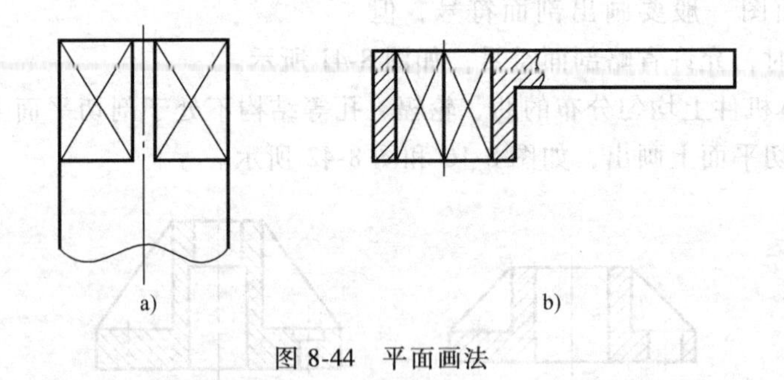

图 8-44 平面画法

5）若干形状相同且有规律分布的孔，可以仅画出一个或几个孔，其余只需用细点画线表示其中心位置，如图 8-45所示。

6）圆柱上的孔、键槽等较小结构产生的表面交线允许简化成直线，但必须有一个视图能清楚表达这些结构的形状，如图 8-46 所示。

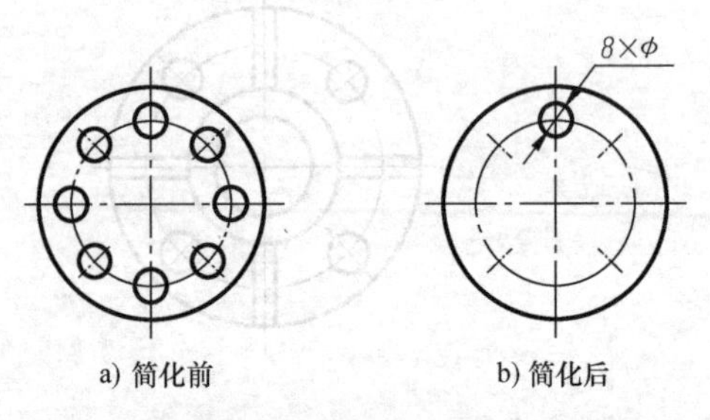

图 8-45 若干形状相同且有规律分布孔的简化画法

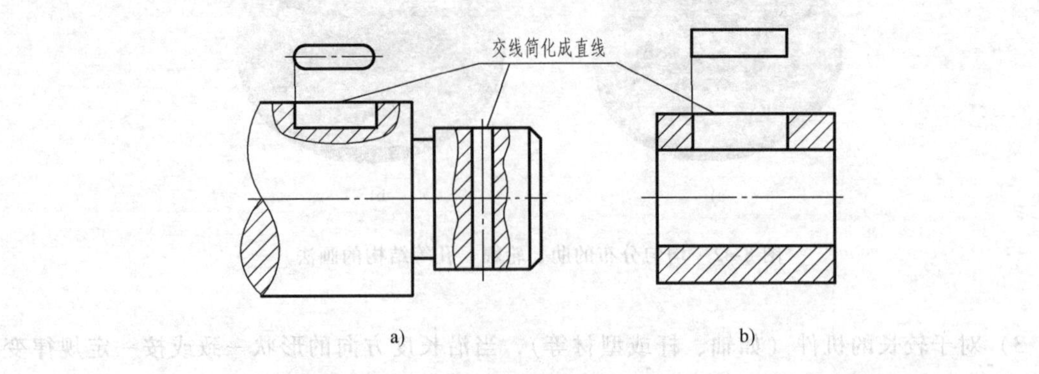

图 8-46 圆柱上的孔、键槽等较小结构产生的表面交线的简化画法

8.5 实例分析

机件的形状多种多样，结构繁简各异。当绘制某一机件的图样时，需根据机件的具体结构，选择合理的表达方案，用最少的图形，正确、完整、清晰地表达出机件的内外结构。

【例 8-1】 试选择如图 8-47a 所示轴的表达方案。

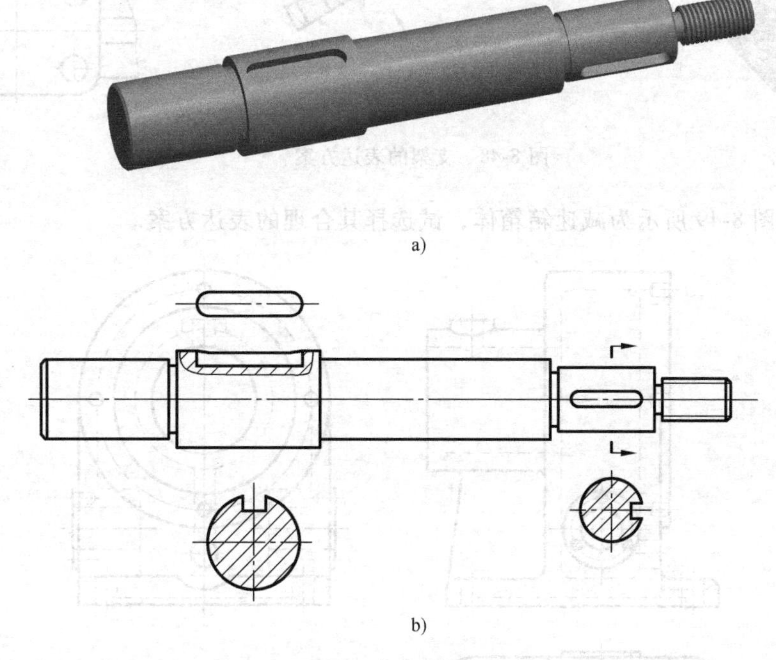

a)

b)

图 8-47 轴的表达方案

分析 该轴是一典型的阶梯轴，主体结构为共轴线的回转体，在靠近两端处各有一个键槽，且相差 90°角，一端有螺纹。

表达方案 根据该轴的结构特点，应以非圆投影作为主视图，考虑到该轴的主要加工方法是以车削为主，其主视图的摆放位置应使轴线水平，且大端在左、小端在右，键槽朝前（此时另一键槽朝上），主视图可将该轴的主体结构表达清楚，键槽的深度宜采用移出断面图表达，对于尚未表达清楚形状的另一键槽，可采用如图 8-47b 所示的画法。

【例 8-2】 试为如图 8-48a 所示支架选择合理的表达方案。

分析 该支架由三部分结构组成：上部起支承作用的空心圆柱、中间的十字肋板以及下部倾斜的安装板（带圆角的矩形）。

表达方案 考虑该支架的结构特点和工作状态，主视图选择如图 8-48b 所示的投射方向和摆放位置。为了表达上部圆柱的通孔和下部安装板的四个安装孔，采用了两处局部剖视图；为了清楚表达上部圆柱的形状以及与十字肋板的相对位置关系，采用了一个局部视图；十字肋板的断面形状由移出断面图表达；为了表达安装板的实形及其与十字肋板的相对位置，可采用斜视图，考虑到图形的布局和绘图的方便，可对斜视图进行旋转和平移。

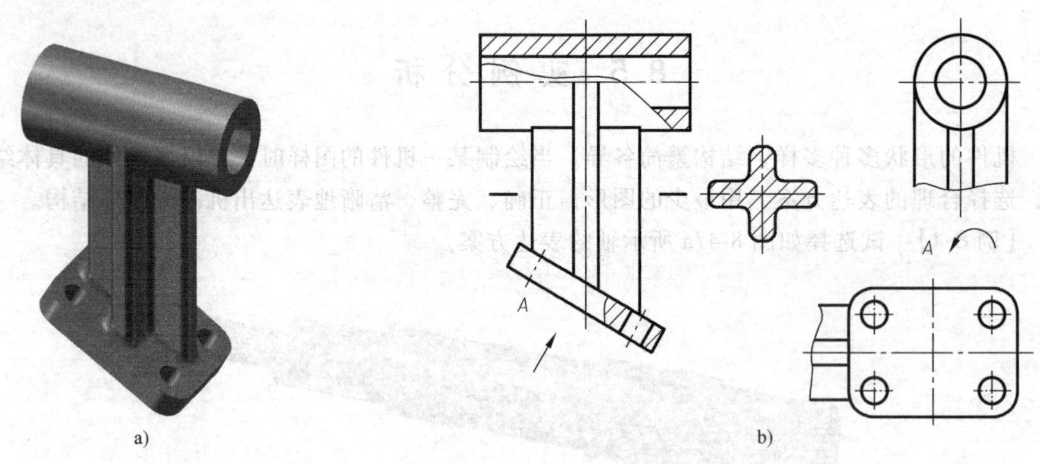

图 8-48 支架的表达方案

【例 8-3】 图 8-49 所示为减速箱箱体，试选择其合理的表达方案。

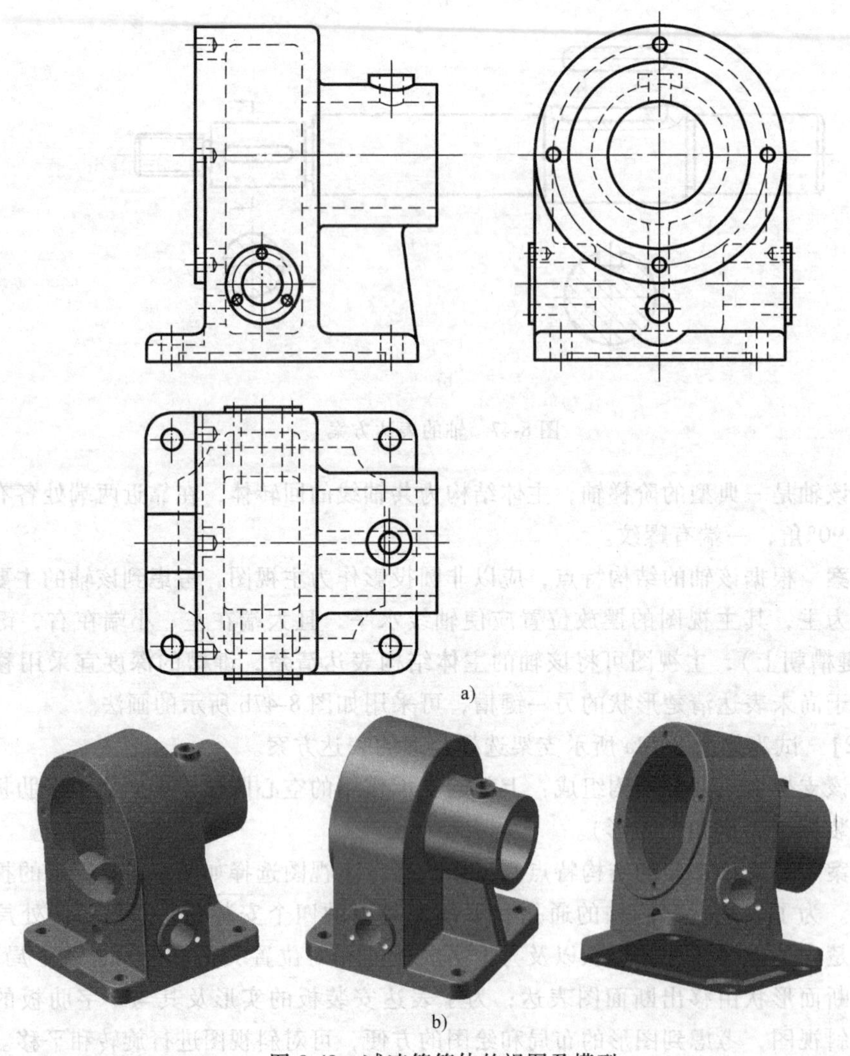

图 8-49 减速箱箱体的视图及模型

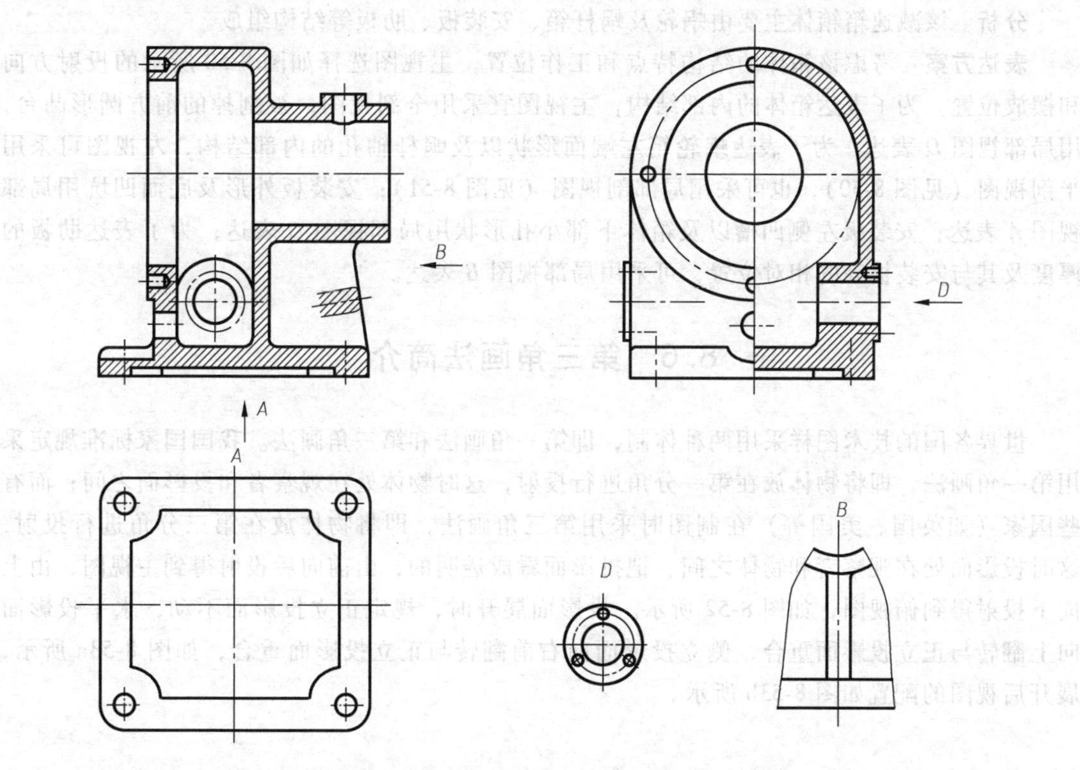

图 8-50　减速箱箱体的表达方案（一）

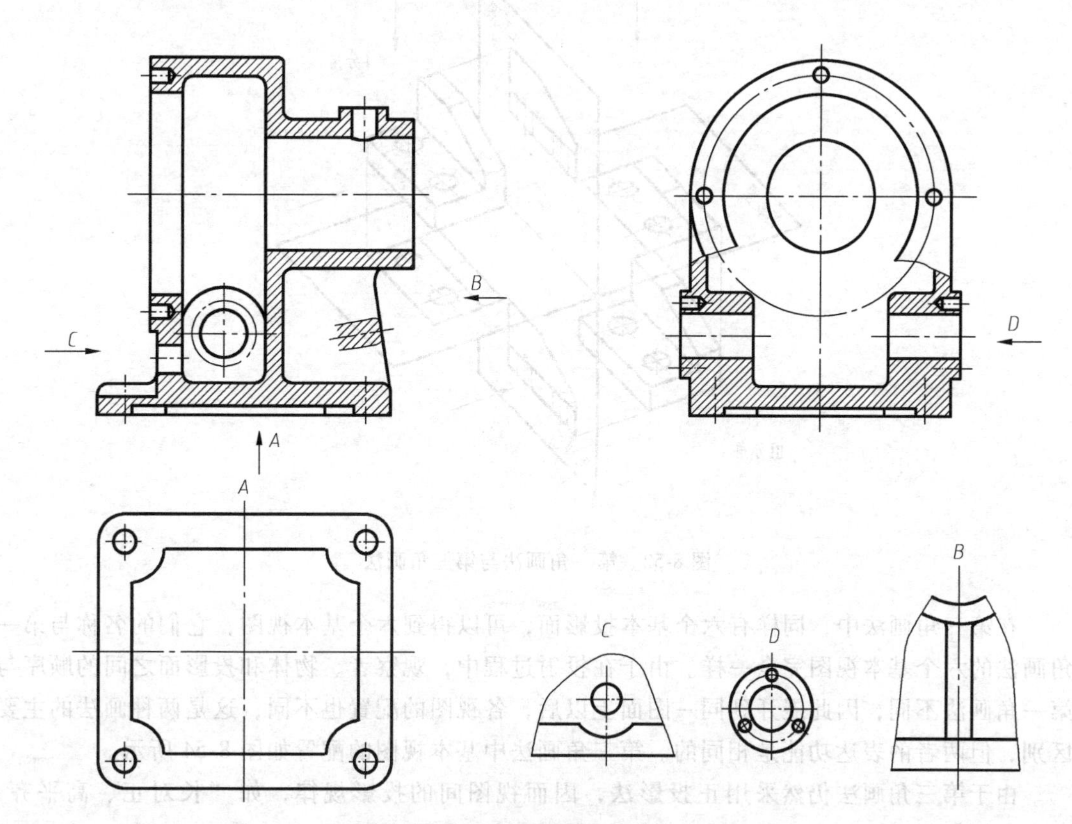

图 8-51　减速箱箱体的表达方案（二）

分析 该减速箱箱体主要由蜗轮及蜗杆箱、安装板、肋板等结构组成。

表达方案 考虑该箱体的结构特点和工作位置，主视图选择如图 8-50 所示的投射方向和摆放位置。为了表达箱体的内部结构，主视图宜采用全剖视图，被剖掉的前方圆形凸台，用局部视图 *D* 表达；为了表达蜗轮箱左端面形状以及蜗杆轴孔的内部结构，左视图可采用半剖视图（见图 8-50），也可采用局部剖视图（见图 8-51）；安装板外形及底面凹坑用局部视图 *A* 表达；安装板左侧凹槽以及箱体下部小孔形状用局部视图 *C* 表达；为了表达肋板的厚度及其与安装板等的相对位置，可采用局部视图 *B* 表达。

8.6 第三角画法简介

世界各国的技术图样采用两种体制，即第一角画法和第三角画法。我国国家标准规定采用第一角画法，即将物体放在第一分角进行投射，这时物体处在观察者和投影面之间；而有些国家（如英国、美国等）在制图时采用第三角画法，即将物体放在第三分角进行投射，这时投影面处在观察者和物体之间，把投影面看成透明的，由前向后投射得到主视图，由上向下投射得到俯视图，如图 8-52 所示。投影面展开时，规定正立投影面不动，水平投影面向上翻转与正立投影面重合，侧立投影面向右前翻转与正立投影面重合，如图 8-53a 所示，展开后视图的配置如图 8-53b 所示。

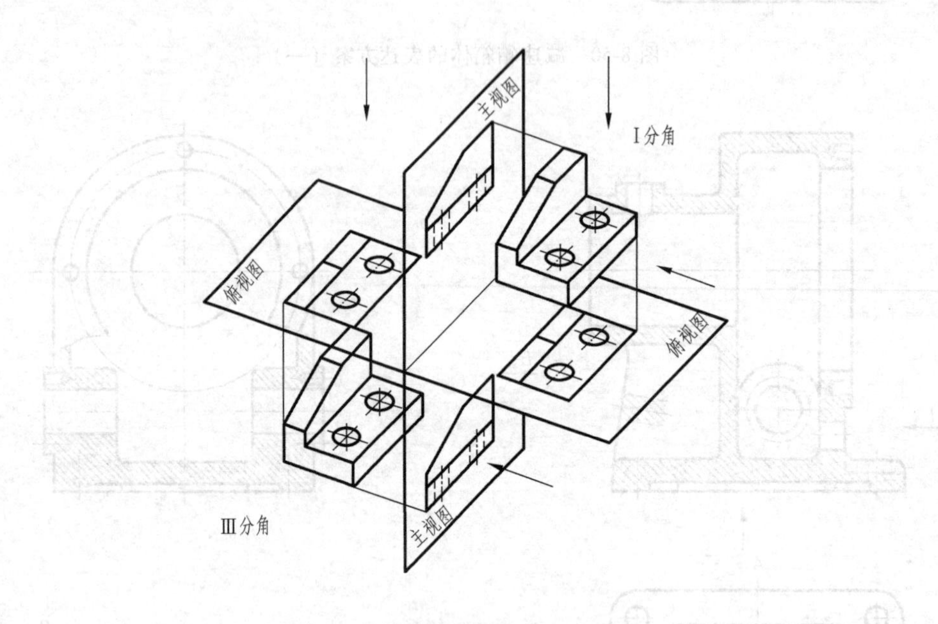

图 8-52 第一角画法与第三角画法

在第三角画法中，同样有六个基本投影面，可以得到六个基本视图，它们的名称与第一角画法的六个基本视图完全一样。由于在投射过程中，观察者、物体和投影面之间的顺序与第一角画法不同，因此展开到同一图面上以后，各视图的配置也不同，这是两种画法的主要区别，但两者的表达功能是相同的。第三角画法中基本视图的配置如图 8-54 所示。

由于第三角画法仍然采用正投影法，因而视图间的投影规律，如“长对正、高平齐、

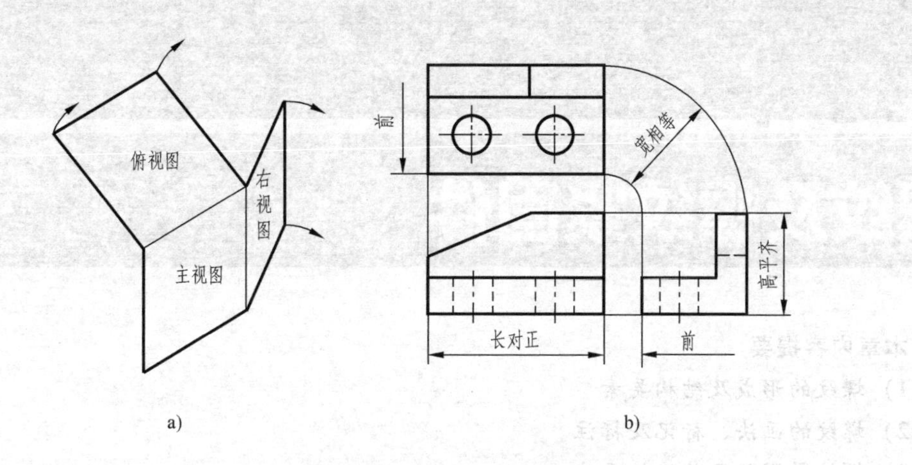

图 8-53 第三角画法中基本投影面的展开

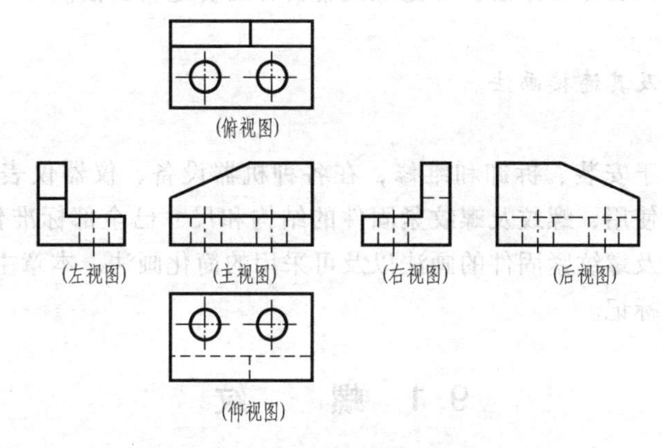

图 8-54 第三角画法中基本视图的配置

宽相等”以及投影特性如实形性、积聚性等都是同样适用的。

按国家标准规定，采用第三角画法时，必须在标题栏中画出如图 8-55 所示的第三角画法识别符号。当采用第一角画法时，一般不画出第一角画法识别符号，必要时可画出如图 8-56 所示的第一角画法识别符号。

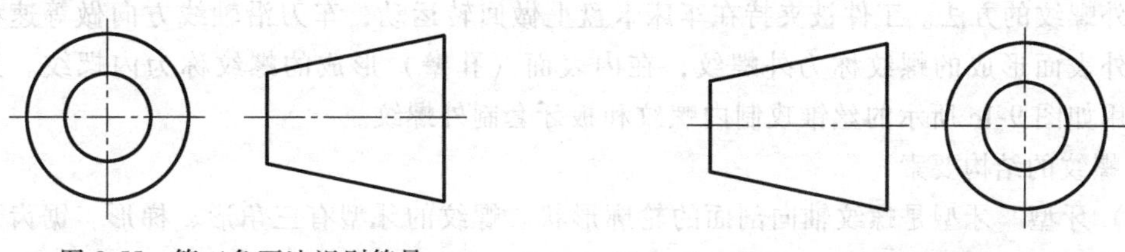

图 8-55 第三角画法识别符号

图 8-56 第一角画法识别符号

螺纹及螺纹紧固件

本章内容提要

1）螺纹的形成及结构要素。

2）螺纹的画法、标记及标注。

3）螺纹紧固件及其连接画法。

重点

螺纹的画法、标记及标注方法；常见螺纹紧固件及其连接画法。

难点

常见螺纹紧固件及其连接画法。

由于螺纹连接便于安装、拆卸和维修，在各种机器设备、仪器仪表上被广泛应用。同时，为了便于制造和使用，螺纹及螺纹紧固件的结构和尺寸已全部标准化；考虑绘图方便，国家标准规定了螺纹及螺纹紧固件的画法以及可采用的简化画法。本章主要介绍螺纹、螺纹紧固件的规定画法和标记。

9.1 螺　　纹

9.1.1 螺纹的形成及结构要素

1. 螺纹的形成

螺纹可认为是由平面图形（如三角形、梯形、锯齿形等）绕着和它共平面的轴线做螺旋运动而形成的轨迹。螺纹通常采用专用刀具在机床上制造。图 9-1a、b 所示为在车床上加工内、外螺纹的方法。工件被夹持在车床卡盘上做回转运动，车刀沿轴线方向做等速移动，在工件外表面形成的螺纹称为外螺纹，在内表面（孔壁）形成的螺纹称为内螺纹。另外，还可以用如图 9-1c 所示的丝锥攻制内螺纹和板牙套制外螺纹。

2. 螺纹的结构要素

（1）牙型　牙型是螺纹轴向剖面的轮廓形状。螺纹的牙型有三角形、梯形、锯齿形等。不同牙型的螺纹有不同的用途，如三角形用于连接，梯形用于传动等。

（2）直径　螺纹的直径分为大径、中径和小径，如图 9-2 所示。

1）大径是与外螺纹的牙顶或内螺纹的牙底相重合的假想圆柱的直径，普通螺纹、梯形螺纹、锯齿形螺纹的大径一般又称为公称直径。外螺纹的大径用 d 表示，内螺纹的大径用 D 表示。

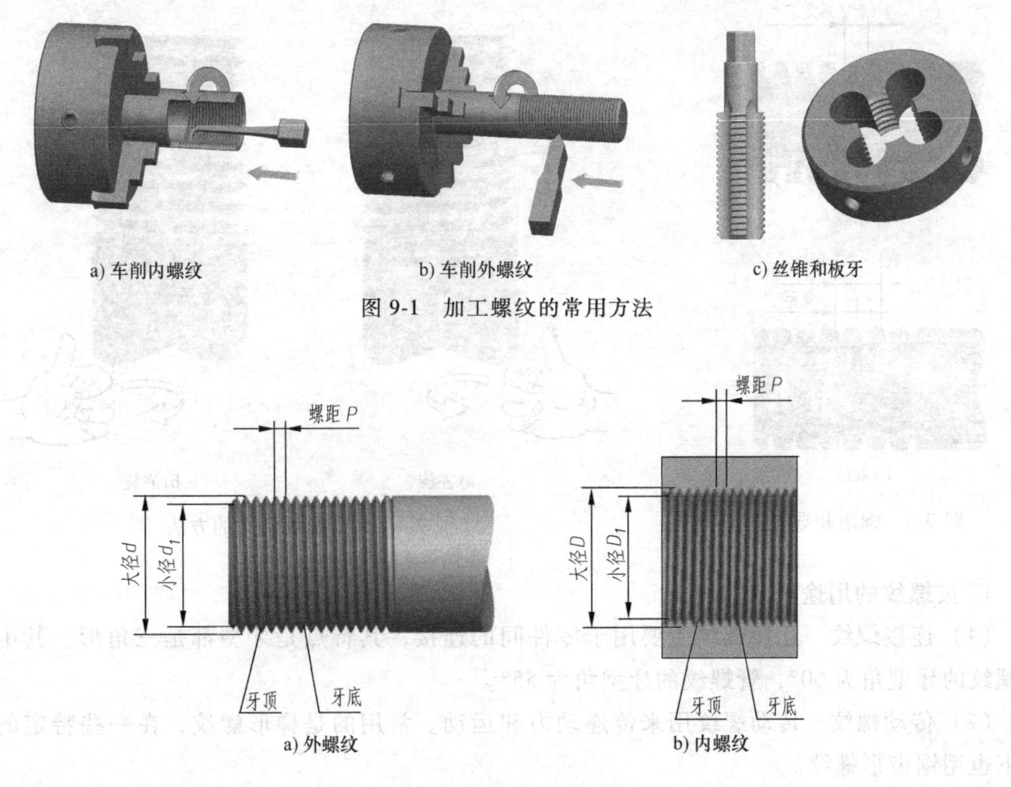

图 9-1　加工螺纹的常用方法

图 9-2　螺纹各部分的名称

2）小径是与外螺纹的牙底或内螺纹的牙顶相重合的假想圆柱的直径。外螺纹的小径用 d_1 表示，内螺纹的小径用 D_1 表示。

3）中径是母线通过牙型上凸起和沟槽两者宽度相等地方的假想圆柱的直径。外螺纹的中径用 d_2 表示，内螺纹的中径用 D_2 表示。

（3）线数　螺纹有单线螺纹与多线螺纹之分。沿一条螺旋线形成的螺纹称为单线螺纹，沿两条以上螺旋线形成的螺纹称为多线螺纹。线数又称为头数，通常以 n 表示。

（4）螺距和导程

1）螺距。相邻两牙在中径线上对应两点间的轴向距离，以 P 表示，如图 9-3 所示。

2）导程。同一螺旋线上相邻两牙在中径线上对应两点间的轴向距离，即螺纹旋转一周沿轴向移动的距离，以 Ph 表示。导程、螺距和线数的关系为 $Ph=nP$。

（5）旋向　螺纹有左旋和右旋之分，常用螺纹是右旋螺纹。判断螺纹旋向的方法如图 9-4 所示。

内、外螺纹通常配合使用，只有上述所有结构要素完全相同的内、外螺纹才能旋合在一起。

9.1.2　螺纹的种类

螺纹可以从不同的角度对其进行分类，如可按牙型、牙型角、螺距、单位制、标准化程度等进行分类，但常用下列两种分类。

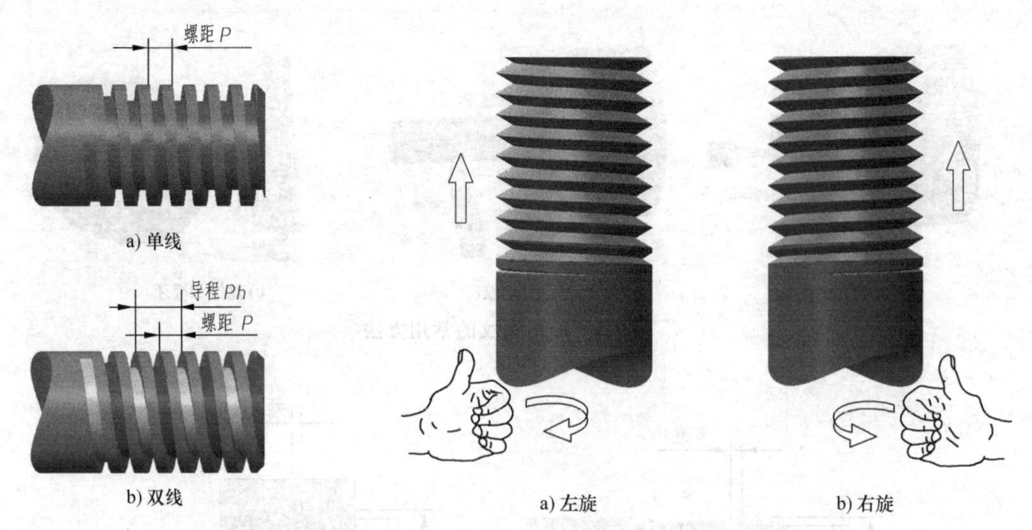

图 9-3 螺距和导程

图 9-4 判断螺纹旋向的方法

1. 按螺纹的用途

（1）连接螺纹　连接螺纹主要用于零件间的连接，其特点是牙型都是三角形，其中普通螺纹的牙型角为 60°，管螺纹的牙型角为 55°。

（2）传动螺纹　传动螺纹用来传递动力和运动。常用的是梯形螺纹，在一些特定的情况下也用锯齿形螺纹。

常用螺纹的种类见表 9-1。

表 9-1 常用螺纹的种类

螺纹种类		特征代号		牙型	说明
连接螺纹	普通螺纹	M	粗牙	60°	螺纹大径相同时，细牙螺纹的螺距和牙型高度都比粗牙螺纹的螺距和牙型高度要小
			细牙		
	管螺纹	G	55°非密封管螺纹	55°	内、外螺纹均为圆柱形的管螺纹
		Rc Rp R_1 R_2	55°密封管螺纹	55°　1∶16	Rc—圆锥内螺纹 Rp—圆柱内螺纹 R_1—与圆柱内螺纹配合使用的圆锥外螺纹 R_2—与圆锥内螺纹配合使用的圆锥外螺纹

（续）

螺纹种类		特征代号	牙　型	说明
螺传动螺纹	梯形螺纹	Tr	30°	传递双向动力
	锯齿形螺纹	B	3° 30°	传递单向动力

2. 按螺纹的要素是否标准

（1）标准螺纹　牙型、直径和螺距均符合国家标准的螺纹称为标准螺纹。

（2）特殊螺纹　牙型符合国家标准，而直径或螺距不符合国家标准的螺纹称为特殊螺纹。

（3）非标准螺纹　牙型不符合国家标准的螺纹称为非标准螺纹。

9.1.3　螺纹的规定画法

螺纹是由空间曲面构成，国家标准中规定了螺纹的简化画法，其主要内容如下。

1. 内、外螺纹的规定画法

1）标准螺纹的规定画法，见表9-2。

表9-2　标准螺纹的规定画法

种类	规定画法	说明
外螺纹	倒角圆在左视图上不画；牙顶用粗实线表示；牙底用细实线表示；大径d；小径d_1；螺纹终止线　a) 剖面线画到粗实线处　b)	图a所示为外螺纹的画法 图b所示为外螺纹采用剖视图时的画法

（续）

种类	规定画法	说明
内螺纹	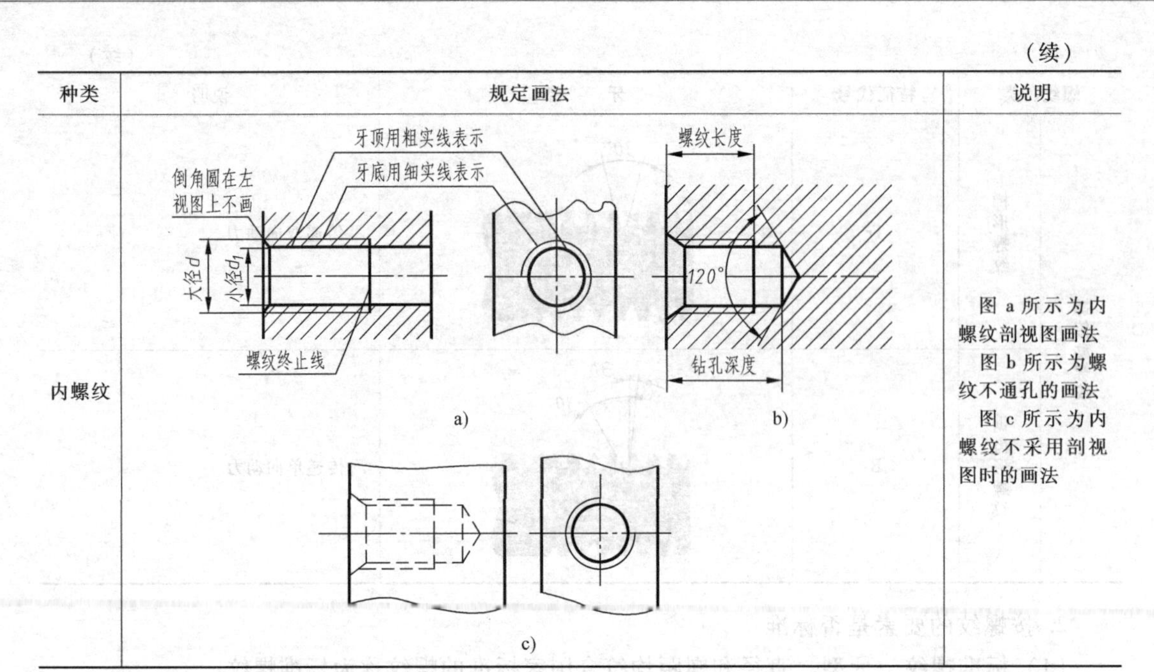	图 a 所示为内螺纹剖视图画法 图 b 所示为螺纹不通孔的画法 图 c 所示为内螺纹不采用剖视图时的画法

2）标准螺纹的牙型一般均不表示。当需要表示螺纹牙型时，可按如图 9-5 所示绘制。

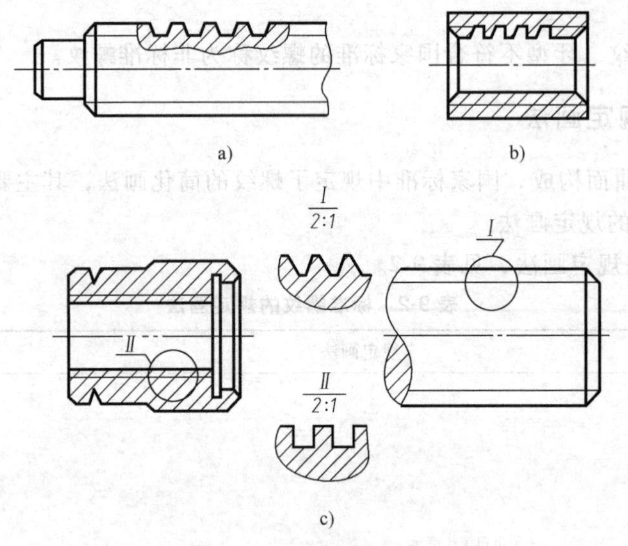

图 9-5 螺纹牙型的表示

3）螺纹孔与光孔或螺纹孔相交时，一般只画出螺纹牙顶的相贯线（用粗实线表示），如图 9-6 所示。

2. 螺纹旋合的规定画法

以剖视图表示内、外螺纹的旋合时，其旋合部分应按外螺纹的画法绘制，未旋合的部分仍按各自的画法绘制，如图 9-7 所示。

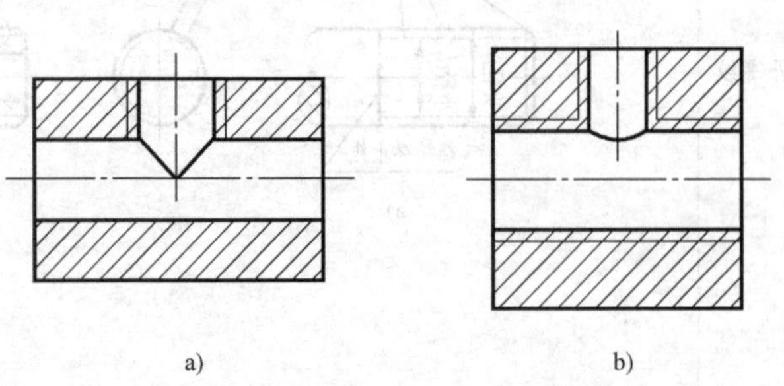

图 9-6 相交螺纹孔的画法

由于所有结构要素都相同的内、外螺纹才能旋合在一起，故在剖视图中表示外螺纹牙顶的粗实线，必须与表示内螺纹牙底的细实线在一条直线上；表示外螺纹牙底的细实线，也必须与表示内螺纹牙顶的粗实线在一条直线上。

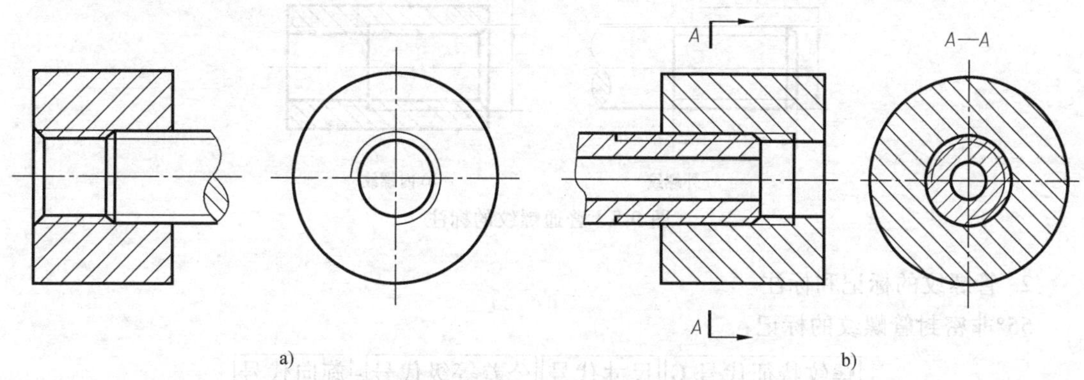

图 9-7　螺纹旋合的规定画法

9.1.4　螺纹的标记和标注

由于螺纹采用规定的画法，为了便于识别螺纹的种类及其要素，对螺纹必须按规定格式在图上进行标注。国家标准规定了各种螺纹的标记及标注方法，从螺纹的标记可了解该螺纹的种类、公称直径、螺距、线数、旋向、螺纹公差等方面的内容。下面分别介绍几种常见标准螺纹的标记及标注方法。

1. 普通螺纹的标记和标注

单线普通螺纹的标记：

特征代号 公称直径×螺距-公差带代号-旋合长度代号-旋向代号

标记中细牙螺纹必须标注螺距，而粗牙螺纹其螺距省略标注。

多线普通螺纹的标记：

特征代号 公称直径×Ph 导程 P 螺距-公差带代号-旋合长度代号-旋向代号

公差带代号是由数字表示的螺纹公差等级和拉丁字母（内螺纹用大写字母，外螺纹用小写字母）表示的基本偏差代号组成，公差等级在前，基本偏差代号在后。先写中径公差带代号，后写顶径公差带代号，如果中径和顶径的公差带代号一样，则只注写一个。

大批量生产的紧固件螺纹（中等公差精度，如 6H、6g），可不标注其公差带代号。

旋合长度是两个旋合的螺纹沿轴线方向相互结合的长度。对于普通螺纹，旋合长度代号有 S、N、L，分别表示短、中等、长三种旋合长度。中等旋合长度 N 不注出。

左旋螺纹应在旋合长度代号之后标注旋向“LH”，右旋螺纹不标注旋向。

标记举例：

1）公称直径为 10mm，单线右旋，中径和顶径公差带代号分别为 5g、6g，短旋合长度的粗牙外螺纹，其标记为：M10-5g6g-S。

2）公称直径为 16mm，螺距为 1.5mm，导程为 3mm 的双线右旋螺纹，其标记为：M16×Ph3P1.5。

3）公称直径为 10mm，单线左旋，中径和顶径公差带代号均为 7H，长旋合长度的粗牙内螺纹，其标记为：M10-7H-L-LH。

普通螺纹的标注如图 9-8 所示。应注意尺寸界线应从螺纹的大径引出。

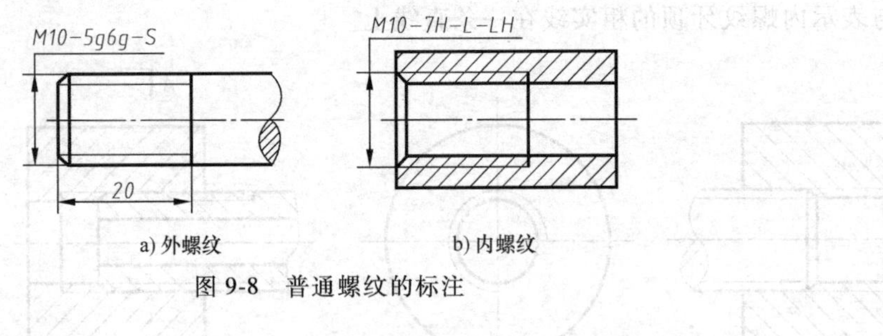

a) 外螺纹　b) 内螺纹

图 9-8　普通螺纹的标注

2. 管螺纹的标记和标注

55°非密封管螺纹的标记：

螺纹特征代号 G 尺寸代号 公差等级代号-旋向代号

55°非密封管螺纹，其外螺纹公差等级分为 A、B 两级，而内螺纹只有一种等级，故不标记公差等级代号。

55°密封管螺纹的标记：

螺纹特征代号 尺寸代号 旋向代号

圆锥外螺纹代号为 R（R_1与圆柱内螺纹配合使用，R_2与圆锥内螺纹配合使用），圆锥内螺纹代号为 Rc，圆柱内螺纹代号为 Rp。

标记举例：

1）55°非密封管螺纹，尺寸代号为 1/2、左旋，公差等级为 A 级，其标记为：G1/2A-LH。

2）55°密封圆锥（外）管螺纹，尺寸代号为 3/4、右旋，其标记为：R_1¾或 R_2¾。

3）55°密封圆锥（内）管螺纹，尺寸代号为 1/2、左旋，其标记为：Rc1/2LH。

管螺纹的标注如图 9-9 所示。

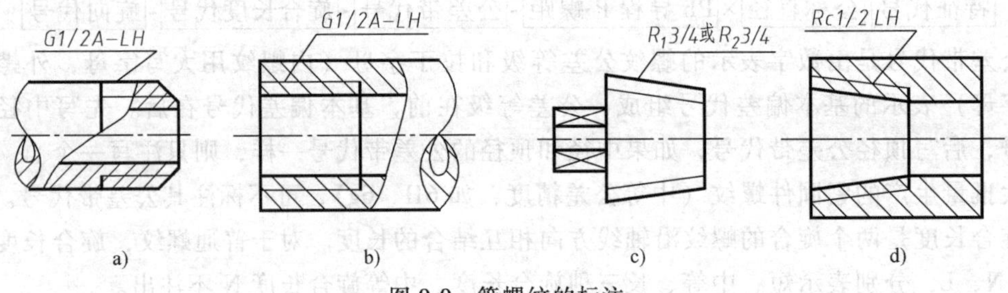

图 9-9　管螺纹的标注

管螺纹的标注用指引线由螺纹的大径线引出，其尺寸代号数值，不是指螺纹大径，而是指带有外螺纹管子的内孔直径（通径）。螺纹的大小径数值可根据尺寸代号在有关国家标准中查到。

3. 梯形螺纹和锯齿形螺纹的标记和标注

梯形螺纹的特征代号为 Tr，锯齿形螺纹的特征代号为 B，单线梯形螺纹和锯齿形螺纹的标记：

螺纹特征代号 公称直径×螺距 旋向代号-公差带代号-旋合长度代号

多线梯形螺纹和锯齿形螺纹的标记：

螺纹特征代号 公称直径×导程（P 螺距） 旋向代号-公差带代号-旋合长度代号

梯形螺纹和锯齿形螺纹的公差带代号只注中径公差带代号。内螺纹用大写字母，外螺纹用小写字母。旋合长度有短旋合长度 S、中等旋合长度 N 和长旋合长度 L。旋合长度按螺纹公称直径和螺距尺寸在有关国家标准中查阅。

左旋螺纹应在螺距之后标注“LH”。右旋螺纹不注旋向代号。

标记举例：

1）公称直径为 36mm，单线，螺距为 6mm，右旋，中径公差带代号为 8e，中等旋合长度的梯形螺纹，其标记为：Tr36×6-8e，标注如图 9-10 所示。

2）公称直径为 36mm，导程为 12mm，螺距为 6mm，左旋的锯齿形螺纹，其标记为：B36×12（P6）LH，标注如图 9-11 所示。

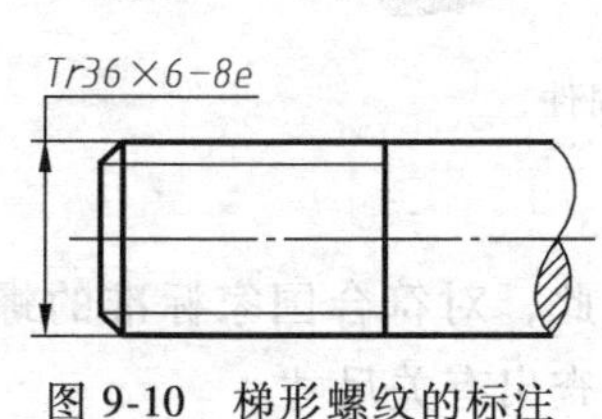

图 9-10 梯形螺纹的标注

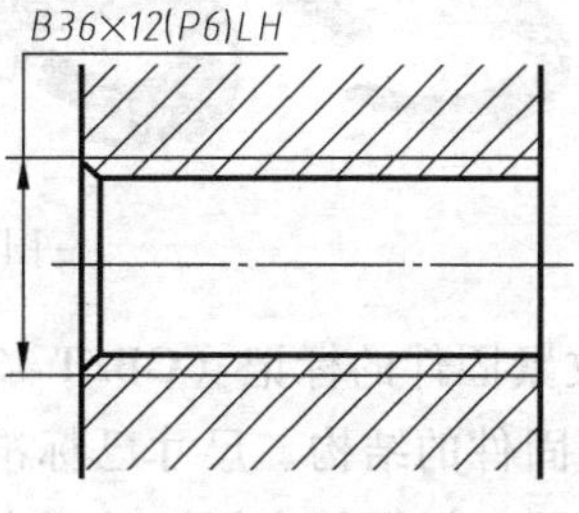

B36×12(P6)LH

图 9-11 锯齿形螺纹的标注

4. 特殊螺纹与非标准螺纹的标注

1）对于牙型符合国家标准，直径或螺距不符合国家标准的螺纹，应在牙型符号前加注“特”字，并标出大径和螺距，如图 9-12a 所示。

2）绘制非标准牙型的螺纹时，应画出螺纹的牙型，并注出所需要的尺寸及有关要求，如图 9-12b 所示。

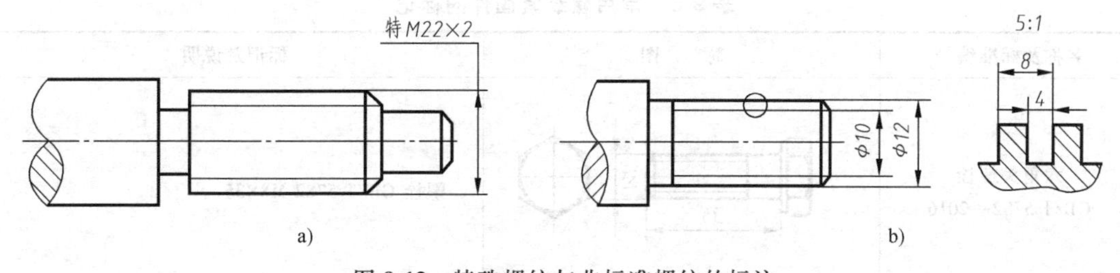

图 9-12 特殊螺纹与非标准螺纹的标注

9.2 螺纹紧固件及其连接画法

在各种机械中，广泛使用螺钉、螺栓、螺母、垫圈、键、销、滚动轴承等零件。为了便于组织专业化生产，对这些零件的结构、尺寸实行了标准化，故称它们为标准件。另外一些零件虽经常使用，但只是部分结构、尺寸标准化，如齿轮、弹簧等，这样的零件称为常用件。本章主要介绍螺纹紧固件及其连接画法和标记。

9.2.1 螺纹紧固件

螺纹紧固件就是利用一对内、外螺纹的连接作用来连接或紧固一些零件的。常用的螺纹紧固件有螺栓、双头螺柱、螺钉、螺母和垫圈等，如图 9-13 所示。

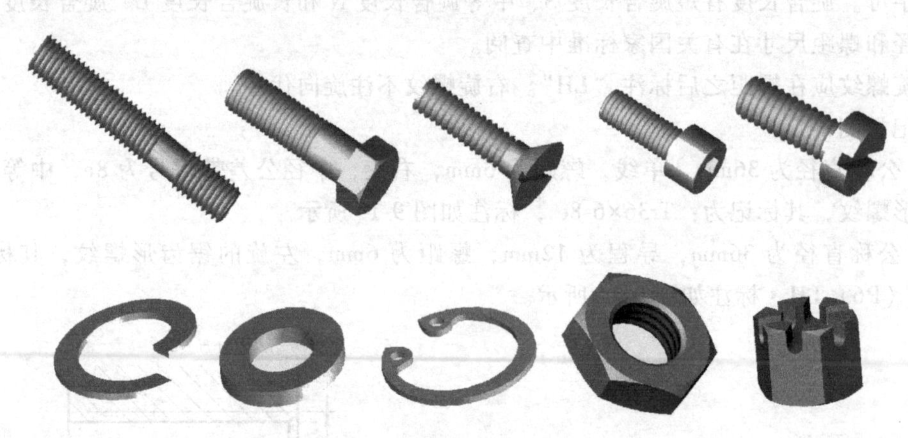

图 9-13 常用的螺纹紧固件

1. 螺纹紧固件的标记（GB/T 1237—2000）

螺纹紧固件的结构、尺寸已标准化（见附录）。因此，对符合国家标准的螺纹紧固件，不需画零件图，根据规定标记就可在相应的国家标准中查出有关尺寸。

螺纹紧固件的标记：

[名称] [标准编号] [规格尺寸] [性能等级] [表面处理]

在 GB/T 1237—2000《紧固件标记方法》中，螺纹紧固件的完整标记内容较多。当产品标准中只有一种型式、精度、性能等级或材料及热处理以及表面处理时，标记允许省略。常用螺纹紧固件的标记见表 9-3。

表 9-3 常用螺纹紧固件的标记

名称及标准编号	简　图	标记及说明
六角头螺栓 GB/T 5782—2016		螺栓 GB/T 5782 M8×35
双头螺柱 GB/T 897～900—1988		B 型双头螺柱标记为： 螺柱 GB/T 898 M10×35 A 型双头螺柱标记为： 螺柱 GB/T 898 AM10×35

（续）

名称及标准编号	简　图	标记及说明
开槽圆柱头螺钉 GB/T 65—2016	M10 50	螺钉 GB/T 65　M10×50
开槽沉头螺钉 GB/T 68—2016	M10 60	螺钉 GB/T 68　M10×60
开槽长圆柱端紧定螺钉 GB/T 75—1985	M10 30	螺钉 GB/T 75　M10×30
1型六角螺母 GB/T 6170—2015	M10	螺母 GB/T 6170　M10
平垫圈　A级 GB/T 97.1—2002 平垫圈　倒角型　A级 GB/T 97.2—2002	ϕ10.5	垫圈　GB/T 97.1 10
标准型弹簧垫圈 GB/T 93—1987	ϕ12.2	垫圈 GB/T 93 12

2. 螺纹紧固件的画法

螺纹紧固件的画法有以下两种。

（1）按标准数据画图　螺纹固件各部分尺寸可根据规定标记在国家标准中查出，并以这些数据作为画图的依据。

（2）按比例画法画图　比例画法就是当螺纹大径确定后，除了螺纹紧固件的有效长度等要根据被连接零件的实际长度确定外，螺纹紧固件的其他各部分尺寸都取与螺纹紧固件的螺纹大径 d 成一定比例的数值来作图的方法。由于该方法可避免画图过程中反复查表，且所绘制的图形美观，故得到广泛应用。图 9-14 所示为常用螺纹紧固件的比例画法。

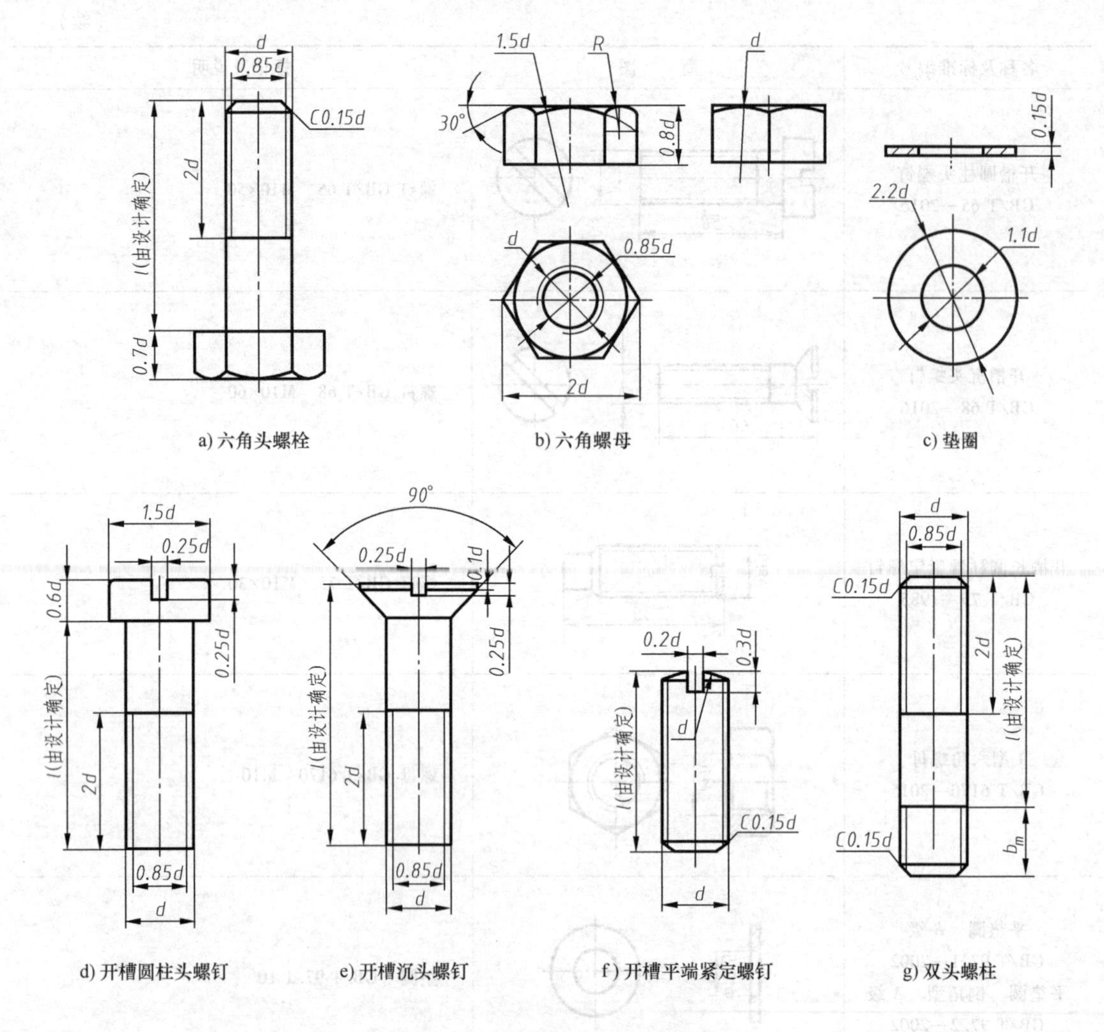

图 9-14　常用螺纹紧固件的比例画法

3. 螺纹紧固件连接的画法

（1）基本规定　螺纹紧固件的连接，通常有螺栓连接、双头螺柱连接和螺钉连接三种。画螺纹紧固件连接时必须遵守如下基本规定。

1）两零件的接触表面只画一条线，不接触表面无论间隙多小都要画成两条线。间隙过小时应夸大画出，如图 9-15 所示的光孔与螺栓之间的画法。

2）在剖视图中，相邻两零件的剖面线方向应相反或间隔不同，而同一零件在不同的剖视图中，剖面线的方向和间隔应相同。

3）当剖切平面沿实心零件或紧固件（如螺钉、螺栓、螺母、垫圈、键、销、球及轴等）的轴线剖切时，这些零件均按不剖绘制，即仍画其外形。但如果垂直其轴线剖切，则要按剖视图画出。

4）常用的螺栓、螺钉的头部及螺母等可采用简化画法，螺纹紧固件的工艺结构，如倒角、退刀槽、缩颈、凸肩等均可省略不画。

（2）螺栓连接的画法　螺栓连接常用于需要经常拆卸、被连接零件的厚度不太大、两零件

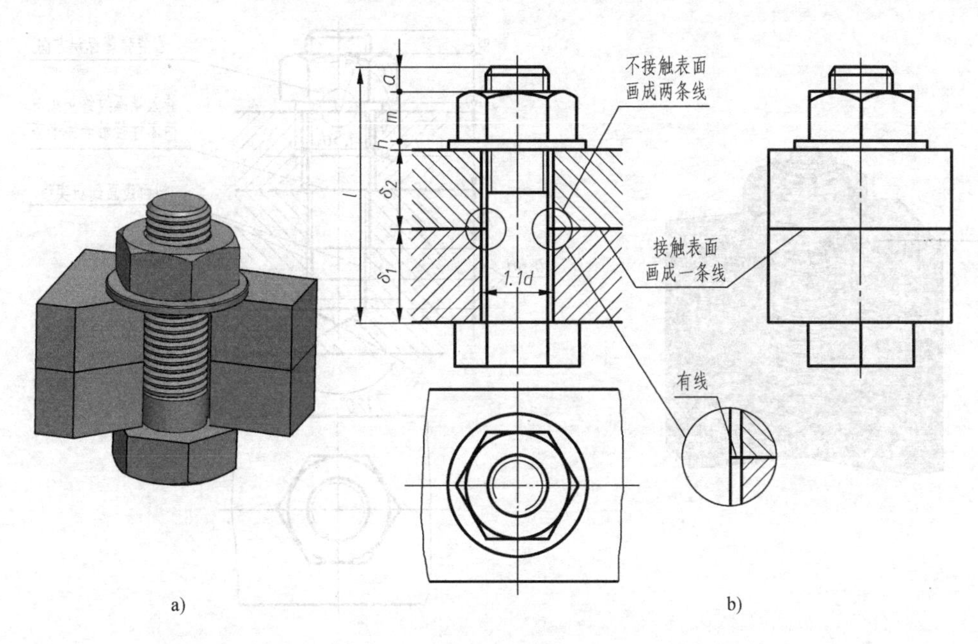

图 9-15　螺栓连接的画法

的连接孔都能加工成通孔的场合。螺栓穿过通孔后加上垫圈，拧紧螺母，即为螺栓连接。用比例画法绘制的螺栓连接装配图，如图 9-15 所示，其中六角头螺栓有效长度 l 按下列步骤确定。

1）初算有效长度。

$$l_{计}=\delta_1+\delta_2+h+m+a$$

式中，δ_1、δ_2分别是两被连接零件的厚度；螺母厚度 $m=0.8d$；普通平垫圈 $h=0.15d$；螺栓伸出螺母外的长度 $a=(0.3\sim0.5)d$。

2）取标准长度 l。根据 $l_{计}$ 查国家标准，选取一个相近的标准尺寸数值。

（3）双头螺柱连接的画法　双头螺柱（见图 9-16）用于连接经常拆卸且被连接零件之一较厚、不宜加工成通孔的场合。双头螺柱上螺纹较短的一端称为旋入端（长度 b_m），直接旋入较厚零件的螺纹孔内，另一端（称为紧固端）与螺母旋合，夹紧零件。

双头螺柱除旋入端之外的长度，称为有效长度 l，计算公式如下。

$$l_{计}=\delta_1+h+m+a$$

式中，δ_1是被连接件的厚度；螺母厚度 $m=0.8d$；弹簧垫圈 $h=0.25d$；双头螺柱伸出螺母外的长度 $a=(0.3\sim0.5)d$。

双头螺柱旋入端（长度 b_m）具体取值如下。

钢、青铜零件：$b_m=d$。

铸铁零件：$b_m=1.25d$。

材料强度在铸铁与铝之间的零件：$b_m=1.5d$。

铝零件：$b_m=2d$。

（4）螺钉连接的画法　螺钉连接常用于受力不大，又不经常拆装且被连接件之一较厚、不宜加工成通孔的场合。用比例画法绘制的螺钉连接装配图，如图 9-17 所示，图中 b_m 由被连接零件的材料决定，与双头螺柱旋入端长度 b_m 的取值相同。

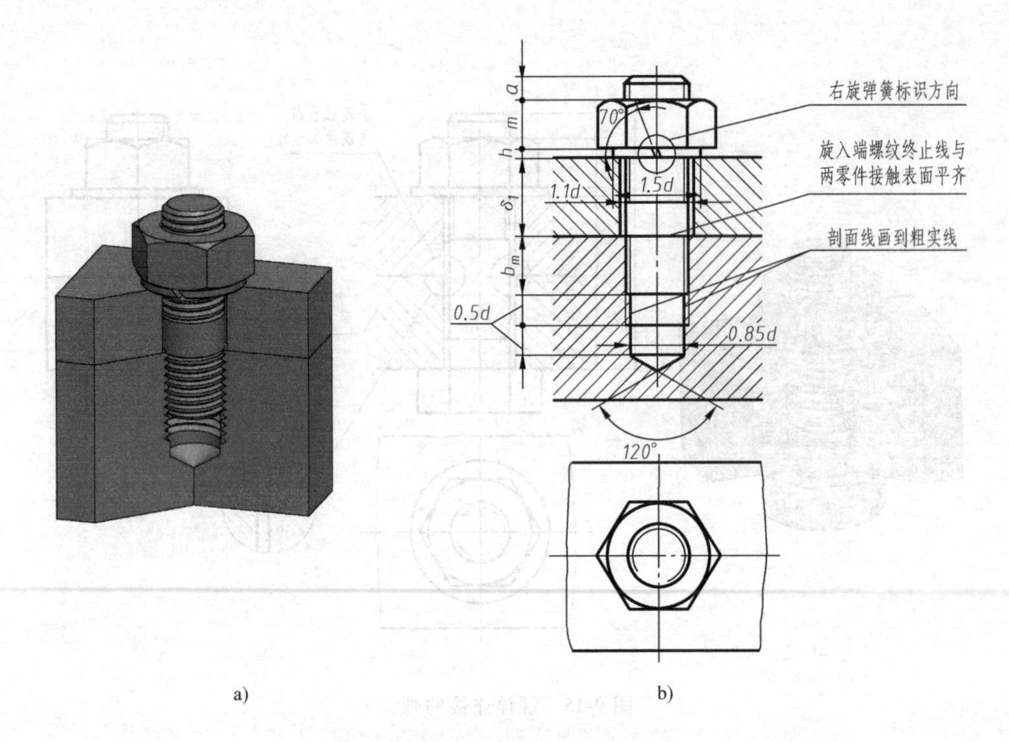

图 9-16 双头螺柱连接的画法

螺钉有效长度 l 的确定方法为

$$l_{计}=\delta_1+b_m$$

计算后查国家标准取标准值。

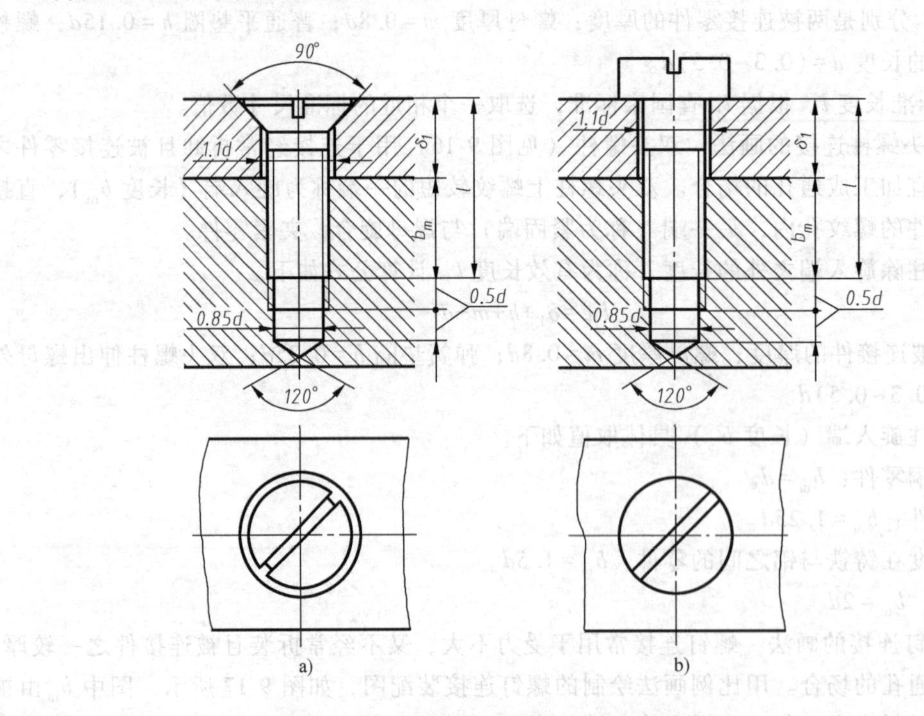

图 9-17 螺钉连接的画法

紧定螺钉用来固定两个零件的相对位置，其画法如图 9-18 所示。

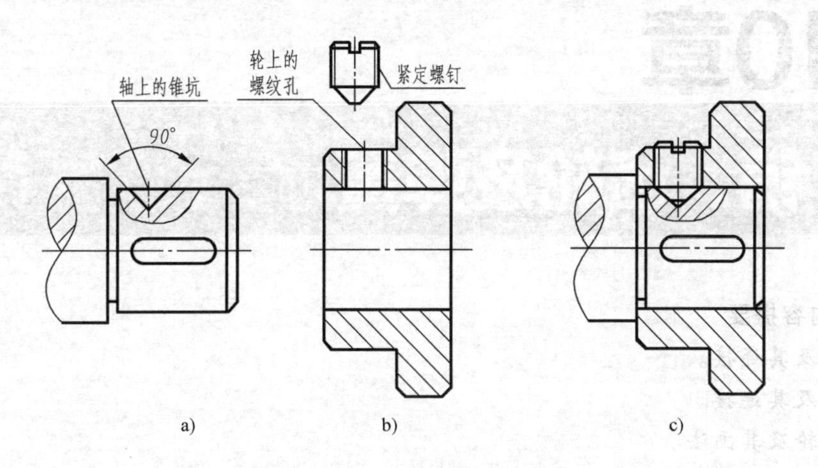

图 9-18　紧定螺钉连接的画法

（5）螺纹紧固件连接的简化画法　螺纹紧固件的连接也可以采用如图 9-19 所示的简化画法。

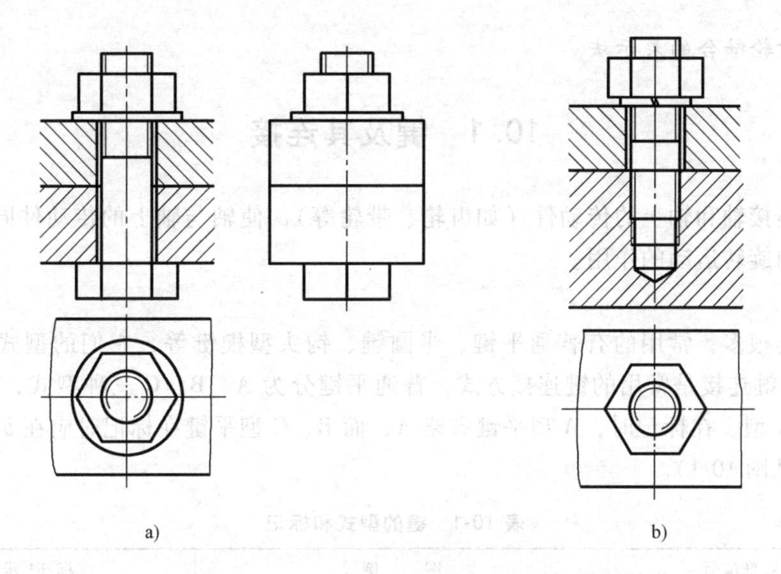

图 9-19　螺纹紧固件连接的简化画法

第10章 键、销、齿轮及弹簧

本章内容提要

1）键及其连接。

2）销及其连接。

3）齿轮及其画法。

4）弹簧及其画法。

重点

根据国家标准相关规定，掌握键、销、齿轮及弹簧的表示法。

难点

齿轮及齿轮啮合的表示法。

10.1 键及其连接

键用于连接轴和轴上的传动件（如齿轮、带轮等），使轴与轴上的传动件同步旋转，起到传递转矩和旋转运动的作用。

1. 键

键的种类很多，常用的有普通平键、半圆键、钩头型楔键等，它们的型式和标记见表10-1。普通平键连接是常用的键连接方式，普通平键分为A、B、C三种型式，表10-1中的普通平键为A型。在标记时，A型平键省略A，而B、C型平键在标记时应在 $b \times h \times L$ 之前标出B或C（见图10-1）。

表 10-1 键的型式和标记

名称及标准编号	图 例	标 记 示 例
普通平键 GB/T 1096—2003 (A型)	h R=b/2 b L	标记 GB/T 1096 键 10×8×36 说明 普通 A 型平键(A 可以不写) 宽度 b=10mm,高度 h=8mm,长度 L=36mm

（续）

名称及标准编号	图　　例	标 记 示 例
半圆键 GB/T 1099.1—2003		标记 GB/T 1099.1　键　6×10×25 说明 半圆键 宽度 b=6mm，高度 h=10mm，直径 D=25mm
钩头型楔键 GB/T 1565—2003		标记 GB/T 1565　键　8×40 说明 钩头型楔键 宽度 b=8mm，长度 L=40mm

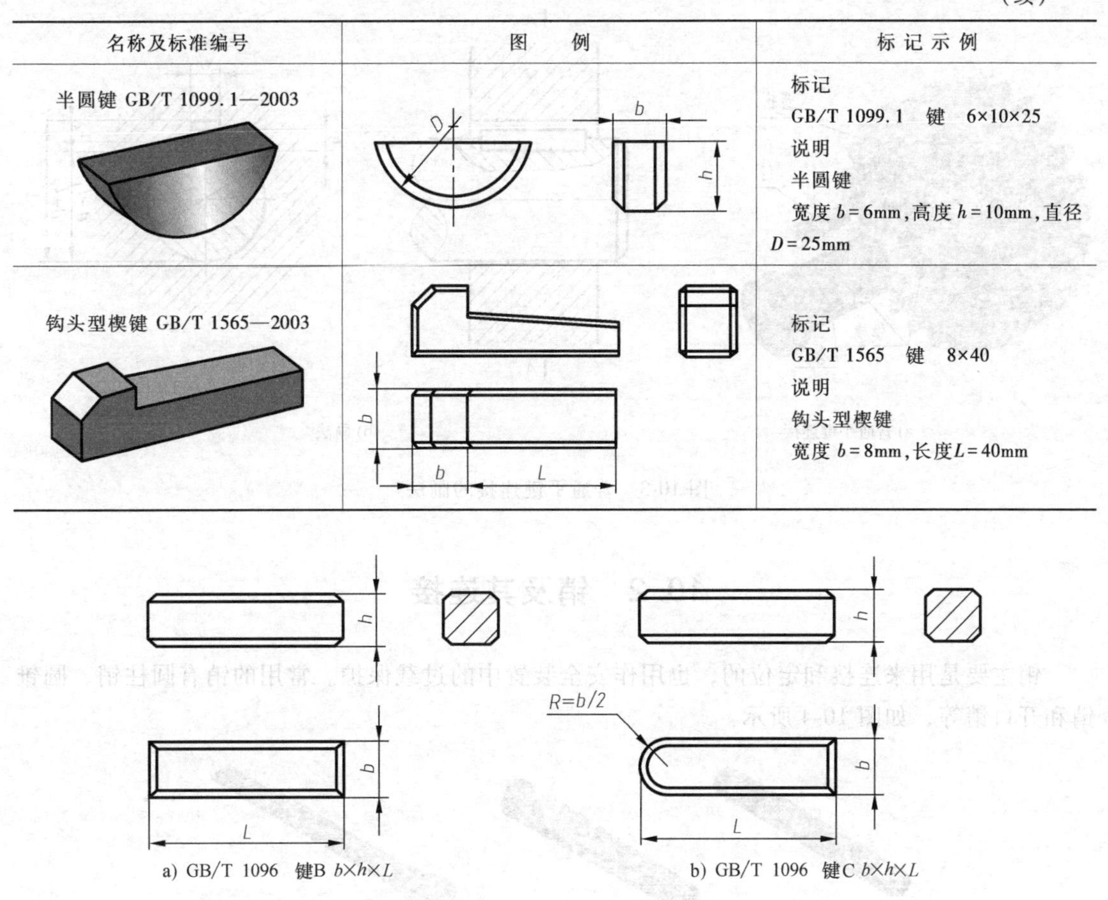

图 10-1　普通 B 型和 C 型平键及标记

2. 普通平键连接的画法

与普通平键相配的轴和轮毂的键槽画法和尺寸标注如图 10-2 所示。图 10-2a 所示为轴的键槽画法及尺寸标注，图 10-2b 所示为轮毂的键槽画法及尺寸标注。相关尺寸由 GB/T 1095—2003 确定，详见相关标准。

普通平键是以两侧面为工作面，所以两侧面和下底面均与轴和轮毂的键槽的相应表面接触，画一条线；而平键顶面与轮毂键槽顶面之间不接触，画两条线。主视图中键被纵向剖切，按不剖处理；左视图中键被横向剖切，键要画剖面线。普通平键连接的画法如图 10-3 所示。

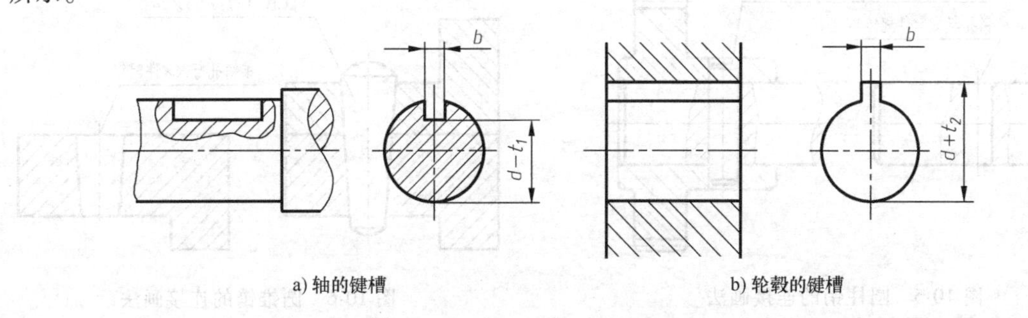

图 10-2　轴和轮毂的键槽画法及尺寸标注

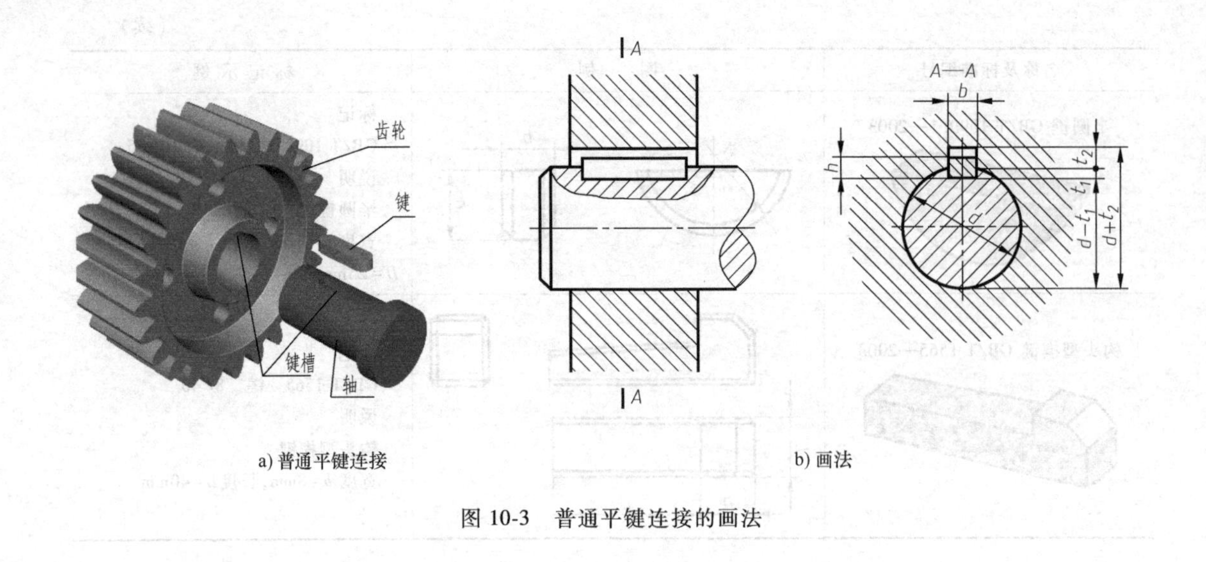

a) 普通平键连接　　b) 画法

图 10-3　普通平键连接的画法

10.2　销及其连接

销主要是用来连接和定位的，也用作安全装置中的过载保护。常用的销有圆柱销、圆锥销和开口销等，如图 10-4 所示。

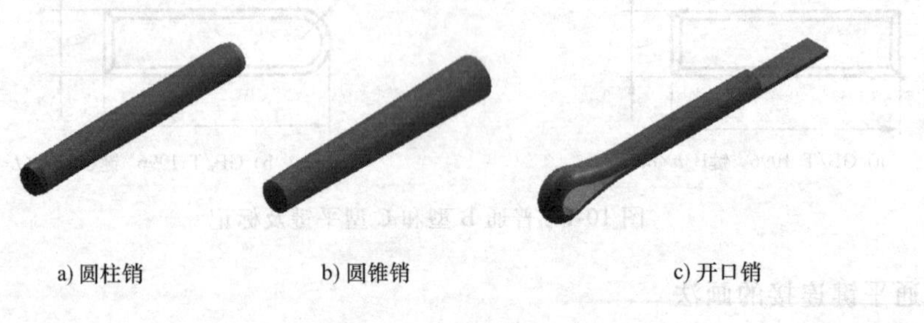

a) 圆柱销　　b) 圆锥销　　c) 开口销

图 10-4　常用的销

销及其连接画法如图 10-5 和图 10-6 所示。在销连接的装配图中，当剖切平面通过销的轴线时，销按不剖绘制。销连接的两个零件上的销孔一般须一起加工，在图上注写“配作”或“与××件配作”的字样。圆锥销的公称尺寸是指小端直径。画圆锥销连接时，一定要把销的大头处于上方并高出锥销孔 3~5mm。销的尺寸见相关标准。

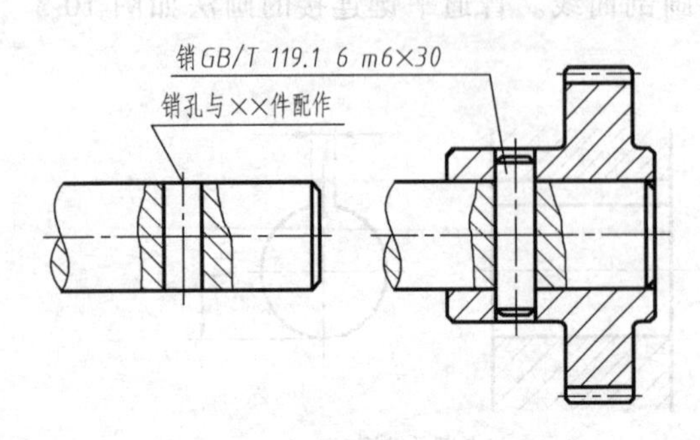

图 10-5　圆柱销的连接画法

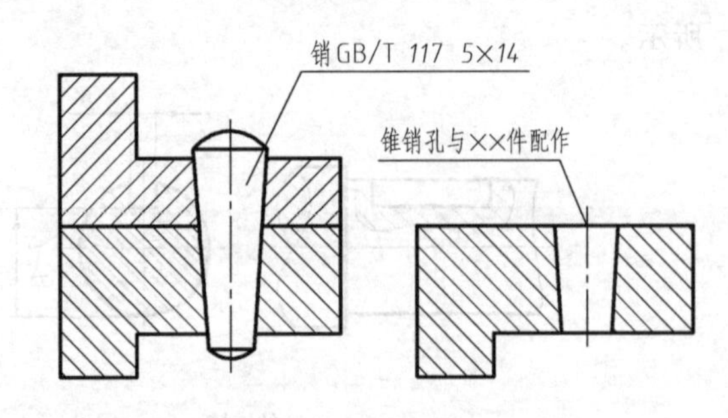

图 10-6　圆锥销的连接画法

圆柱销和圆锥销的标记示例如下。

圆柱销：销 GB/T 119.1 6 m6×30

标记说明：公称直径 d=6mm、公差为 m6、公称长度 l=30mm、材料为钢、不经淬火、不经表面处理的圆柱销。

圆锥销：销 GB/T 117 5×14

标记说明：公称直径 d=5mm、公称长度 l=14mm、材料为 35 钢、热处理硬度 28～38HRC、表面氧化处理的 A 型圆锥销。

10.3 齿轮

齿轮是广泛应用于各种机械传动的一种常用件，可用来传递动力，改变转速和旋转方向。常用的齿轮根据其传动的两轴相对位置不同，分为如下三种（见图 10-7）。

（1）圆柱齿轮　用于平行两轴之间的传动。

（2）锥齿轮　用于相交两轴之间的传动。

（3）蜗杆蜗轮　主要用于交叉两轴之间的传动。

圆柱齿轮随着轮齿与齿轮轴线方向不同，可分为直齿轮、斜齿轮和人字齿轮，如图 10-8 所示。其中最常用的是直齿圆柱齿轮。本节主要介绍直齿圆柱齿轮的表示法。

a) 圆柱齿轮　b) 锥齿轮　c) 蜗杆蜗轮

图 10-7　常用的齿轮

a) 直齿轮　b) 斜齿轮　c) 人字齿轮

图 10-8　圆柱齿轮

10.3.1 圆柱齿轮基本参数与尺寸

直齿圆柱齿轮各部分的名称及尺寸代号，如图10-9所示。

（1）分度圆直径　分度圆是设计、制造齿轮时计算各部分尺寸所依据的圆，用 d 表示。在分度圆周上，齿厚 s 与槽宽 e 相等。一对正确安装的标准齿轮，其分度圆是相切的。

（2）齿顶圆和齿根圆　通过圆柱齿轮轮齿顶部的圆称为齿顶圆，用 d_a 表示。通过圆柱齿轮轮齿根部的圆称为齿根圆，用 d_f 表示。

（3）齿距、齿厚、槽宽　分度圆上相邻两齿对应点之间的弧长，称为齿距，用 p 表示；两啮合齿轮的齿距应相等。一个轮齿齿廓在分度圆上的弧长，称为齿厚，用 s 表示；相邻轮齿之间的齿槽在分度圆上的弧长，称为槽宽，用 e 表示。在标准齿轮中，$s=e$，$p=s+e$，$s=p/2$。

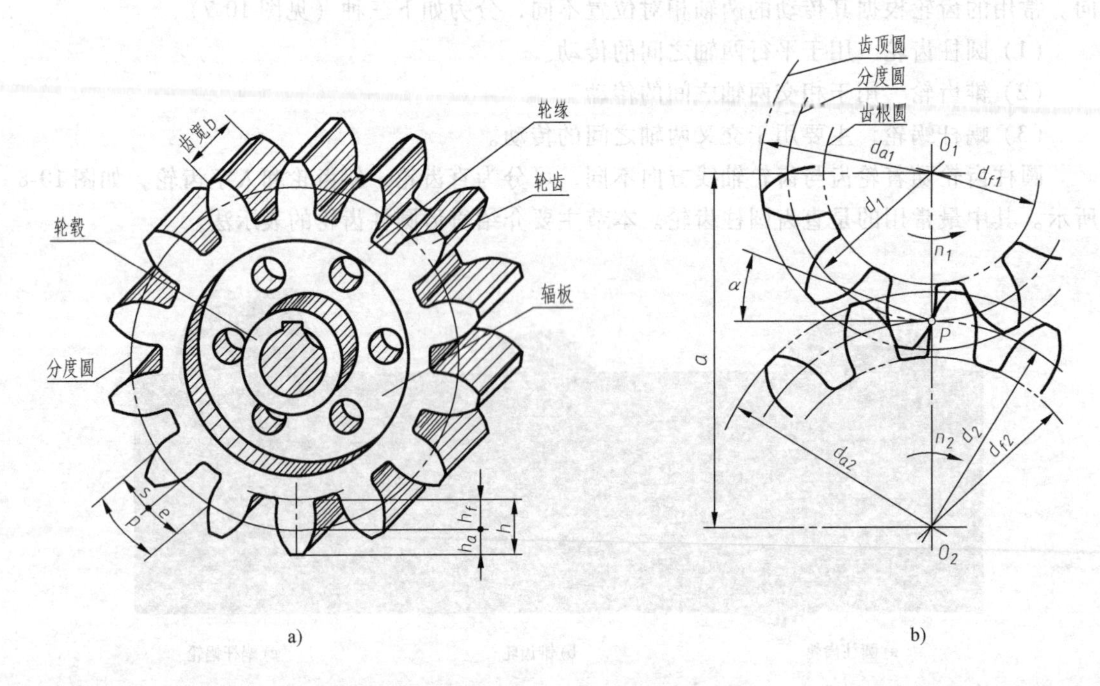

图10-9　直齿圆柱齿轮各部分的名称及尺寸代号

（4）齿高、齿顶高、齿根高　齿顶圆与分度圆之间的径向距离称为齿顶高，用 h_a 表示；分度圆与齿根圆之间的径向距离称为齿根高，用 h_f 表示；齿顶高与齿根高之和称为齿高，即齿顶圆与齿根圆之间的径向距离，用 h 表示。

（5）中心距　一对啮合齿轮轴线之间的距离称为中心距，用 a 表示。正确安装的标准齿轮，$a=(d_1+d_2)/2$。

（6）齿数和模数　齿轮上的轮齿数量称为齿数 z。轮齿的大小用模数 m 表示。模数是人为引入的参数，用它取代无理数 p/π ［由 $d\pi=pz$ 得 $d=(p/\pi)z=mz$］。模数大，则齿距 p 也大，随之齿厚 s、齿高 h 也大，因而齿轮的承载能力也增大。不同模数的齿轮要用不同模数的刀具来加工制造，为了便于设计和加工，模数的数值已系列化，其数值见表10-2。

表 10-2 齿轮模数系列（GB/T 1357—2008）

第一系列	1 1.25 1.5 2 2.5 3 4 5 6 8 10 12 16 20 25 32 40 50
第二系列	1.125 1.375 1.75 2.25 2.75 3.5 4.5 5.5 (6.5) 7 9 11 14 18 22 28 36 45

注：选用模数时，应优先选用第一系列；其次选用第二系列；括号内的模数尽可能不用。

（7）齿形角 α 两齿轮圆心连线的节点 P 处，齿廓曲线的公法线（齿廓的受力方向）与两节圆的公切线（节点 P 处的瞬时运动方向）所夹的锐角，称为分度圆齿形角，以 α 表示，我国采用的齿形角一般为 20°。一对啮合齿轮模数和齿形角必须相等。

（8）直齿圆柱齿轮各部分的计算 尺寸计算公式见表 10-3。

表 10-3 直齿圆柱齿轮各部分的尺寸计算公式

基本几何要素：模数 m、齿数 z		
名称	代号	计算公式
齿距	p	$p=\pi m$
齿顶高	h_a	$h_a=m$
齿根高	h_f	$h_f=1.25m$
齿高	h	$h=2.25m$
分度圆直径	d	$d=mz$
齿顶圆直径	d_a	$d_a=m(z+2)$
齿根圆直径	d_f	$d_f=m(z-2.5)$
中心距	a	$a=m(z_1+z_2)/2$

从表 10-3 中可知，已知齿轮的模数 m 和齿数 z，按表中公式可以计算出各部分的尺寸，绘制出齿轮的图形。

10.3.2 圆柱齿轮的规定画法

1. 单个圆柱齿轮的画法（见图 10-10）

1）在表示外形的两个视图（见图 10-10a）中，齿顶圆和齿顶线用粗实线绘制，分度圆

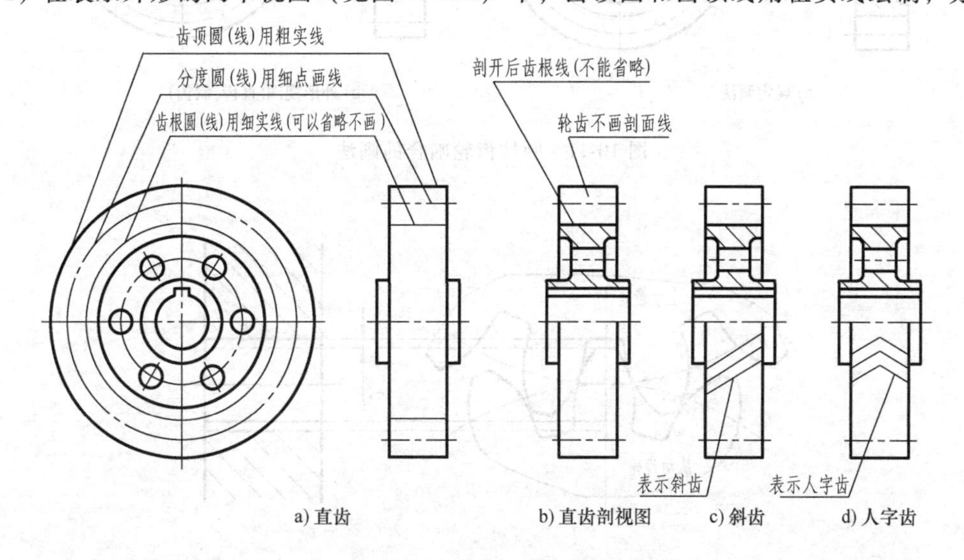

图 10-10 单个圆柱齿轮的画法

和分度线用细点画线绘制，齿根圆和齿根线用细实线绘制，也可省略不画。齿轮其他结构按常规绘制。

2）齿轮的非圆视图通常采用剖视图，如图 10-10b～d 所示。在剖视图中，当剖切平面通过齿轮轴线时，轮齿一律按不剖绘制，齿根线用粗实线绘制。齿轮其他结构按常规绘制。

3）对于斜齿圆柱齿轮和人字齿圆柱齿轮，其轮齿方向用三条平行的细实线画出，如图 10-10c、d 所示。

2. 两个齿轮啮合时的画法

两个齿轮啮合时，非啮合区按单独齿轮画法绘制，啮合区按下列要求绘制。

1）在投影为非圆的视图中，若采用剖视图，在啮合区内两分度线重合用细点画线绘制，两齿轮的齿根线用粗实线绘制，而对于两齿轮的齿顶线，主动齿轮的齿顶线用粗实线绘制，从动齿轮的齿顶线用细虚线绘制，如图 10-11a 所示。由于齿顶高与齿根高相差 $0.25m$，因此一齿轮的齿顶线与另一个齿轮的齿根线之间应有 $0.25m$ 的间隙，如图 10-12 所示。若不取剖视图，啮合区内的齿顶线不画，而分度线用粗实线绘制，如图 10-11b 所示。

2）在投影为圆的视图中，啮合区内齿顶圆用粗实线绘制或省略，如图 10-11 所示。相切的两分度圆用细点画线绘制，两齿轮的齿根圆用细实线绘制或省略，如图 10-11 所示。

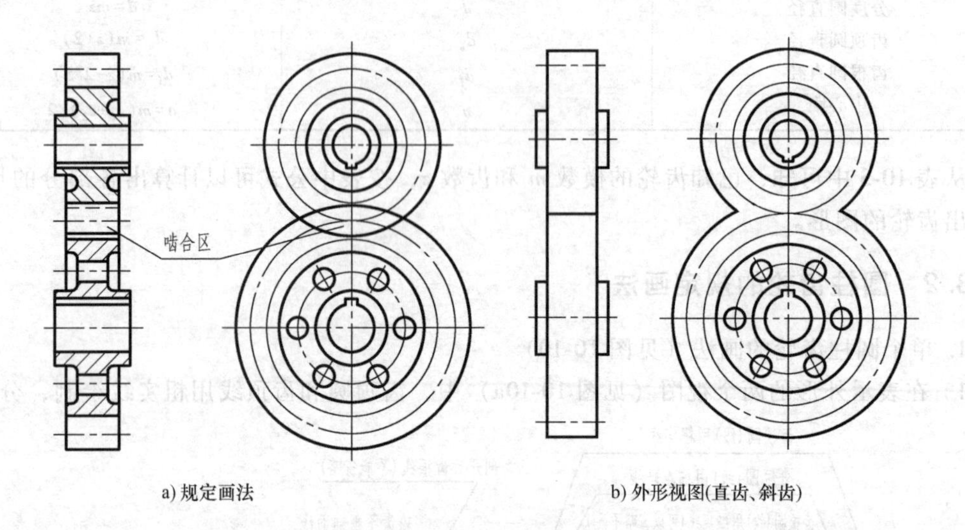

图 10-11 圆柱齿轮啮合的画法

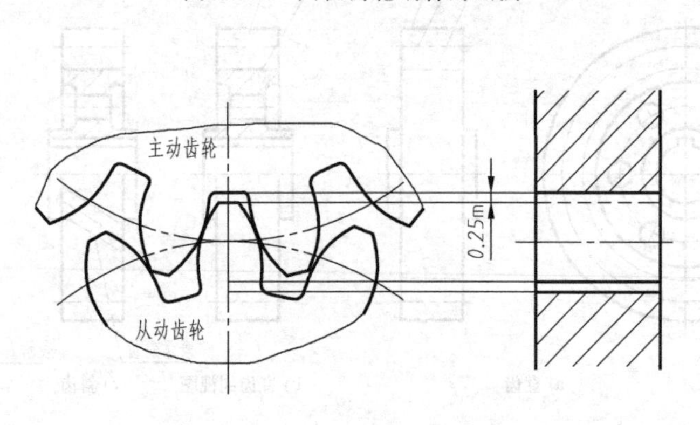

图 10-12 齿轮啮合的齿顶间隙

10.3.3　圆柱齿轮的零件图

图 10-13 所示为圆柱齿轮的零件图，用两个视图表达齿轮的结构形状，主视图画成全剖视图，用局部视图表达齿轮的轴孔及键槽。在图样的左上角画出参数表，表中应注出齿数、模数、齿形角等基本参数。

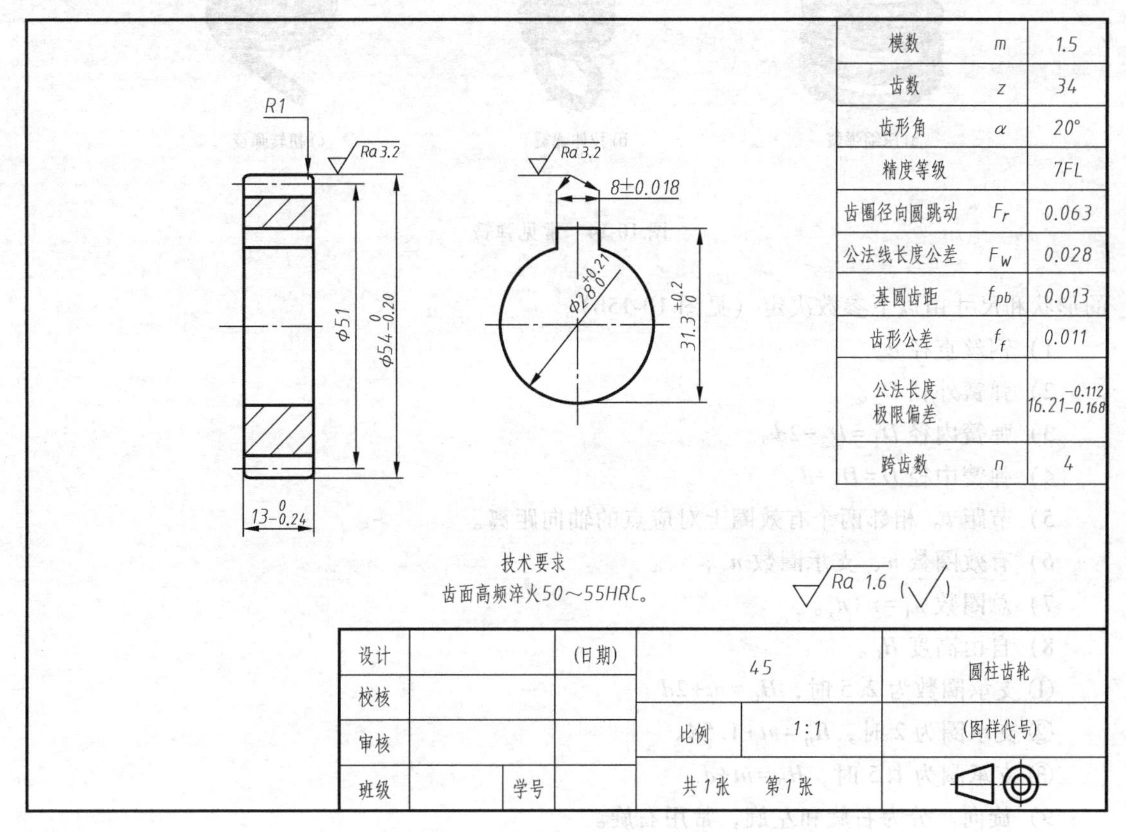

图 10-13　圆柱齿轮的零件图

10.4　弹　　簧

弹簧是一种用途很广的常用件，其特点是在弹性限度内，受外力作用而变形，去掉外力后立即恢复原状。它的主要作用是减振、夹紧、测力、承受冲击、储存和输出能量等。弹簧的种类很多，常用的是圆柱螺旋弹簧。据国家标准规定，此弹簧又分为压缩型、拉伸型和扭转型三种，如图 10-14 所示。下面仅就圆柱螺旋压缩弹簧介绍有关的尺寸计算和画法。

10.4.1　圆柱螺旋压缩弹簧的参数

圆柱螺旋压缩弹簧由钢丝绕成，一般将两端并紧、磨平，使其端面与轴线垂直，便于支承。并紧、磨平的若干圈起支承作用，称为支承圈。支承圈圈数有 1.5、2、2.5 三种，常见为 2.5 圈，即每端各有 1.25 圈支承圈。除支承圈外，弹簧中保持相等节距的圈数称为有效圈数。弹簧并紧、磨平后在不受外力情况下的全部高度，称为自由高度。圆柱螺旋压缩弹簧

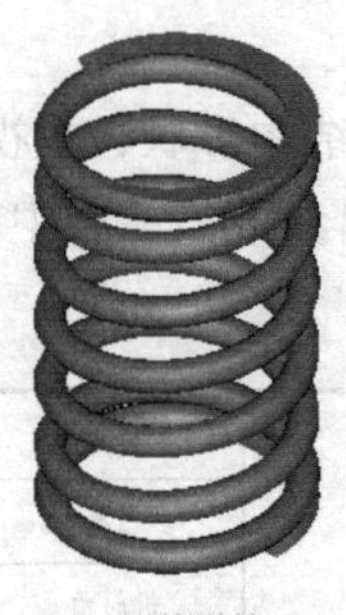

a) 压缩弹簧　　b) 拉伸弹簧

c) 扭转弹簧

图 10-14　常见弹簧

的形状和尺寸由以下参数决定（见图 10-15b）。

1）钢丝直径 d。

2）弹簧外径 D_2。

3）弹簧内径 $D_1=D_2-2d$。

4）弹簧中径 $D=D_2-d$。

5）节距 t。相邻两个有效圈上对应点的轴向距离。

6）有效圈数 n、支承圈数 n_z。

7）总圈数 $n_1=n+n_z$。

8）自由高度 H_0。

① 支承圈数为 2.5 时，$H_0=nt+2d$。

② 支承圈为 2 时，$H_0=nt+1.5d$。

③ 支承圈为 1.5 时，$H_0=nt+d$。

9）旋向。分为右旋和左旋，常用右旋。

10）弹簧丝展开长度 L。$L=n_1\sqrt{(\pi D)^2+t^2}$。

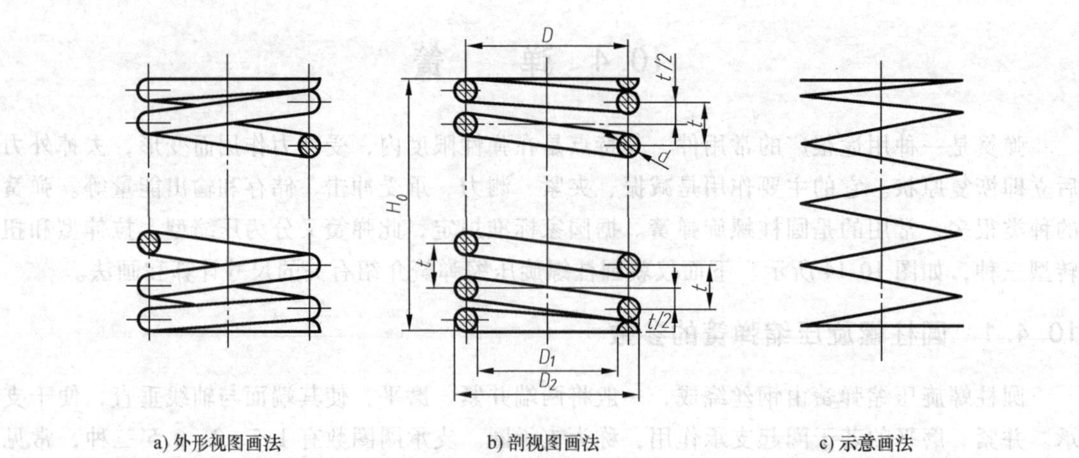

a) 外形视图画法　　b) 剖视图画法　　c) 示意画法

图 10-15　弹簧的参数与画法

10.4.2 圆柱螺旋压缩弹簧的规定画法（GB/T 4459.4—2003）

1. 单个圆柱螺旋压缩弹簧的画法（见图10-15）

1）圆柱螺旋压缩弹簧在平行于轴线的投影面上的图形，可画成视图（见图10-15a），也可画成剖视图（见图10-15b），其各圈的轮廓应画成直线。

2）有效圈数为4圈以上的圆柱螺旋压缩弹簧，两端可画1~2圈（支承圈不计在内），中间可省略不画。

3）圆柱螺旋压缩弹簧中间部分可省略，从而适当地缩短图形的长度。缩短部分用通过弹簧钢丝中心的两条细点画线连起来。

4）右旋弹簧一定要画成右旋；左旋或旋向不规定的圆柱螺旋压缩弹簧允许画成右旋，但左旋弹簧不论画成左旋或右旋，对必须保证的旋向要求应在技术要求中注明。

5）圆柱螺旋压缩弹簧不论支承圈的圈数和并紧情况如何，均可按如图10-15所示的形式绘制，必要时也可按实际结构绘制。

2. 圆柱螺旋压缩弹簧的画图步骤

已知圆柱螺旋压缩弹簧的各参数 H_0、d、D、n_1、n_z，其画图步骤如图10-16所示。

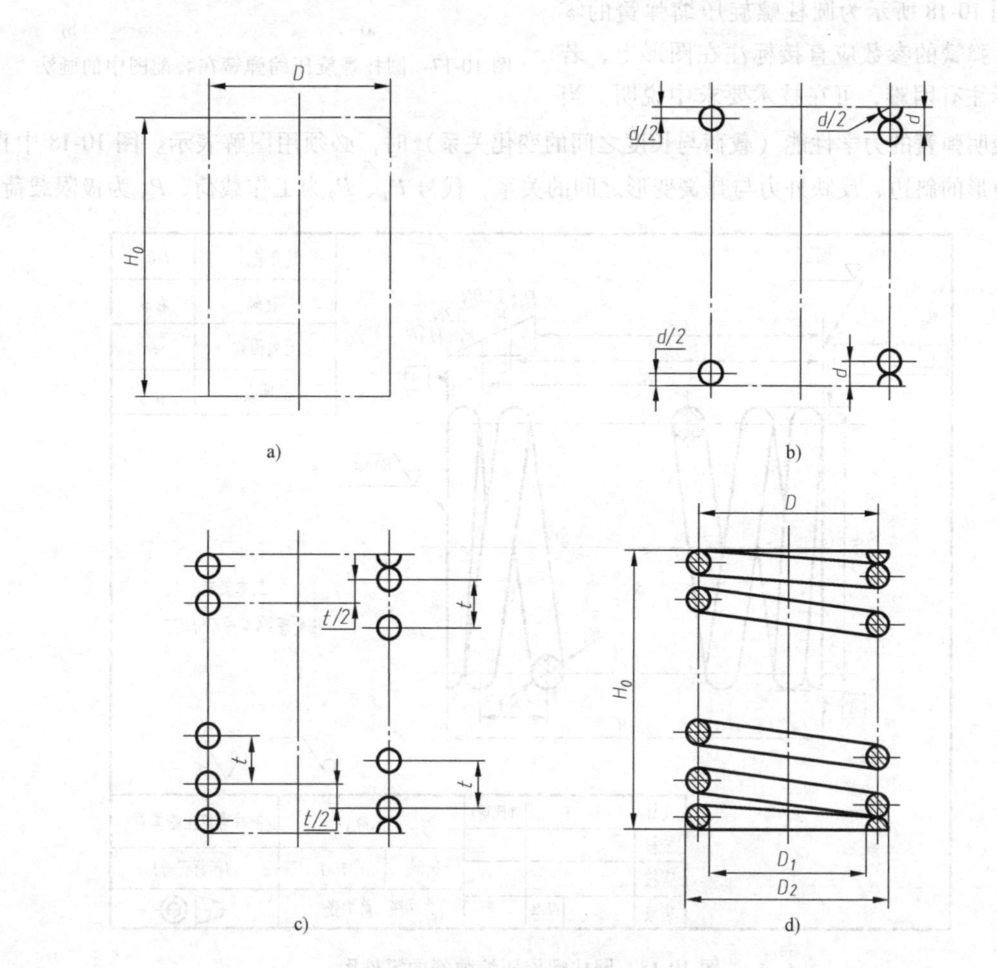

图10-16 圆柱螺旋压缩弹簧的画图步骤

1）根据自由高度 H_0 和中径 D 作矩形，如图 10-16a 所示。

2）画两端支承圈部分和钢丝直径相等的圆和半圆，如图 10-16b 所示。

3）根据节距 t 作 1~2 有效圈，省略中间圈，如图 10-16c 所示。

4）按旋向作钢丝断面的公切线、画剖面线，如图 10-16d 所示。

3. 圆柱螺旋压缩弹簧在装配图中的画法

圆柱螺旋压缩弹簧在装配图中的画法，如图 10-17 所示。

1）在装配图中，被弹簧挡住的零件轮廓线不必绘出，未被挡住的零件轮廓线应从弹簧的外轮廓线或从弹簧钢丝剖面的中心线画起如图 10-17a 所示。

2）当弹簧被剖切时，在图形上等于或小于 2mm 的钢丝断面可以用涂黑表示或采用示意画法，如图 10 17b 所示。

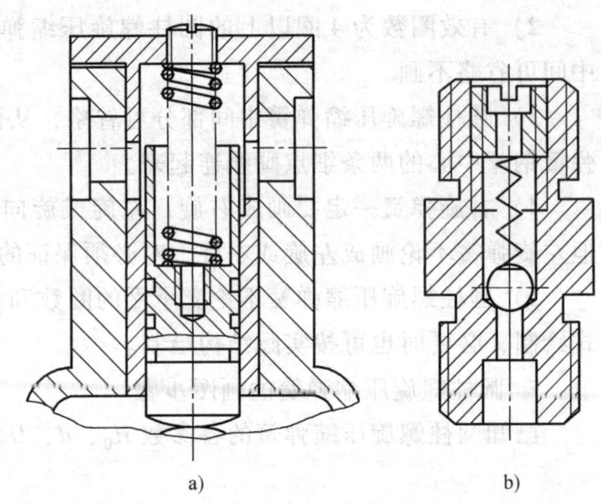

图 10-17 圆柱螺旋压缩弹簧在装配图中的画法

4. 圆柱螺旋压缩弹簧的零件图

图 10-18 所示为圆柱螺旋压缩弹簧的零件图。弹簧的参数应直接标注在图形上，若直接标注有困难，可在技术要求中说明。当需要表明弹簧的力学性能（载荷与长度之间的变化关系）时，必须用图解表示。图 10-18 中直角三角形的斜边，反映外力与弹簧变形之间的关系，代号 P_1、P_2 为工作载荷，P_3 为极限载荷。

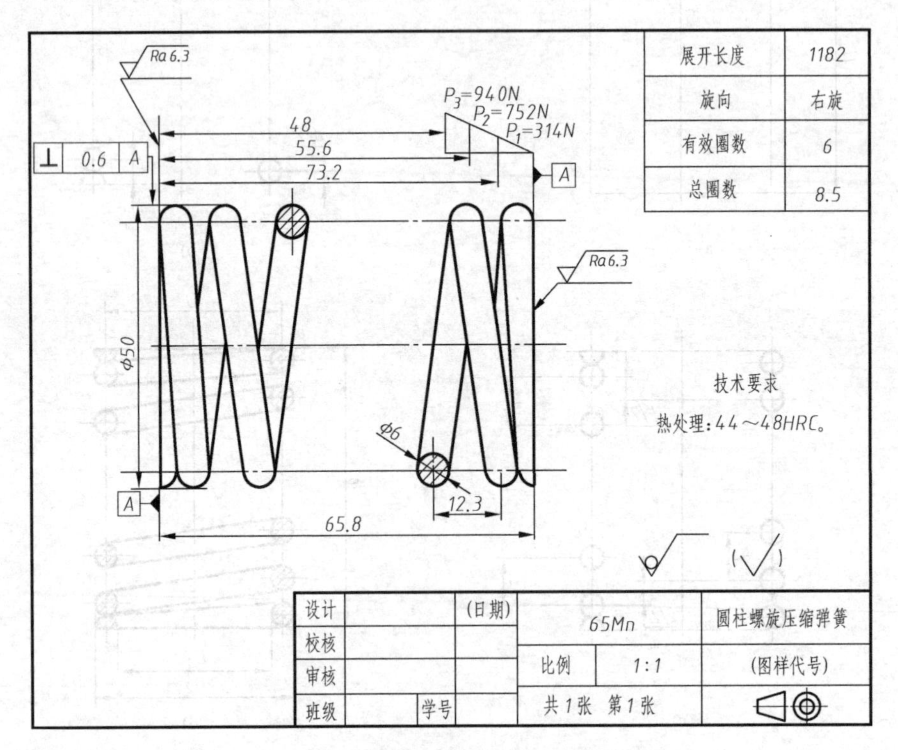

图 10-18 圆柱螺旋压缩弹簧的零件图

第11章 零件图

本章内容提要

1）掌握零件图的作用和内容。

2）掌握典型零件的表达方案和尺寸标注方法。

3）了解零件常见工艺结构。

4）掌握零件图上常见技术要求的含义及标注方法。

5）能够绘制和读懂零件图。

6）了解零件测绘方法，并能徒手绘制零件草图。

重点

绘制和读懂典型零件图；零件表达方法的综合运用。

难点

正确、合理表达中等难度的零件。

任何一台机器或部件都是由零件按一定的装配关系和技术要求装配而成。根据零件在机器或部件上的作用，一般可将零件分为三类，即标准件、常用件和一般零件。表达单个零件的结构形状、尺寸大小和技术要求的图样称为零件图。

11.1 零件图的作用和内容

要制造机器必须先按要求制造出零件，要制造零件又必须有零件图作为依据。一张完整的零件图通常应包括下列基本内容（见图 11-1）。

（1）一组图形　根据有关国家标准的规定，采用各种表达方法，正确、完整、清晰地表达零件的内、外结构形状。

（2）完整的尺寸　零件图应正确、完整、清晰、合理地标注零件制造和检验时所需的全部尺寸。

（3）技术要求　标注或说明零件在制造、检验或装配过程中应达到的各项技术上的要求，如表面结构、尺寸公差、几何公差、热处理、表面处理等要求。

（4）标题栏　填写零件的名称、材料、数量、比例等各项内容。

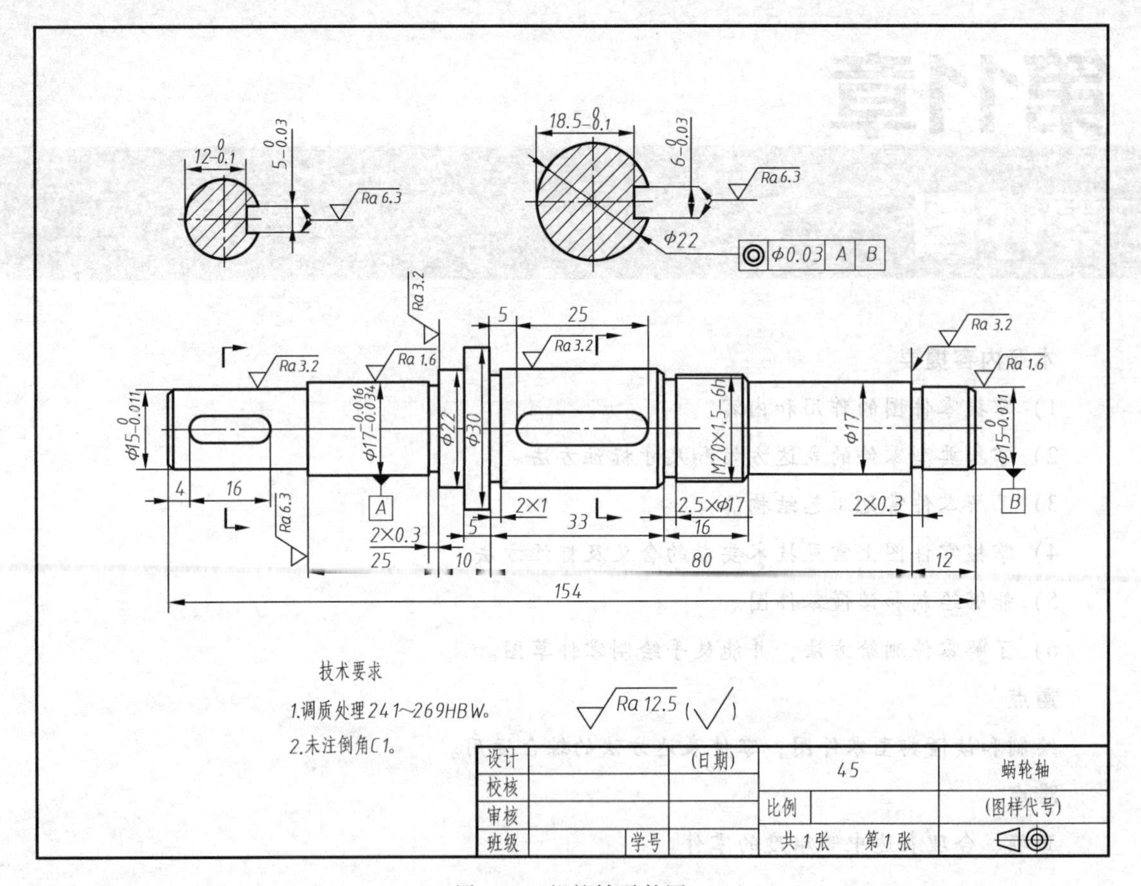

图 11-1　蜗轮轴零件图

11.2　零件表达方案的选择

绘制零件图时，必须适当地选用各种视图、剖视图、断面图和其他各种表达方法，把零件的全部结构形状表达清楚，并且要考虑绘图简单、读图方便。

11.2.1　视图选择的一般原则

1. 主视图的选择

主视图是表达零件最主要的一个视图，主视图选择是否合理，直接关系到画图和读图是否简单方便。主视图的选择具体包括确定零件的放置位置和选择主视图的投射方向。

（1）零件的放置位置　零件的放置位置应符合加工位置原则或工作位置原则。

加工位置原则是主视图中的零件放置位置与零件加工时在机床上被装夹的放置位置一致，这样可以图物对照，便于加工和测量。

工作位置原则是主视图中的零件放置位置与零件在机器或部件中工作时所处的放置位置一致，这样便于将零件和机器或部件联系起来，了解零件的结构形状特征及功能，有利于画图和读图。

通常对于轴套类、盘盖类零件遵循加工位置原则；对于叉架类和箱体类零件遵循工作位置原则。至于工作位置和加工位置多变的零件（如某些运动件），则按画图方便或自然位置放置。

（2）主视图的投射方向　选择主视图的投射方向应遵循形状特征原则，即选择最能明显地反映零件形状和结构特征以及各组成形体之间相对位置的方向作为主视图的投射方向。

2. 其他视图的选择

主视图选定以后，其他视图的选择可以考虑以下几点。

1）优先采用基本视图，若左视图与右视图、俯视图与仰视图的表达内容相同，应优先选用左视图和俯视图。尽量在基本视图上作相应的剖视图和断面图。

2）根据零件的复杂程度和内、外结构的情况全面考虑所需要的其他视图，应使每个视图都有表达的重点，各个视图相互配合、补充，注意采用的视图数目不宜过多，以免重复、烦琐，导致主次不分。

3）要考虑合理地布置视图位置，有关的视图尽可能保持直接的投影联系，既要使图样清晰美观，又要利于图幅的充分利用。

11.2.2　零件表达方案的选择

在考虑零件的表达方案之前，必须先了解零件上各结构的作用和特点。根据零件的结构形状，将零件大致分成四类，即轴套类零件、盘盖类零件、叉架类零件和箱体类零件。下面分别对各类零件进行结构分析和表达方案分析。

1. 轴套类零件

轴是用来支承传动零件和传递动力的；套一般是装在轴上，对轴上的其他零件进行定位的。轴套类零件的结构形状通常是由几段不同直径的回转体叠加而成，再根据功能要求和制造工艺要求配置键槽、退刀槽、越程槽、中心孔、销孔以及轴肩、螺纹等结构。图 11-2 所示为轴套类零件。轴套类零件的结构特点决定了它们的加工方法主要是对棒料进行车削、磨削和铣削。

轴套类零件的结构特点也决定了它的表达方案。

（1）主视图的选择　放置位置要符合车削或磨削的加工位置原则，一般将轴线水平放置，并把直径较小的一端置于右侧。这样，主视图的投射方向垂直于轴线，既可把轴上各段的形状大小和相对位置表达清楚，也能反映出轴肩、退刀槽、倒角、圆角等工艺结构。

（2）其他视图的选择　各段回转体的结构大小在主视图上标注直径尺寸后已能表达清楚，而对于有键槽或其他形式的孔、洞、坑的轴段，还需要配以断面图。对于退刀槽和越程槽等较小的工艺结构，往往需要用到局部放大图。图 11-3 所示为图 11-2a 所示从动轴的表达方案。

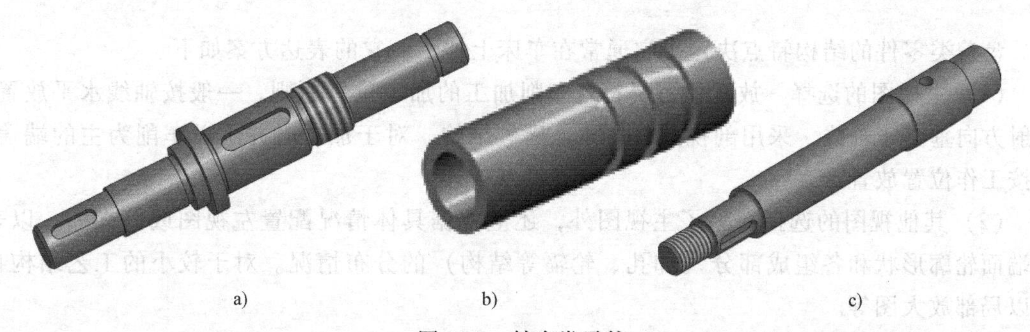

a)　b)　c)

图 11-2　轴套类零件

另外，对于空心套和有中空结构的轴，需要在主视图中采用适当的剖视图以表达它们的中空结构形状。

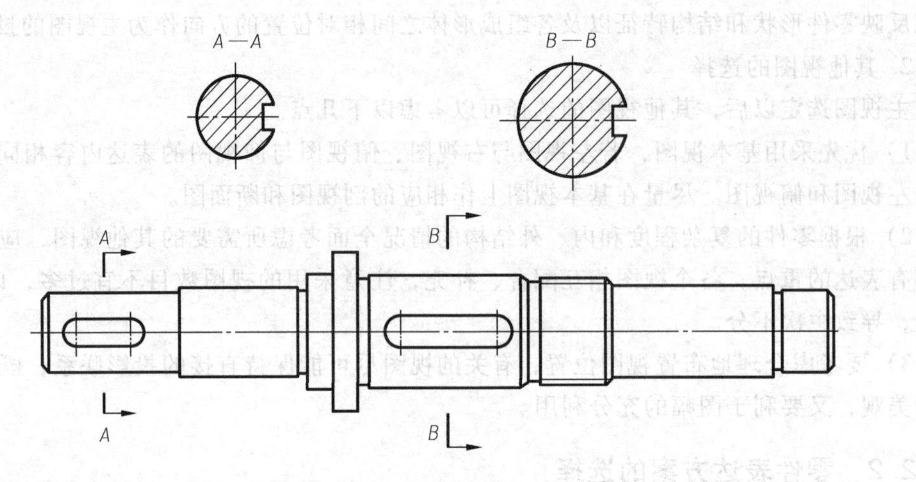

图 11-3　从动轴的表达方案

2. 盘盖类零件

机器上离不开轮、盘、盖这一类型的零件，如手轮、带轮、齿轮、盘座、端盖、轴承盖、压盖。它们的主要结构特点是存在一条回转轴线或对称轴线，且轴向尺寸明显小于径向尺寸，端面可以是圆形、方形等形状，此外常有均匀分布在同一圆周上的用来安装螺钉的光孔。图 11-4 所示为盘盖类零件。

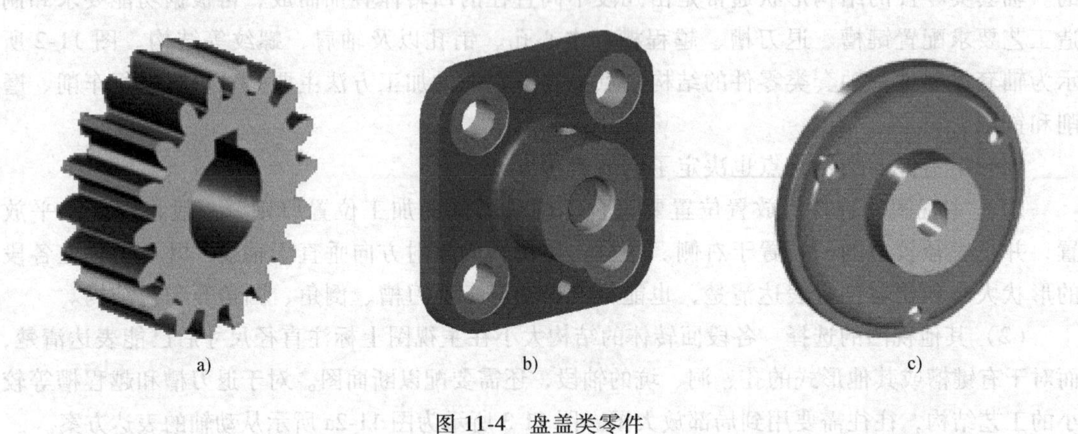

图 11-4　盘盖类零件

盘盖类零件的结构特点决定了它通常在车床上加工。它的表达方案如下。

(1) 主视图的选择　放置位置要符合车削加工的加工位置原则，一般按轴线水平放置，投射方向垂直于轴线，采用剖视图表达孔、槽等结构。对于加工时并不以车削为主的端盖，可按工作位置放置。

(2) 其他视图的选择　除了主视图外，还应根据具体情况配置左视图或俯视图，以表达端面轮廓形状和各组成部分（如孔、轮辐等结构）的分布情况。对于较小的工艺结构再配以局部放大图等。

图 11-5 所示为端盖零件图。

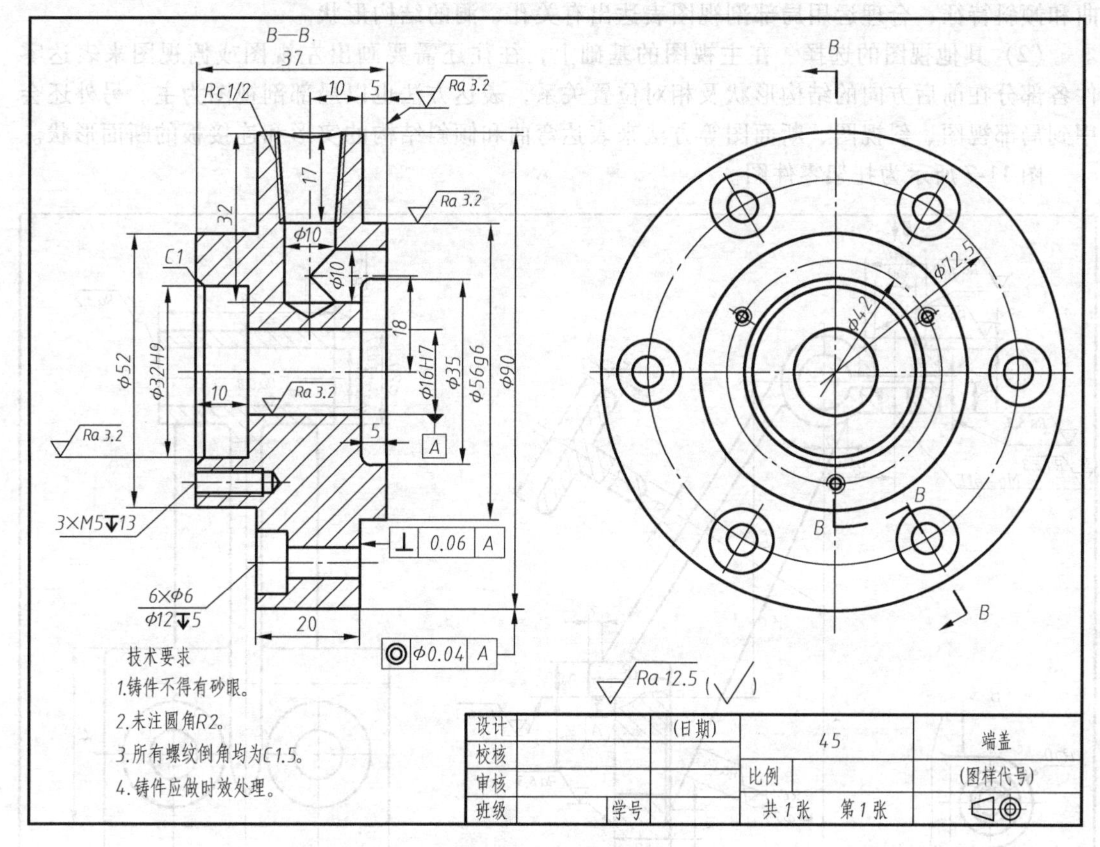

图 11-5　端盖零件图

3. 叉架类零件

叉架类零件包括各种用途的拨叉和支架。拨叉主要用在机床、内燃机等各种机器的操纵机构上，操纵机器、调节速度。支架主要在机器中起支承作用。这类零件的功能要求决定了它们的结构通常由工作部分、安装部分和连接部分组成，其中连接部分往往呈现出弯曲和倾斜的特征。图 11-6 所示为叉架类零件。

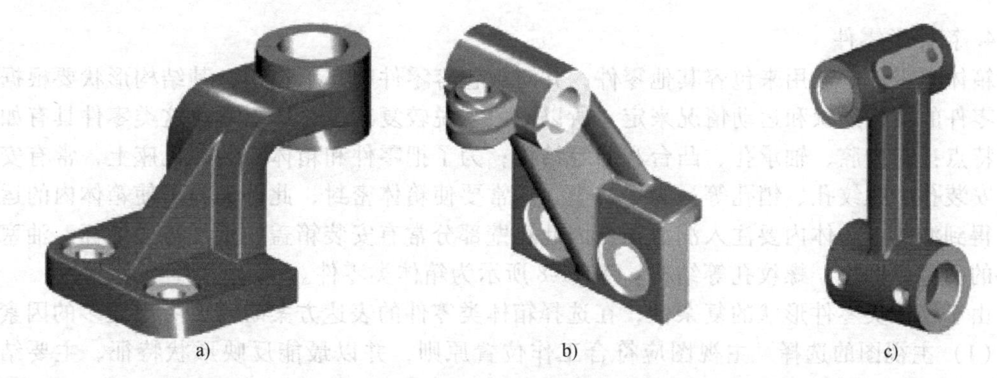

图 11-6　叉架类零件

叉架类零件的结构特点也决定了它的表达方案。

(1) 主视图的选择　放置位置应符合工作位置原则，投射方向应尽可能反映零件的弯曲和倾斜特征，合理运用局部剖视图表达出有关孔、洞的结构形状。

(2) 其他视图的选择　在主视图的基础上，往往还需要画出左视图或俯视图来表达零件各部分在前后方向的结构形状及相对位置关系，表达方法也以局部剖视图为主。另外还会用到局部视图、斜视图、断面图等方法来表达弯曲和倾斜结构的实形和连接板的断面形状。

图 11-7 所示为托架零件图。

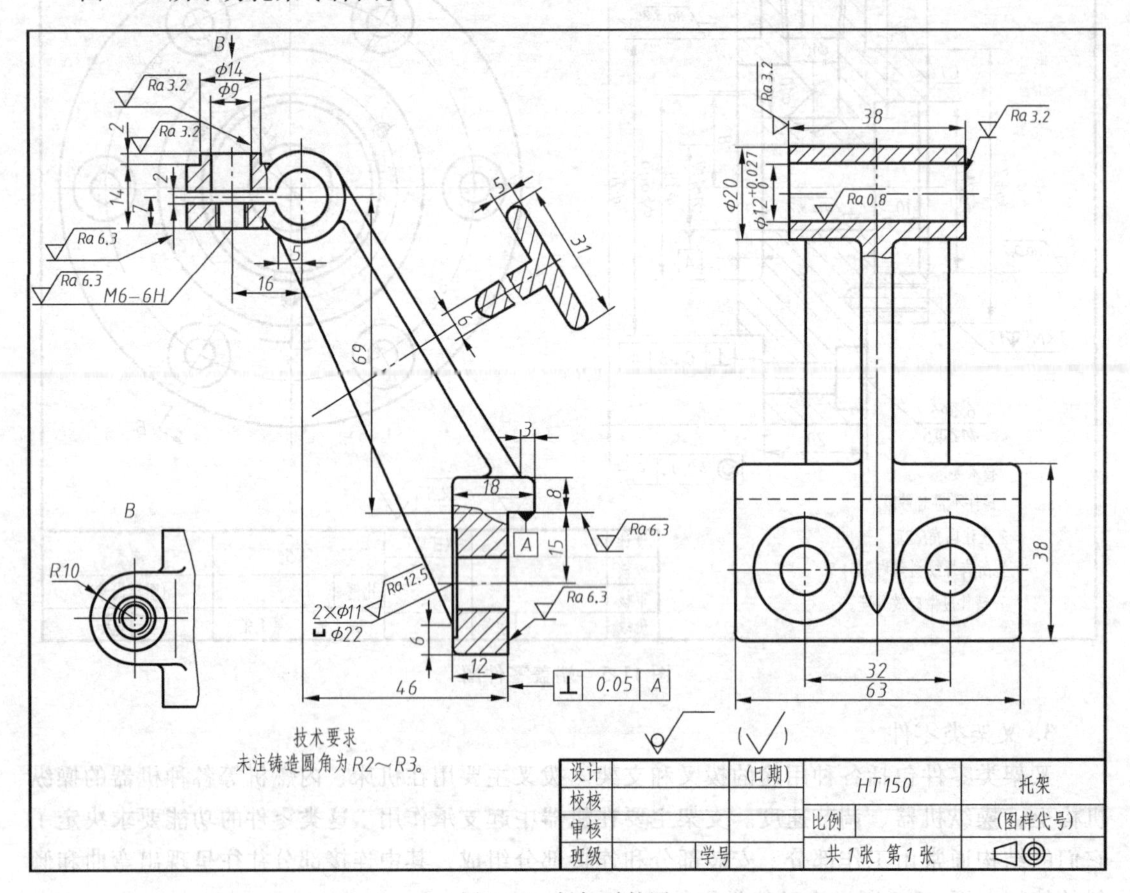

图 11-7　托架零件图

4. 箱体类零件

箱体类零件一般用来包容其他零件，并对被包容零件起支承作用，其结构形状要根据被包容零件的结构形状和运动情况来定，所以一般来说较复杂。总体上看，这类零件具有如下结构特点：有内腔、轴承孔、凸台和肋等结构；为了把零件和箱体安装在机座上，常有安装板、安装孔、螺纹孔、销孔等；为了防尘，通常要使箱体密封，此外又为了使箱体内的运动零件得到润滑，箱体内要注入润滑油，因此箱壁部分常有安装箱盖、轴承盖、油标、油塞等零件的凸台、凹坑、螺纹孔等结构。图 11-8 所示为箱体类零件。

由于箱体类零件形状的复杂性，在选择箱体类零件的表达方案时需要考虑更多的因素。

(1) 主视图的选择　主视图应符合工作位置原则，并以最能反映形状特征、主要结构和各组成部分相互关系的方向作为主视图的投射方向。主视图大多采用全剖、半剖或较大面积的局部剖。

(2) 其他视图的选择　由于包容其他零件的需要，箱体具有空腔、孔洞等结构，视图数量要根据结构的复杂程度来定，通常采用三个或三个以上视图，并综合应用视图、剖视

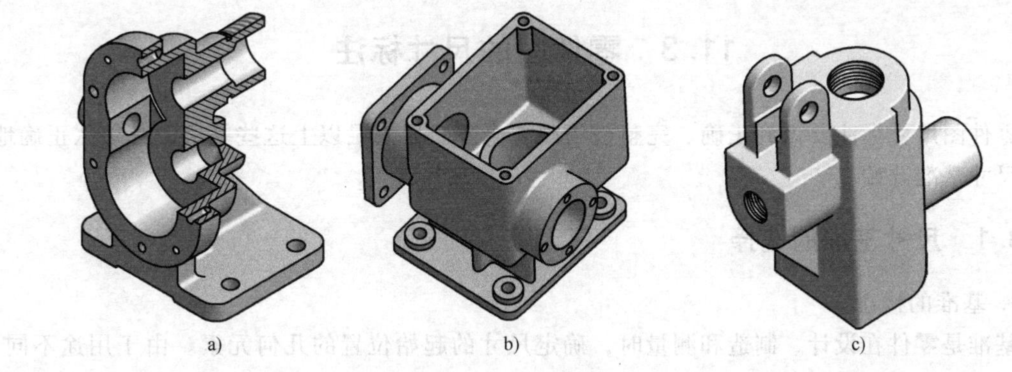

图 11-8 箱体类零件

图、断面图等表达方法，完整、清晰地表达各部分结构，且每个视图都有表达的重点内容。

（3）分析交线 箱体类零件结构复杂，表面上常会出现截交线和相贯线。大多数情况下，箱体类零件通过铸造而成，这些截交线和相贯线会以过渡线的形式出现，要认真分析。

图 11-9 所示为泵体零件图。

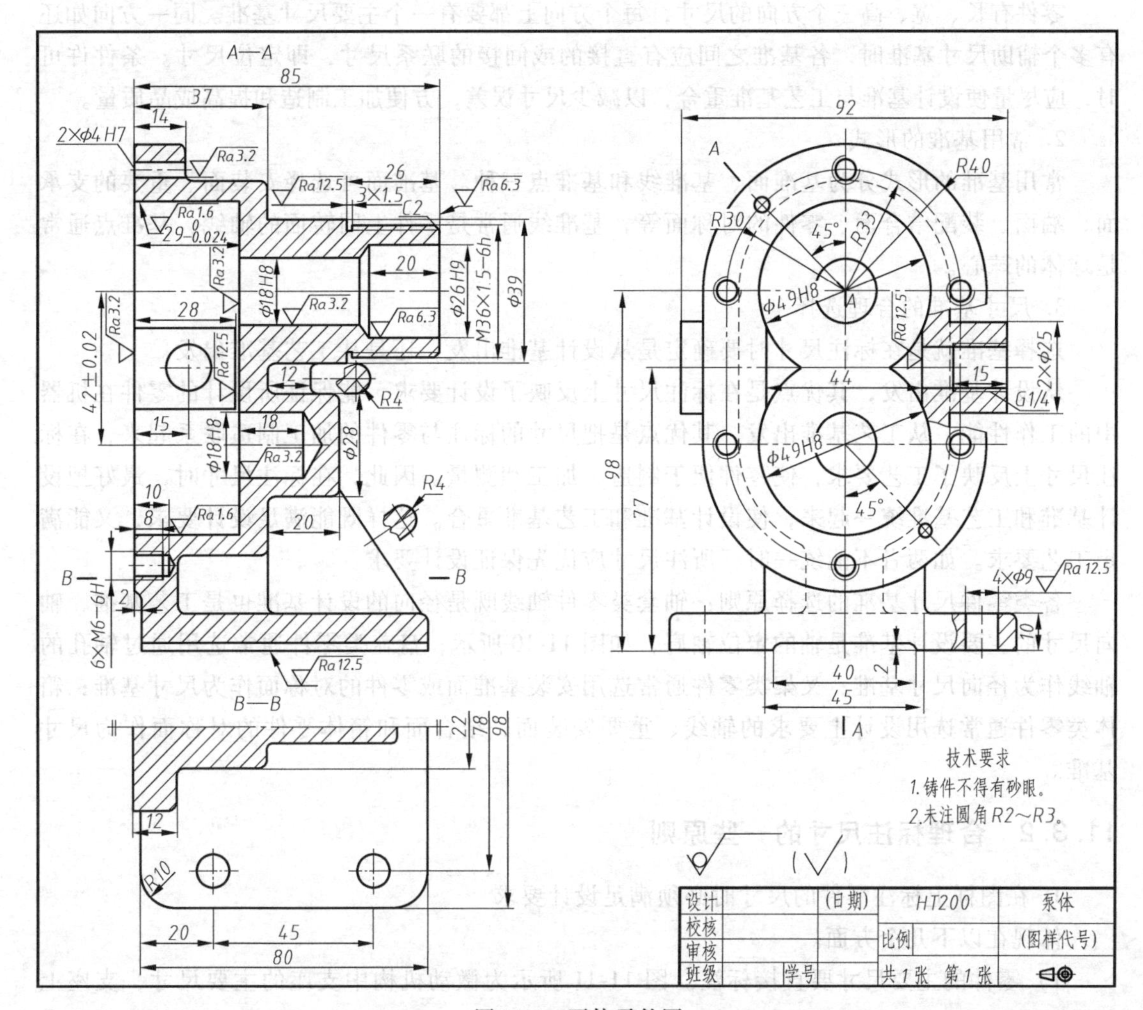

图 11-9 泵体零件图

11.3 零件图的尺寸标注

零件图尺寸标注要做到正确、完整、清晰、合理。要满足以上这些要求，必须从正确地选择尺寸基准开始。

11.3.1 尺寸基准的选择

1. 基准的概念

基准是零件在设计、制造和测量时，确定尺寸的起始位置的几何元素。由于用途不同，基准可分为设计基准和工艺基准。

根据设计要求直接标注出的尺寸称为设计尺寸，标注设计尺寸的起始位置称为设计基准。

零件在加工过程中，用于装夹定位，测量、检验零件已加工面时所选定的基准称为工艺基准。

零件有长、宽、高三个方向的尺寸，每个方向上都要有一个主要尺寸基准。同一方向如还有多个辅助尺寸基准时，各基准之间应有直接的或间接的联系尺寸，即定位尺寸。条件许可时，应尽量使设计基准与工艺基准重合，以减少尺寸误差，方便加工制造和提高成品质量。

2. 常用基准的形式

常用基准的形式分为基准面、基准线和基准点三种。基准面可选择安装面、重要的支承面、端面、装配结合面、零件的对称面等，基准线通常是零件上回转面的轴线，基准点通常是球体的球心。

3. 尺寸基准的合理选择

选择基准就是在标注尺寸时要确定是从设计基准出发，还是从工艺基准出发。

从设计基准出发，其优点是在标注尺寸上反映了设计要求，能保证所设计的零件在机器中的工作性能；从工艺基准出发，其优点是把尺寸的标注与零件的加工制造联系起来，在标注尺寸上反映了工艺要求，使零件便于制造、加工和测量。因此，在标注尺寸时，最好把设计基准和工艺基准统一起来，使设计基准和工艺基准重合。这样既能满足设计要求，又能满足工艺要求。如两者不能统一时，所注尺寸应优先保证设计要求。

各类零件尺寸基准的选择原则：轴套类零件轴线既是径向的设计基准也是工艺基准，轴向尺寸的主要设计基准是轴的定位轴肩，如图 11-10 所示；盘盖类零件通常选用通过轴孔的轴线作为径向尺寸基准；叉架类零件通常选用安装基准面或零件的对称面作为尺寸基准；箱体类零件通常选用设计上要求的轴线、重要安装面、结合面和箱体零件的对称面作为尺寸基准。

11.3.2 合理标注尺寸的一些原则

1. 在图样上标注零件的尺寸时必须满足设计要求

体现在以下几个方面。

1）零件的主要尺寸要直接标注。图 11-11 所示为微动机构中支座的主要尺寸，支座上部轴孔的尺寸 ϕ30H8 是有配合要求的尺寸，轴线到底面的距离尺寸 36 是确定零件在部件中

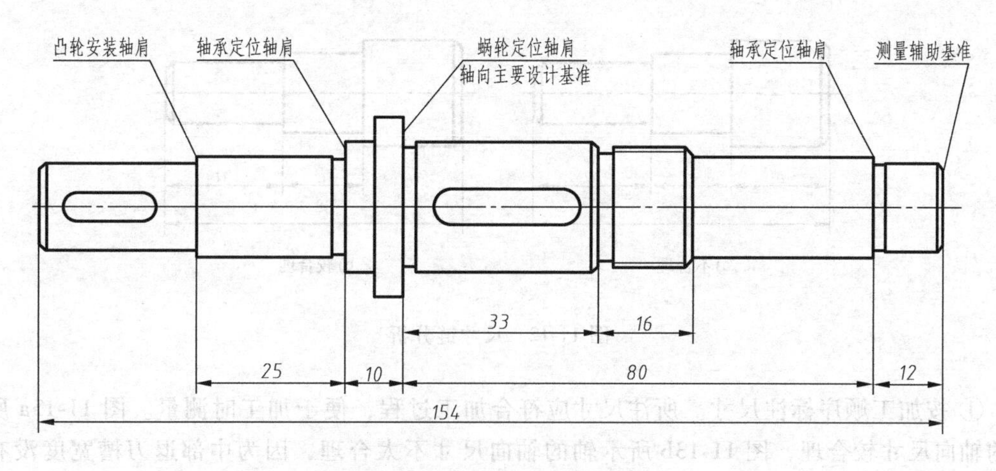

图 11-10 蜗轮轴轴向主要基准和尺寸

准确位置的尺寸，也是影响部件规格性能的尺寸，底板安装孔之间的距离尺寸 82 及 18 属于安装尺寸，它们都是主要尺寸，必须在零件图上直接标注。

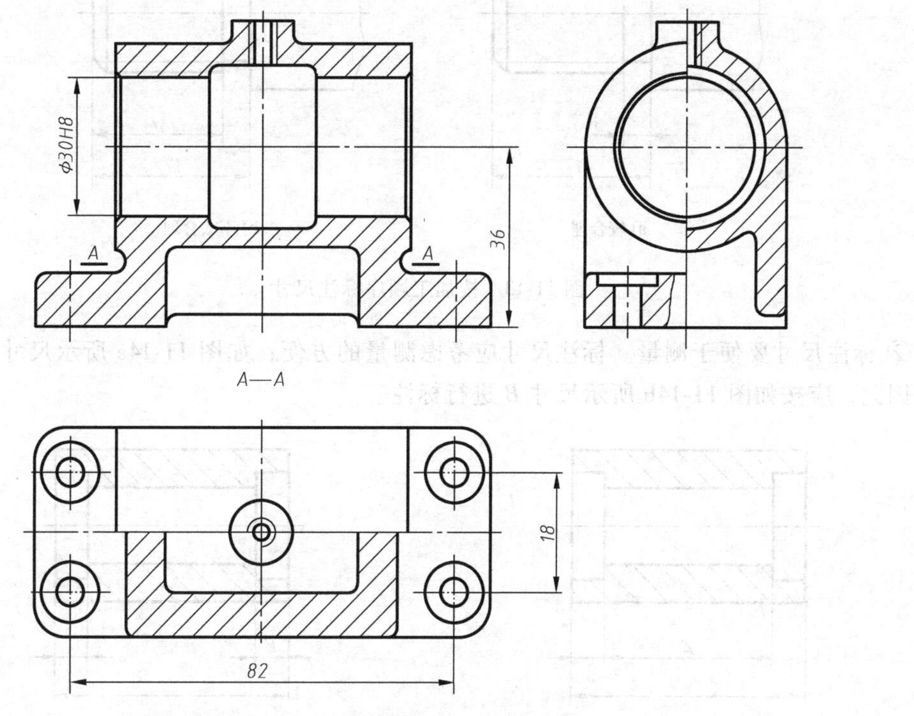

图 11-11 微动机构中支座的主要尺寸

2）不允许出现封闭尺寸链。在同一方向按一定顺序依次连接起来排成的尺寸标注形式称为尺寸链。如果尺寸链中所有各环都注上尺寸就成为封闭尺寸链，如图 11-12a 所示，这种情况是不允许出现的。在标注尺寸时，应在尺寸链中选一个不重要的环不标注尺寸，如图 11-12b 所示。

2. 在图样上标注零件的尺寸时要符合工艺要求

体现在以下几个方面。

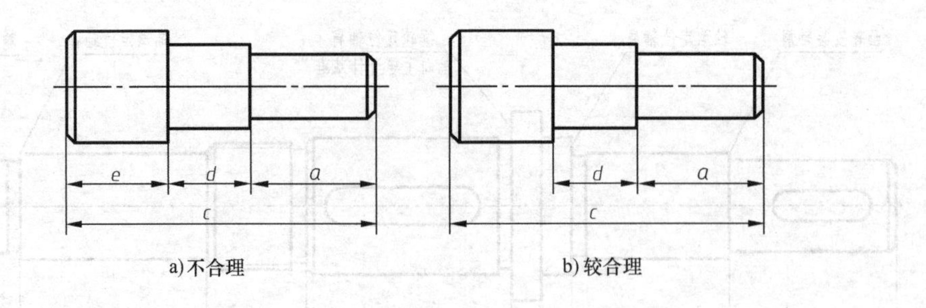

a) 不合理　　b) 较合理

图 11-12　尺寸链分析

① 按加工顺序标注尺寸。所注尺寸应符合加工过程，便于加工时测量。图 11-13a 所示轴的轴向尺寸较合理，图 11-13b 所示轴的轴向尺寸不太合理，因为中部退刀槽宽度没有直接注出，不符合加工过程。

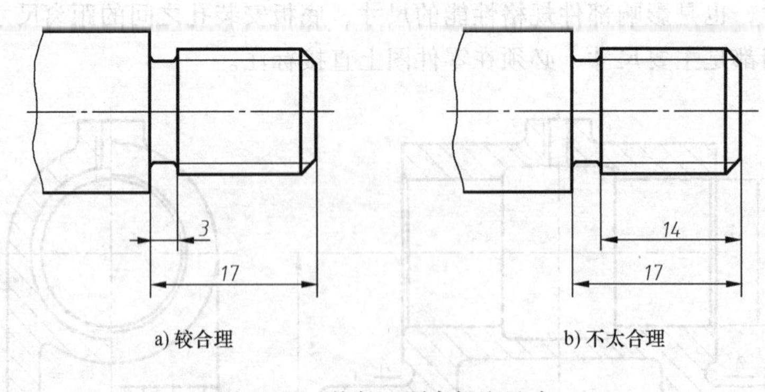

a) 较合理　　b) 不太合理

图 11-13　按加工顺序标注尺寸

② 标注尺寸要便于测量。标注尺寸应考虑测量的方便，如图 11-14a 所示尺寸 A 不便测量。因此，应按如图 11-14b 所示尺寸 B 进行标注。

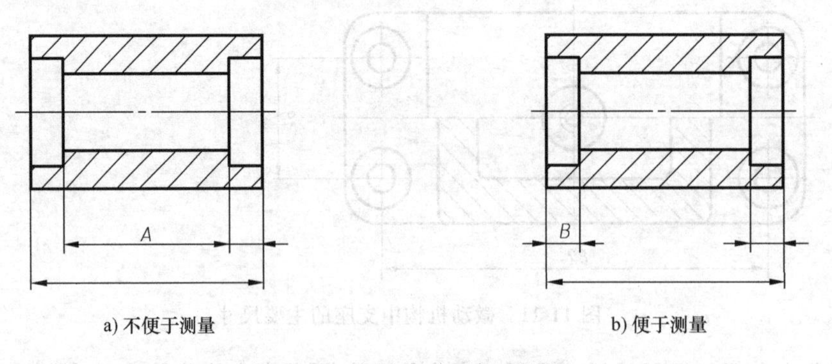

a) 不便于测量　　b) 便于测量

图 11-14　标注尺寸要便于测量

③ 同一方向的若干加工面和非加工面之间，一般只宜有一个联系尺寸。图 11-15a 所示高度方向的尺寸，虽然齐全，但不合理。如改为如图 11-15b 所示的标注方法，零件的非加工面间由一组高度尺寸 H_1、H_2、H_3、H_4 相联系；加工面间由高度尺寸 L_1 相联系，加工面与非加工面之间只有一个联系尺寸 A，满足了所注尺寸的精度要求又使加工方便，这样就合理

多了。

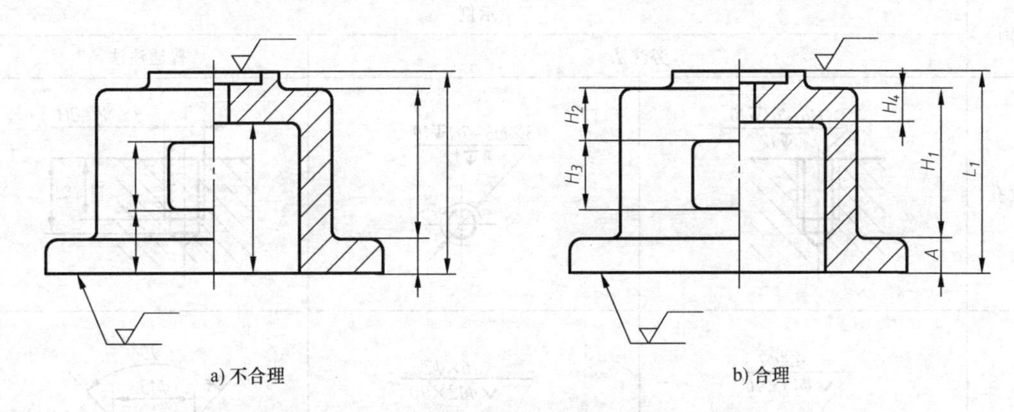

a) 不合理　　b) 合理

图 11-15　加工面与非加工面之间有一个联系尺寸

11.3.3　常见结构要素的尺寸标注

1. 典型孔的尺寸标注

零件上常见的典型孔的尺寸标注见表 11-1。

表 11-1　典型孔的尺寸标注

类别	示例		
	旁注法		普通注法
光孔	4×ϕ4↧10	4×ϕ4↧10	4×ϕ4 10
光孔	锥销孔ϕ4 配作	锥销孔ϕ4 配作	锥销孔ϕ4 配作
螺纹孔	3×M6−7H	3×M6−7H	3×M6−7H

（续）

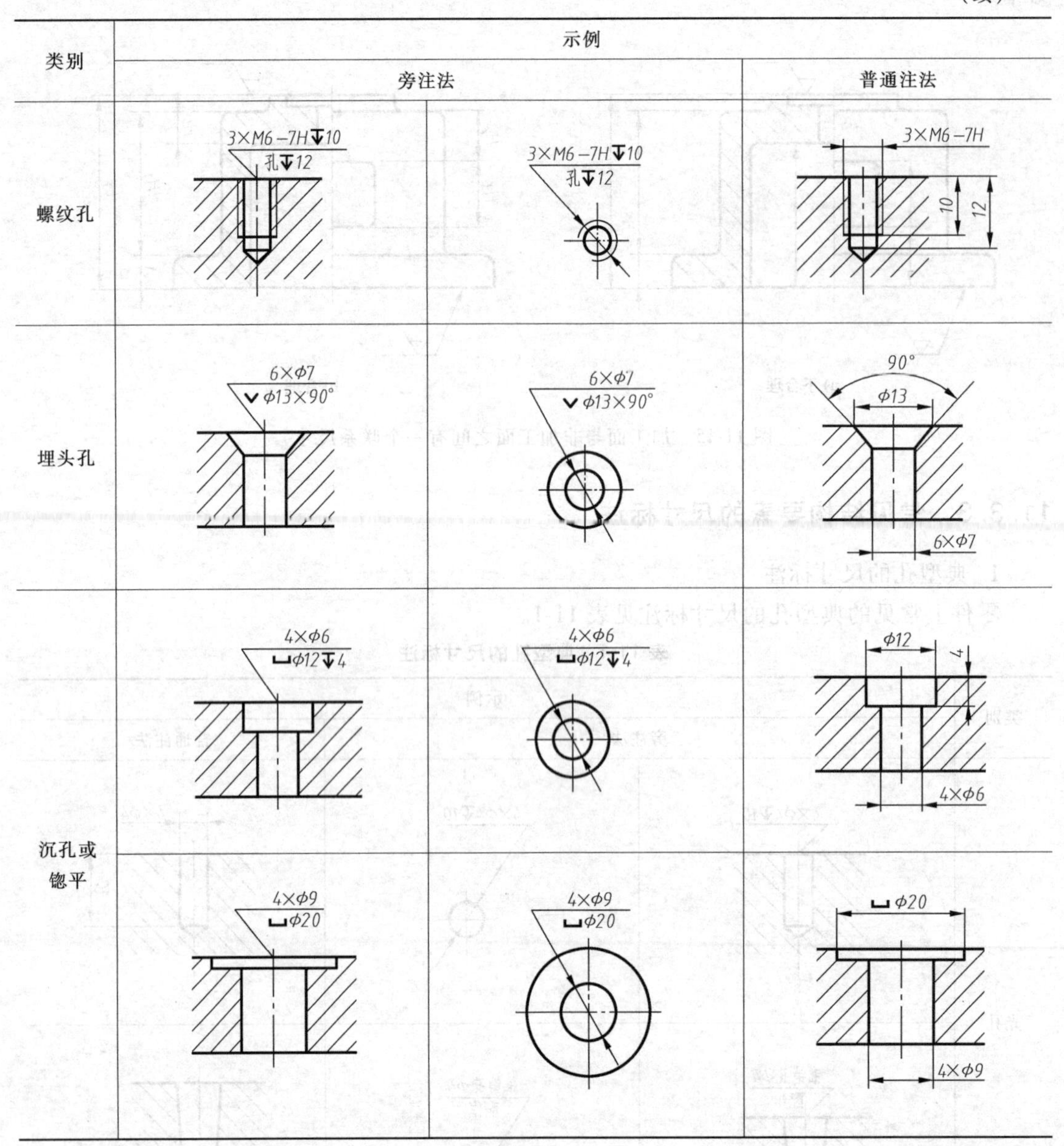

类别	示例		
	旁注法		普通注法
螺纹孔	3×M6−7H↧10 孔↧12	3×M6−7H↧10 孔↧12	3×M6−7H 10 12
埋头孔	6×φ7 ⌵φ13×90°	6×φ7 ⌵φ13×90°	90° φ13 6×φ7
沉孔或锪平	4×φ6 ⌴φ12↧4	4×φ6 ⌴φ12↧4	φ12 4 4×φ6
	4×φ9 ⌴φ20	4×φ9 ⌴φ20	⌴φ20 4×φ9

2. 倒角和退刀槽的尺寸标注

倒角和退刀槽作为机械加工的工艺结构，也常见于各种零件上，其尺寸标注见表 11-2。

表 11-2　倒角和退刀槽的尺寸标注

类别		示　例
倒角	45°轴端倒角	C2

（续）

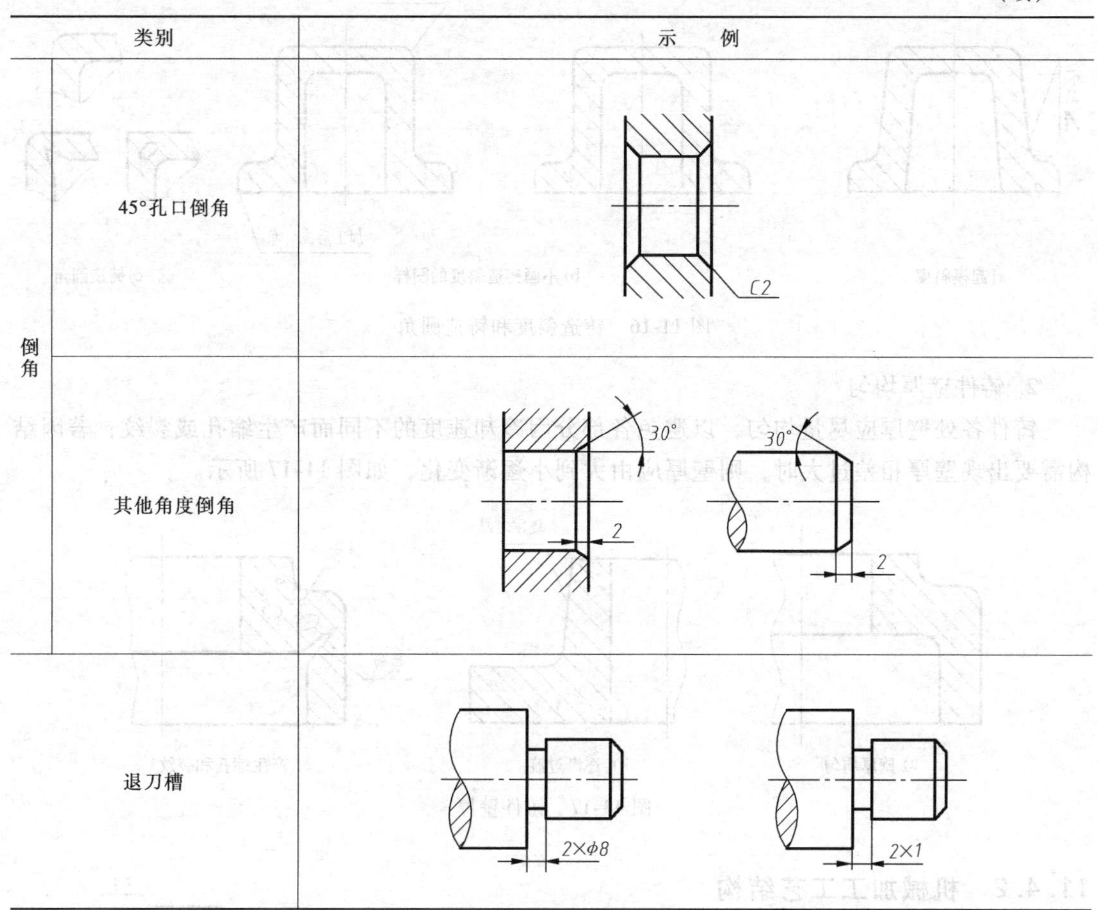

11.4　零件上常见的工艺结构

零件的结构既要满足使用要求，又要满足制造工艺要求。本节介绍一些常见的砂型铸造工艺和一般机械加工工艺规范对零件结构的要求。

11.4.1　铸造工艺结构

1. 铸造斜度和铸造圆角

铸造零件的毛坯时，为了便于将木模从砂型中取出，一般沿起模方向做出 1∶20 的斜度，称为起模斜度，如图 11-16a 所示。相应的铸件上，也应有斜度，称为铸造斜度，在零件图上可以不标注，也可以不画该斜度，如图 11-16b 所示，必要时可在技术要求中注明。

为防止浇注铁液时冲坏砂型，同时为防止铸件在冷却时转角处产生缩孔和避免应力集中而产生裂纹，铸件两面相交处均须制成圆角，即铸造圆角，如图 11-16c 所示，圆角半径一般取壁厚的 0.2~0.4 倍，也可从有关手册中查到，视图中一般不注铸造圆角半径，而注写在技术要求中，如“未注铸造圆角 *R*2~*R*4”。

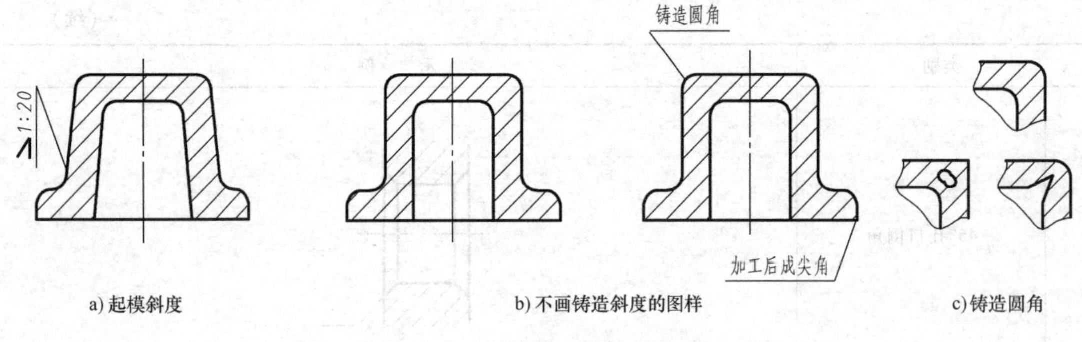

图 11-16 铸造斜度和铸造圆角

2. 铸件壁厚均匀

铸件各处壁厚应尽量均匀，以避免各部分因冷却速度的不同而产生缩孔或裂纹；若因结构需要出现壁厚相差过大时，则壁厚应由大到小逐渐变化，如图 11-17 所示。

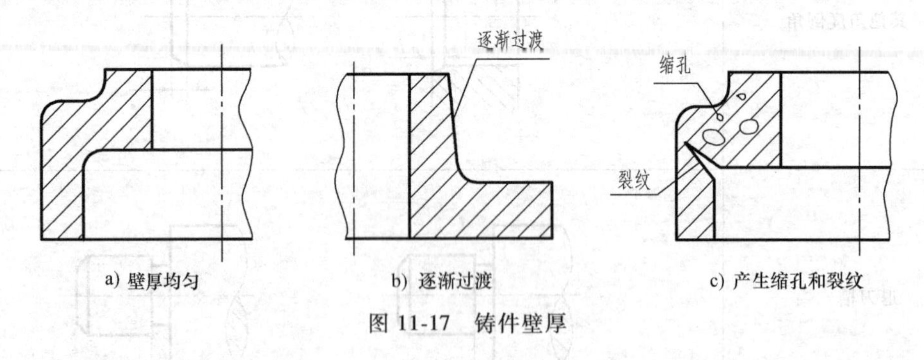

图 11-17 铸件壁厚

11.4.2 机械加工工艺结构

1. 倒角和倒圆

为了便于装配和去除零件上的毛刺、锐边，通常将尖角加工成倒角。为避免轴肩处的应力集中而产生裂纹，该处可加工成圆角，如图 11-18 所示。圆角和倒角的尺寸系列可查有关资料，其中倒角为 45°时，用代号 C×表示，×指轴向尺寸数值。

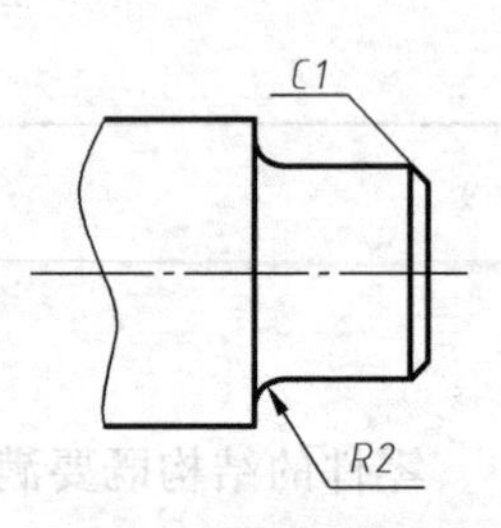

图 11-18 倒角和倒圆

2. 退刀槽和砂轮越程槽

为了退出刀具或使砂轮可以越过加工面，常在待加工面的末端加工出退刀槽或砂轮越程槽，如图 11-19 所示。

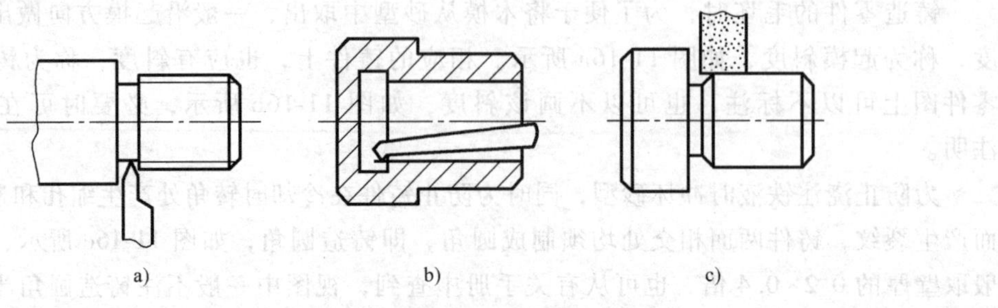

图 11-19 退刀槽和砂轮越程槽

3. 凸台或沉孔等

为了减少机械加工量，节约材料和减少刀具的消耗，加工表面与非加工表面要分开，做成凸台或沉孔等结构，如图 11-20 所示。

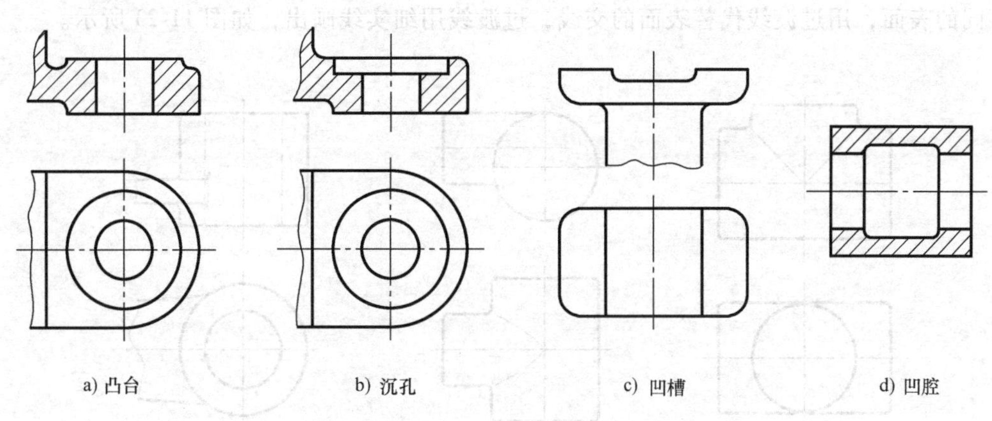

a) 凸台　b) 沉孔　c) 凹槽　d) 凹腔

图 11-20　为减少机械加工量采用的结构

4. 钻孔加工工艺结构

钻孔时，钻头应尽量垂直于被加工表面，否则钻头受力不均会产生折断或打滑。因此沿曲面或斜面钻孔时，应增设凸台或沉孔，如图 11-21 所示。

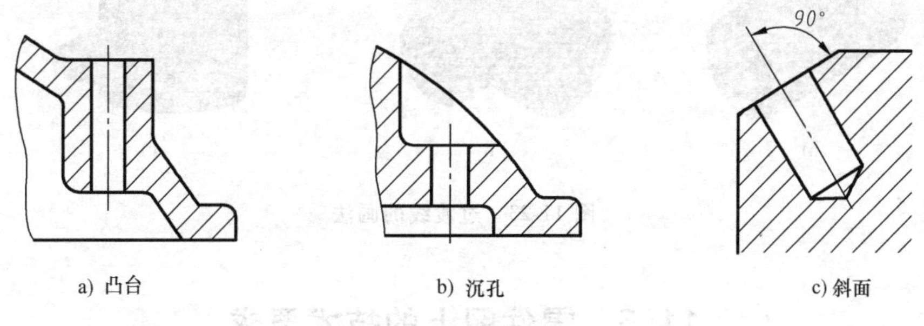

a) 凸台　b) 沉孔　c) 斜面

图 11-21　钻孔加工工艺结构

用钻头钻出的不通孔或阶梯孔，孔底或阶梯处应有 120°的锥孔，其画法及尺寸标注如图 11-22 所示，但 120°不需注出。

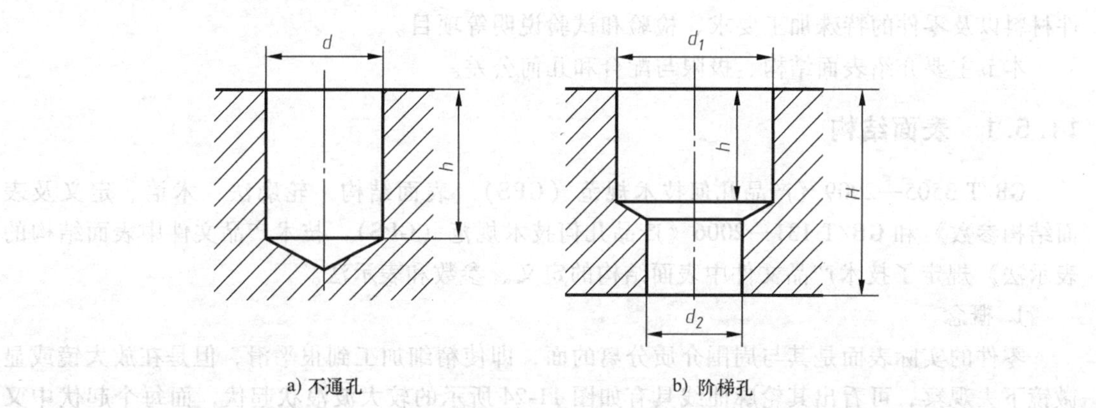

a) 不通孔　b) 阶梯孔

图 11-22　锥孔结构

11.4.3 过渡线的画法

由于铸造圆角的存在，铸件各表面上的交线（相贯线和截交线）就不明显了。为了区分不同的表面，用过渡线代替表面的交线，过渡线用细实线画出，如图 11-23 所示。

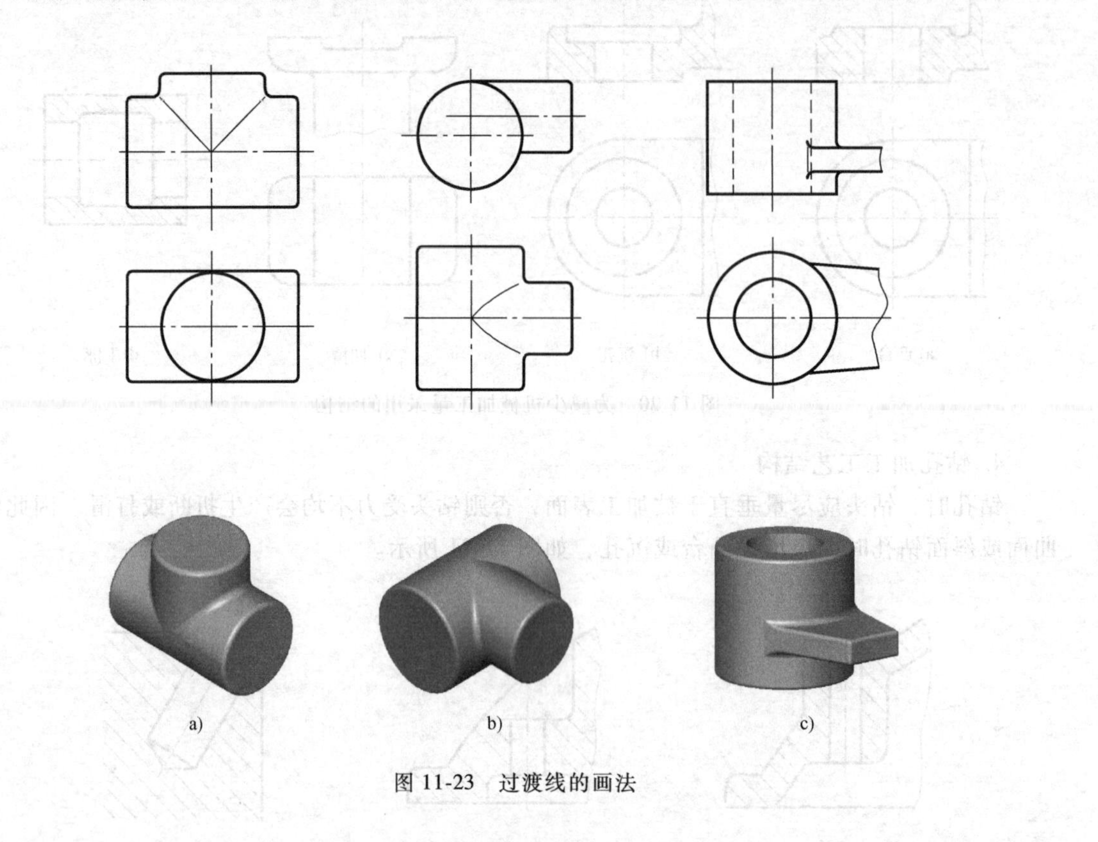

图 11-23 过渡线的画法

11.5 零件图上的技术要求

零件图上的技术要求是组成零件图的一项重要内容，其反映制造和检验零件应达到的质量要求。技术要求的内容包括表面结构、极限与配合、几何公差、热处理及表面镀涂层、零件材料以及零件的特殊加工要求、检验和试验说明等项目。

本节主要介绍表面结构、极限与配合和几何公差。

11.5.1 表面结构

GB/T 3505—2009《产品几何技术规范（GPS） 表面结构 轮廓法 术语、定义及表面结构参数》和 GB/T 131—2006《产品几何技术规范（GPS） 技术产品文件中表面结构的表示法》规定了技术产品文件中表面结构的定义、参数和表示法。

1. 概念

零件的实际表面是其与周围介质分离的面，即使精细加工到很平滑，但是在放大镜或显微镜下去观察，可看出其轮廓曲线具有如图 11-24 所示的较大波浪状起伏，而每个起伏中又有更细小的凸峰和凹谷。为了客观实际地评价表面质量，将波浪状态按照波长进行分解，这样实际表面轮廓就由粗糙度轮廓、波纹度轮廓和原始轮廓叠加形成。

零件的加工表面上具有的细小间距和峰谷所组成的微观几何形状特征称为表面粗糙度轮廓。

表面粗糙度轮廓是评定零件表面质量的重要指标之一。它对零件的耐磨性、耐蚀性、抗疲劳强度、配合性能、密封性和外观等都有影响。

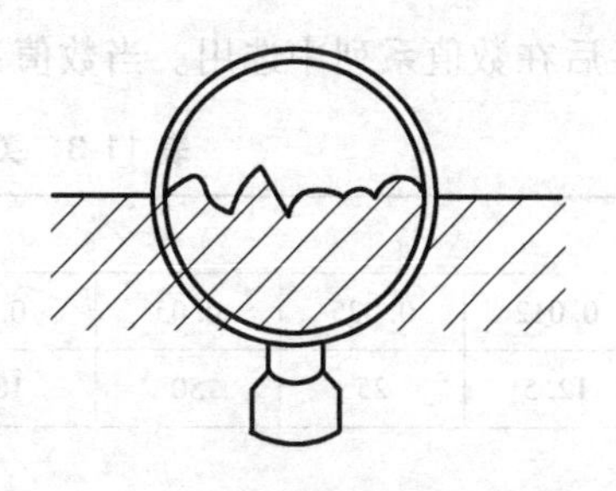

图 11-24 零件表面轮廓的局部放大

表面波纹度轮廓是机床、工件和刀具系统的振动，在工作表面所形成的间距比粗糙度大得多的表面不平度。零件表面的波纹度是影响零件寿命和引起振动的重要因素。

2. 表面结构参数及其代号

表面结构参数代号是由轮廓代号和特征代号组合而成。轮廓代号有三种，分别是：*R* 代表粗糙度轮廓；*W* 代表波纹度轮廓；*P* 代表原始轮廓。特征代号有四大类（高度参数、间距参数、混合参数、曲线和相关参数）共十四种，其中最常用的两种是：*z* 代表轮廓的最大高度；*a* 代表评定轮廓的算术平均偏差。三种评定轮廓的最大高度分别用 ***Rz***，***Wz*** 和 ***Pz*** 表示，三种评定轮廓的算术平均偏差分别用 ***Ra***，***Wa*** 和 ***Pa*** 表示。

轮廓的最大高度是根据规定选取的一个取样长度内最大轮廓峰高和最大轮廓谷深之和的高度，如图 11-25 所示的 *Rz*。评定轮廓的算术平均偏差是在一个取样长度内纵坐标值 $Z(x)$ 绝对值的算术平均值，计算公式为

$$Pa、Ra、Wa=\frac{1}{l}\int_0^l |Z(x)|\mathrm{d}x \tag{11-1}$$

依据不同情况，式中 $l=lp$、lr、lw，即分别是各种轮廓的取样长度。图 11-25 中显示的是粗糙度轮廓的最大高度和评定轮廓的算术平均偏差。

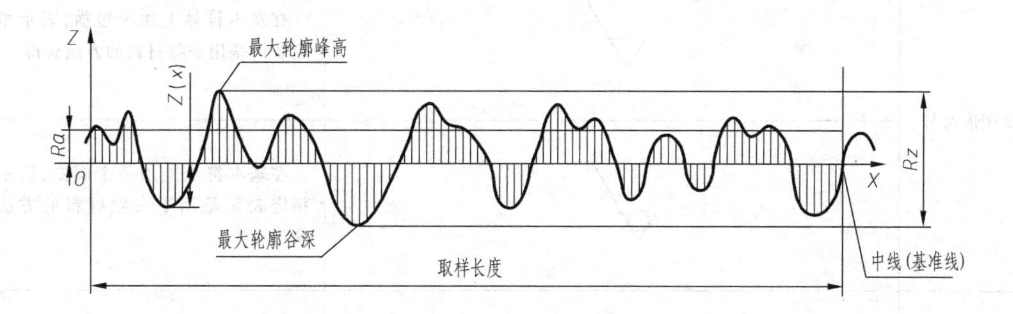

图 11-25 轮廓的最大高度和评定轮廓的算术平均偏差（以粗糙度轮廓为例）

3. 表面结构极限值

在图样上标注对表面结构的要求时，要在表面结构参数代号的后面注写出极限值。所注极限值默认为相应参数的上限值，且以 μm 为单位。例如：*Wz* 125 表示波纹度的最大高度上限值为 125μm，*Ra* 6.3 表示粗糙度的算术平均偏差上限值为 6.3μm。

极限值的大小要在国家标准规定的数值系列中选取。表 11-3 中是国家标准规定的关于表面结构要求的数值系列及补充系列值，极限值需综合考虑表面功能要求和生产的经济合理

性后在数值系列中选用。当数值系列不能满足要求时，可选取补充系列值。

表 11-3 关于表面结构要求的数值系列及补充系列值

表面结构要求的数值系列/μm									
0.012	0.025	0.05	0.1	0.2	0.4	0.8	1.6	3.2	6.3
12.5	25	50	100	200	400	800	1600	—	—
表面结构要求的补充系列值/μm									
0.008	0.010	0.016	0.020	0.032	0.040	0.063	0.080	0.125	0.160
0.25	0.32	0.50	0.63	1.00	1.25	2.0	2.5	4.0	5.0
8.0	10.0	16.0	20	32	40	63	80	160	250
320	500	630	1000	1250	—	—	—	—	—

4. 表面结构的图形符号

在机械图样中标注对表面结构的要求可用几种不同的图形符号表示，每种图形符号都有特定的含义，而且图形符号中应附加对表面结构的补充要求。表面结构的图形符号见表 11-4。

表 11-4 表面结构的图形符号

符号名称	符号	意义及说明
基本图形符号		基本符号仅适用于简化代号标注，没有补充说明时不能单独使用
扩展图形符号		在基本符号上加一短横，表示指定表面是用去除材料的方法获得
		在基本符号上加一个圆圈，表示指定表面是用不去除材料的方法获得
完整图形符号	a) 允许任何工艺　b) 去除材料　c) 不去除材料	在上述三个符号的长边上加一横线，以便注写对表面结构的各种要求

画表面结构的基本图形符号及其附加部分应根据图 11-26 所示形状和表 11-5 中的尺寸进行。第二个符号中水平线的长度取决于所注内容的长度。

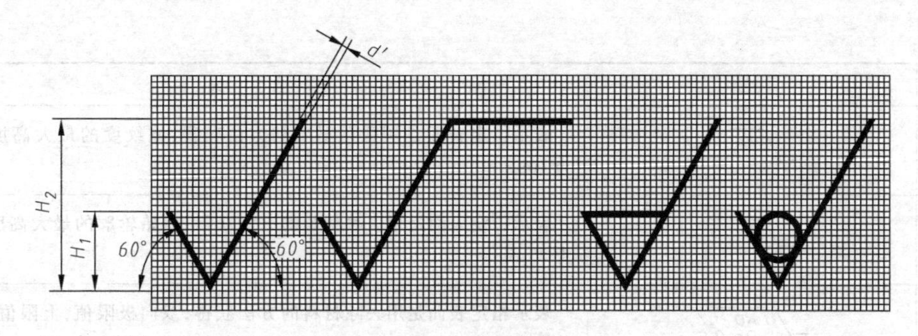

图 11-26 表面结构图形符号

表 11-5 表面结构图形符号和附加标注的尺寸 （单位：mm）

数字和字母高度 h(见 GB/T 14690)	2.5	3.5	5	7	10	14	20
符号线宽 d'	0.25	0.35	0.5	0.7	1	1.4	2
字母线宽 d							
高度 H_1	3.5	5	7	10	14	20	28
高度 H_2(最小值)	7.5	10.5	15	21	30	42	60

5. 表面结构补充要求的注写位置

为了明确表面结构要求，除了标注表面结构参数和数值外，必要时应标注补充要求，包括传输带、取样长度、加工工艺、表面纹理及方向、加工余量等。这些要求在图形符号中的注写位置如图 11-27 所示。其中，表面纹理是完工零件表面上呈现的、与切削运动轨迹相应的图案。各种纹理方向的符号及其含义可查阅 GB/T 131—2006。

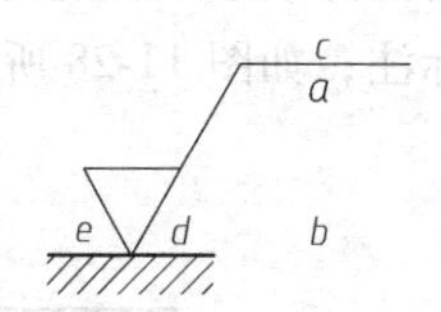

图 11-27 补充要求的注写位置

1）位置 a。注写表面结构的单一要求。

2）位置 a 和 b。a 注写第一表面结构要求。b 注写第二表面结构要求。

3）位置 c。注写加工方法、表面处理、涂层或其他加工工艺要求等，如车、磨、镀等加工表面。

4）位置 d。注写要求的表面纹理和纹理方向，如“=”“X”和“M”。

5）位置 e。注写加工余量，加工余量以 mm 为单位。

6. 表面结构代号及其含义

表面结构符号中注写了具体参数代号及极限值等要求后即称为表面结构代号。表 11-6 中列出了一些常见的表面结构代号及其含义。

表 11-6 一些常见的表面结构代号及其含义

序号	代号	含 义
1	Rz 0.4	表示指定表面是用不去除材料的方法获得，粗糙度的最大高度上限值为 0.4μm
2	Ra 3.2	表示指定表面是用去除材料的方法获得，粗糙度的算术平均偏差上限值为 3.2μm

（续）

序号	代号	含　义
3	Wz 10	表示指定表面是用去除材料的方法获得，波纹度的最大高度上限值为 10μm
4	Pz 25	表示指定表面是用去除材料的方法获得，原始轮廓的最大高度上限值为 25μm
5	U Ra 3.2 L Ra 0.8	表示指定表面是用去除材料的方法获得，双向极限值，上限值：粗糙度的算术平均偏差为 3.2μm，下限值：粗糙度的算术平均偏差为 0.8μm

7. 表面结构要求在图样中的注法

1）在机械图样中标注表面结构要求时应遵循如下规则：表面结构要求对每一表面一般只标注一次，并尽可能注在相应的尺寸及其公差的同一视图上；除非另有说明，所标注的表面结构要求是对完工零件表面的要求；表面结构要求的注写和读取方向与尺寸的注写和读取方向一致，如图 11-28 所示。

2）表面结构要求可标注在轮廓线上，也可以直接标注在延长线上，其符号应从材料外指向并接触表面轮廓线或延长线。必要时，表面结构要求也可用带箭头或黑点的指引线引出标注，如图 11-28 所示。

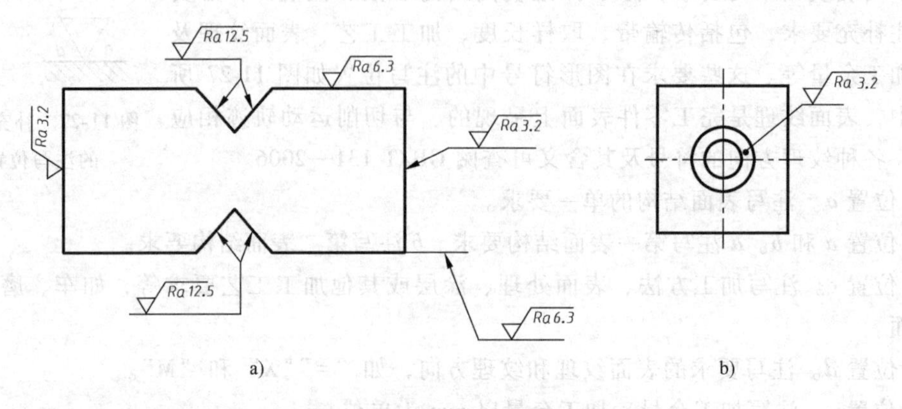

图 11-28　表面结构要求的标注

3）在不致引起误解时，表面结构要求可以标注在给定的尺寸线上，如图 11-29 所示。

11.5.2　极限与配合

1. 概念

在机器制造过程中，一批同样的零件中随机地取出一件，不经修配就可安装到设计的位置，并能达到规定的技术要求，这种性质称为互换性。零件具有互换性，有利于生产部门广泛协作，组织高效率的专业化生产，还能保证产品质量的稳定性，提高经济效益。

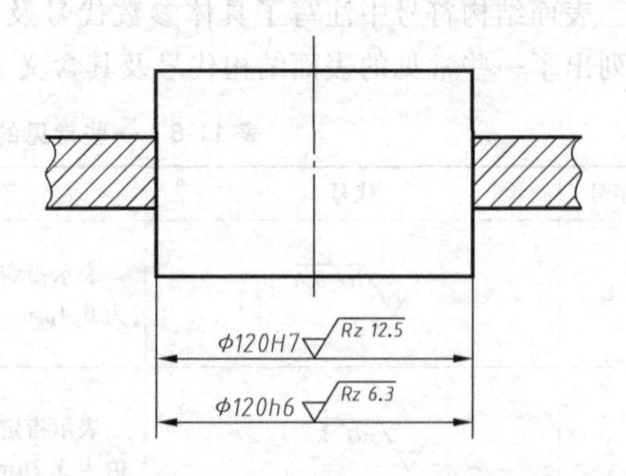

图 11-29　表面结构要求可以标注在给定的尺寸线上

在零件的加工过程中，为了保证零件的互换性，必须将零件尺寸的加工误差限制在一定范围内，规定出尺寸的允许变动量，这个范围既要保证相互配合的尺寸之间形成一定的关系以满足不同的使用要求，又要在制造时经济合理，这便形成了极限与配合。国家标准对极限与配合的基本术语、代号及标注等都做了统一规定。

2. 有关术语

极限与配合的有关术语的意义如图 11-30 所示。

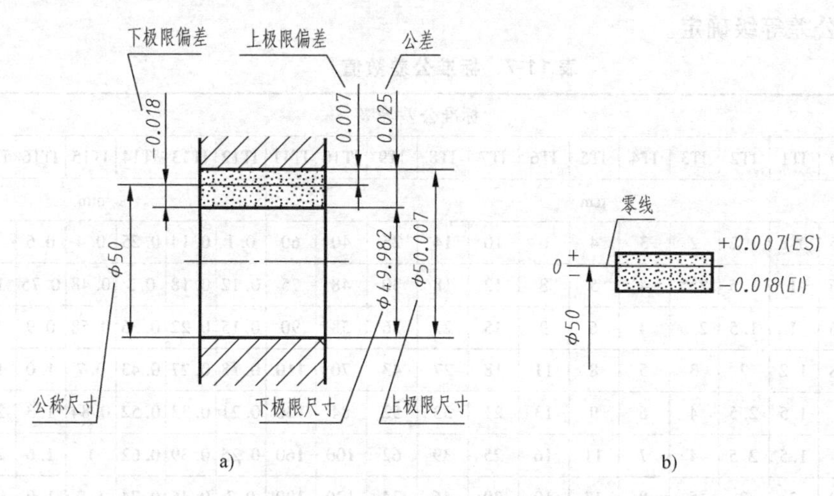

图 11-30 极限与配合的有关术语的意义

(1) 公称尺寸 根据零件强度、结构和工艺要求而设计确定的尺寸。

(2) 实际尺寸 零件制成后，测量得到的尺寸。

(3) 极限尺寸 允许零件尺寸变化的两个极限值。尺寸要素允许的最大尺寸称为上极限尺寸，尺寸要素允许的最小尺寸称为下极限尺寸。

当实际尺寸大于等于下极限尺寸且小于等于上极限尺寸时，制成的零件为合格。否则，零件不合格。

(4) 尺寸偏差 简称为偏差，是某一尺寸（实际尺寸、极限尺寸等）减去其公称尺寸所得的代数差。极限尺寸减去公称尺寸所得的代数差称为极限偏差，分为上极限偏差和下极限偏差。

上极限偏差=上极限尺寸-公称尺寸

下极限偏差=下极限尺寸-公称尺寸

轴的上极限偏差和下极限偏差代号分别用小写字母 es 和 ei 表示；孔的上极限偏差和下极限偏差代号分别用大写字母 ES 和 EI 表示。

(5) 尺寸公差 简称为公差，是尺寸允许的变动量。

公差=上极限尺寸-下极限尺寸=上极限偏差-下极限偏差

因为上极限尺寸总是大于下极限尺寸，所以尺寸公差总是正值。

(6) 零线 在极限与配合示意图中，表示公称尺寸的一条直线，以其为基准确定偏差和公差。

(7) 公差带 公差带是由代表上极限偏差和下极限偏差或上极限尺寸和下极限尺寸的两条直线所限定的一个区域，如图 11-30a 所示用小点填充的区域。公差带的宽度反映公差的大小，公差带相对于零线的位置反映极限偏差的大小。

（8）公差带图　将零线、上极限偏差和下极限偏差用简图的形式画出来以直观反映公称尺寸、极限偏差、公差三者的关系，如图 11-30b 所示。

（9）标准公差　国家标准规定的用以确定公差带大小的标准化数值，见表 11-7。标准公差用 IT 表示，IT 后面的阿拉伯数字是标准公差等级的代号。国家标准将标准公差等级分为 20 级，即 IT01、IT0、IT1、…、IT18，其尺寸精确程度从 IT01 到 IT18 依次降低，其数值由公称尺寸和公差等级确定。

表 11-7　标准公差数值

公称尺寸/mm		标准公差等级																			
		IT01	IT0	IT1	IT2	IT3	IT4	IT5	IT6	IT7	IT8	IT9	IT10	IT11	IT12	IT13	IT14	IT15	IT16	IT17	IT18
大于	至	μm													mm						
—	3	0.3	0.5	0.8	1.2	2	3	4	6	10	14	25	40	60	0.1	0.14	0.25	0.4	0.6	1	1.4
3	6	0.4	0.6	1	1.5	2.5	4	5	8	12	18	30	48	75	0.12	0.18	0.3	0.48	0.75	1.2	1.8
6	10	0.4	0.6	1	1.5	2.5	4	6	9	15	22	36	58	90	0.15	0.22	0.36	0.58	0.9	1.5	2.2
10	18	0.5	0.8	1.2	2	3	5	8	11	18	27	43	70	110	0.18	0.27	0.43	0.7	1.0	1.8	2.7
18	30	0.6	1	1.5	2.5	4	6	9	13	21	33	52	84	130	0.21	0.33	0.52	0.84	1.3	2.1	3.3
30	50	0.6	1	1.5	2.5	4	7	11	16	25	39	62	100	160	0.25	0.39	0.62	1	1.6	2.5	3.9
50	80	0.8	1.2	2	3	5	8	13	19	30	46	74	120	190	0.3	0.46	0.74	1.2	1.9	3	4.6
80	120	1	1.5	2.5	4	6	10	15	22	35	54	87	140	220	0.35	0.54	0.87	1.4	2.2	3.5	5.4
120	180	1.2	2	3.5	5	8	12	18	25	40	63	100	160	250	0.4	0.63	1	1.6	2.5	4	6.3
180	250	2	3	4.5	7	10	14	20	29	46	72	115	185	290	0.46	0.72	1.15	1.85	2.9	4.6	7.2
250	315	2.5	4	6	8	12	16	23	32	52	81	130	210	320	0.52	0.81	1.3	2.1	3.2	5.2	8.1
315	400	3	5	7	9	13	18	25	36	57	89	140	230	360	0.57	0.89	1.4	2.3	3.6	5.7	8.9
400	500	4	6	8	10	15	20	27	40	63	97	155	250	400	0.63	0.97	1.55	2.5	4	6.3	9.7

（10）基本偏差　基本偏差是国家标准规定的用以确定公差带相对于零线位置的那个极限偏差，一般是上极限偏差和下极限偏差中靠近零线的那个偏差。图 11-31 所示为国家标准规定的基本偏差系列。从图 11-31 中可以看出，孔和轴各有二十八个基本偏差，它们的代号为单个或两个拉丁字母。孔的基本偏差代号用大写，轴的基本偏差代号用小写。基本偏差系列只给出公差带靠近零线一端的位置，公差带的另一端位置则取决于所选标准公差数值的大小，所以公差带远离零线的一端画成开口。孔或轴的另一偏差可由基本偏差和标准公差数值求出，即

$$ES = EI + IT \text{ 或 } EI = ES - IT$$

$$es = ei + IT \text{ 或 } ei = es - IT$$

基本偏差代号为 H 的孔和 h 的轴，它们的基本偏差数值为零。

GB/T 1800.1—2009 和 GB/T 1800.2—2009 给出了轴与孔的基本偏差数值和极限偏差数值。从中可以看出，轴与孔的基本偏差数值和极限偏差数值由它们的公称尺寸、基本偏差代号和标准公差等级共同确定。

（11）公差带代号　孔和轴的尺寸公差可用公差带代号表示。公差带代号由基本偏差代

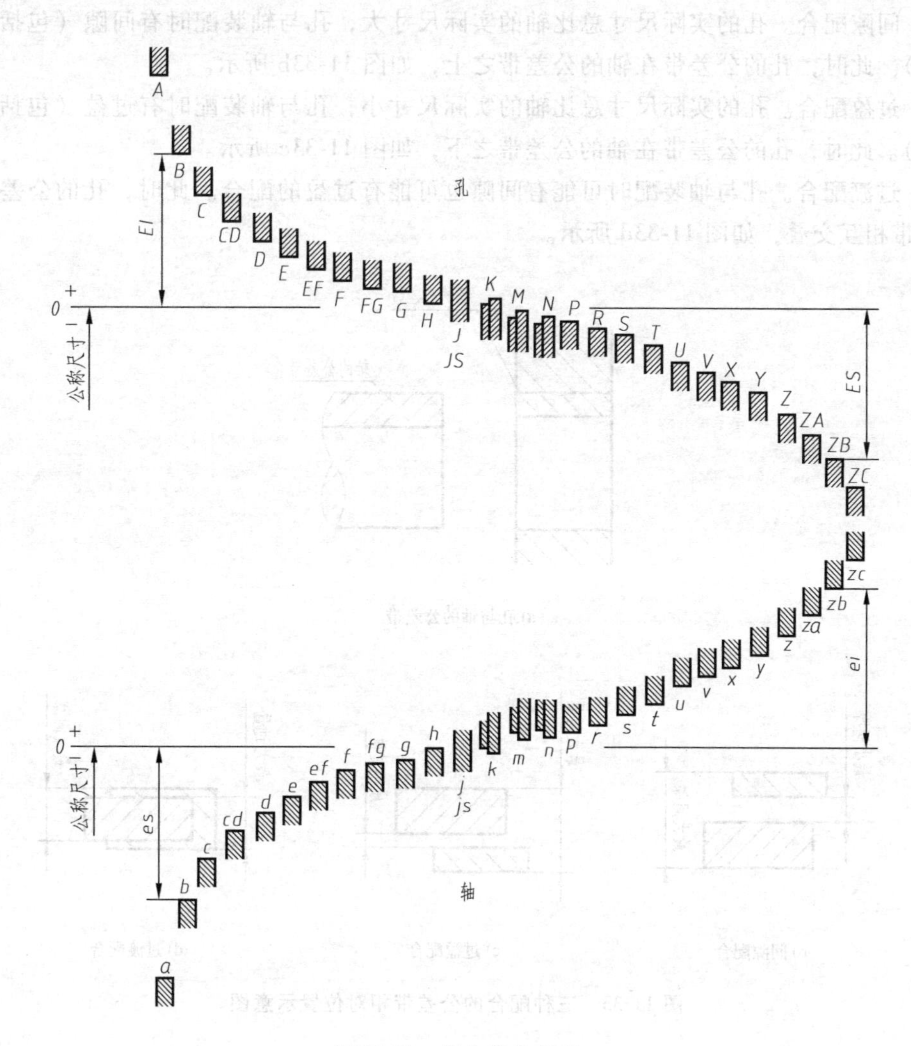

图 11-31 基本偏差系列

号与标准公差等级代号组成，如图 11-32 所示 ϕ50H8 和 ϕ50f7。

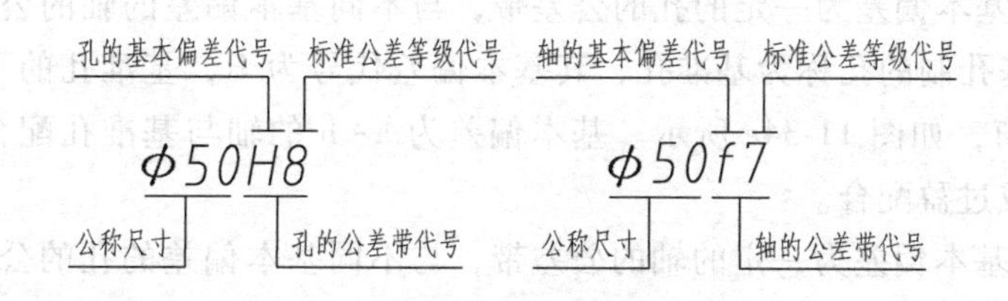

图 11-32 孔和轴的公差带代号

查附录可知，ϕ50H8 的下极限偏差数值是 0μm，上极限偏差数值是+39μm；ϕ50f7 的上极限偏差数值是−25μm，下极限偏差数值是−50μm。

3. 配合

公称尺寸相同的并且相互结合的孔和轴公差带之间的关系称为配合。

（1）配合种类 国家标准规定配合分为三类，即间隙配合、过盈配合和过渡配合。

1）间隙配合。孔的实际尺寸总比轴的实际尺寸大，孔与轴装配时有间隙（包括最小间隙为零）。此时，孔的公差带在轴的公差带之上，如图 11-33b 所示。

2）过盈配合。孔的实际尺寸总比轴的实际尺寸小，孔与轴装配时有过盈（包括最小过盈为零）。此时，孔的公差带在轴的公差带之下，如图 11-33c 所示。

3）过渡配合。孔与轴装配时可能有间隙也可能有过盈的配合。此时，孔的公差带与轴的公差带相互交叠，如图 11-33d 所示。

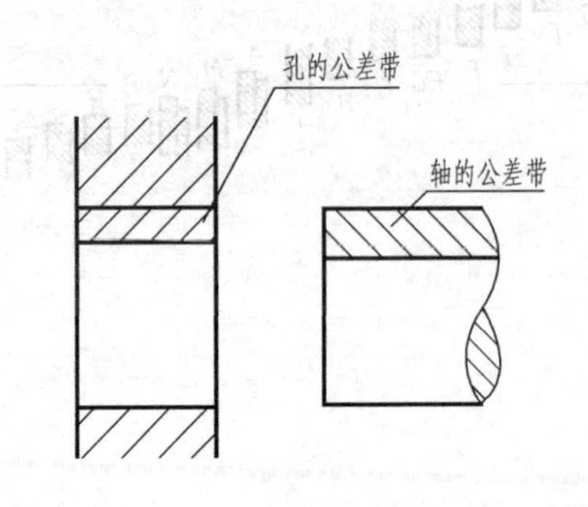

a) 孔与轴的公差带

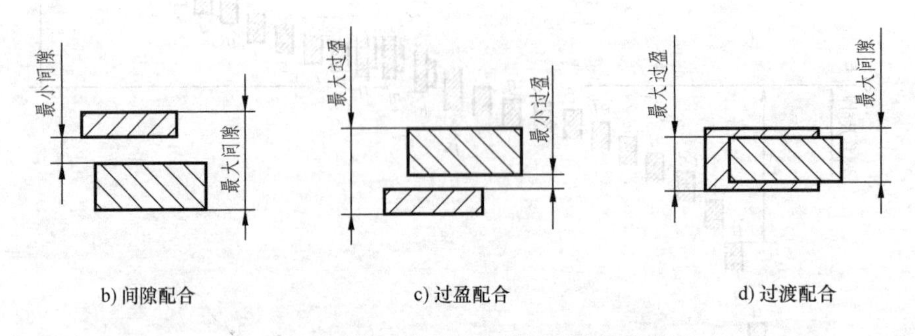

b) 间隙配合　　c) 过盈配合　　d) 过渡配合

图 11-33　三种配合的公差带相对位置示意图

（2）配合的基准制，也称为配合制　国家标准对配合规定了两种基准制——基孔制和基轴制。

1）基孔制。基本偏差为一定的孔的公差带，与不同基本偏差的轴的公差带形成各种配合的一种制度。基孔制的孔称为基准孔，其基本偏差代号为 H，基准孔的下极限偏差为零，上极限偏差为正值，如图 11-34a 所示。基本偏差为 a~h 的轴与基准孔配合时为间隙配合，其余为过渡配合或过盈配合。

2）基轴制。基本偏差为一定的轴的公差带，与不同基本偏差的孔的公差带形成各种配合的一种制度。基轴制的轴称为基准轴，其基本偏差代号为 h，基准轴的上极限偏差为零，下极限偏差为负值，如图 11-34b 所示。与基准轴配合的孔的基本偏差从 A~H 为间隙配合，其余为过渡配合或过盈配合。

在生产中选择基准制时，一般情况下优先选用基孔制，这样既方便加工制造，又可缩减所用定直径的刀具、量具的数量，比较经济合理。基轴制配合通常用于具有明显经济利益的场合，如直接用冷拉钢材做轴，不再加工；有时，由于结构的要求需要采用基轴制，如在同一直径的一段轴上装有几个零件出现多种配合，就必须采用基轴制。与标准件配合时，通常

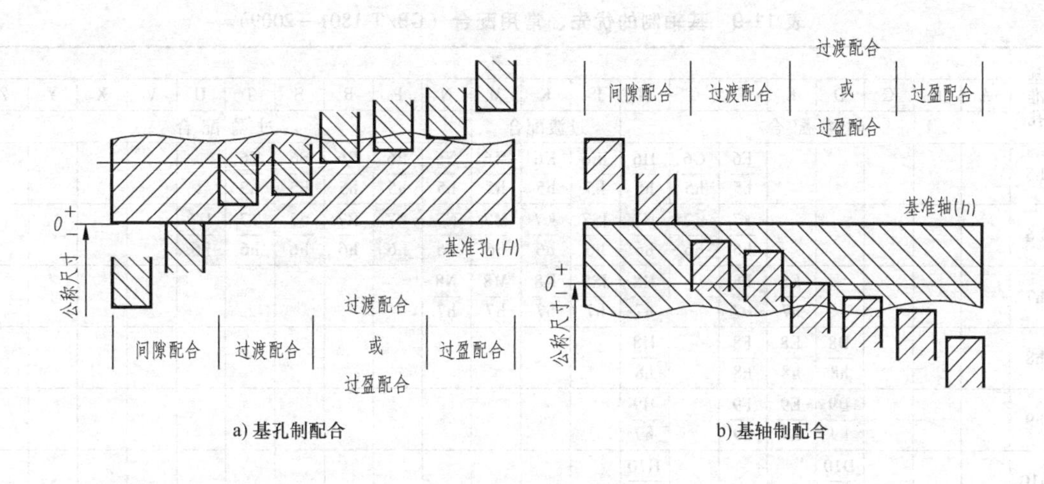

a) 基孔制配合　　b) 基轴制配合

图 11-34　配合制

选择标准件为基准件。例如：滚动轴承内圈与轴为基孔制配合，滚动轴承外圈与孔为基轴制配合。

（3）配合代号　配合代号由形成配合的孔、轴公差带代号组成，写成类似于分数的形式，分子为孔的公差带代号，分母为轴的公差带代号，如$\frac{H8}{f7}$和$\frac{JS7}{h6}$。

（4）优先、常用配合　国家标准规定由轴和孔的优先和常用公差带组合成基孔制优先、常用配合和基轴制优先、常用配合。表 11-8 和表 11-9 列出了公称尺寸至 500mm 的基孔制和基轴制的优先、常用配合，应尽量选用优先、常用配合。

表 11-8　基孔制的优先、常用配合（GB/T 1801—2009）

基准孔	轴																				
	a	b	c	d	e	f	g	h	js	k	m	n	p	r	s	t	u	v	x	y	z
	间隙配合								过渡配合			过盈配合									
H6						H6/f5	H6/g5	H6/h5	H6/js5	H6/k5	H6/m5	H6/n5	H6/p5	H6/r5	H6/s5	H6/t5					
H7						H7/f6	H7/g6	H7/h6	H7/js6	H7/k6	H7/m6	H7/n6	H7/p6	H7/r6	H7/s6	H7/t6	H7/u6	H7/v6	H7/x6	H7/y6	H7/z6
H8					H8/e7	H8/f7	H8/g7	H8/h7	H8/js7	H8/k7	H8/m7	H8/n7	H8/p7	H8/r7	H8/s7	H8/t7	H8/u7				
				H8/d8	H8/e8	H8/f8		H8/h8													
H9			H9/c9	H9/d9	H9/e9	H9/f9		H9/h9													
H10			H10/c10	H10/d10				H10/h10													
H11	H11/a11	H11/b11	H11/c11	H11/d11				H11/h11													
H12		H12/b12						H12/h12													

注：标注“灰色”的配合为优先配合。

表 11-9　基轴制的优先、常用配合（GB/T 1801—2009）

基准孔	孔																				
	A	B	C	D	E	F	G	H	JS	K	M	N	P	R	S	T	U	V	X	Y	Z
	间隙配合								过渡配合				过盈配合								
h5						$\frac{F6}{h5}$	$\frac{G6}{h5}$	$\frac{H6}{h5}$	$\frac{JS6}{h5}$	$\frac{K6}{h5}$	$\frac{M6}{h5}$	$\frac{N6}{h5}$	$\frac{P6}{h5}$	$\frac{R6}{h5}$	$\frac{S6}{h5}$	$\frac{T6}{h5}$					
h6						$\frac{F7}{h6}$	$\frac{G7}{h6}$	$\frac{H7}{h6}$	$\frac{JS7}{h6}$	$\frac{K7}{h6}$	$\frac{M7}{h6}$	$\frac{N7}{h6}$	$\frac{P7}{h6}$	$\frac{R7}{h6}$	$\frac{S7}{h6}$	$\frac{T7}{h6}$	$\frac{U7}{h6}$				
h7					$\frac{E8}{h7}$	$\frac{F8}{h7}$		$\frac{H8}{h7}$	$\frac{JS8}{h7}$	$\frac{K8}{h7}$	$\frac{M8}{h7}$	$\frac{N8}{h7}$									
h8				$\frac{D8}{h8}$	$\frac{E8}{h8}$	$\frac{F8}{h8}$		$\frac{H8}{h8}$													
h9				$\frac{D9}{h9}$	$\frac{E9}{h9}$	$\frac{F9}{h9}$		$\frac{H9}{h9}$													
h10				$\frac{D10}{h10}$				$\frac{H10}{h10}$													
h11	$\frac{A11}{h11}$	$\frac{B11}{h11}$	$\frac{C11}{h11}$	$\frac{D11}{h11}$				$\frac{H11}{h11}$													
h12		$\frac{B12}{h12}$						$\frac{H12}{h12}$													

注：标注“灰色”的配合为优先配合。

4. 极限与配合的标注方法

（1）在零件图中的标注方法　国家标准规定需要标注公差的尺寸在公称尺寸后面要注出公差带代号或对应的极限偏差数值。具体标注方法有以下三种。

1）公称尺寸后面注出公差带代号，如图 11-35a 所示。

2）公称尺寸后面注出上、下极限偏差数值，如图 11-35b 所示。

3）公称尺寸后同时注出公差带代号和对应的上下极限偏差数值，此时极限偏差数值应加上圆括号，如图 11-35c 所示。

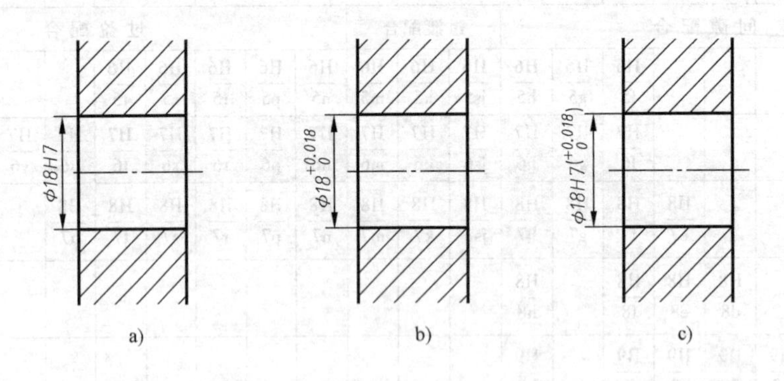

图 11-35　在零件图中的标注方法

（2）在装配图中的标注方法　在装配图中标注配合代号时，采用组合式注法。

如图 11-36 所示，$\phi18\frac{H7}{p6}$的含义为：公称尺寸为 φ18，基孔制配合，基准孔的基本偏差代号为 H，标准公差等级为 IT7 级，与其配合的轴的基本偏差代号为 p，标准公差等级为 IT6 级，两者为过盈配合。

与滚动轴承配合的轴和孔，只注轴或孔的公差带代号。滚动轴承内、外直径尺寸的极限偏差另有国家标准，规定一般不标注。

5. 极限偏差数值的查表方法

根据孔或轴的公称尺寸、基本偏差和公差等级，可在附录表中查出孔或轴的极限偏差数值。

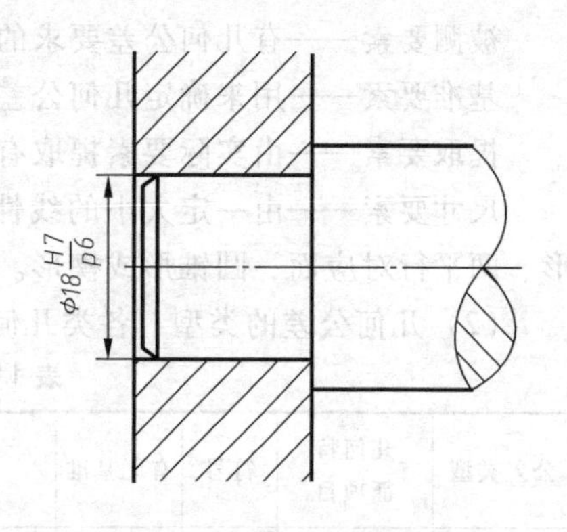

图 11-36 在装配图中的标注方法

【例 11-1】 查表写出 $\phi18\frac{H8}{f7}$的极限偏差数值。

分析 ϕ18H8 基准孔的极限偏差，在附录表中由公称尺寸>10～18 的行和公差带代号 H8 的列相交处查得$^{+27}_{0}$，这就是基准孔的上、下极限偏差数值，所以，ϕ18H8 也可写成 $\phi18^{+0.027}_{0}$。

ϕ18f7 配合轴的极限偏差，在附录表中由公称尺寸>10～18 的行和公差带 f7 的列相交处查得$^{-16}_{-34}$，这就是配合轴的上、下极限偏差数值，所以 ϕ18f7 可写成 $\phi18^{-0.016}_{-0.034}$。

对照基本偏差系列（见图 11-31）可知，$\phi18\frac{H8}{f7}$是基孔制间隙配合。

11.5.3 几何公差

在加工零件时，除了结构尺寸会产生误差，零件上各部分的形状和方向以及各部分之间的相对位置等也会产生误差。例如：加工一根圆柱轴时，会出现如图 11-37a 所示细微的粗细不均匀和圆截面变形现象；加工一根阶梯轴时，会出现如图 11-37b 所示两段圆柱之间存在的轴线不同向和轴线不重合现象。这些形状误差、跳动误差、方向误差和位置误差，统称为几何误差。它们的存在对机器的工作精度和使用寿命都会产生不良影响。因此，对于重要零件，除了控制尺寸误差之外，还要控制某些类型的几何误差。

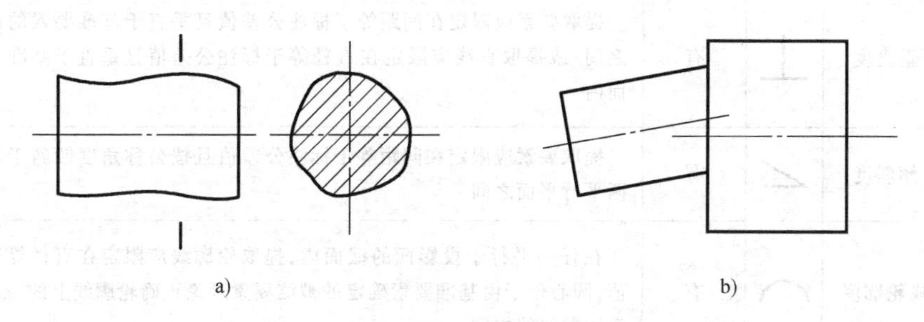

图 11-37 加工零件存在的几何误差

为限定加工要素的几何误差而规定的各种几何特征的公差统称为几何公差。

1. 几何公差的概念

（1）几何要素的基本术语和定义 要素就是构成零件几何特征的点、线和面，分为以下几种。

公称要素——技术图样上确定的理论正确的要素。

实际要素——零件上实际存在的要素。

被测要素——有几何公差要求的要素。

基准要素——用来确定几何公差带位置的要素。

提取要素——由实际要素提取有限数目的点所形成的实际要素的近似替代。

尺寸要素——由一定大小的线性尺寸或角度尺寸确定的几何形状，可以是圆柱形、球形、两平行对应面、圆锥形或楔形。

（2）几何公差的类型　各类几何公差中几何特征项目的简介见表11-10。

表 11-10　几何特征项目的简介

公差类型	几何特征项目	符号	有无基准	公差要求
形状公差	直线度	—	无	提取线应限定在间距等于标注公差值的两要素（线或面）之间；或限定在直径等于标注公差值的圆柱面内
	平面度	▱	无	提取面应限定在间距等于标注公差值的两平行平面之间
	圆度	○	无	提取圆周应限定在半径差等于标注公差值的两共面同心圆之间
	圆柱度	⌭	无	提取圆柱面应限定在半径差等于标注公差值的两同轴圆柱面之间
	线轮廓度	⌒	无	在任一平行于投影面的截面内，提取轮廓线应限定在直径等于标注公差值，圆心位于公称轮廓线上的一系列圆的两等距包络线之间
	面轮廓度	⌓	无	提取轮廓曲面应限定在直径等于标注公差值，球心位于公称轮廓曲面上的一系列圆球的两等距包络面之间
方向公差	平行度	//	有	提取要素应限定在间距等于标注公差值且平行于基准要素的两平行要素之间；或提取直线应限定在直径等于标注公差值且平行于基准直线的圆柱面内
	垂直度	⊥	有	提取要素应限定在间距等于标注公差值且垂直于基准要素的两平行要素之间；或提取直线应限定在直径等于标注公差值且垂直于基准平面的圆柱面内
	倾斜度	∠	有	提取要素应限定在间距等于标注公差值且按公称角度倾斜于基准要素的两平行平面之间
	线轮廓度	⌒	有	在任一平行于投影面的截面内，提取轮廓线应限定在直径等于标注公差值，圆心位于由基准要素确定的被测要素理论正确轮廓线上的一系列圆的两等距包络线之间
	面轮廓度	⌓	有	提取轮廓曲面应限定在直径等于标注公差值，球心位于由基准要素确定的被测轮廓面理论正确几何形状上的一系列圆球的两等距包络面之间
位置公差	位置度	⌖	有或无	提取要素应限定在以标注公差值为宽度，由基准要素和公称尺寸确定位置的公差带内
	同心度	◎	有	对于有同心度要求的两个圆，非基准圆的提取圆心应限定在直径等于标注公差值，以基准圆的圆心为圆心的圆周内

（续）

公差类型	几何特征项目	符号	有无基准	公差要求
位置公差	同轴度	◎	有	对于有同轴度要求的两圆柱面，非基准圆柱面的提取中心线应限定在直径等于标注公差值，以基准轴线为轴线的圆柱面内
	对称度	⌯	有	提取平面应限定在间距等于标注公差值，对称于基准平面的两平行平面之间
	线轮廓度	⌒	有	在任一平行于投影面的截面内，提取轮廓线应限定在直径等于标注公差值，圆心位于由基准要素确定的被测要素理论正确轮廓线上的一系列圆的两等距包络线之间
	面轮廓度	⌓	有	提取轮廓曲面应限定在直径等于标注公差值，球心位于由基准要素确定的被测轮廓面理论正确几何形状上的一系列圆球的两等距包络面之间
跳动公差	圆跳动	↗	有	提取圆应限定在圆心位于基准轴线上，沿指定方向的距离等于标注公差值的两个圆之间
	全跳动	⌰	有	提取表面应限定在距离等于标注公差值，由基准要素确定的两平面或圆柱面之间

2. 几何公差的标注方法

在设计零件时，出于功能需要对其上某些要素提出几何公差的一种或几种几何特征项目要求时，必须把它们标注在零件图上。标注时需要指明被测要素、几何特征项目、公差值大小以及基准要素。一般用公差框格把这些内容组织在一起后清晰地标注在图样中。

（1）公差框格　公差框格由细实线绘制的两格或多格组成，公差要求按顺序注写在这些矩形框格内。从左至右各格的标注内容，如图 11-38 所示。

第一格——几何特征项目符号。

第二格——公差值，以线性尺寸单位表示的量值。如果公差带为圆形或圆柱形，公差值前应加注符号 ϕ；如果公差带为圆球形，公差值前应加注符号 $S\phi$。

第三格及以后各格——用大写字母表示的基准名，用一个字母表示单个基准，用几个字母表示基准体系或公共基准。

图 11-38　公差框格中的内容

（2）被测要素　被测要素与公差框格之间要用指引线连接，指引线可引自公差框格的任意一侧，终端带一箭头。箭头的位置需要遵循如下规定：当被测要素是轮廓线或轮廓面时，箭头指向该要素的轮廓线或其延长线，且必须与尺寸线明显错开，如图 11-39a 所示，箭头也可指向引出线的水平线，如图 11-39b 所示；当公差涉及要素的中心线、中心面或中心点时，箭头应位于相应尺寸线的延长线上，如图 11-39c 所示。

（3）基准　与被测要素相关的基准用一个大写字母表示。字母标注在基准方格内，与

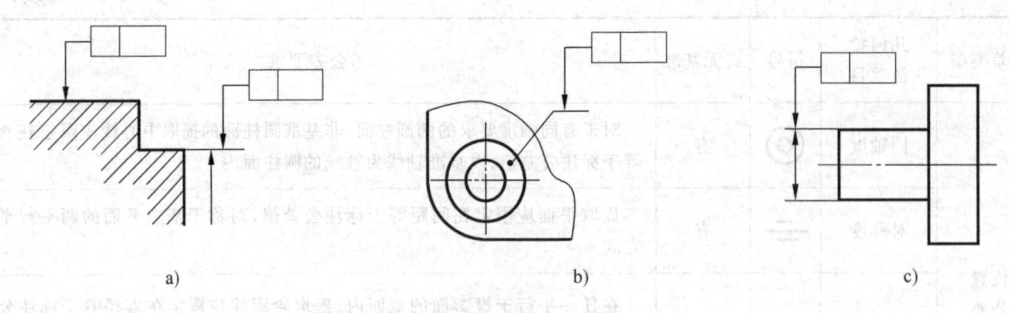

图 11-39 被测要素的标注

一个涂黑的或空白的三角形相连以表示基准，如图 11-40 所示。基准符号内注写的字母与公差框格内的字母要相互对应。涂黑的和空白的基准三角形含义相同。

几何公差标注的其他内容可查阅国家标准（GB/T 1182—2008）。

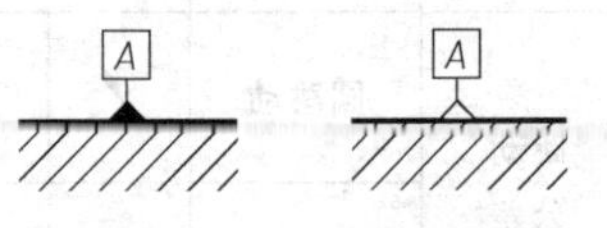

图 11-40 基准符号

3. 几何公差的标注示例

几何公差的标注示例如图 11-41 所示。此图中共有四个要素标注了几何公差要求，其中一个没有基准，三个有基准，它们的基准都是 A。通过基准符号所注位置可知，A 是 ϕ16mm 圆柱面的轴线。从左至右各几何特征项目的含义如下。

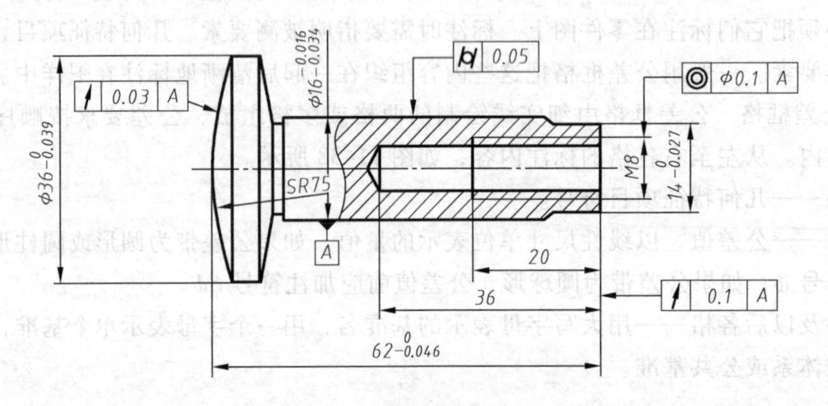

图 11-41 几何公差的标注示例

第一个项目——指引线垂直于球面的轮廓线，其含义是球面相对于基准 A 的圆跳动公差为 0.03mm，几何含义为在与基准轴线 A 同轴且垂直于所测圆处球面轮廓线的圆锥截面上，提取线应限定在素线方向间距等于 0.03mm 的两不等圆之间。

第二个项目—指引线指在 ϕ16mm 圆柱面的轮廓线上，其含义是 ϕ16mm 圆柱面的圆柱度公差为 0.05mm，几何含义为提取圆柱面应限定在半径差等于 0.05mm 的两同轴圆柱面之间。

第三个项目—指引线指在螺孔 M8 的尺寸线上，其含义是螺孔 M8 相对于基准 A 的同轴度公差是 ϕ0.1mm，几何含义为螺孔 M8 的提取中心线应限定在直径等于 ϕ0.1mm、以基准轴线 A 为轴线的圆柱面内。

第四个项目——指引线指在右端面的轮廓线延长线上，其含义是右端面相对于基准 A 的轴向圆跳动公差为 0.1mm，几何含义为在与基准轴线 A 同轴的任一圆柱形截面上，提取圆应限定在轴向距离等于 0.1mm 的两个等圆之间。

11.5.4 其他技术要求

1. 零件毛坯的要求

有相当多的零件是先用铸、锻等工艺形成毛坯后再进行切削加工最后成形的，此时，对毛坯应有技术要求。常见的有铸造圆角的尺寸要求，对气孔、缩孔、裂纹等的限制，锻件去除氧化皮要求，焊缝的质量要求等。

2. 热处理要求

热处理是将金属零件半成品通过加热、冷却等手段改变金属材料内部组织，从而改善材料力学性能和切削性能的方法。对热处理的技术要求主要是处理方法和指标等内容。

3. 表面处理

表面处理一般是在零件表面加镀（涂）层，以改善表面的各种性能。常用方法有涂漆、电镀等。

以上技术要求内容注写在图样空白处，顶行为“技术要求”字样，字号大于下边各行正文字号。注写文字要准确和简明扼要，所用代号和表示方法要符合国家标准规定。

11.6 零件测绘

在改进或修理机器与部件时，通常要对现有零件进行测量和绘图（简称为测绘）。由于这一工作常在现场进行，不能直接把被测零件画成零件图。因此，首先要徒手画出零件草图，然后再通过整理零件草图画出零件图。

零件草图因是徒手绘制，线型方面不如零件图平直、圆滑，大小也不能绝对准确，但其他内容都应完全符合生产图样的要求。

11.6.1 测绘零件草图的方法和步骤

1）了解和分析测绘对象。应先了解零件的名称、用途、材料以及它在机器或部件中的位置和作用，然后对该零件进行结构分析和制造方法的分析。

2）确定视图表达方案。先根据表达零件形状特征的原则，按零件的加工位置或工作位置确定主视图；再按零件的内外结构特点选用必要的其他视图或剖视图、断面图等表达方法。视图表达方案要求完整、清晰、合理。

3）绘制零件草图。下面以绘制如图 11-42 所示球阀上阀盖的零件草图为例，说明绘制零件草图的步骤。

① 在图纸上定出各视图的位置，画出主、左视图的对称中心线和作图基准线，如图 11-43a 所示。布置视图时，要考虑到各视图应留有标注尺寸的位置。

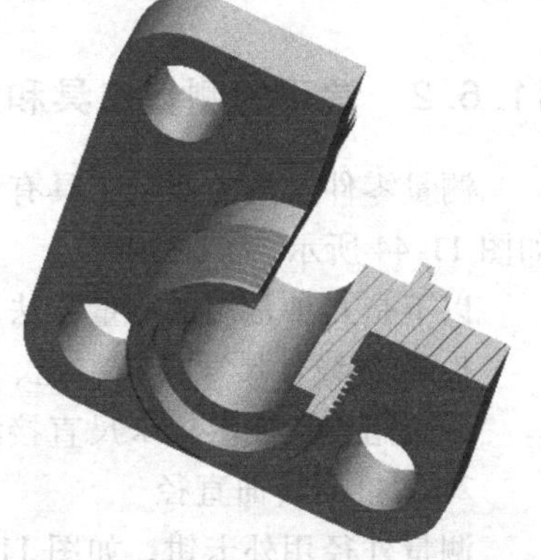

图 11-42 阀盖

② 以目测比例详细地画出零件的结构形状，如图 11-43b 所示。

③ 选定尺寸基准，正确、完整、清晰、合理地标注尺寸，画出全部尺寸界线和尺寸线。填充剖面线。经仔细校核后，按规定线型将图线加深，如图 11-43c 所示。

4）逐个测量标注尺寸，标注表面粗糙度代号，并注写技术要求和标题栏，如图 11-43d 所示。

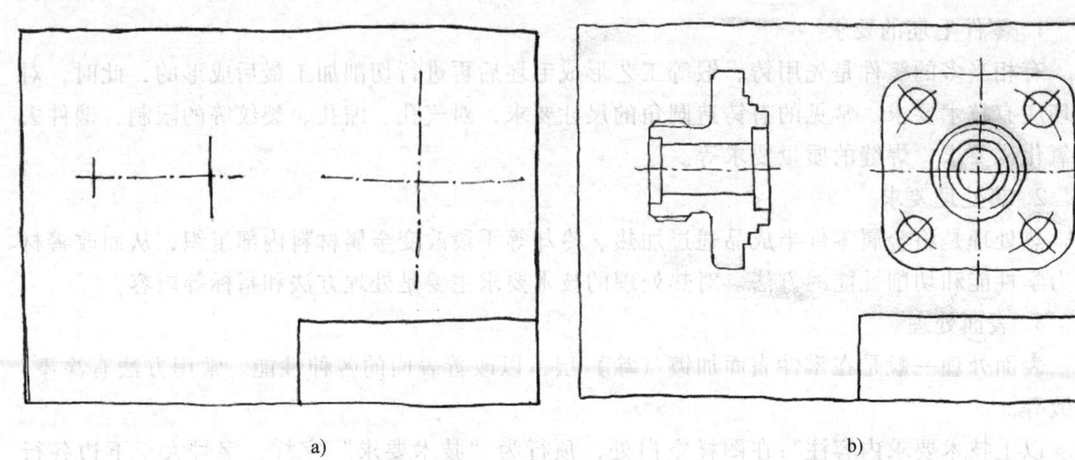
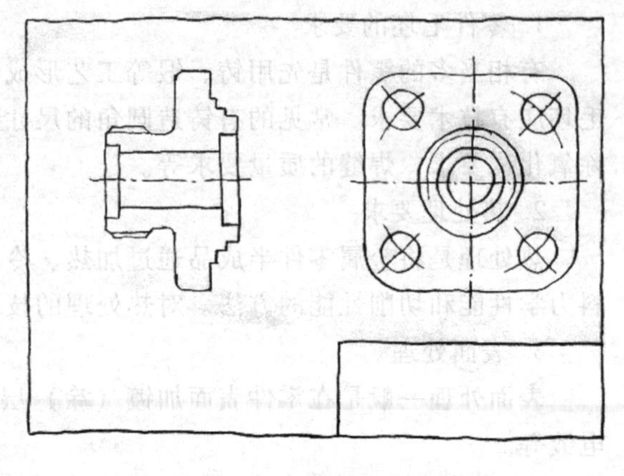

a) b)

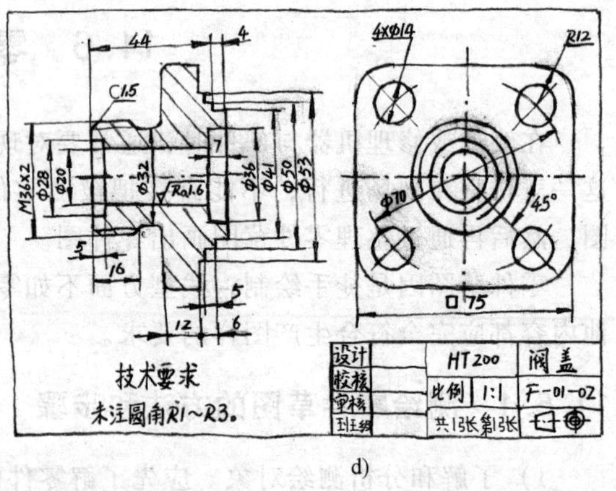

c) d)

图 11-43 绘制零件草图的步骤

11.6.2 常用的测量工具和测量方法

测量零件常用的测量工具有外卡钳、内卡钳和直尺，较精密的测量工具有游标卡尺等，如图 11-44 所示。

以下是几种常用的测量方法。

1. 测量线性尺寸（长、宽、高）

一般用直尺或游标卡尺直接测量，如图 11-45 所示。

2. 测量回转面直径

测量外径用外卡钳，如图 11-46a 所示。测量内径用内卡钳，如图 11-46b 所示。游标卡尺则可测内、外径，如图 11-46c 所示。

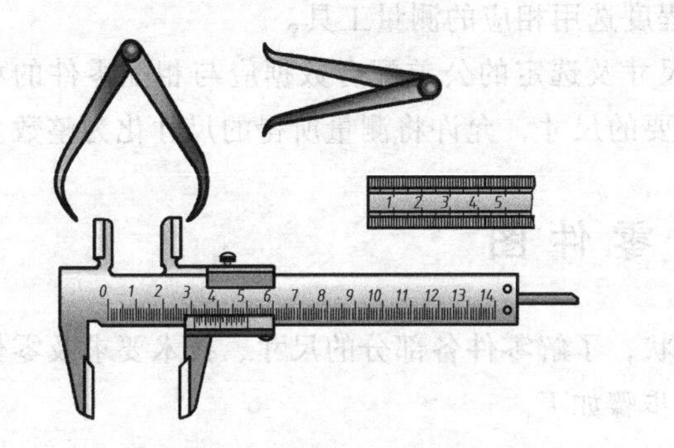

图 11-44 测量工具

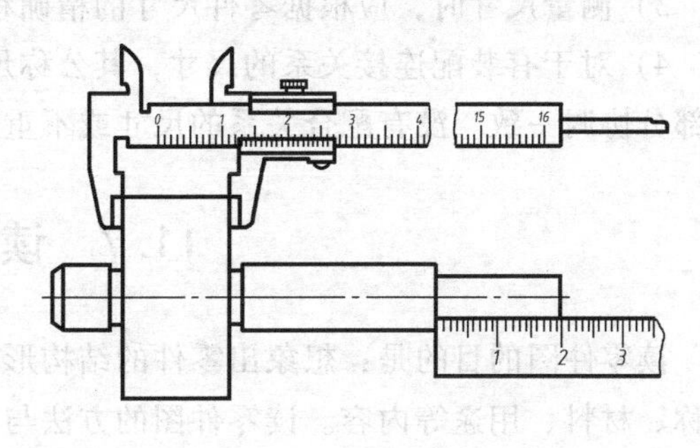

图 11-45 测量线性尺寸

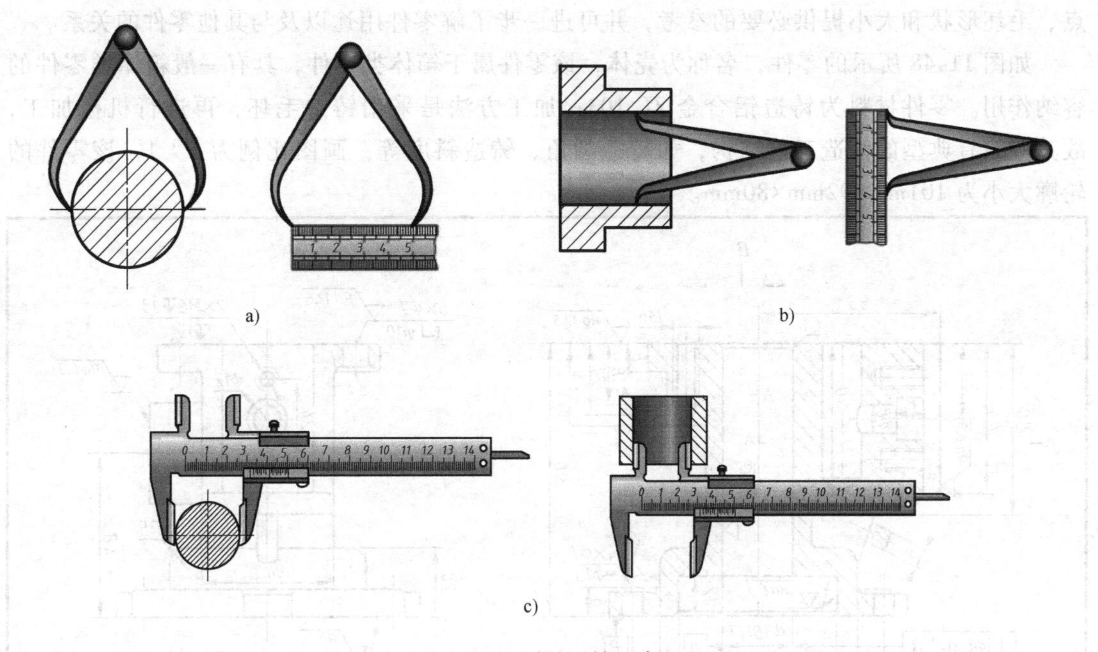

图 11-46 测量回转面直径

3. 测量螺纹

测量螺纹公称直径可以利用游标卡尺，也可以利用卡钳，方法同 2。螺纹螺距的测量采用螺纹规，测量时选择相近螺距的螺纹规，使其接触被测螺纹，使得螺纹规与被测螺纹牙型完全重合，此时读出该螺纹规上标注的螺距数字，即为被测螺纹的螺距。若不重合则需反复选择合适的螺纹规直至重合为止，如图 11-47 所示。

11.6.3 零件测绘的注意事项

1）零件的制造缺陷如砂眼、气孔、刀痕等，以及因长期使用而产生的磨损等，测绘时均不应画出。

2）零件上因制造工艺、装配工艺所需要的工艺结构，如铸造圆角、倒角、倒圆、退刀槽、凸台、凹坑等结构必须画出，不应忽略。

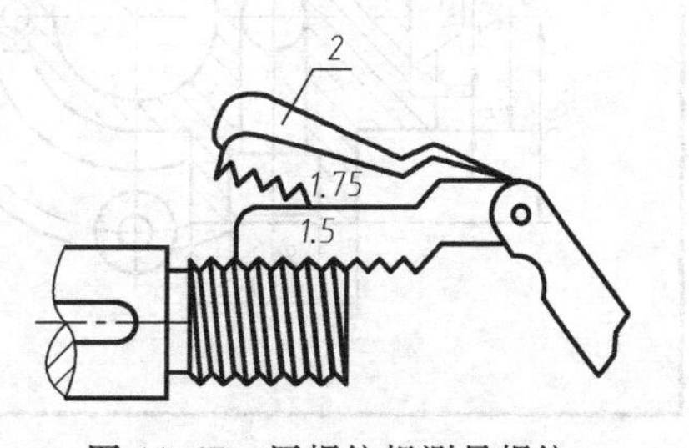

图 11-47 用螺纹规测量螺纹

3）测量尺寸时，应根据零件尺寸的精确程度选用相应的测量工具。

4）对于有装配连接关系的尺寸，其公称尺寸及选定的公差配合数据应与相配零件的相应部分协调一致。没有配合关系的尺寸或不重要的尺寸，允许将测量所得的尺寸化为整数。

11.7 读零件图

读零件图的目的是：想象出零件的结构形状，了解零件各部分的尺寸、技术要求及零件名称、材料、用途等内容。读零件图的方法与步骤如下。

1. 概括了解

首先通过标题栏可以了解零件的名称、材料、比例等，从而为了解零件的作用、结构特点、毛坯形状和大小提供必要的参考，并可进一步了解零件用途以及与其他零件的关系。

如图 11-48 所示的零件，名称为壳体，该零件属于箱体类零件，具有一般箱体类零件的容纳作用。零件材料为铸造铝合金 ZL 103；加工方法是采用铸造毛坯，再进行机械加工，故其应该有典型的铸造工艺结构，如铸造圆角、铸造斜度等；画图比例为 1∶1，该零件的轮廓大小为 101mm×92mm×80mm。

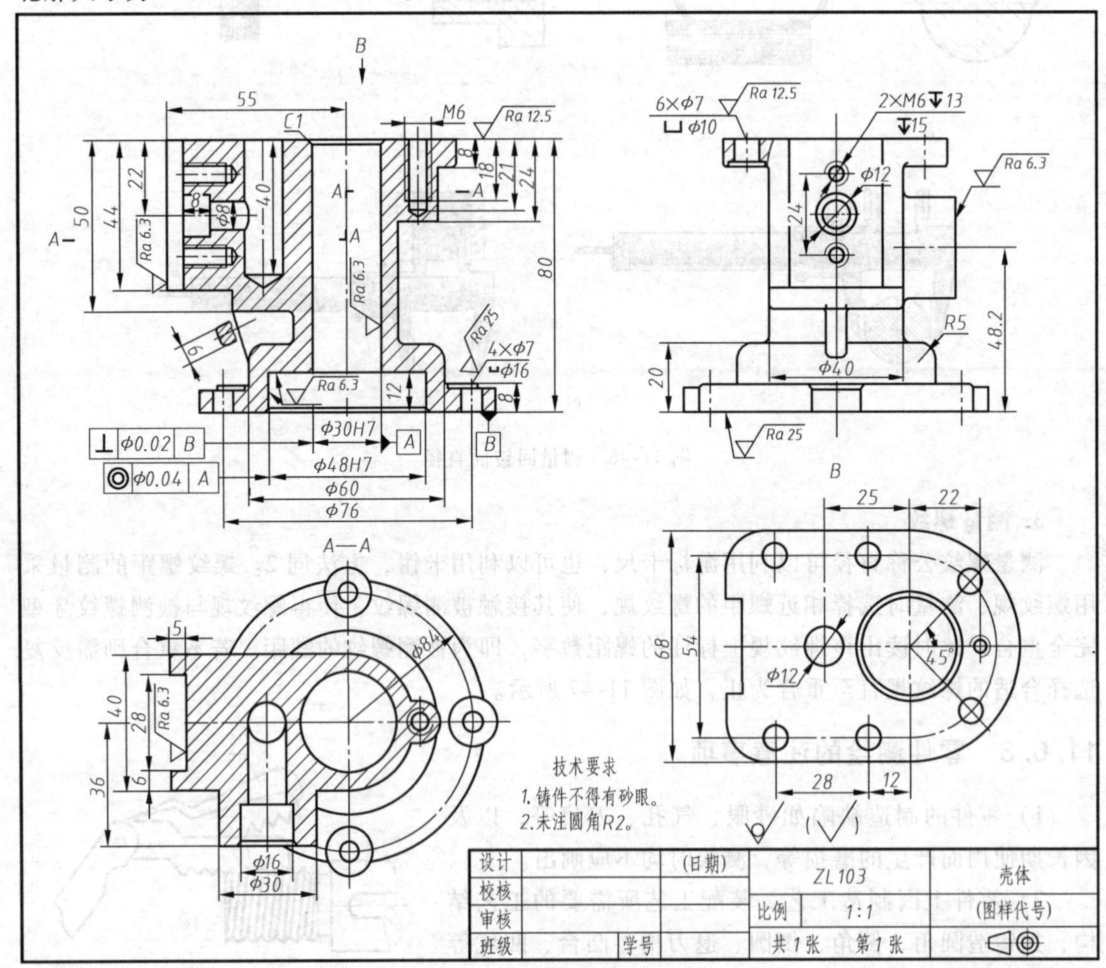

图 11-48 壳体零件图

2. 视图分析

根据零件图中的视图布局，确定出主视图，然后围绕主视图，分析其他视图，分析各个视图的表达重点，采用的表达方法等。特别是要明确各个图形的表达目的，如向视图、局部视图、斜视图、局部放大图等需要明确表达的是零件的哪部分结构，剖视图、断面图则应明确具体的剖切方法、剖切位置、剖切目的及彼此间的投影对应关系等。

在图 11-48 中，零件图采用主视图、俯视图、左视图三个基本视图和一个局部视图来表达壳体形状结构。

主视图是采用单一剖切平面剖切的全剖视图，主要表达内部结构形状。俯视图是采用两个平行平面剖切的 *A—A* 全剖视图，同时表达内部形状和底板的形状，读图时应注意 *A-A* 剖视图的剖切位置。左视图主要表达外形，其上有一处局部剖视图表达顶面的通孔。局部视图 *B* 主要表达顶面形状及顶面上孔的分布情况。

3. 想象形状

充分运用形体分析的方法，结合各视图，对照投影想形状，弄清楚零件各组成部分结构形状和相对位置。最后，想象出零件的完整形状。

从主、俯视图中看出，该壳体零件的工作部分为内腔，其中包括主体内腔（ϕ30H7 和 ϕ48H7 构成的直立阶梯孔）和其余内腔（主体内腔左侧的三向互通孔）等。依据由内形定外形的构形原则，可看出该壳体零件的基本外形。

从主视图、左视图及局部视图 *B* 可看出顶面连接部分的形状。从主视图、左视图及俯视图可看出左侧连接部分的形状。从俯视图、左视图可看出前面圆柱形凸缘部分的形状和位置。

壳体的安装部分为下部的安装底板，其主要在主视图、俯视图中表达，为圆盘形结构。另外，从主视图、左视图可看出，该零件有一加强肋，加强对左侧凸出结构的支承。

工作部分的形体不复杂，其难点在于读懂左边三向互通孔的位置关系，从主视图、俯视图可看出顶面 ϕ12mm 孔深 40mm，其与左侧 ϕ12mm、ϕ8mm 阶梯孔和前面凸缘上的 ϕ16mm、ϕ12mm 阶梯孔三孔相通并相互垂直。

连接部分共三处，顶面连接板厚度 8mm，形状见局部视图 *B*，其上有六个带有锪平的 ϕ7mm 孔以及一个 M6 深 18mm 的螺纹孔；侧面连接为凹槽，槽内有 2×M6 螺纹孔；前面连接是靠 ϕ16mm 孔，其外部结构为 ϕ30mm 的圆柱形凸缘。

安装底板为圆盘形，其上有安装孔 4×ϕ7mm 及锪平孔 ϕ16mm，锪平面在左视图中有投影。另外，主视图旁边还有反映加强肋断面形状的断面图，左视图中也有加强肋的投影。

至此，得出壳体零件的完整结构形状，如图 11-49 所示。

4. 分析尺寸

根据零件的类别及整体构形，分析长、宽、高各方向的尺寸基准，弄清主要尺寸基准和主要尺寸，根据尺寸标注的形式，了解定形尺寸、定位尺寸及总体尺寸。

长度方向尺寸标注的主要基准是通过主体内腔轴线的侧平面，宽度方向尺寸标注的主要基准是通过主体内腔轴线的正平面，高度方向尺寸标注的主要基准是壳体的下底面。从这三个主要基准出发，结合零件的功用，可进一步分析主要尺寸和各组成部分的定形尺寸、定位尺寸，从而完全确定该壳体的各部分大小。

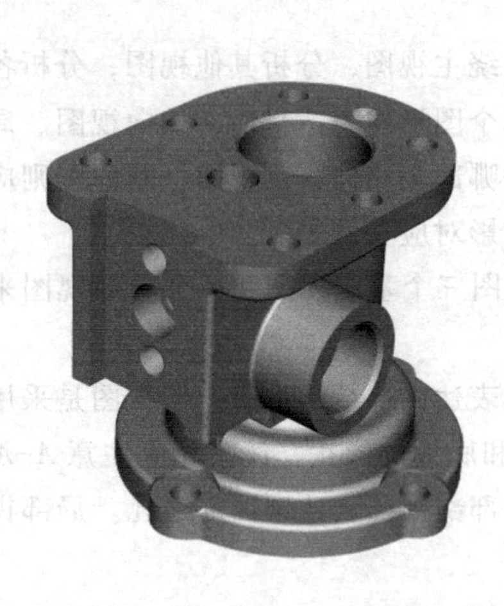
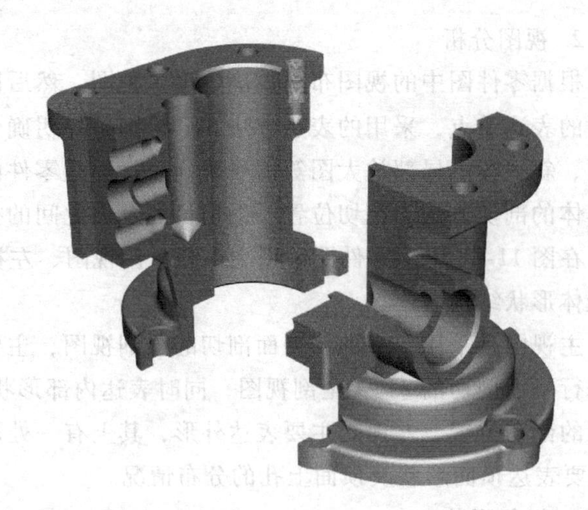

图 11-49 壳体的直观图

5. 分析技术要求

根据图上标注的表面结构要求、尺寸公差、几何公差及其他技术要求，明确主要加工面及重要尺寸，弄清楚零件的质量指标，以便制定合理的加工工艺方法。

从表面结构要求标注看，主要的圆柱孔、凹槽和凸缘表面的表面粗糙度要求为 *Ra*6.3，其他加工面的表面粗糙度要求分别为 *Ra* 12.5 和 *Ra* 25，其余为铸造工艺形成的表面。

全图有两个尺寸标注了公差要求，即 ϕ30H7 和 ϕ48H7，这是该零件的核心部分。还有两处几何公差要求，一处是 ϕ30H7 孔的轴线相对于底面的垂直度要求，另一处是 ϕ48H7 孔的轴线与 ϕ30H7 孔的轴线的同轴度要求。

另外还有在图形外注写的文字技术要求。壳体材料为铸铝，为保证零件强度，铸件不得有砂眼；为避免裂纹和缩孔，未注圆角 *R*2。

6. 综合归纳

综合上面的分析，在对零件的结构形状特点、功能作用等有了全面了解之后，才能对设计者的意图有较深入的理解，对零件的作用、加工工艺和制造要求有较明确的认识，从而达到读懂零件图的目的。在读懂零件图的基础上，还可以对零件的结构设计、视图表达方案、图样画法等内容进行进一步的分析，看是否有表达不正确或可以改进的地方，并提出修改的方案。

11.8 实例分析

【例 11-2】 读零件图（见图 11-50），回答下列问题。

1）该零件的名称、比例和材料各是什么？

分析 读零件图的第一步是概括了解，通过标题栏可以了解零件的名称为套筒，是四大类典型零件中的轴套类零件。绘图比例为 1∶2，材料为 45 钢。从比例可以直接想象零件的真实大小，套筒的作用是装在轴上，对轴上的其他零件进行定位。

2）该零件采用了几个基本视图？主视图是什么剖视图？其右边的图形采用了什么表达

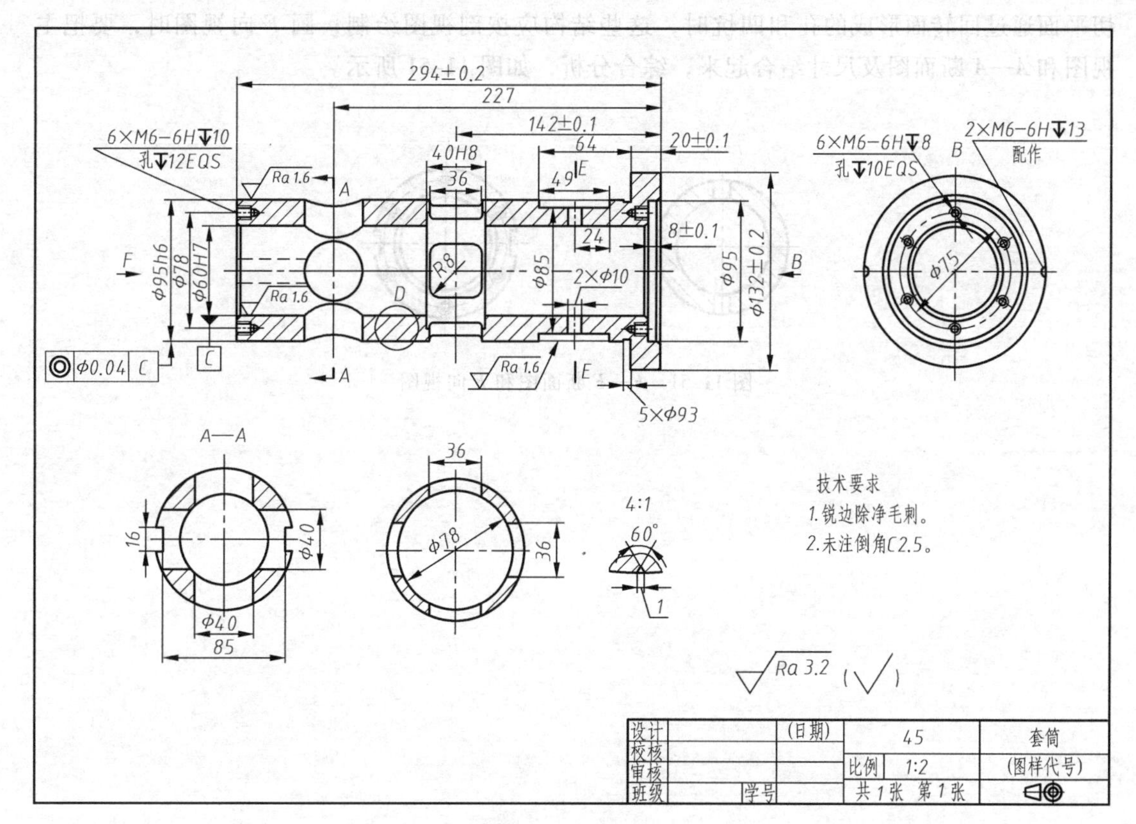

图 11-50 套筒零件图

方法？图形中 *A*—*A* 和 *D* 处表达方法的名称是什么？表示 *A*—*A* 剖切位置的箭头能否省略，为什么？

分析 套筒的零件图采用了一个基本视图，即主视图。由于零件为空心套，主视图采用了全剖视图，重点表达中空结构形状。主视图右边的图形是 *B* 向视图，重点表达套筒右端面的轮廓形状和螺纹孔的分布情况。视图 *A*—*A* 是移出断面图，主要表达 *A*—*A* 的断面形状，剖切位置的箭头可以省略，因为断面图对称。*D* 处采用的表达方法是局部放大图，因为在此处有细小结构，在主视图上表达不清楚并不便于标注尺寸。

3）确定零件上长度方向尺寸标注的主要基准，$\phi85$、左侧端面 $\phi78$ 和 294±0.2 分别是哪一类尺寸？

分析 零件图中长度方向尺寸标注的主要基准为右端面。$\phi85$ 是圆柱外表面的定形尺寸，$\phi78$ 为螺纹孔的定位尺寸，294±0.2 为长度方向的总体尺寸。

4）零件表面结构要求中，表面粗糙度要求最高的是多少？$\phi60$H7 中 $\phi60$ 和 H7 各是什么含义？

分析 零件图中表面粗糙度要求最高的是 $\phi60$H7 和 $\phi95$h6 两个尺寸对应的圆柱表面，其要求为 *Ra*1.6，这是该零件的核心部分。$\phi60$H7 中 $\phi60$ 是公称尺寸，H7 中 H 是基本偏差代号，7 是标准公差等级代号，H7 是孔的公差带代号。

5）画出 *E*—*E* 断面图和 *F* 向视图。

分析 画 *E*—*E* 断面图时，要考虑主视图中尺寸为 2×$\phi10$ 的通孔。画断面图要求，当剖切平面通过回转面形成的孔和凹坑时，这些结构应按剖视图绘制；画 F 向视图时，要把主视图和 $A—A$ 断面图及尺寸结合起来，综合分析，如图 11-51 所示。

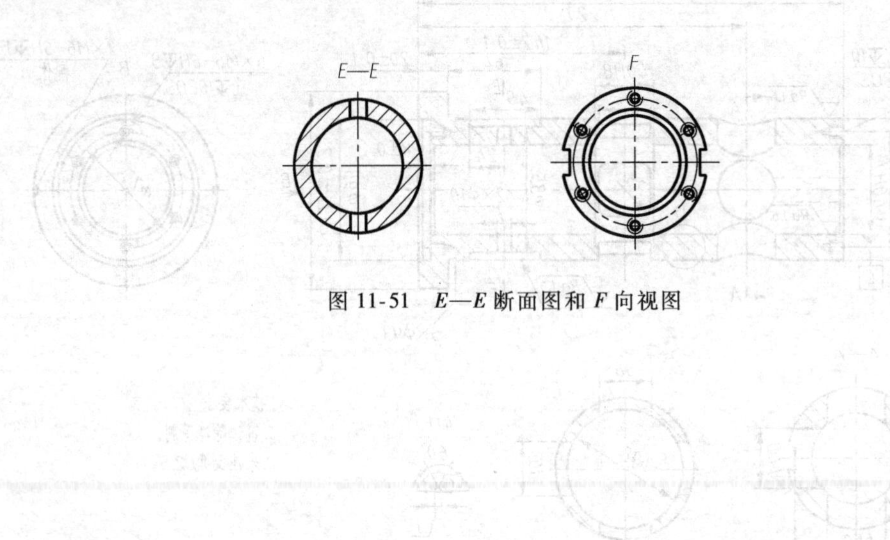

图 11-51 $E—E$ 断面图和 F 向视图

第12章 装配图

本章内容提要

1）装配图的作用与内容。

2）装配图的表达方法。

3）装配图的尺寸标注。

4）画装配图。

5）读装配图。

重点

装配图这一章的重点是要理解和掌握装配图需要表达的内容、装配图的画法、装配图的各种表达方法，特别是装配图的特殊表达方法，以及读装配图的方法和步骤、如何拆画零件图等。

难点

画装配图和读装配图。

任何一台机器或一个部件，都是由若干个零件按一定的装配关系和技术要求装配而成。用来表达机器（或部件）的组成零件、装配关系、工作原理以及主要零部件的基本结构形状的图样，称为装配图。一般把表达整台机器的图样称为总装配图，而把表达其部件的图样称为部件装配图。

图 12-1a 所示为台虎钳直观图，图 12-1b 所示为其装配图。

12.1 装配图的作用和内容

12.1.1 装配图的作用

装配图主要用来表达机器（或部件）的组成零件、装配关系、工作原理、主要零件结构形状等信息和技术要求，用以指导机器（或部件）的装配、检验、调试、安装、维修等。

在产品设计中，通常是先画出产品的装配图，再根据装配图设计零件，画出零件图；在产品制造中，要以装配图为依据，将零件组装成机器（或部件）；在机器的使用和维修中，则要通过装配图来了解机器（或部件）的结构，进行机器（或部件）的拆卸、分解和再装配。因此，装配图是指导产品设计、检验、安装、使用和维修的必不可少的技术文件。

12.1.2 装配图的内容

从装配图的作用，并参照如图 12-1b 所示台虎钳装配图，可以看出一张完整的装配图应具有以下几方面的内容。

1. 一组视图

用各种表达方法来正确、完整、清晰地表达机器（或部件）的组成零件、各零件的装配关系、连接方式、传动路线、工作原理以及主要零件的主要结构形状等。

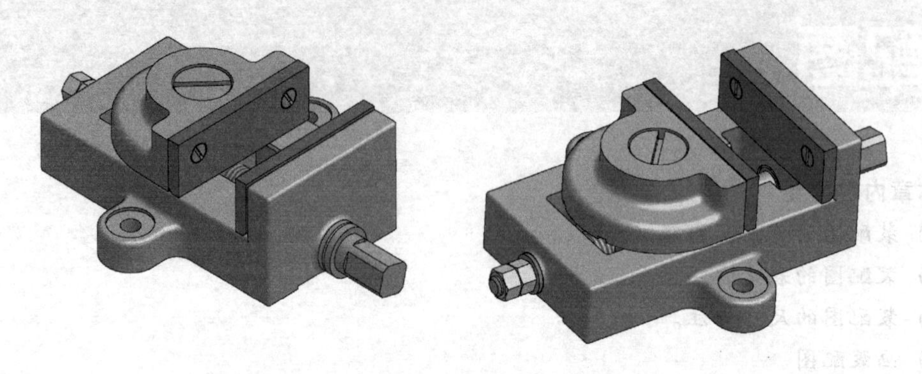

a) 台虎钳直观图

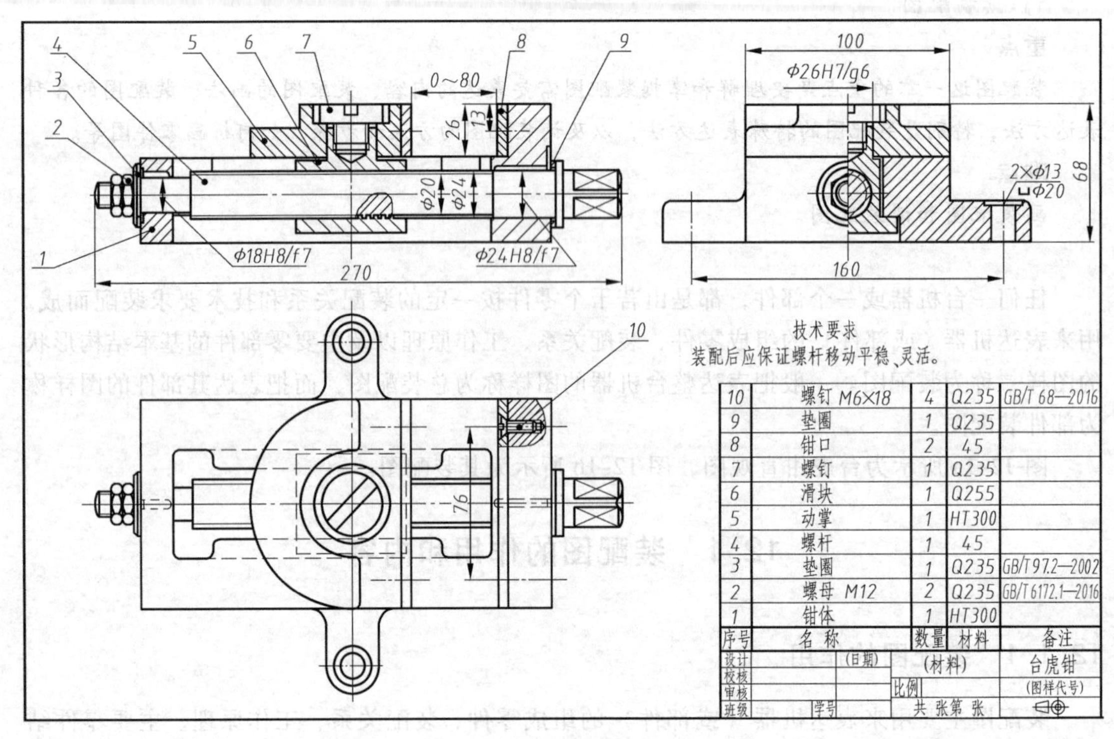

序号	名称	数量	材料	备注
10	螺钉 M6×18	4	Q235	GB/T 68—2016
9	垫圈	1	Q235	
8	钳口	2	45	
7	螺钉	1	Q235	
6	滑块	1	Q255	
5	动掌	1	HT300	
4	螺杆	1	45	
3	垫圈	1	Q235	GB/T 97.2—2002
2	螺母 M12	2	Q235	GB/T 6172.1—2016
1	钳体	1	HT300	

设计	(日期)	(材料)	台虎钳
校核			
审核		比例	(图样代号)
班级	学号	共 张第 张	

b) 台虎钳装配图

图 12-1 台虎钳

2. 必要的尺寸

装配图上要注出表示机器（或部件）性能、规格以及装配、检验、安装时必要的一些尺寸。

3. 技术要求

说明机器（或部件）有关性能、装配、调试和检验等方面所要达到的技术指标和安装要求等。

4. 零件序号、明细栏和标题栏

为了便于生产准备和管理，在装配图上必须对每个零件编写序号并填写明细栏。明细栏说明零件的序号、名称、数量、材料等。标题栏说明机器（或部件）的名称、图样代号、比例，设计单位的名称，设计、校核、审核等人员的签名等内容。

12.2 装配图的表达方法

前面介绍的零件的各种表达方法，如视图、剖视图、断面图、局部放大图等，同样适用于装配图，但装配图着重表达装配体的结构特点、工作原理以及各零件间的装配关系。针对这一特点，国家标准又制定了装配图的一些规定画法和特殊表达方法。

12.2.1 规定画法

1）两相邻零件的接触面和配合面只用一条轮廓线表示，即只画一条线，如图 12-2 中①处所示；而未接触的两表面用两条轮廓线表示，即必须画两条线，若空隙很小可夸大表示，如图 12-2 中③处所示。

2）相邻两金属零件的剖面线方向一般应相反。当三个零件相邻时，若有两个零件的剖面线方向一致，则间隔应不相等以示区别，剖面线尽量相互错开，如图 12-2 中局部放大图所示。装配图中同一零件在不同剖视图中的剖面线方向和间隔应一致。

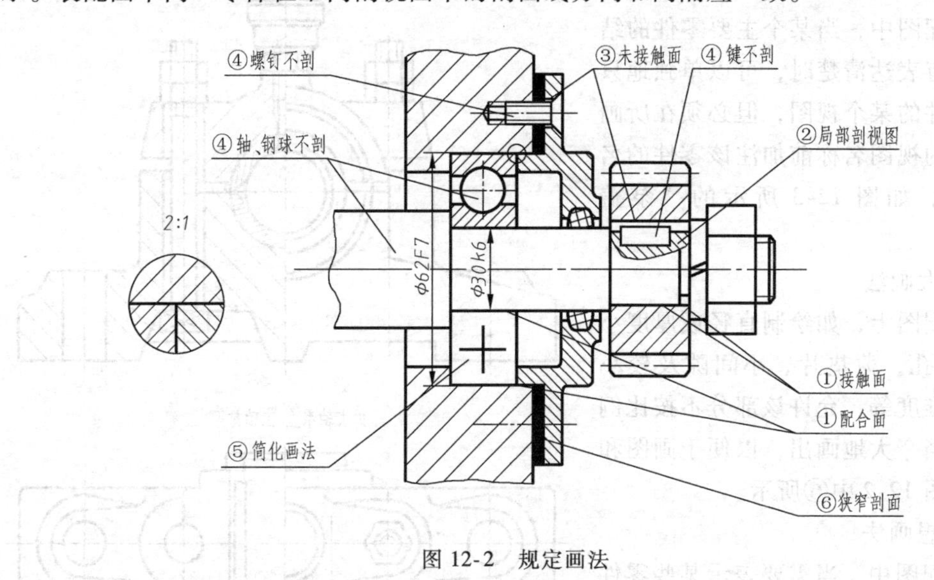

图 12-2 规定画法

3）当剖切平面通过螺纹紧固件以及轴、手柄、连杆、球、销、键等实心零件的轴线或对称面纵向剖切时，这些零件均按不剖绘制，如图 12-2 中④所示。可用局部剖视图表明这些零件上的局部构造，如凹槽、键槽、销孔等，如图 12-2 中②所示。

12.2.2 特殊表达方法

为了简便清楚地表达部件，国家标准还规定了以下一些特殊表达方法。

1. 沿结合面剖切或拆卸画法

在装配图中，当某些零件遮住了所需表达的部分时，可假想沿某些零件的结合面剖切或拆卸某些零件后绘制。图 12-3 所示 *A—A* 是沿泵盖与泵体的结合面剖切的，必须注意，横向剖切的实心零件，如轴、螺栓、销等，应画出剖面线，而结合面处不画剖面线。

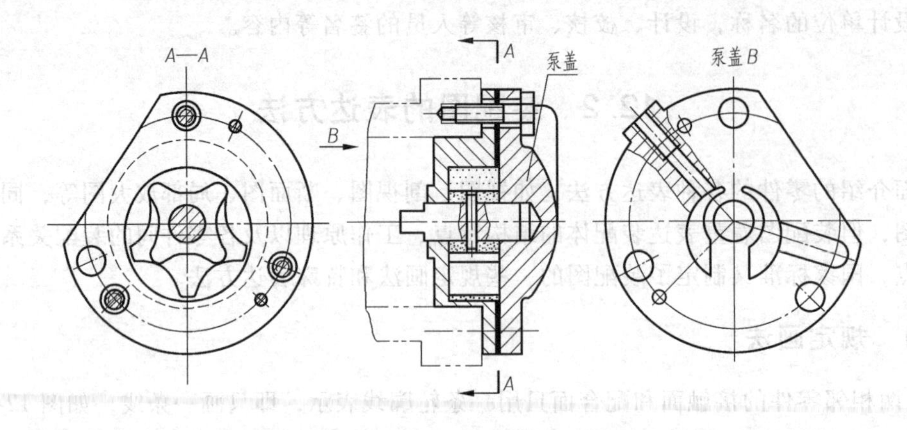

图 12-3 沿结合面剖切

需要说明时可标注“拆去×”，如图 12-4 所示俯视图的右半部分是拆去轴承盖、上轴衬等零件后绘制的投影。

2. 单独零件表示法

在装配图中，当某个主要零件的结构形状没有表达清楚时，可以单独地只画出该零件的某个视图，但必须在所画图形上方的视图名称前加注该零件的名称或序号，如图 12-3 所示的“泵盖 *B*”。

3. 夸大画法

在装配图上，如绘制直径或厚度小于 2mm 的孔、薄垫片、小间隙及较小的斜度、锥度等，允许该部分不按比例而将其适当夸大地画出，以便于画图和读图，如图 12-2 中⑥所示。

4. 假想画法

在装配图中，当需要表示某些零件的运动范围和极限位置时，可用双点画线画出这些零件的极限位置，如图12-5 所示用双点画线表示摇臂运动的另一个极限位置。

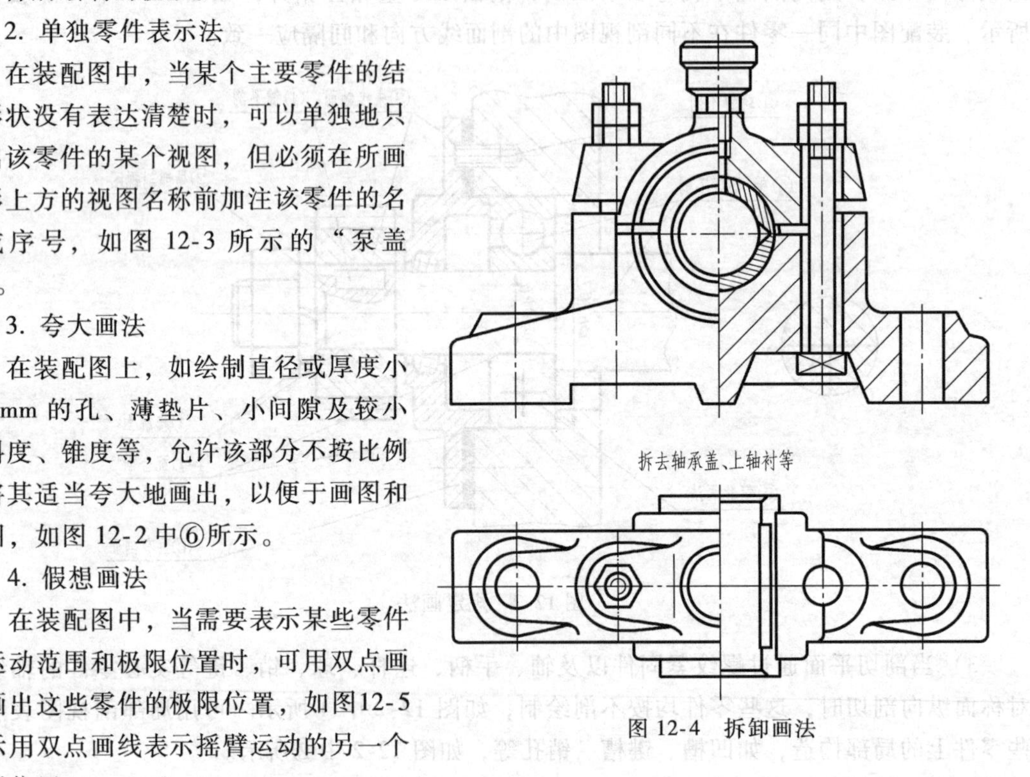

图 12-4 拆卸画法

在装配图中，当需要表达本部件与相邻零部件的装配关系时，可用双点画线画出相邻部分的轮廓线，如图 12-5 所示。

5. 简化画法

1）在装配图中，零件的工艺结构，如圆角、倒角、退刀槽等细节可省略不画，如图 12-2 中螺母的倒角省略不画。

2）装配图中的若干相同的零件组或螺纹紧固件，可只详细画出一组，其余用点画线表示其装配位置即可，如图 12-2 所示的螺钉。

3）在装配图中被弹簧挡住的结构一般不画出，可见轮廓线从弹簧外轮廓线处或弹簧钢丝剖面的中心线画起，参见第 10 章。

4）滚动轴承、密封圈可采用如图 12-2 中⑤处所示的简化画法。

5）在装配图中，当剖切平面通过的某些部件为标准产品或该部件已由其他图形表达清楚时，该部件可按不剖绘制，画成视图，如图 12-4 所示主视图中的油杯。

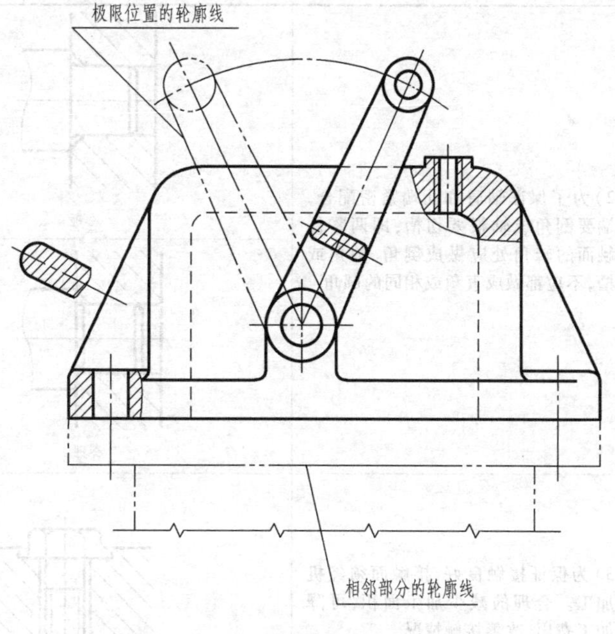

图 12-5　假想画法

12.3　常见装配结构的合理性

为了保证机器（或部件）的装配质量，使安装和拆卸合理可行，装配体结构设计时，在满足功能要求的前提下，应考虑装配结构的合理性。

12.3.1　装配接触面结构的合理性

装配接触面结构的合理性，见表 12-1。

表 12-1　装配接触面结构的合理性

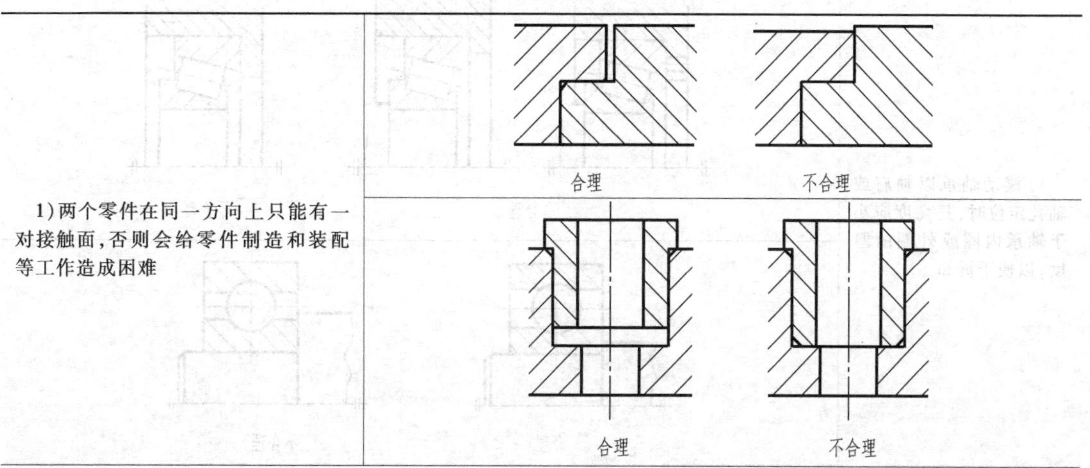

1)两个零件在同一方向上只能有一对接触面，否则会给零件制造和装配等工作造成困难	合理　不合理 合理　不合理

（续）

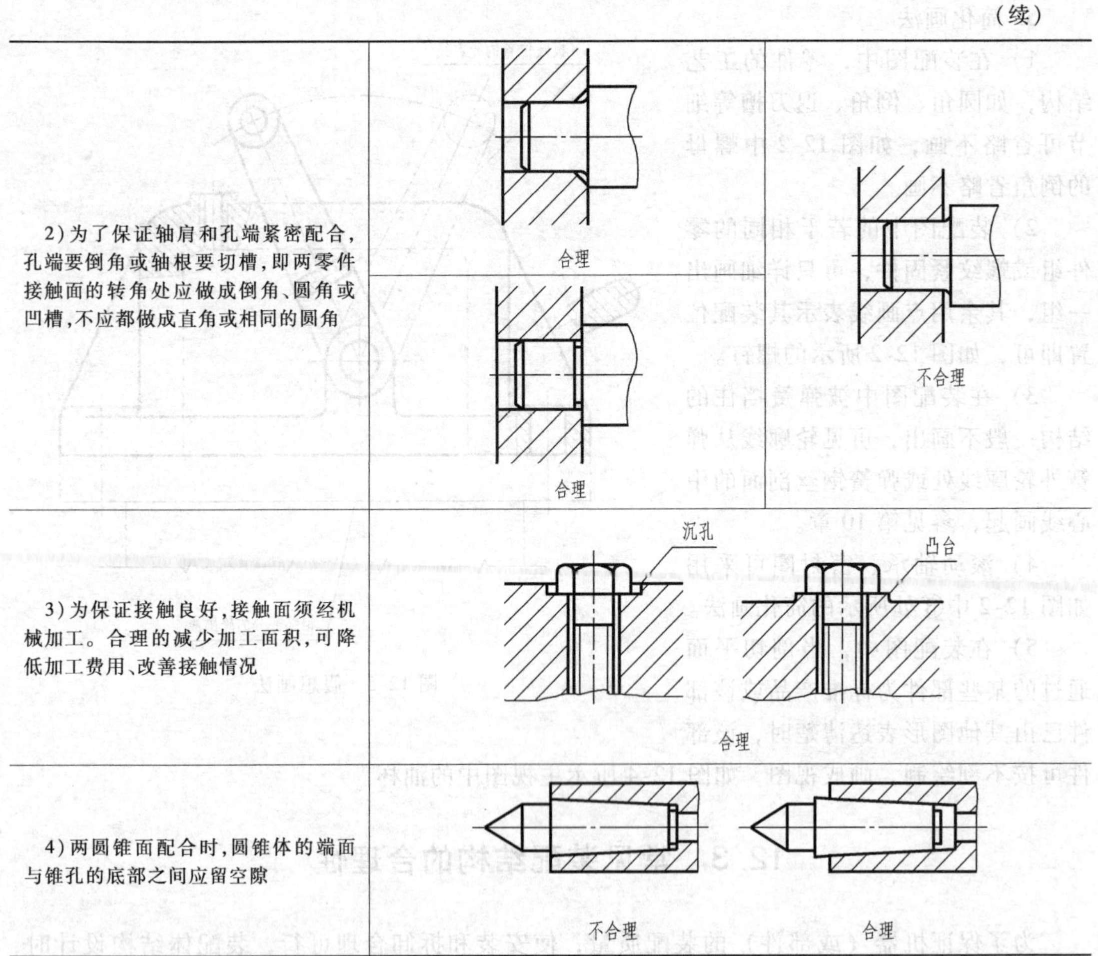

说明
2）为了保证轴肩和孔端紧密配合，孔端要倒角或轴根要切槽，即两零件接触面的转角处应做成倒角、圆角或凹槽，不应都做成直角或相同的圆角
3）为保证接触良好，接触面须经机械加工。合理的减少加工面积，可降低加工费用、改善接触情况
4）两圆锥面配合时，圆锥体的端面与锥孔的底部之间应留空隙

12.3.2 拆卸与装配的合理性

拆卸与装配的合理性，见表 12-2。

表 12-2 拆卸与装配的合理性

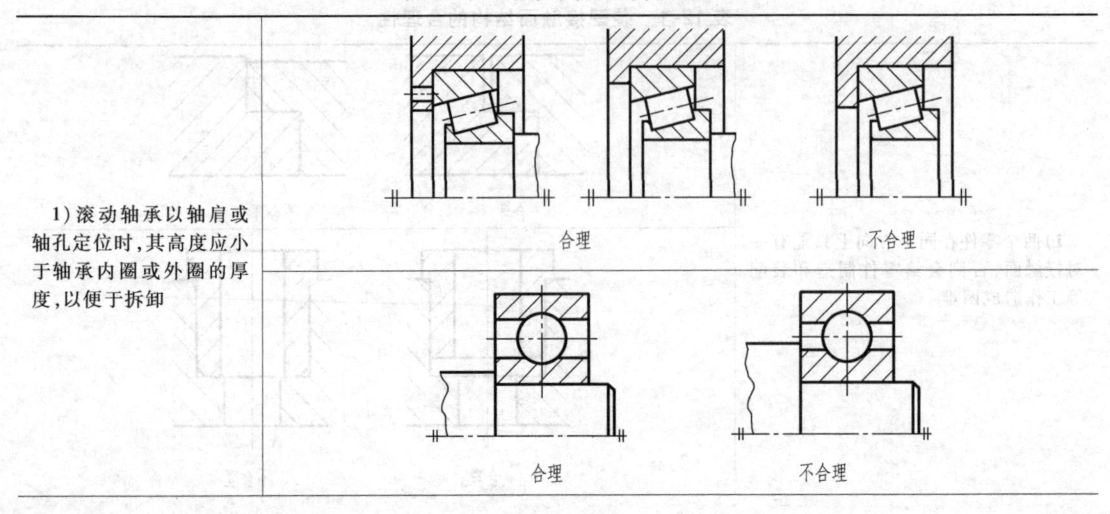

说明
1）滚动轴承以轴肩或轴孔定位时，其高度应小于轴承内圈或外圈的厚度，以便于拆卸

（续）

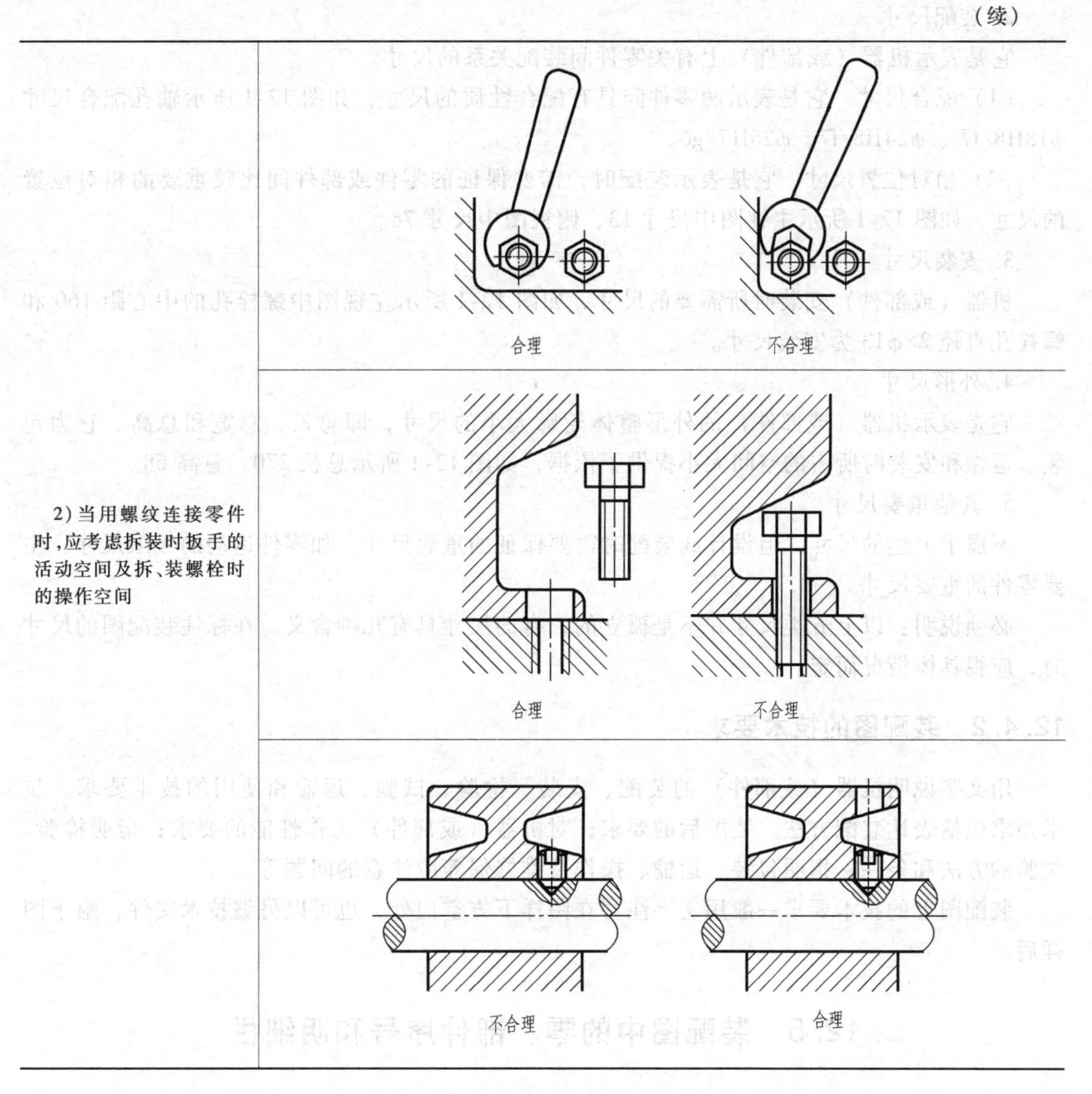

12.4 装配图的尺寸标注和技术要求

12.4.1 装配图的尺寸标注

装配图与零件图的作用不一样，因此对尺寸标注的要求也不一样。零件图是加工制造零件的主要依据，要求关于零件形状大小的尺寸必须完整。而装配图主要是表达产品装配关系、工作原理的图样，因此不需标注每个零件的所有尺寸，一般只需标出如下几种类型的尺寸。

1. 性能、规格尺寸

它是表示机器（或部件）的性能、规格的尺寸，是决定产品工作能力的尺寸，也是设计、了解和选用该机器（或部件）的依据，如图 12-1 所示主视图中尺寸 0~80。

2. 装配尺寸

它是表示机器（或部件）上有关零件间装配关系的尺寸。

(1) 配合尺寸 它是表示两零件间具有配合性质的尺寸，如图 12-1 所示轴孔配合尺寸 ϕ18H8/f7 、ϕ24H8/f7、ϕ26H7/g6。

(2) 相对位置尺寸 它是表示装配时，需要保证的零件或部件间比较重要的相对位置的尺寸，如图 12-1 所示主视图中尺寸 13、俯视图中尺寸 76。

3. 安装尺寸

机器（或部件）安装时所需要的尺寸，如图 12-1 所示左视图中螺栓孔的中心距 160 和螺栓孔直径 2×ϕ13 为安装尺寸。

4. 外形尺寸

它是表示机器（或部件）的外形整体轮廓大小的尺寸，即总长、总宽和总高。它为包装、运输和安装时所占的空间大小提供了依据，如图 12-1 所示总长 270、总高 68。

5. 其他重要尺寸

不属于上述的尺寸，但设计或装配时需要保证的重要尺寸，如零件运动的极限尺寸、主要零件的重要尺寸。

必须说明：以上五类尺寸并不是孤立的，有的尺寸具有几种含义。在标注装配图的尺寸时，应视具体情况而定。

12.4.2 装配图的技术要求

用文字说明机器（或部件）的装配、安装、检验、试验、运输和使用的技术要求。技术要求包括表达装配方法、装配后的要求；对机器（或部件）工作性能的要求；指明检验、试验的方法和条件；指明包装、运输、操作及维修保养应注意的问题等。

装配图上的技术要求一般用文字注写在图样下方空白处，也可以另编技术文件，附于图样后。

12.5 装配图中的零、部件序号和明细栏

为了便于图样管理、读图及组织生产，装配图中必须对每种零件或部件编写序号，并填写明细栏，用以说明各零件或部件的名称、数量、材料等有关内容。

12.5.1 装配图中零、部件序号及其编排方法

1. 基本要求

1）装配图中所有的零、部件均应编号。

2）装配图中一个部件可以只编写一个序号；同一装配图中相同的零、部件用一个序号，一般只标注一次。

3）装配图中零、部件的序号，应与明细栏中的序号一致。

2. 序号的编排方法

装配图中序号的编排方法如图 12-6 所示。

1）在装配图上编写序号需要画出“指引线+基准线”或“指引线+圆”，它们均用细实

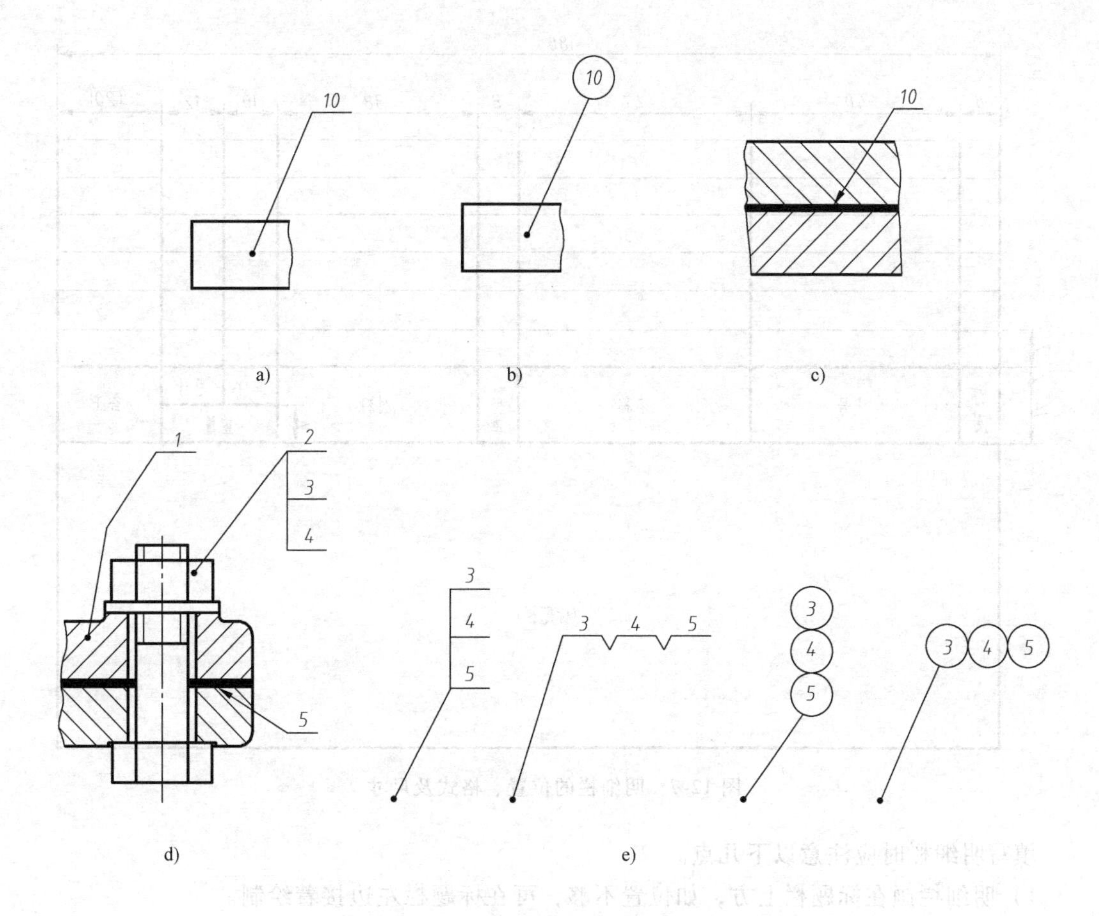

图 12-6 装配图中序号的编排方法

线画出，如图 12-6a、b 所示。

2）在水平的基准线上或圆内注写序号，序号字号比该装配图中所注尺寸数字的字号大 1~2 号。

3）指引线应自所指部分的可见轮廓内引出，并在末端画一圆点。若所指部分（很薄的零件或涂黑的剖面）内不便画圆点时，可在指引线的末端画出箭头，并指向该部分的轮廓，如图 12-6c 所示。

指引线不能相交，当指引线通过有剖面线的区域时，不应与剖面线平行。必要时指引线可以画成折线，但只可曲折一次，如图 12-6d 所示序号 1 的指引线。

一组紧固件以及装配关系清楚的零件组，可以采用公共指引线，如图 12-6d 所示序号 2、3、4。公共指引线的几种编注形式如图 12-6e 所示。

4）装配图中序号应按水平或竖直方向排列整齐，按顺时针或逆时针方向顺次排列，如图 12-1 所示序号。在整个图上无法连续时，也可只在每个水平或竖直方向顺次排列。

12.5.2 明细栏

明细栏是装配图中全部零件的详细目录。国家标准规定的明细栏的位置、格式及尺寸如图 12-7 所示。

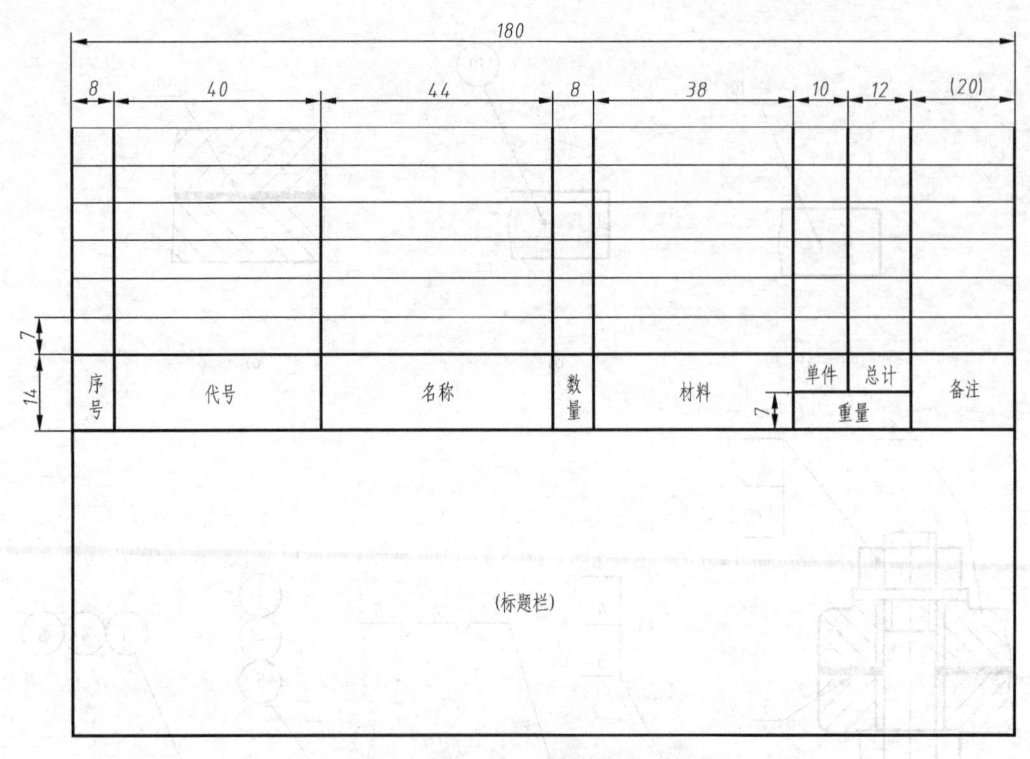

图 12-7 明细栏的位置、格式及尺寸

填写明细栏时应注意以下几点。

1）明细栏画在标题栏上方，如位置不够，可在标题栏左边接着绘制。

2）零、部件序号应自下而上填写，与图中编写的零、部件序号对应一致。

3）明细栏中的“代号”就是对应零件图标题栏中的“图样代号”。对于 CAD 图，“代号”栏中除填写“图样代号”外，尚需加填“存储代号”。

4）“名称”应力求简明。

5）“数量”填写图样中相应组成部分在装配中所需要的数量。

6）“材料”填写图样中相应组成部分的材料标记。

7）“重量”填写图样中相应组成部分的计算重量，以千克为计量单位时允许不写出其计量单位。

8）“备注”栏中填写必要的补充说明，如表面处理要求，或说明“外购”和“无图”等。

9）填写标准件时，在“名称”栏中填写名称和规格，在“代号”栏中填写标准编号。

12.6 部件测绘和装配图的画法

12.6.1 部件测绘

在生产实践中，对已有部件进行测绘，整理出装配图和全部零件图的过程，称为部件测绘。在新产品设计、仿制或对原有机器设备进行维修或技术改造时，往往需要通过测绘来获得它们的装配图和零件图，因此掌握部件测绘技巧在生产中具有重要的实用意义。测绘过程大致可按顺序分为以下步骤：了解测绘对象、拆卸零件；画装配示意图；画零件草图；根据装配示意图和零件草图画装配图和零件图。

下面以图 12-8 所示的齿轮油泵为例，介绍测绘的方法和步骤。

1. 了解测绘对象

通过对实物的观察，并阅读说明书及有关技术文件等资料，了解机器（或部件）的名称、用途、性能、工作原理、装配关系和结构特点等。

图 12-8 所示的齿轮油泵是机器中用来输送润滑油的一个部件。由泵体、泵盖、传动齿轮和传动轴等十三种零件装配而成。泵体内容纳有一对齿轮，齿轮与传动轴之间都采用销连接，在泵盖与泵体之间加密封垫片，在泵体与传动轴配合的部位采用填料密封装置，通过压盖螺母调整填料压盖，将密封填料压紧，从而达到密封防漏的目的。泵体、密封垫片与泵盖之间用销定位后用螺栓连接，吸油口和出油口均为管螺纹并与输油管连接。为了保持油泵在一定的压力范围下正常工作，泵体的内腔形状是根据齿轮的外形加工的，并与齿轮有间隙配合（H8/f7）。为了保证传动平稳，轴与泵体和泵盖间都有配合要求，配合性质为间隙配合（H8/h7）。

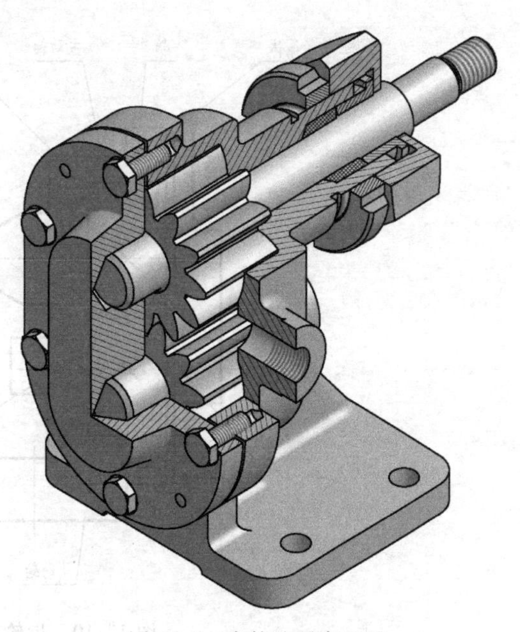

图 12-8　齿轮油泵直观图

图 12-9 所示为齿轮油泵工作原理，传动轴输入动力，带动主动轮转动，依靠一对齿轮在泵体内做高速啮合传动，这时在啮合区的一侧产生局部真空，从而使压力降低，油池内的油在大气压的作用下，通过吸油口进入油泵的低压区内，随着齿轮的转动，齿槽中的油不断地沿着图 12-9 所示的箭头方向被带到另一侧，将油通过出油口压出，并输送到需要高压油的地方。

2. 依次拆卸零件

拆卸零件时应按一定顺序进行，并对零件要妥善保管，避免丢失和损坏。拆卸前，要研究拆卸的顺序和方法，对不可拆连接的有关零件（如焊接件或过盈配合的有关零件）以及拆卸后严重影响机器质量的有关零件，应尽可能不拆。拆卸前应对一些重要的尺寸（如相对位置尺寸、运动件极限位置尺寸、装配间隙等）予以测量，以便装配时校验。拆卸中应进一步了解零件间的装配关系、主要零件的

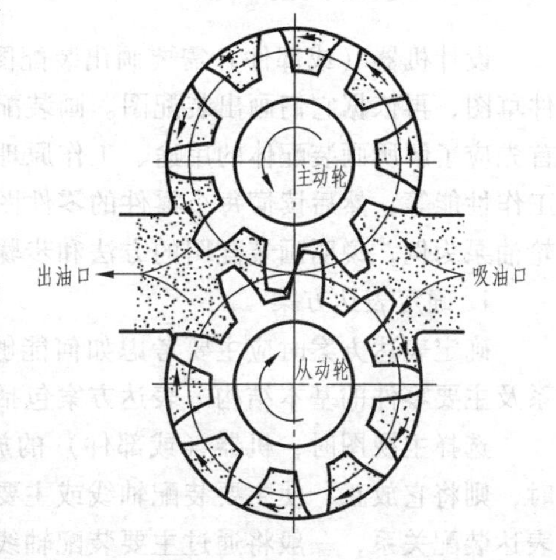

图 12-9　齿轮油泵工作原理

结构形状和作用，以补充未拆前所不易了解到的内容。

3. 画装配示意图

装配示意图是在部件拆卸过程中所画的记录图样，用来表示部件中各零件的相互位置和装配关系，作为拆卸零件后重新装配成部件和画装配图的依据。装配示意图通常用简单的图线及国家标准规定的简图符号来记载上述内容。图 12-10 所示为齿轮油泵的装配示意图。

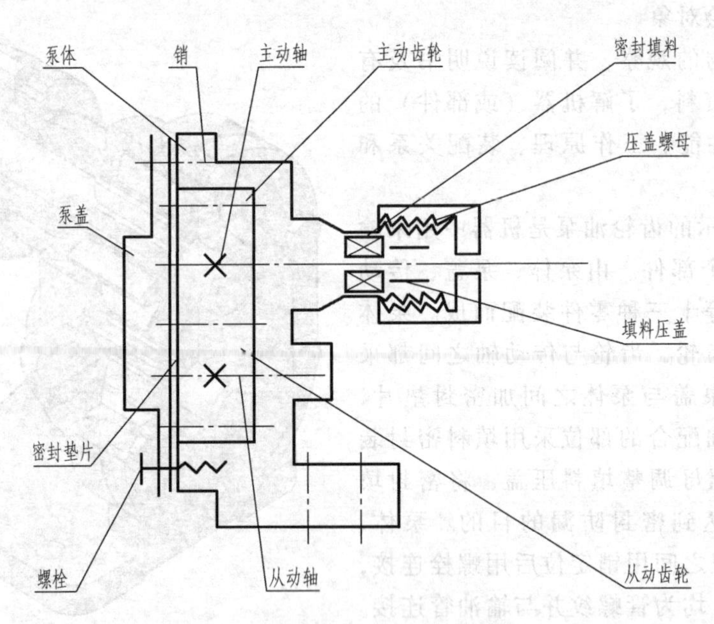

图 12-10 齿轮油泵的装配示意图

4. 画零件草图

测绘时由于工作条件的限制，常常采用徒手绘制各零件的图样。画草图时要注意配合零件的公称尺寸要一致，测量后同时标注在有关零件的草图上，并确定其公差配合的要求。零件草图是画零件图的依据，因此它的内容和要求与零件图是一致的。

12.6.2 装配图的画法

设计机器（或部件）需要画出装配图，测绘机器（或部件）时先画出装配示意图和零件草图，再依据它们画出装配图。画装配图与画零件图的方法和步骤类似。画装配图之前，首先应了解所画装配体的用途、工作原理、结构特征、装配关系、主要零部件的装配工艺和工作性能等，然后读懂每个零件的零件图，想象出零件的结构形状。下面以图 12-8 所示齿轮油泵为例，说明画装配图的方法和步骤。

1. 确定表达方案

确定表达方案时应主要考虑如何能够更好地表达机器（或部件）的工作原理、装配关系及主要零件的基本结构。表达方案包括主视图及其他视图的选择。

选择主视图时，机器（或部件）的放置位置一般应与工作位置一致。当工作位置倾斜时，则将它放正，使主要装配轴线或主要安装面处于平行或垂直于投影面的位置。为清楚地表达装配关系，一般将通过主要装配轴线的剖切面剖切获得的剖视图作为主视图。

根据齿轮油泵的特点，将其按工作位置放置，主视图采用全剖视图，剖切平面通过传动轴的轴线，用以表达各零件之间的装配关系。左视图采用沿结合面剖切，获得半剖视图，其视图部分可清楚地表达主要零件（泵体、泵盖）的外形轮廓，剖视图部分则可表达齿轮的啮合关系和齿轮油泵的工作原理。在半剖视图中又取局部剖视图，以表达吸油口和安装孔的结构。

2. 确定比例、布置图面

根据部件的大小、复杂程度、视图数量，选取适当的比例安排各视图的位置，从而选定图幅大小。要注意在安排各视图的位置时，预留零、部件序号，明细栏和标题栏以及注写尺寸和技术要求的位置。

3. 画装配图

画装配图的方法和步骤如图 12-11 所示。

（1）布置图面　画出各视图的主要轴线（装配轴线）、对称中心线及作图的基准线，并将明细栏和标题栏的位置定好，如图 12-11a 所示。

（2）画主要零件　一般从主视图开始，几个视图结合起来画以保证投影关系，如图 12-11b所示。

（3）画其他零件　画图时沿装配干线按定位和遮挡关系“由内向外”依次将各零件表达出来，如图 12-11c 所示。

（4）完成装配图　标注尺寸，加剖面线，并编写零、部件序号以及明细栏、标题栏、技术要求。完成底稿后，经校核加深，如图 12-12 所示。

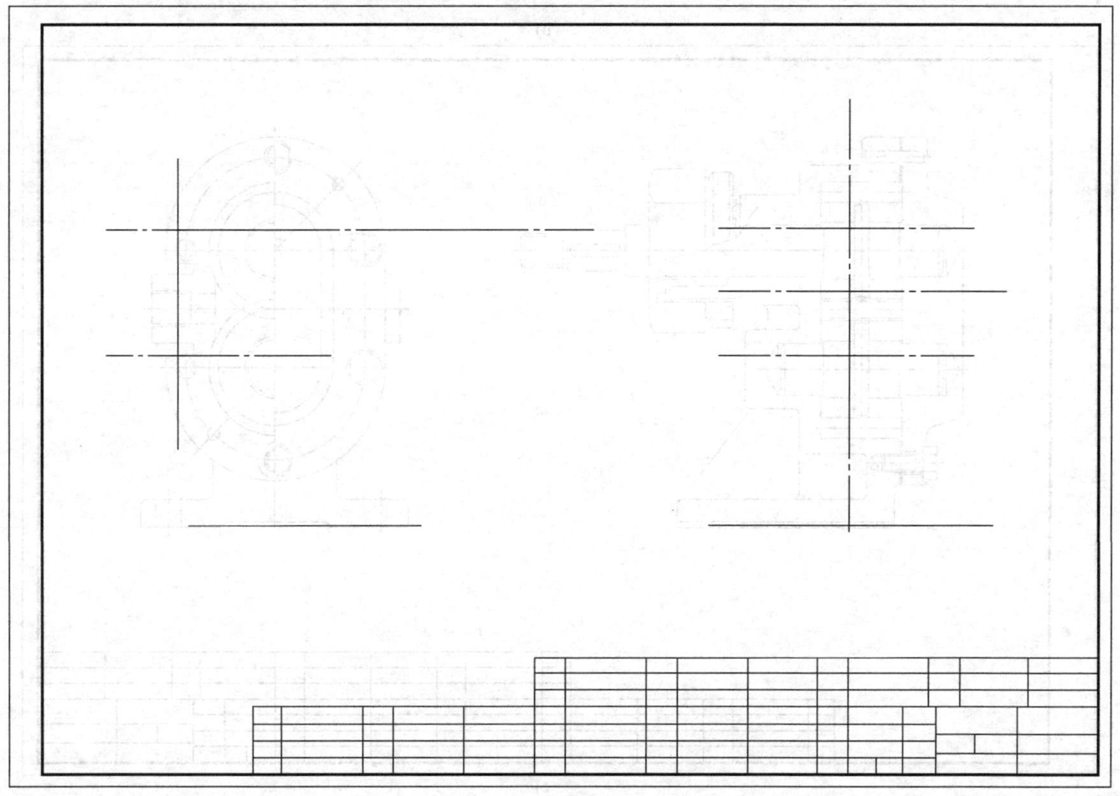

a)

图 12-11　画装配图的方法和步骤

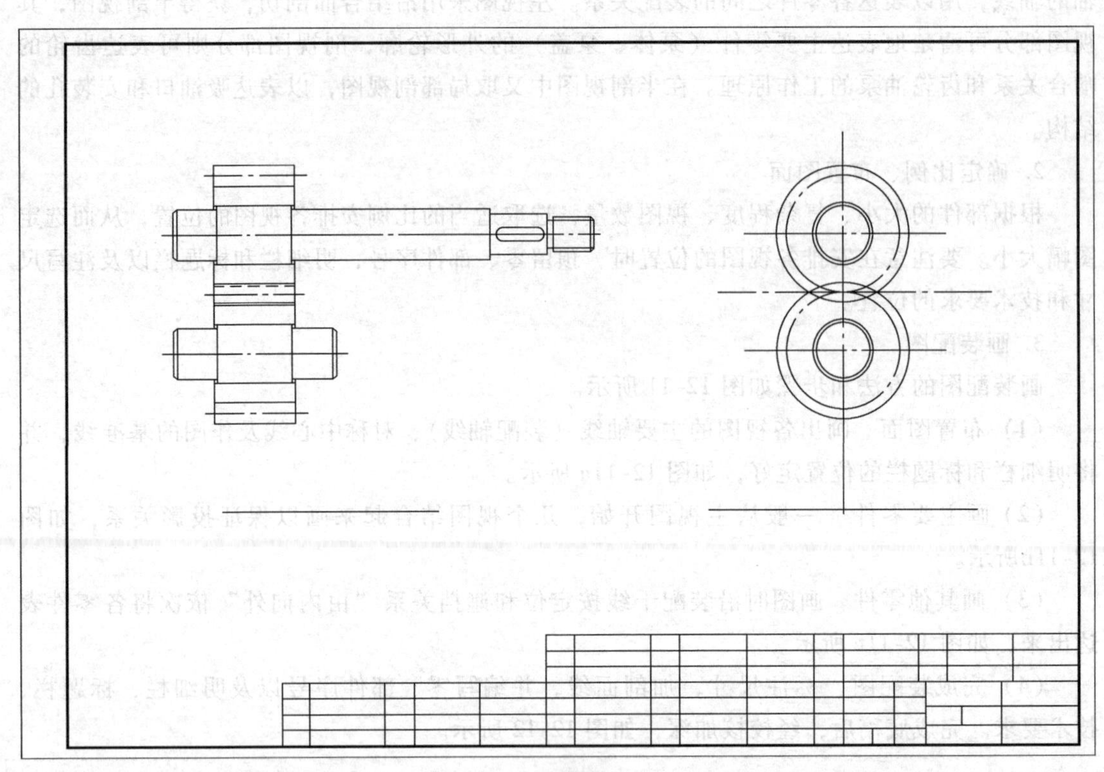

b)

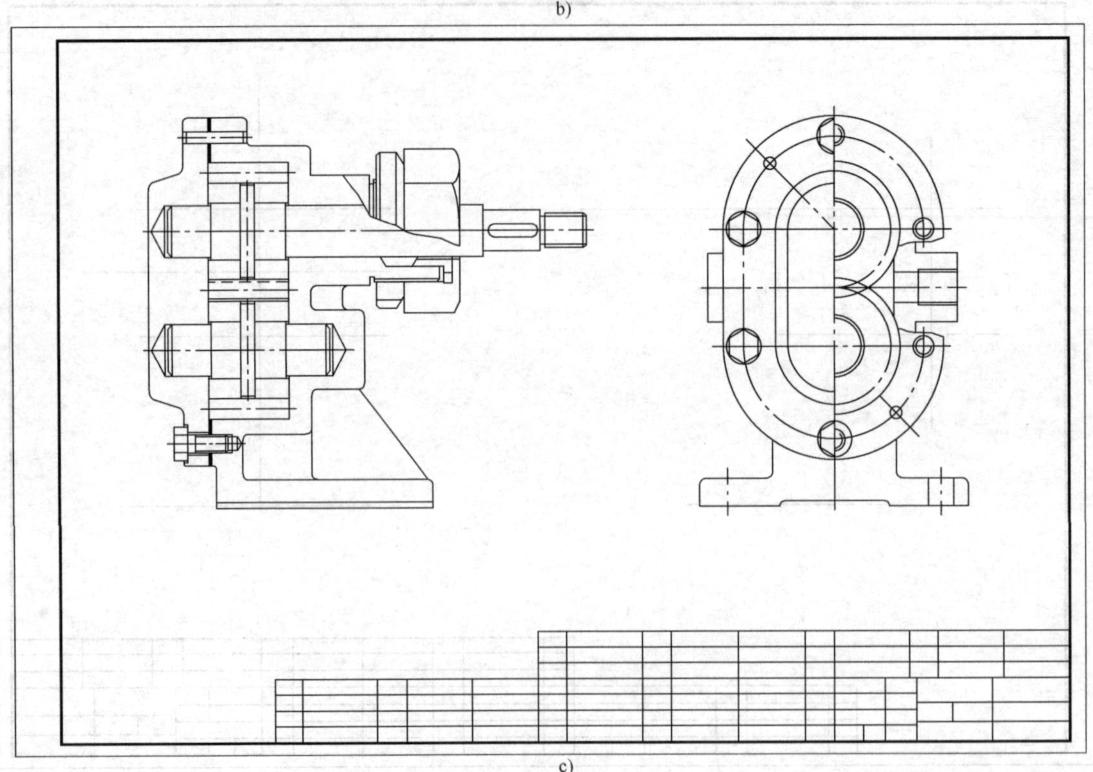

c)

图 12-11 画装配图的方法和步骤（续）

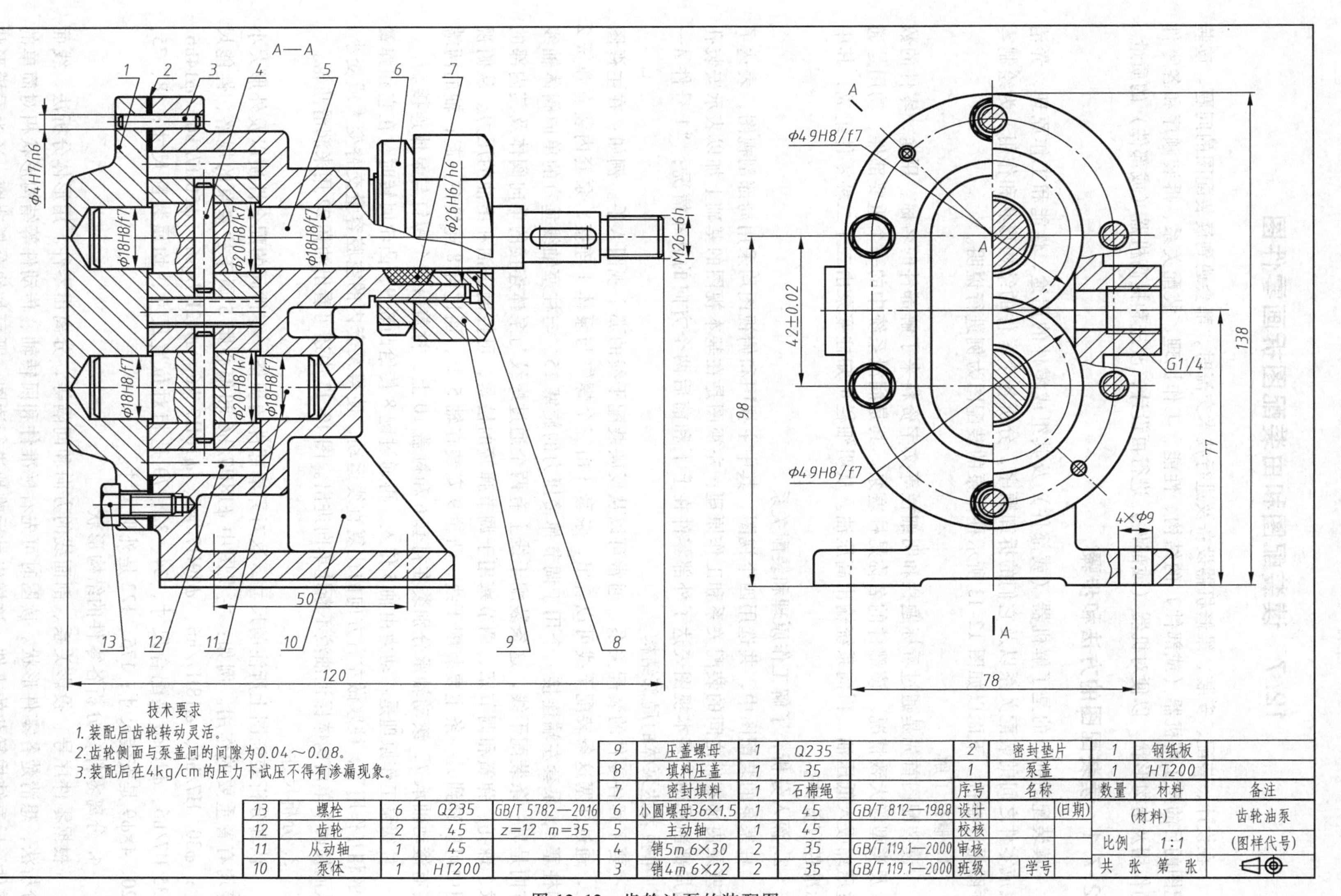

图 12-12 齿轮油泵的装配图

12.7 读装配图和由装配图拆画零件图

在设计、装配、安装、维修机器设备及进行技术交流时，都会遇到读装配图的问题。读装配图的目的是了解机器（或部件）的结构、性能、工作原理、装配关系、拆装顺序和各零件的作用及结构形状，以便对机器（或部件）进行再设计，改进和提高机器（或部件）的质量。

12.7.1 读装配图的方法和步骤

读装配图的目的是了解机器（或部件）及其组成零件的用途、性能和工作原理，弄清组成零件之间的装配关系以及它们的拆卸顺序，分析各个零件的结构形状和作用，为绘制零件图做好准备。下面以如图 12-13 所示柱塞泵的装配图为例进行说明。

1. 概括了解

读装配图首先是通过看标题栏和明细栏等文字资料来了解部件的名称、用途、零件的数量及类型等大致情况。该部件的名称是柱塞泵，其是润滑系统中的一个重要部件，功用是通过压缩吸入低压油，再向系统输出高压油。从明细栏可知柱塞泵由二十二种零件组成，其中标准件有五种。

2. 深入分析，了解工作原理和装配关系

柱塞泵的装配图中，共选用四个视图，其中主视图和俯视图均采用局部剖视图，表达了柱塞泵内部零件之间的装配关系和工作原理；左视图是在基本视图的基础上加以表示安装孔的局部剖视图，基本视图表达了外部零件在上下和前后两个方向的分布情况；“1 号件 *A—A*”单独表达泵体的局部结构。

要了解各零件的装配关系，通常可以从反映装配干线的那个视图入手。例如：在主视图上，通过柱塞这条装配干线可以看出，泵套 3 由三个螺钉与泵体 1 连接，泵套内装有弹簧 2 和柱塞 4，泵套左端连接一个用于调节弹簧压力的旋塞 15。与柱塞轴线垂直的单向阀体轴线方向是另一条装配干线，这条装配干线上有两个通过螺纹与泵体连接的单向阀体及其内部的球、球托、弹簧和调节塞，调节塞用于调节弹簧的松紧，可控制进油和出油的压力。从俯视图中可以看到另一条主要装配干线，凸轮 9 安装在轴 5 上，通过键 8 连接在一起；轴的两端装有滚动轴承 7，滚动轴承分别装在衬套 6 和衬盖 10 上，衬盖由四个螺钉与泵体连接。

柱塞泵工作原理是：动力由轴 5 传入，再通过键 8 传给凸轮 9，凸轮回转时，在它和弹簧 2 的相互作用下，柱塞做左右方向的往复直线运动，使得泵套内的空腔容量交替变大或变小，从而使两个单向阀体保证油液不断地单向进出。图 12-13 中还可看出油杯 22 用来润滑凸轮。

3. 分析尺寸

认真分析装配图上所注的尺寸，这对弄清部件的规格、零件间的配合性质以及外形大小等均有着重要的作用。例如：主视图中 ϕ18H7/h6 和偏心距 5 属于柱塞泵的规格、性能尺寸；ϕ30 H7/h6、ϕ18H7/h6、ϕ30H7/js6、ϕ16H7/k6、ϕ42H7/js6、ϕ50H7/h6、ϕ14h6、ϕ35 H7/h6、ϕ16js6 是配合尺寸，24、32、70 是相对位置尺寸，均属装配尺寸；18、75、120、4×ϕ9 是安装尺寸；175、122 是外形尺寸。

4. 分离零件，分析各零件的结构形状

根据零件序号、投影关系、剖面线的方向和间隔等，分离出零件。用形体分析法、线面分析法，想清楚各零件形状。读图时可先看标准件和回转轴、传动件等结构形状相对简单的零件，后看结构复杂的零件。这样先易后难地进行读图，既可加快分析速度，还为看懂形状

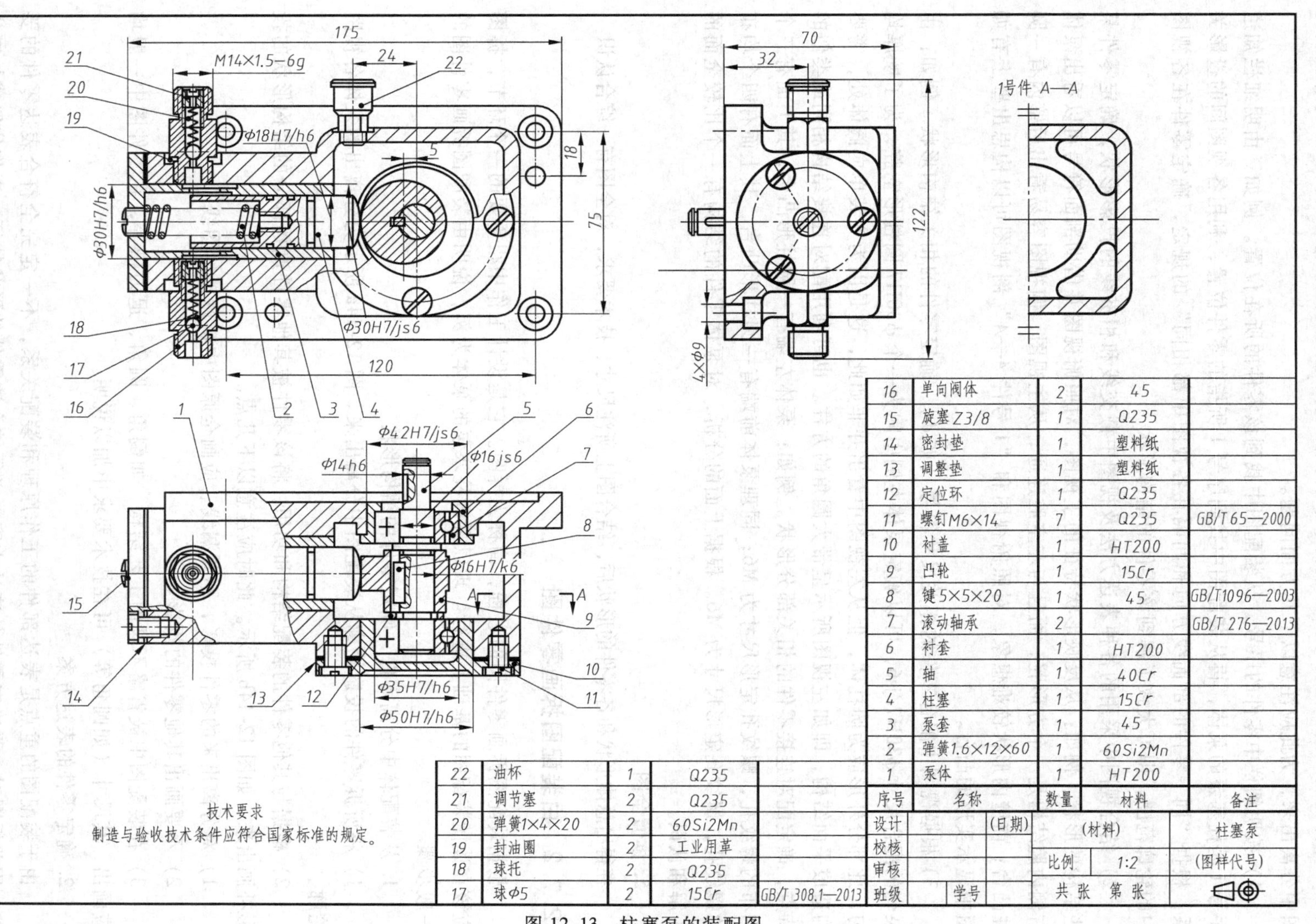

图 12-13 柱塞泵的装配图

复杂的零件提供方便。分析零件的结构形状，其关键问题是要能够将零件的投影轮廓从装配图中分离出来，为此应注意以下几方面问题。

1）按明细栏中零件的序号，从装配图中找到该零件的所在位置。例如：由明细栏知道序号 1 是柱塞泵的泵体，再从装配图中找到序号 1 所指的零件位置，利用各视图间的投影关系，根据"同一零件的剖面线方向和间隔在各视图中都相同"的规定，确定零件在各视图中的轮廓范围，即可大致了解到该零件的结构形状。

2）结合视图中采用的各种表达方法及视图中截交线和相贯线的投影形状，确定零件某些结构的形状。例如：从反映形状特征的主视图，对照俯视图并借助剖面符号可以看出泵体右侧内腔结构是一个方形腔，而且与左空腔连通；从主视图、俯视图容易看出后壁内有一圆柱凸台；前壁内形状较难想象，对照俯视图和"1 号件 *A—A*"剖视图可以构思出壁上有如图中显示实形的凸台。

3）根据视图中配合零件的相关尺寸符号（如 ϕ），确定零件的相关结构形状。例如：由泵套的配合尺寸 ϕ30H7/js6，可以确定泵体左侧中间为一个 ϕ30H7 圆柱形空腔，为了壁厚均匀，此部分外形应为圆柱体，但从左视图中看出并非如此，这是因为安装单向阀体处，需要构造成平面结构，即如左视图所示呈带大圆角的方柱。也可利用配对连接结构相同或类似的特点，确定配对连接零件的相关部分形状。例如：泵体左端有一圆柱形凸台，其上面有三个均布的螺纹孔，螺纹孔定形尺寸为 M6；同理泵体前端有一圆柱形凸台，其上面有四个均布的螺纹孔，螺纹孔定形尺寸为 M6。根据上面的分析，对泵体零件的结构有一个比较全面的了解和认识。

5. 读懂全图

在得出总体形状和各零件的形状后，结合图上所注尺寸、技术要求，对全图有一综合认识。

12.7.2 由装配图拆画零件图

根据装配图拆画零件图的过程，简称为拆图。它是设计工作中很重要的一个环节，拆图应该在读懂装配图的基础上进行。现以拆画柱塞泵的泵体为例，说明由装配图拆画零件图的一般步骤。

1. 从装配体中分离零件，确定零件的结构形状

1）将所拆零件的投影轮廓从装配图中分离出来。图 12-14a 所示为分离出的泵体各视图轮廓。

2）根据与其他零件的装配结构和功用，将该零件被其他零件遮挡部分的结构形状的投影补画出来，如图 12-14b 所示。此时应注意以下几点。

1）对分离出来的零件投影，不要漏线、应画全原图中被遮挡的图线。

2）不要画出其他零件的投影。

3）在装配图中被省略不画的工艺结构，如倒角、圆角、退刀槽等，在零件图中一般均应画出，其尺寸（如圆角等）可在技术要求中加以说明。

2. 确定零件的表达方案

由于装配图的重点是表达部件的工作原理和装配关系，不一定完全符合表达零件的要求。因此拆图时，要确定零件的表达方案，必须结合该零件的形状特征、工作位置或加工位置等来统一考虑，不能简单地照搬装配图中的表达方案，可以适当地调整视图表达方法或增

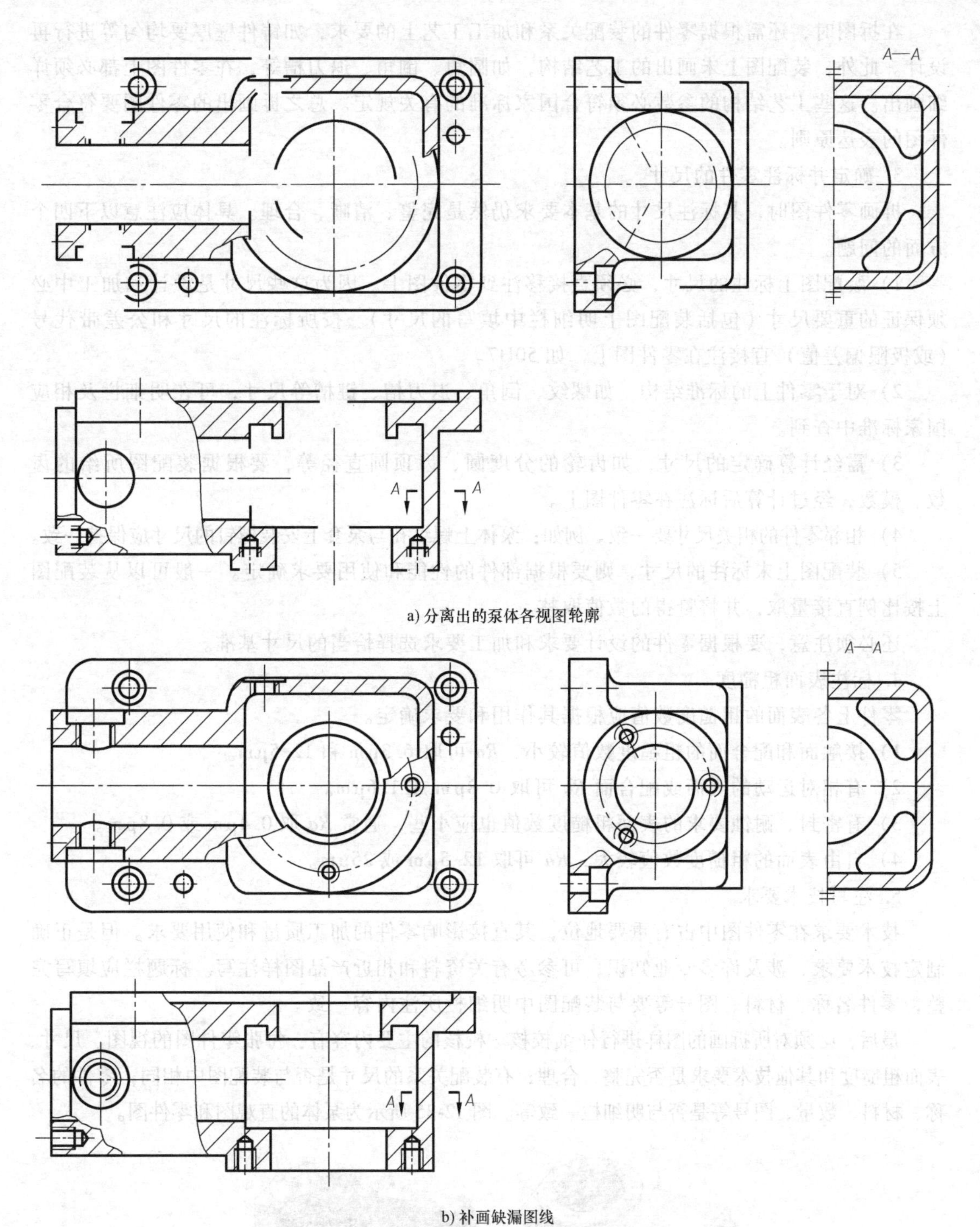

a) 分离出的泵体各视图轮廓

b) 补画缺漏图线

图 12-14　拆画泵体零件图步骤

加一些新的视图。但在多数情况下，装配体中的主要零件（如箱体类零件）的主视图可以与装配图一致，以便于装配机器时进行对照。例如：柱塞泵的泵体零件，主视图就是与装配图主视图一致。对于轴套类零件，一般按加工位置选取主视图，如柱塞泵的柱塞、轴等。

在拆图时，还需根据零件的装配关系和加工工艺上的要求，如铸件壁厚要均匀等进行再设计。此外，装配图上未画出的工艺结构，如圆角、倒角、退刀槽等，在零件图上都必须详细画出。这些工艺结构的参数必须符合国家标准的有关规定。总之拆画出的零件图要符合零件图的表达原则。

3. 确定并标注零件的尺寸

拆画零件图时，其标注尺寸的基本要求仍然是完整、清晰、合理。具体应注意以下四个方面的问题。

1）装配图上标注的尺寸，必须直接移注到零件图上。因为这些尺寸是设计和加工中必须保证的重要尺寸（包括装配图上明细栏中填写的尺寸）。按所标注的尺寸和公差带代号（或极限偏差值）直接注在零件图上，如 50H7。

2）对于零件上的标准结构，如螺纹、倒角、退刀槽、键槽等尺寸，可在明细栏及相应国家标准中查到。

3）需经计算确定的尺寸，如齿轮的分度圆、齿顶圆直径等，要根据装配图所给的齿数、模数，经过计算后标注在零件图上。

4）相邻零件的相关尺寸要一致。例如：泵体上螺纹孔与泵套上安装螺钉的尺寸应保持一致。

5）装配图上未标注的尺寸，则要根据部件的性能和使用要求确定。一般可以从装配图上按比例直接量取，并将量得的数值取整。

还必须注意，要根据零件的设计要求和加工要求选择恰当的尺寸基准。

4. 标注表面粗糙度

零件上各表面的粗糙度数值应根据其作用和要求确定。

1）接触面和配合面的粗糙度数值较小，*Ra* 可取 6.3μm 和 12.5μm。

2）有相对运动的表面或配合面 *Ra* 可取 0.8μm 或 1.6μm。

3）有密封，耐蚀要求的表面粗糙度数值也应小些，通常 *Ra* 取 0.4μm 或 0.8μm。

4）自由表面的粗糙度数值较大，*Ra* 可取 12.5μm 或 25μm。

5. 注写技术要求

技术要求在零件图中占有重要地位，其直接影响零件的加工质量和使用要求。但是正确制定技术要求，涉及许多专业知识，可参考有关资料和相近产品图样注写。标题栏应填写完整，零件名称、材料、图号等要与装配图中明细栏所注内容一致。

最后，必须对所拆画的图样进行仔细校核。校核的主要内容有：每张零件图的视图、尺寸、表面粗糙度和其他技术要求是否完整、合理；有装配关系的尺寸是否与装配图中相同；零件的名称、材料、数量、图号等是否与明细栏一致等。图 12-15 所示为泵体的直观图和零件图。

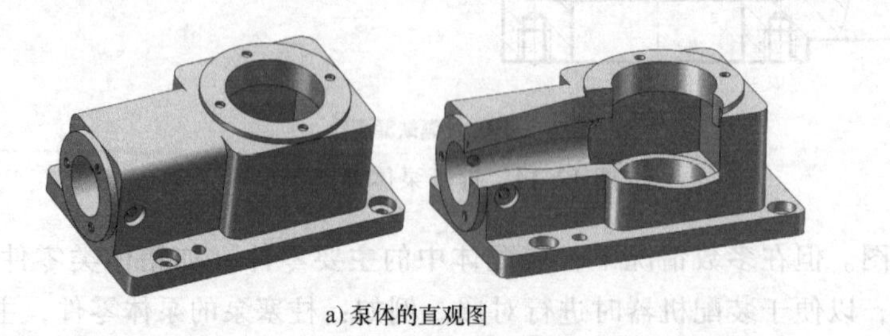

a) 泵体的直观图

图 12-15 泵体的直观图和零件图

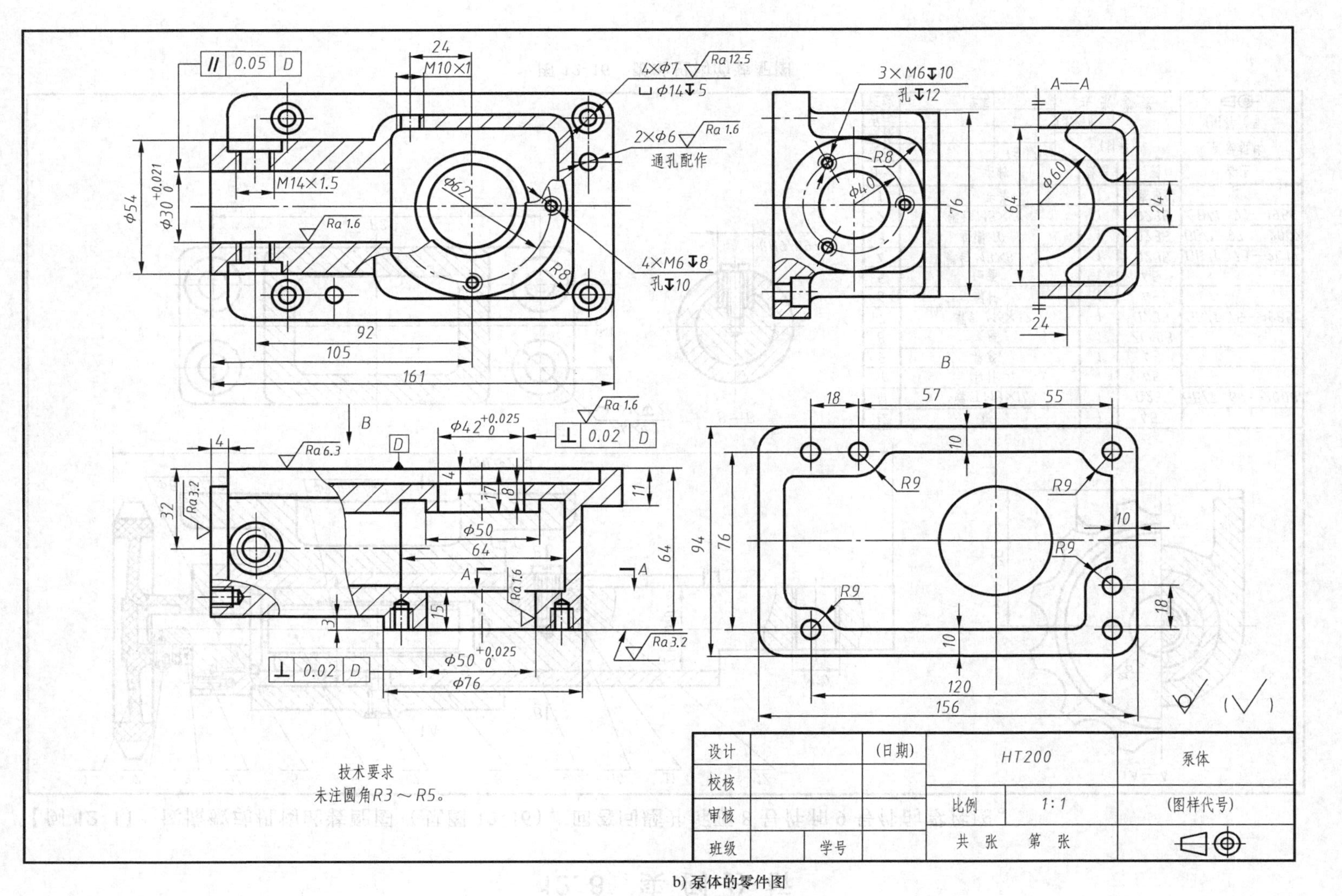

b) 泵体的零件图

图 12-15 泵体的直观图和零件图（续）

12.8 实例分析

【例 12-1】 读懂微动机构的装配图（见图 12-16），回答问题并拆画 8 号件和 9 号件的零件图。

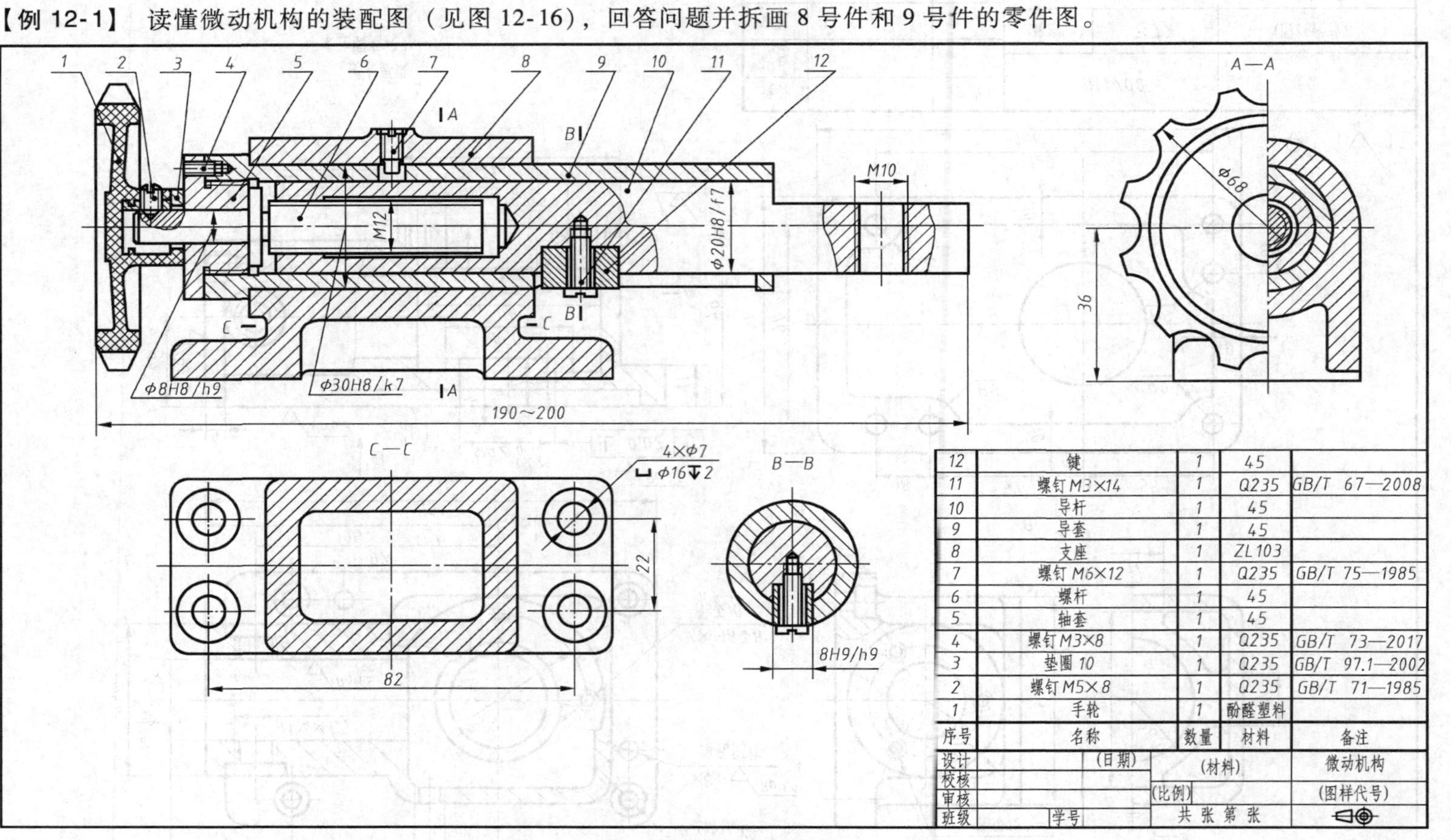

图 12-16 微动机构的装配图

回答问题

1）本装配图由（　　）个基本视图表达，左视图采用（　　）视图。

2）本装配图有（　　）种零件，有（　　）种标准件。

3）M12 表示的螺纹为（　　）旋螺纹，当逆时针转动手轮 1 时，导杆 10 向（　　）移动（左、右）。

4）ϕ30H8/k7 表示零件（　　）和零件（　　）之间是（　　）制（　　）配合。

5）俯视图上 22 是（　　）尺寸。

分析　微动机构工作原理：该部件是氩弧焊机的微动机构。导杆 10 右端有一螺纹孔 M10，用于固定焊枪。当转动手轮 1 时，螺杆 6 做螺旋运动，导杆 10 在导套 9 内做轴向移动进行微调。导杆 10 上装有键 12，其在导套 9 内起导向作用。由于导套 9 用螺钉 7 固定，所以导杆 10 只能做直线运动。

答案

1）（三）　（半剖）　　2）（十二）（五）　　3）（右）（右）

4）（8）　（9）（基孔）（过渡）　　5）（安装）

拆画零件图

拆画支座 8 和导套 9 的零件图（只画视图，不注尺寸），如图 12-17 和图 12-18 所示。

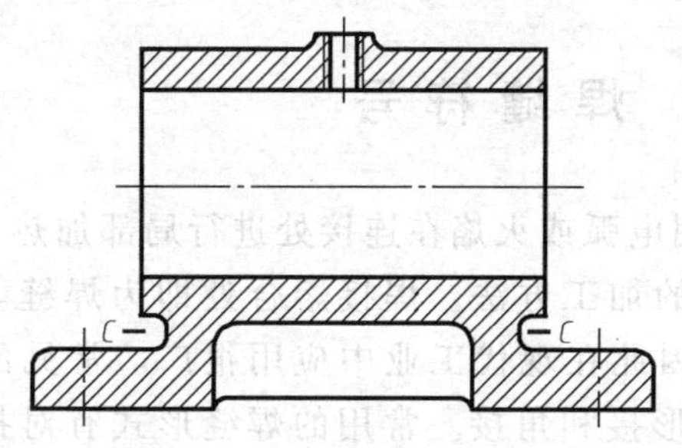

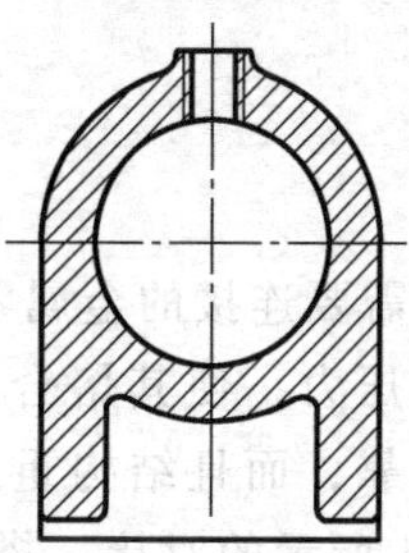

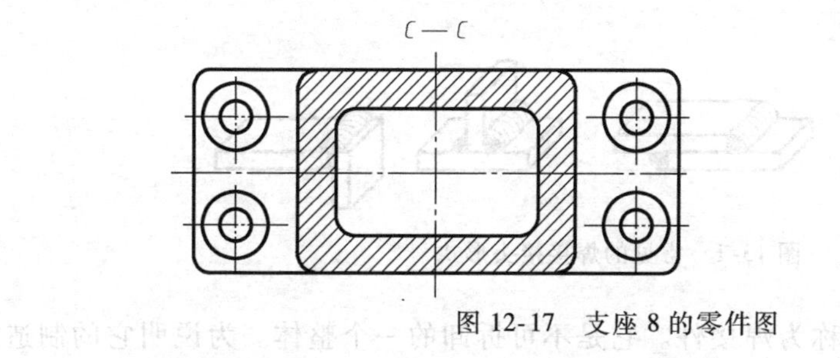

图 12-17　支座 8 的零件图

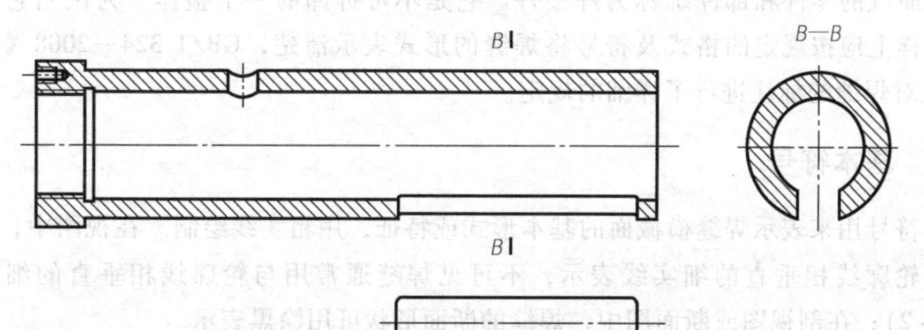

图 12-18　导套 9 的零件图

第13章 焊接图

本章内容提要

1) 焊接图中焊缝符号。

2) 焊缝标注的有关规定。

3) 焊缝标注的若干示例。

重点

掌握并理解焊缝符号和焊缝标注的有关规定。

难点

焊缝的正确标注。

13.1 焊缝符号

焊接是将需要连接的金属零件，用电弧或火焰在连接处进行局部加热，同时填充熔化金属或施加压力，使其熔合在一起的加工方法。焊接熔合处即为焊缝。焊接的工艺简单、质量可靠，而且结构重量轻，因此在现代工业中应用很广。常见的焊接接头形式有如图 13-1 所示的对接、搭接、T 形接和角接。常用的焊缝形式有对接焊缝和角接焊缝两种。

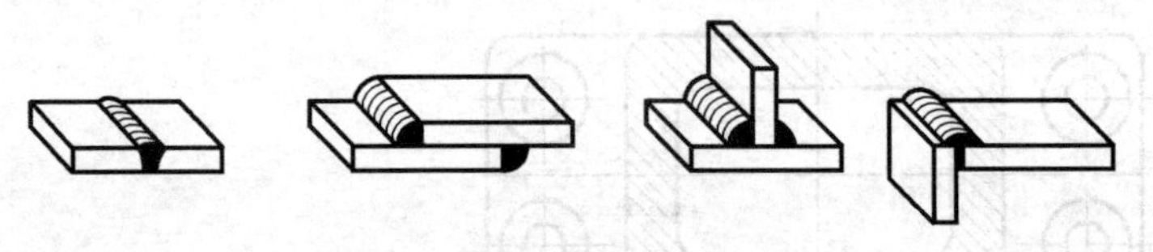

图 13-1 常见的焊接接头形式

焊接而成的零件和部件统称为焊接件。它是不可拆卸的一个整体。为说明它的制造工艺，在图样上应按规定的格式及符号将焊缝的形式表示清楚，GB/T 324—2008《焊缝符号表示法》对焊缝的标注进行了详细的规定。

13.1.1 基本符号

基本符号用来表示焊缝横截面的基本形式或特征，用粗实线绘制。在视图中，可见焊缝通常用与轮廓线相垂直的细实线表示，不可见焊缝通常用与轮廓线相垂直的细虚线表示（见图 13-2）；在剖视图或断面图中，焊缝的断面形状可用涂黑表示。

基本符号见表 13-1。

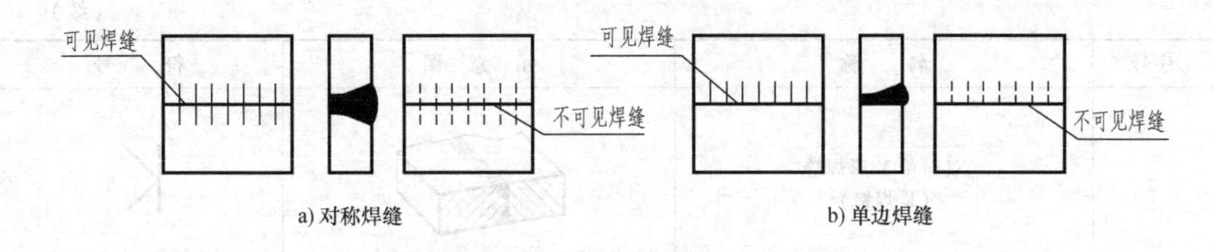

a) 对称焊缝　　b) 单边焊缝

图 13-2　焊缝在视图及剖视图或断面图中的表示

表 13-1　基本符号

序号	名称	示意图	符号
1	I 形焊缝		‖
2	V 形焊缝		V
3	单边 V 形焊缝		V
4	角焊缝		◺
5	点焊缝		○

13.1.2　基本符号的组合

标注双面焊焊缝或接头时，基本符号可以组合使用，见表 13-2。

表 13-2　基本符号的组合

序号	名　称	示　意　图	符　号
1	双面 V 形焊缝（X 焊缝）		X

（续）

序号	名　称	示 意 图	符　号
2	双面单 V 形焊缝 （K 焊缝）		
3	带钝边的双面 V 形焊缝		
4	带钝边的双面单 V 形焊缝		
5	双面 U 形焊缝		

13.1.3 补充符号

补充符号用来补充说明有关焊缝或接头的某些特征（如表面形状、衬垫、焊缝分布、施焊地点等），见表 13-3。

表 13-3 补充符号

序号	名　称	符　号	说　明
1	平面		焊缝表面通常经过加工后平整
2	凹面		焊缝表面凹陷
3	凸面		焊缝表面凸起
4	圆滑过渡		焊趾处过渡圆滑
5	永久衬垫	M	衬垫永久保留

（续）

序号	名　称	符　号	说　明
6	临时衬垫	MR	衬垫在焊接完成后拆除
7	三面焊缝		三面带有焊缝
8	周围焊缝		沿着工件周边施焊的焊缝 标注位置为基准线与箭头线的交点处
9	现场焊缝		在现场焊接的焊缝
10	尾部		可以表示所需的信息

13.2　焊缝标注的有关规定

在技术图样或文件上需要表示焊缝或接头时，推荐采用焊缝符号。完整的焊缝符号包括基本符号、指引线、补充符号及数据。

13.2.1　焊缝符号的构成

在焊缝符号中，基本符号与指引线为基本要素。焊缝的准确位置通常由基本符号和指引线之间的相对位置决定。

焊缝的指引线由箭头线和两条基准线（一条为细实线、一条为细虚线）两部分组成。如果焊缝在接头的箭头侧，则将基本符号标在基准线的细实线侧；如果焊缝在接头的非箭头侧，则将基本符号标在基准线的细虚线侧；标注双面对称焊缝时可不加细虚线如图 13-3 所示。

焊缝符号一般由基本符号与指引线组成，必要时加上补充符号。基本符号是表示焊缝横截面形状的符号。补充符号是为了补充说明焊缝的某些特征而采用的符号。

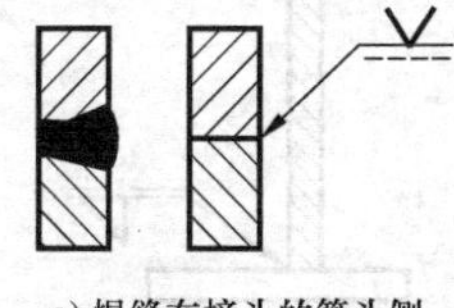

a) 焊缝在接头的箭头侧

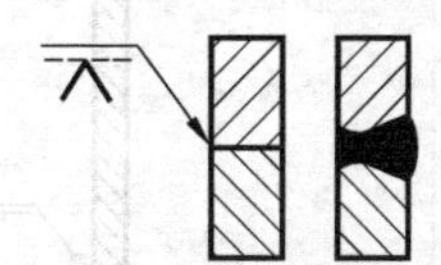

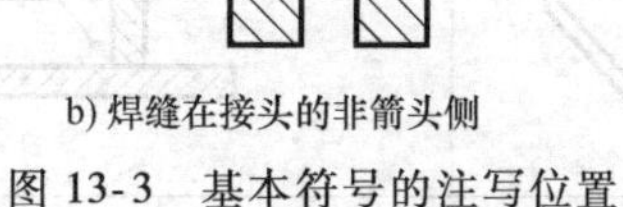

b) 焊缝在接头的非箭头侧

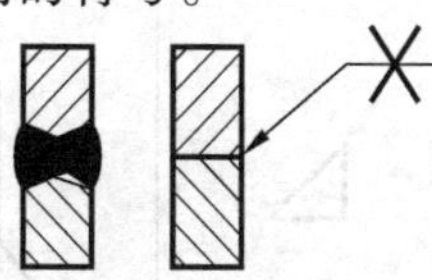

c) 双面对称焊缝

图 13-3　基本符号的注写位置

基准线一般应与图样的底边平行，必要的时候也可与底边垂直。细实线和细虚线的位置可根据需要互换。

必要时，可在焊缝符号中注写尺寸。焊缝符号中各类尺寸相对于基本符号的位置应遵循如下规定。

1）横向尺寸注写在基本符号的左侧。

2）纵向尺寸注写在基本符号的右侧。

3）坡口角度、坡口面角度、根部间隙注写在基本符号的上侧或下侧。

焊缝符号及尺寸注写示例如图 13-4 所示。

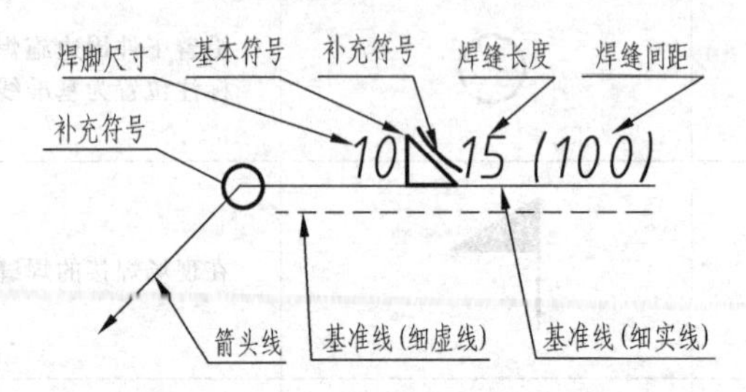

图 13-4　焊缝符号及尺寸注写示例

13.2.2　焊缝符号的应用示例

常见焊缝符号的应用示例见表 13-4。

表 13-4　常见焊缝符号的应用示例

序号	符　号	示 意 图	标 注 示 例
1			
2			
3			

（续）

序号	符 号	示 意 图	标 注 示 例
4	 X	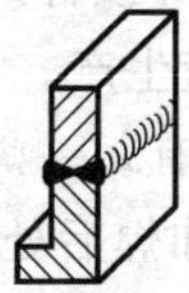	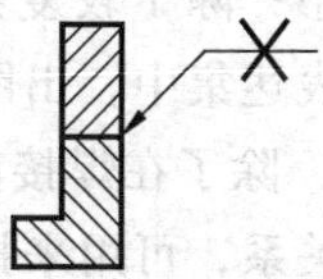
5	 K	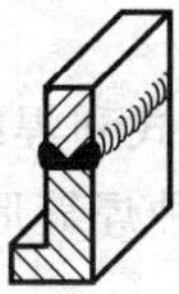	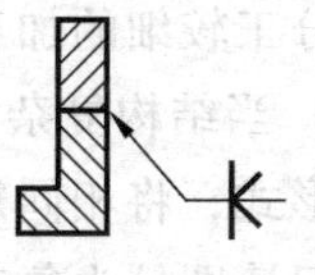

13.3 焊接图标注的实例

焊接图是焊接件加工时所用的图样。它应能清晰地表示出焊接件的相互位置、焊接形式、焊接要求以及焊接尺寸等。

13.3.1 焊接图的内容

1）表达焊接件结构形状的一组视图。

2）焊接件的规格尺寸，各焊接件的装配位置尺寸及焊后加工尺寸。

3）各焊接件连接处的接头形式、焊缝符号及焊缝尺寸。

4）装配、焊接以及焊后处理、加工的技术要求。

5）标题栏和说明焊接件型号、规格、材料、重量的明细栏及焊接件相应的编号。

13.3.2 标注实例

1. 焊缝的表达方法

在图样上，焊缝一般只用焊缝符号直接标注在视图的轮廓上，如图 13-5a 所示。需要时也可在图样上采用图示法画出焊缝，并同时标注焊缝符号，如图 13-5b 所示。

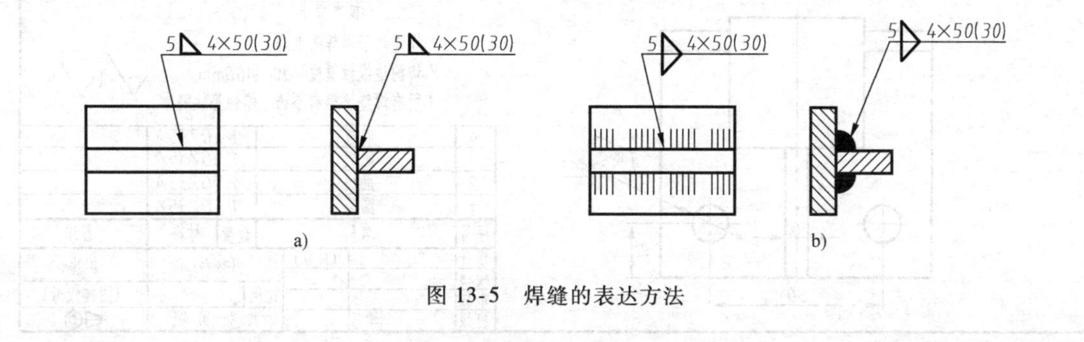

图 13-5 焊缝的表达方法

图 13-5 中标注含义为：角焊缝 焊脚尺寸 5，焊缝点（段）数 4，焊缝长度 50，焊缝间距 30。

2. 焊接图的表达形式和特点

（1）整件表达　在焊接图上，不仅表达各焊接件的装配、焊接要求，而且还表达每一焊接件的形状和大小；除了较复杂的焊接件和特殊要求的焊接件外，不再另外绘制焊接件图。这种图样形式表达集中，出图快，适用于修配和小批量生产。

（2）分件表达　除了在焊接图上表达焊接件外，还附有每一焊接件的详图。焊接图上重点表达装配连接关系，可用来指导焊接件的装配、施焊和焊后处理；各种焊接件的形状、规格、大小分别表示在各焊接件图中。这种图样形式完整、清晰，读图简单，方便交流；适用于大批量生产或分工较细的加工情况。

（3）列表表达　当结构复杂、各焊接件之间的焊缝形式和焊缝尺寸不便在图中清晰表达时，可采用列表形式，将相同规格的各种焊接件的同一种焊缝形式及尺寸集中列表表示。这种形式出图快、但读图较为复杂。

3. 焊接图标注实例

图 13-6 所示为机座的焊接图标注实例。从此图中可以看出，它是以整件形式表达的。该焊接件由四个构件经焊接而成，构件 1 为圆筒，构件 2 为肋板，构件 3 为侧板，构件 4 为底板。

从此图上所标的焊缝符号可知，各处焊缝均为角焊缝，有单面焊，也有双面焊，焊脚尺寸均为 4mm。技术要求说明焊缝均采用焊条电弧焊。

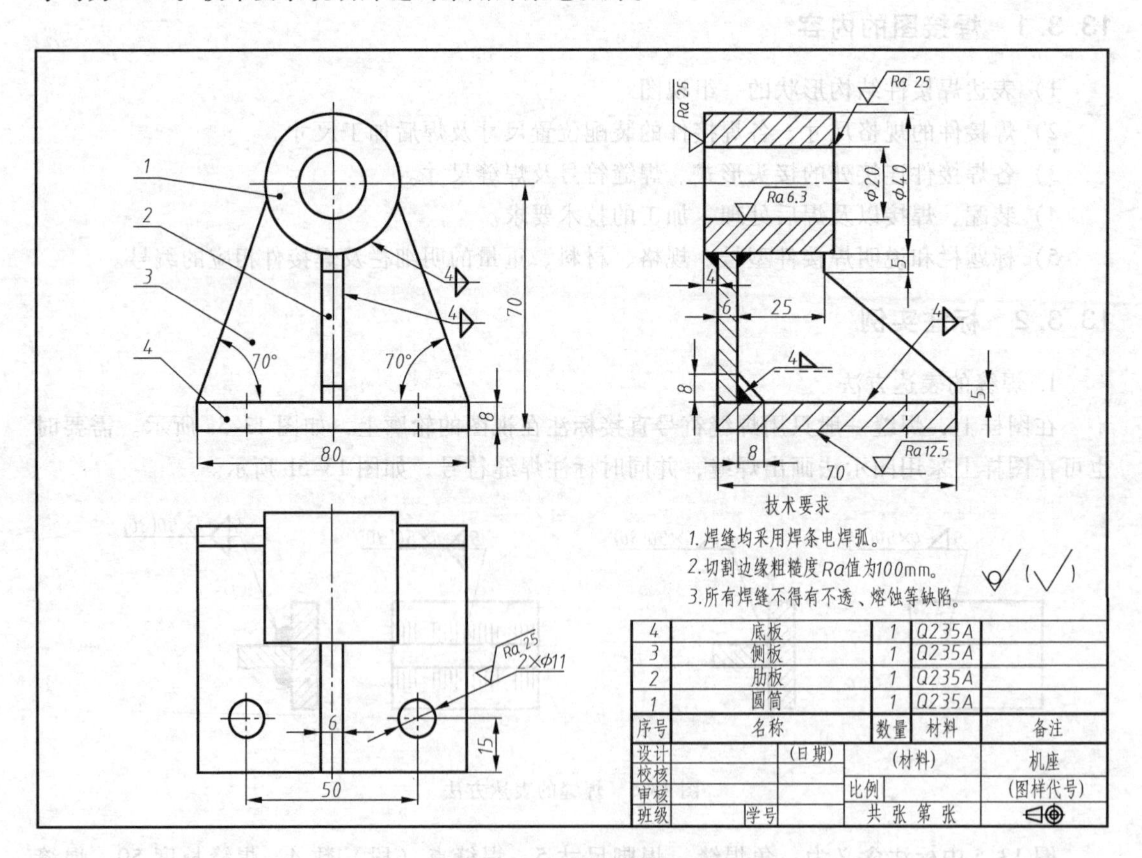

图 13-6　机座的焊接图标注实例

从此图中可以看出，焊接图的表达方法与零件图基本一致。焊接图与零件图的不同之处在于各相邻构件的剖面线的倾斜方向应不同，且在焊接图中需对各构件进行编号，并需填写明细栏。这样焊接图从形式上看就很像装配图，但它与装配图也有所不同，因装配图表达的应是机器（或部件），而焊接图表达的仅仅是一个零件。因此，通常说焊接图是装配图的形式，零件图的内容。

附　录

附录A　螺　　纹

表A-1　普通螺纹（GB/T 193—2003，GB/T 196—2003）　　　（单位：mm）

标记示例：

公称直径为24mm、螺距为3mm、右旋粗牙普通螺纹、公差带代号为6g，标记为：M24

公称直径为24mm、螺距为1.5mm、左旋细牙普通螺纹、公差带代号为7H，标记为：M24×1.5-7H-LH

内外螺纹旋合的标记为：M24-7H/6g

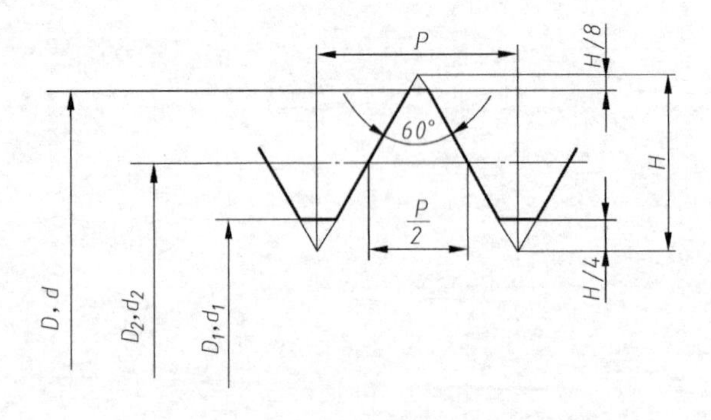

公称直径 D、d		螺距 P		粗牙小径 D_1、d_1	公称直径 D、d		螺距 P		粗牙小径 D_1、d_1
第一系列	第二系列	粗牙	细牙		第一系列	第二系列	粗牙	细牙	
3		0.5	0.35	2.459	16		2	1.5,1	13.835
4		0.7	0.5	3.242		18	2.5	2,1.5,1	15.294
5		0.8		4.134	20				17.294
6		1	0.75	4.917		22			19.294
8		1.25	1,0.75	6.647	24		3		20.752
10		1.5	1.25,1,0.75	8.376	30		3.5	(3),2,1.5,1	26.211
12		1.75	1.25,1	10.106	36		4	3,2,1.5	31.670
	14	2	1.5,1.25,1	11.835		39			34.670

注：1. 优先选用第一系列，括号内尺寸尽可能不用。

2. 第三系列未列入。

3. M14×1.25仅用于火花塞。

表 A-2　梯形螺纹（GB/T 5796.1~5796.4—2005）　　　　（单位：mm）

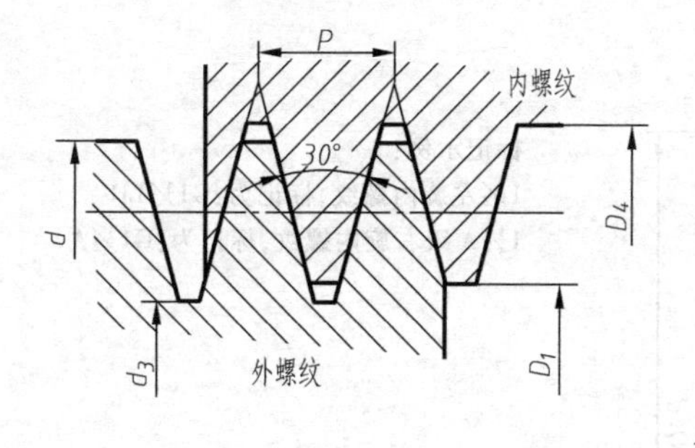

标记示例：

公称直径为 36mm、螺距为 6mm 的单线右旋梯形螺纹，标记为：Tr36×6

公称直径为 36mm、导程为 12mm、螺距为 6mm 的双线左旋梯形螺纹，标记为：Tr36×12(P6)LH

公称直径 d		螺距 P	中径 $D_2=d_2$	大径 D_4	小径	
第一系列	第二系列				d_3	D_1
8		1.5	7.25	8.30	6.20	6.50
	9	2	8.00	9.50	6.50	7.00
10		2	9.00	10.50	7.50	8.00
	11	3	9.50	11.50	7.50	8.00
12		3	10.50	12.50	8.50	9.00
	14	3	12.50	14.50	10.50	11.00
16		4	14.00	16.50	11.50	12.00
	18	4	16.00	18.50	13.50	14.00
20		4	18.00	20.50	15.50	16.00
	22	5	19.50	22.50	16.50	17.00
24		5	21.50	24.50	18.50	19.00
	26	5	23.50	26.50	20.50	21.00
28		5	25.50	28.50	22.50	23.00
	30	6	27.00	31.00	23.00	24.00
32		6	29.00	33.00	25.00	26.00
	34	6	31.00	35.00	27.00	28.00
36		6	33.00	37.00	29.00	30.00
	38	7	34.50	39.00	30.00	31.00
40		7	36.50	41.00	32.00	33.00

注：优先选用第一系列直径。

表 A-3 55°非密封管螺纹（GB/T 7307—2001） （单位：mm）

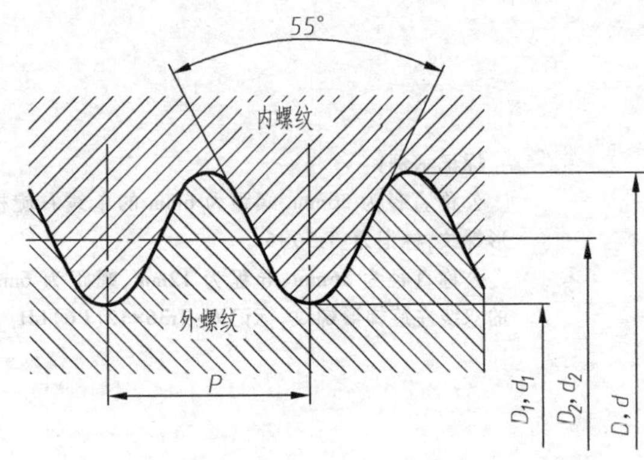

标记示例：

1½左旋内螺纹,标记为:G1½LH

1½A 级右旋内螺纹,标记为:G1½A

尺寸代号	每 25.4mm 内所包含的牙数 n	螺距 P	牙高 h	基本直径		
				大径 $d=D$	中径 $d_2=D_2$	小径 $d_1=D_1$
1/8	28	0.907	0.581	9.728	9.147	8.566
1/4	19	1.337	0.856	13.157	12.301	11.445
3/8	19	1.337	0.856	16.662	15.806	14.950
1/2	14	1.814	1.162	20.955	19.793	18.631
5/8	14	1.814	1.162	22.911	21.749	20.587
3/4	14	1.814	1.162	26.441	25.279	24.117
7/8	14	1.814	1.162	30.201	29.039	27.877
1	11	2.309	1.479	33.249	31.770	30.291
1¼	11	2.309	1.479	41.910	40.431	38.952
1½	11	2.309	1.479	47.803	46.324	44.845
1¾	11	2.309	1.479	53.746	52.267	50.788
2	11	2.309	1.479	59.614	58.135	56.656
2¼	11	2.309	1.479	65.710	64.231	62.752
2½	11	2.309	1.479	75.184	73.705	72.226
2¾	11	2.309	1.479	81.534	80.055	78.576
3	11	2.309	1.479	87.884	86.405	84.926
3½	11	2.309	1.479	100.330	98.851	97.372
4	11	2.309	1.479	113.030	111.551	110.072
4½	11	2.309	1.479	125.730	124.251	122.772
5	11	2.309	1.479	138.430	136.951	135.472
6	11	2.309	1.479	163.830	162.351	160.872

注：本标准适用于管接头、旋塞、阀门及其附件。

附录B 标 准 件

表 B-1 螺栓（GB/T 5782—2016，GB/T 5783—2016） （单位：mm）

六角头螺栓(GB/T 5782—2016)　　　　六角头螺栓　全螺纹(GB/T 5783—2016)

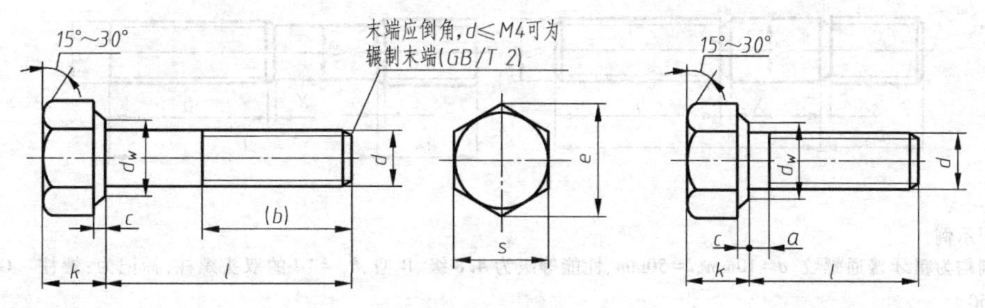

标记示例：

螺纹规格 d=M12、公称长度 l=800mm、性能等级为 8.8 级、表面氧化、产品等级为 A 级的六角头螺栓，标记为：螺栓 GB/T 5782 M12×80

若为全螺纹，标记为：螺栓 GB/T 5783 M12×80

螺纹规格 d			M3	M4	M5	M6	M8	M10	M12	M16	M20	M24	M30	M36
e(min)	产品等级	A	6.01	7.66	8.79	11.05	14.38	17.77	20.03	26.75	33.53	39.98	—	—
		B	5.88	7.50	8.63	10.89	14.20	17.59	19.85	26.17	32.95	39.55	50.85	60.79
s(公称=max)			5.5	7	8	10	13	16	18	24	30	36	46	55
k(公称)			2	2.8	3.5	4	5.3	6.4	7.5	10	12.5	15	18.7	22.5
c	max		0.4	0.4	0.5	0.5	0.6	0.6	0.6	0.8	0.8	0.8	0.8	0.8
	min		0.15	0.15	0.15	0.15	0.15	0.15	0.15	0.2	0.2	0.2	0.2	0.2
d_w(min)	产品等级	A	4.57	5.88	6.88	8.88	11.63	14.63	16.63	22.49	28.19	33.61	—	—
		B	4.45	5.74	6.74	8.74	11.47	14.47	16.47	22	27.7	33.25	42.75	51.11
GB/T 5782	b(参考)	l≤125	12	14	16	18	22	26	30	38	46	54	66	—
		125<l≤200	18	20	22	24	28	32	36	44	52	60	72	84
		l>200	31	33	35	37	41	45	49	57	65	73	85	97
	l范围		20~30	25~40	25~50	30~60	40~80	45~100	50~120	65~160	80~200	90~240	110~300	140~360
GB/T 5783	a	max	1.5	2.1	2.4	3	4	4.5	5.3	6	7.5	9	10.5	12
		min	0.5	0.7	0.8	1	1.25	1.5	1.75	2	2.5	3	3.5	4
	l范围		6~30	8~40	10~50	12~60	16~80	20~100	25~120	30~200	40~200	50~200	60~200	70~200

注：1. 本标准规定螺栓的螺纹规格 d=M1.6~M64。

2. 本标准规定螺栓公称长度 l（系列）：2mm，3mm，4mm，5mm，6mm，8mm，10mm，12mm，16mm，20~65mm(5 进位)，70~160mm(10 进位)，180~500mm(20 进位)。GB/T 5782 的公称长度 l 为 12~500mm，GB/T 5783 的公称长度 l 为 2~200mm。

3. 产品等级 A、B 是根据公差取值不同而定的。A 级公差小。它用于 d=1.6~24mm 和 l≤10d 或 l≤150mm 的螺栓。B 级用于 d>24mm 或 l>10d 或 l>150mm 的螺栓。

4. 材料为钢的螺栓性能等级有 5.6、8.8、9.8、10.9 级。其中 8.8 级为常用。8.8 级前面的数字 8 表示公称抗拉强度（R_m，MPa）的 1/100，后面的数字 8 表示公称屈服强度（R_{eL}，MPa）或公称规定非比例伸长应力（$R_{p0.2}$，MPa）与公称抗拉强度（R_m，MPa）的比值（屈服比）的 10 倍。

表 B-2 螺柱（GB/T 897~900—1988）（单位：mm）

双头螺柱 $b_m=1d$(GB/T 897—1988)

双头螺柱 $b_m=1.25d$(GB/T 898—1988)

双头螺柱 $b_m=1.5d$(GB/T 899—1988)

双头螺柱 $b_m=2d$(GB/T 900—1988)

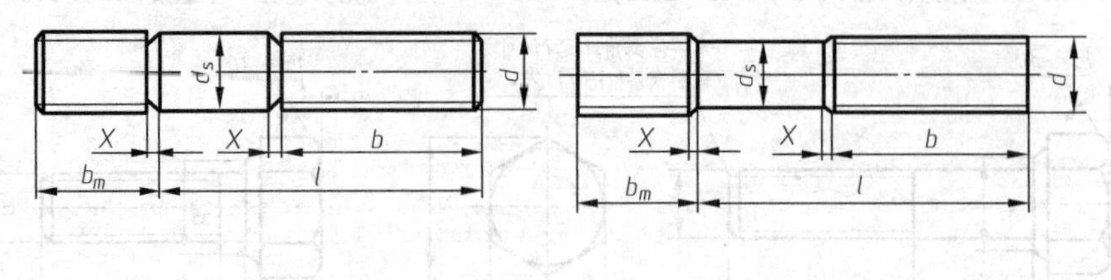

标记示例：

两端均为粗牙普通螺纹，$d=10$mm、$l=50$mm、性能等级为 4.8 级、B 型、$b_m=1d$ 的双头螺柱，标记为：螺柱 GB/T 897 M10×50

旋入机体一端为粗牙普通螺纹、旋入螺母一端为螺距 $P=1$mm 的细牙普通螺纹、$d=10$mm、$l=50$mm、性能等级为 4.8 级、A 型、$b_m=1d$ 的双头螺栓，标记为：螺柱 GB/T 897 AM10-M10×1×50

螺纹规格 d		M3	M4	M5	M6	M8
b_m（公称）	GB/T 897	—	—	5	6	8
	GB/T 898	—	—	6	8	10
	GB/T 899	4.5	6	8	10	12
	GB/T 900	6	8	10	12	16
$\frac{l}{b}$		$\frac{16\sim20}{6}$ $\frac{(22)\sim40}{12}$	$\frac{16\sim(22)}{8}$ $\frac{25\sim40}{14}$	$\frac{16\sim(22)}{10}$ $\frac{25\sim50}{16}$	$\frac{20\sim(22)}{10}$ $\frac{25\sim30}{14}$ $\frac{(32)\sim(75)}{18}$	$\frac{20\sim(22)}{12}$ $\frac{25\sim30}{16}$ $\frac{(32)\sim90}{22}$
螺纹规格 d		M10	M12	M16	M20	M24
b_m（公称）	GB/T 897	10	12	16	20	24
	GB/T 898	12	15	20	25	30
	GB/T 899	15	18	24	30	36
	GB/T 900	20	24	32	40	48
$\frac{l}{b}$		$\frac{23\sim(28)}{14}$ $\frac{30\sim(38)}{16}$ $\frac{40\sim120}{26}$ $\frac{130}{32}$	$\frac{25\sim30}{16}$ $\frac{(32)\sim40}{20}$ $\frac{45\sim120}{30}$ $\frac{130\sim180}{36}$	$\frac{30\sim(38)}{20}$ $\frac{40\sim(55)}{30}$ $\frac{60\sim120}{38}$ $\frac{130\sim200}{44}$	$\frac{35\sim40}{25}$ $\frac{45\sim(65)}{35}$ $\frac{70\sim120}{46}$ $\frac{130\sim200}{52}$	$\frac{45\sim50}{30}$ $\frac{(55)\sim(75)}{45}$ $\frac{80\sim120}{54}$ $\frac{130\sim200}{60}$

注：1. GB/T 897—1988 和 GB/T 898—1988 规定的螺纹规格 d=M5~M48，公称长度 l=16~300mm；GB/T 899—1988 和 GB/T 900—1988 规定的螺纹规格 d=M2~M48，公称长度 l=12~300mm。

2. 螺柱公称长度 l（系列）：12，（14），16，（18），20，（22），25，（28），30，（32），35，（38），40，45，50，（55），60，（65），70，（75），80，（85），90，（95），100~260（10 进位），280，300mm。尽可能不采用括号内的数值。

3. 材料为钢的螺柱性能等级有 4.8、5.8、6.8、8.8、10.9、12.9 级，其中 4.8 级为常用等级。

表 B-3 内六角圆柱头螺钉（GB/T 70.1—2008）（单位：mm）

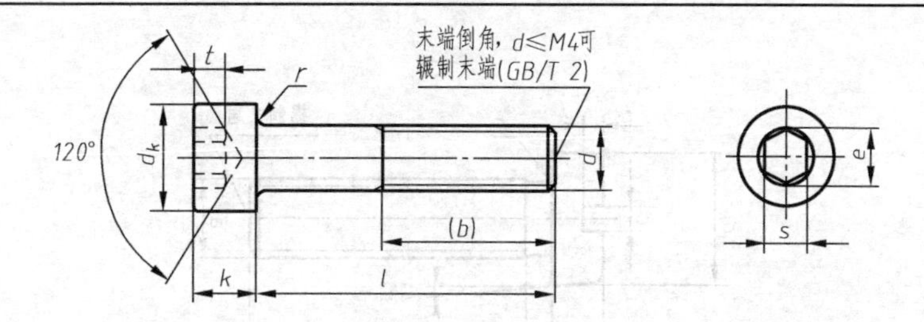

标记示例：

螺纹规格 d=M5、公称长度 l=20mm、性能等级为 8.8 级、表面氧化的内六角圆柱头螺钉，标记为：螺钉 GB/T 70.1 M5×20

螺纹规格 d	M3	M4	M5	M6	M8	M10	M12	M14	M16	M20
P(螺距)	0.5	0.7	0.8	1	1.25	1.5	1.75	2	2	2.5
$b_{参考}$	18	20	22	24	28	32	36	40	44	52
d_k(max)	5.5	7	8.5	10	13	16	18	21	24	30
d	3	4	5	6	8	10	12	12	16	20
t(min)	1.3	2	2.5	3	4	5	6	7	8	10
s(公称)	2.5	3	4	5	6	8	10	12	14	17
e(min)	2.87	3.44	4.58	5.72	6.86	9.15	11.43	13.72	16.00	19.44
r(min)	0.1	0.2	0.2	0.25	0.4	0.4	0.6	0.6	0.6	0.8
公称长度	5~30	6~40	8~50	10~60	12~80	16~100	20~120	20~120	25~160	30~200
l 小于或等于表中数值时，制出全螺纹	20	25	25	30	35	40	50	55	60	70
l 系列	2.5,3,4,5,6,8,10,12,16,20,25,30,35,40,45,50,55,60,65,70,80,90,100,110,120,130,140,150,160,180,200,220,240,260,280,300									

注：螺纹规格为 d=M1.6~M64。

表 B-4 开槽沉头螺钉（GB/T 68—2016）（单位：mm）

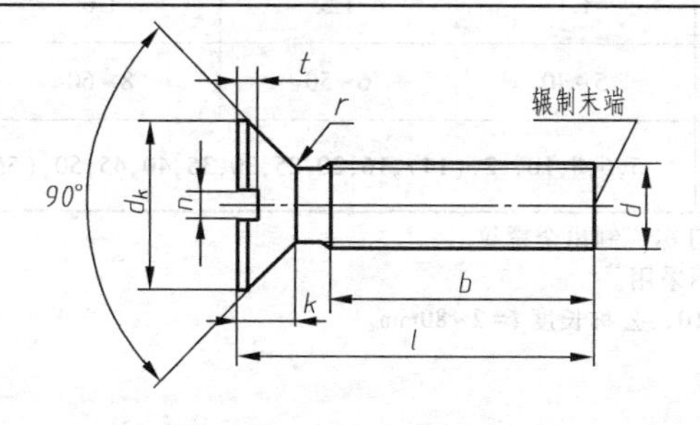

标记示例：

螺纹规格 d=M5、公称长度 l=20mm、性能等级为 4.8 级、表面不经处理的 A 级开槽沉头螺钉，标记为：螺钉 GB/T 68 M5×20

螺纹规格 d	M1.6	M2	M2.5	M3	M4	M5	M6	M8	M10
P(螺距)	0.35	0.4	0.45	0.5	0.7	0.8	1	1.25	1.5
b(min)	25	25	25	25	38	38	38	38	38
d_k(理论值=max)	3.6	4.4	5.5	6.3	9.4	10.4	12.6	17.3	20
k(公称=max)	1	1.2	1.5	1.65	2.7	2.7	3.3	4.65	5
n(公称)	0.4	0.5	0.6	0.8	1.2	1.2	1.6	2	2.5
r(max)	0.4	0.5	0.6	0.8	1	1.3	1.5	2	2.5
t(max)	0.5	0.6	0.75	0.85	1.3	1.4	1.6	2.3	2.6
公称长度 l	2.5~16	3~20	4~25	5~30	6~40	8~50	8~60	10~80	12~80
l 系列	2.5,3,4,5,6,8,10,12,(14),16,20,25,30,35,40,45,50,(55),60,(65),70,(75),80								

注：1. 括号内的规格尽可能不采用。

2. M1.6~M3 的螺钉、公称长度 l≤30mm，制出全螺纹；M4~M10 的螺钉，公称长度 l≤45mm，制出全螺纹。

表 B-5 开槽圆柱头螺钉（GB/T 65—2016） （单位：mm）

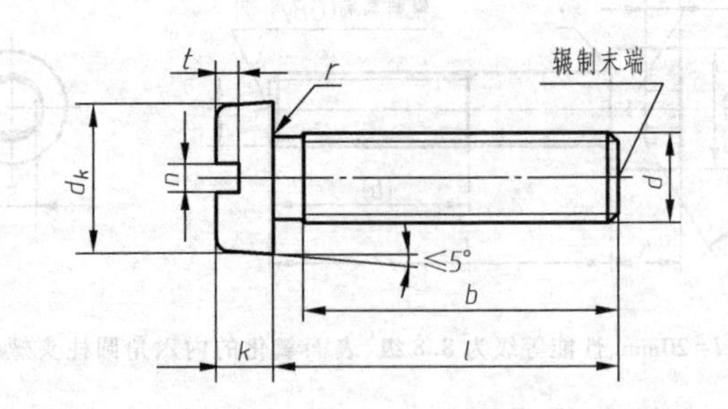

标记示例：
螺纹规格 d=M5、公称长度 l=20mm、性能等级为 4.8 级，表面不经处理的 A 级开槽圆柱头螺钉，标记为：
螺钉 GB/T 65 M5×20

螺纹规格 d	M4	M5	M6	M8	M10
P（螺距）	0.7	0.8	1	1.25	1.5
b(min)	38	38	38	38	38
d_k（公称=max）	7	8.5	10	13	16
k（公称=max）	2.6	3.3	3.9	5	6
n（公称）	1.2	1.2	1.6	2	2.5
r(min)	0.2	0.2	0.25	0.4	0.4
t(min)	1.1	1.3	1.6	2	2.4
公称长度 l	5~40	6~50	8~60	10~80	12~80
l 系列	5,6,8,10,12,(14),16,20,25,30,35,40,45,50,(55),60,(65),70,(75),80				

注：1. 公称长度 l≤40mm 的钉螺，制出全螺纹。
2. 括号内的规格尽可能不采用。
3. 螺纹规格 d=M1.6~M10，公称长度 l=2~80mm。

表 B-6 开槽盘头螺钉（GB/T 67—2016） （单位：mm）

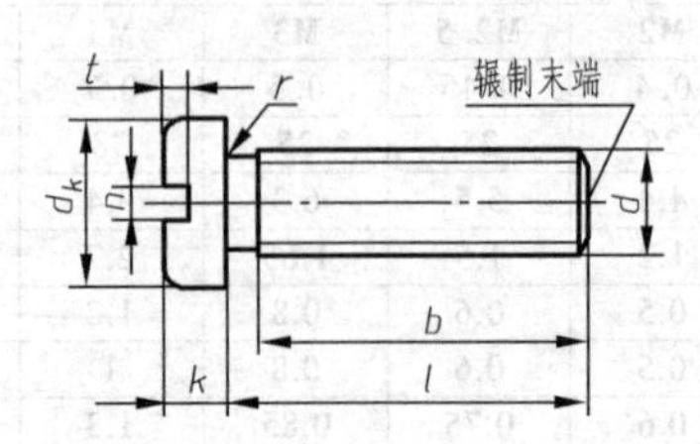

标记示例：
螺纹规格 d=M5、公称长度 l=20mm、性能等级为 4.8 级，表面不经处理的 A 级开槽盘头螺钉，标记为：螺钉 GB/T 67 M5×20

（续）

螺纹规格 d	M1.6	M2	M2.5	M3	M4	M5	M6	M8	M10
P（螺距）	0.35	0.4	0.45	0.5	0.7	0.8	1	1.25	1.5
b(min)	25	25	25	25	38	38	38	38	38
d_k（公称=max）	3.2	4	5	5.6	8	9.5	12	16	20
k（公称=max）	1	1.3	1.5	1.8	2.4	3	3.6	4.8	6
n（公称）	0.4	0.5	0.6	0.8	1.2	1.2	1.6	2	2.5
r(min)	0.1	0.1	0.1	0.1	0.2	0.2	0.25	0.4	0.4
t(min)	0.35	0.5	0.6	0.7	1	1.2	1.4	1.9	2.4
公称长度 l	2~6	2.5~20	3~25	4~30	5~40	6~50	8~60	10~80	12~80
l 系列	2,2.5,3,4,5,6,8,10,12,(14),16,20,25,30,35,40,45,50,(55),60,(65),70,(75),80								

注：1. 括号内的规格尽可能不采用。
2. M1.6~M3 的螺钉，公称长度 $l \leqslant 30$mm，制出全螺纹。
3. M4~M10 的螺钉，公称长度 $l \leqslant 40$mm，制出全螺纹。

表 B-7　紧定螺钉（GB/T 71—1985，GB/T 73—2017，GB/T 75—1985）　（单位：mm）

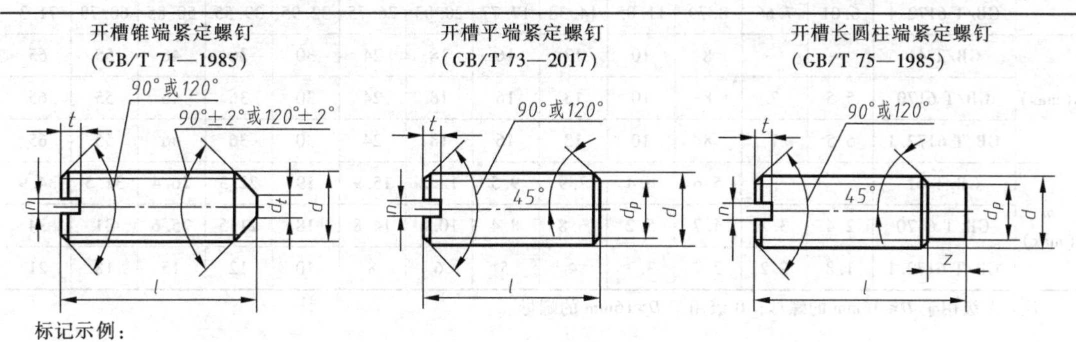

标记示例：
螺纹规格 d=M5、公称长度 l=12mm、性能等级为 14H 级，表面氧化的开槽长圆柱端紧定螺钉，标记为：
螺钉　GB/T 75　M5×12

螺纹规格 d	M1.6	M2	M2.5	M3	M4	M5	M6	M8	M10	M12
P（螺距）	0.35	0.4	0.45	0.5	0.7	0.8	1	1.25	1.5	1.75
n（公称）	0.25	0.25	0.4	0.4	0.6	0.8	1	1.2	1.6	2
t(max)	0.74	0.84	0.95	1.05	1.42	1.63	2	2.5	3	3.6
d_t(max)	0.16	0.2	0.25	0.3	0.4	0.5	1.5	2	2.5	3
d_p(max)	0.8	1	1.5	2	2.5	3.5	4	5.5	7	8.5
z(max)	1.05	1.25	1.5	1.75	2.25	2.75	3.25	4.3	5.3	6.3
l 范围 GB/T 71	2~8	3~10	3~12	4~16	6~20	8~25	8~30	10~40	12~50	14~60
l 范围 GB/T 73	2~8	2~10	2.5~12	3~16	4~20	5~25	6~30	8~40	10~50	12~60
l 范围 GB/T 75	2.5~8	3~10	4~12	5~16	6~20	8~25	8~30	10~40	12~50	14~60
l 系列	2,2.5,3,4,5,6,8,10,12,(14),16,20,25,30,35,40,45,50,(55),60									

注：1. l 为公称长度。
2. 括号内的规格尽可能不采用。

表 B-8 螺母（GB/T 41—2016，GB/T 6170—2015，GB/T 6172.1—2016）

（单位：mm）

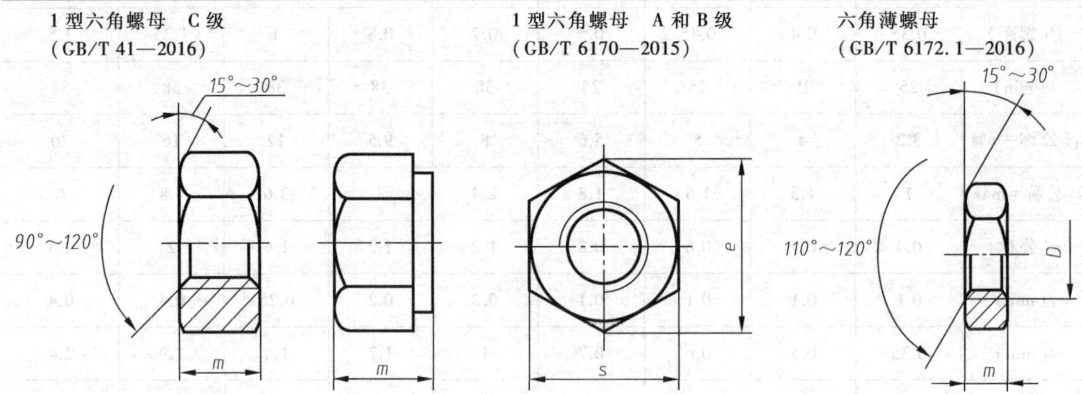

标记示例：

螺纹规格 D=M12、性能等级为 5 级、表面不经处理，产品等级为 C 级的 1 型六角螺母，标记为：螺母 GB/T 41 M12

螺纹规格 D=M12、性能等级为 8 级、表面不经处理，产品等级为 A 级的 1 型六角螺母，标记为：螺母 GB/T 6170 M12

	螺纹规格 D	M3	M4	M5	M6	M8	M10	M12	M16	M20	M24	M30	M36	M42
e(min)	GB/T 41	—	—	8.63	10.89	14.20	17.59	19.85	26.17	32.95	39.55	50.85	60.79	71.3
	GB/T 6170	6.01	7.66	8.79	11.05	14.38	17.77	20.03	26.75	32.95	39.55	50.85	60.79	71.3
	GB/T 6172.1	6.01	7.66	8.79	11.05	14.38	17.77	20.03	26.75	32.95	39.55	50.85	60.79	71.3
s(max)	GB/T 41	—	—	8	10	13	16	18	24	30	36	46	55	65
	GB/T 6170	5.5	7	8	10	13	16	18	24	30	36	46	55	65
	GB/T 6172.1	5.5	7	8	10	13	16	18	24	30	36	46	55	65
m(max)	GB/T 41	—	—	5.6	6.4	7.9	9.5	12.2	15.9	19	22.3	26.4	31.5	34.9
	GB/T 6170	2.4	3.2	4.7	5.2	6.8	8.4	10.8	14.8	18	21.5	25.6	31	34
	GB/T 6172.1	1.8	2.2	2.7	3.2	4	5	6	8	10	12	15	18	21

注：A 级用于 $D\leqslant$16mm 的螺母；B 级用于 $D>$16mm 的螺母。

表 B-9 垫圈（GB/T 848—2002，GB/T 97.1—2002，GB/T 97.2—2002）

（单位：mm）

小垫圈 A 级（GB/T 848—2002）

平垫圈 A 级（GB/T 97.1—2002）

平垫圈 倒角型—A 级（GB/T 97.2—2002）

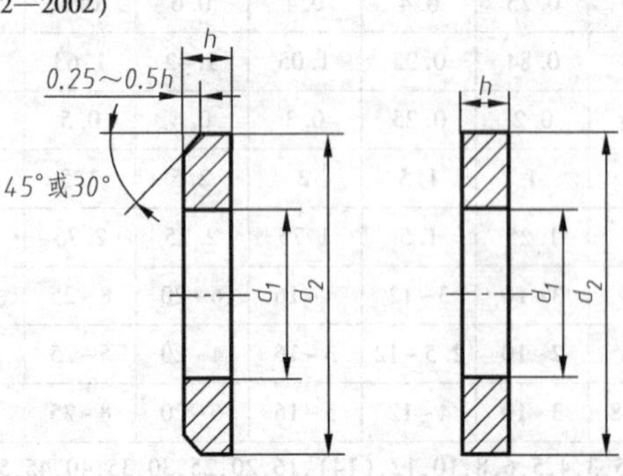

标记示例：

标准系列、公称规格为 8mm、性能等级为 140HV 级，表面不经处理的 A 级平垫圈，标记为：垫圈 GB/T 97.1 8

（续）

公称规格（螺纹大径 d）		1.6	2	2.5	3	4	5	6	8	10	12	(14)	16	20	24	30	36
d_1（公称=min）	GB/T 848	1.7	2.2	2.7	3.2	4.3	5.3	6.4	8.4	10.5	13	15	17	21	25	31	37
	GB/T 97.1	1.7	2.2	2.7	3.2	4.3	5.3	6.4	8.4	10.5	13	15	17	21	25	31	37
	GB/T 97.2	—	—	—	—	—	5.3	6.4	8.4	10.5	13	15	17	21	25	31	37
d_2（公称=max）	GB/T 848	3.5	4.5	5	6	8	9	11	15	18	20	24	28	34	39	50	60
	GB/T 97.1	4	5	6	7	9	10	12	16	20	24	28	30	37	44	56	66
	GB/T 97.2	—	—	—	—	—	10	12	16	20	24	28	30	37	44	56	66
h（公称）	GB/T 848	0.3	0.3	0.5	0.5	0.5	1	1.6	1.6	1.6	2	2.5	2.5	3	4	4	5
	GB/T 97.1	0.3	0.3	0.5	0.5	0.8	1	1.6	1.6	2	2.5	2.5	3	3	4	4	5
	GB/T 97.2	—	—	—	—	—	1	1.6	1.6	2	2.5	2.5	3	3	4	4	5

表 B-10　弹簧垫圈（GB/T 93—1987，GB/T 859—1987）　　　（单位：mm）

标准型弹簧垫圈（GB/T 93—1987）
轻型弹簧垫圈（GB/T 859—1987）

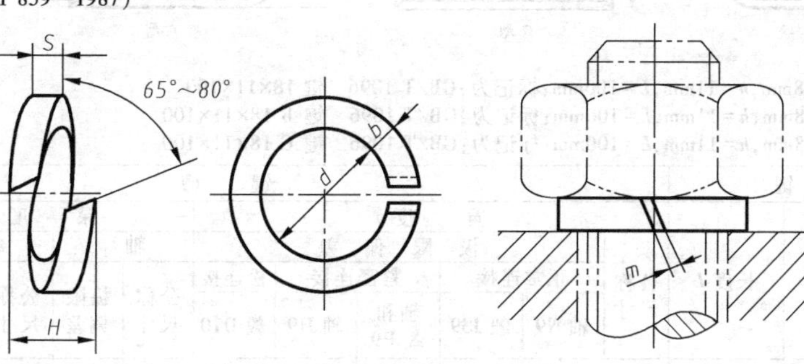

标记示例：

规格为 16mm、材料为 65Mn、表面氧化的标准型弹簧垫圈，标记为：垫圈　GB/T 93　16

规格（螺纹大径）		3	4	5	6	8	10	12	(14)	16	(18)	20	(22)	24	(27)	30
d(min)		3.1	4.1	5.1	6.1	8.1	10.2	12.2	14.2	16.2	18.2	20.2	22.5	24.5	27.5	30.5
H(min)	GB/T 93	1.6	2.2	2.6	3.2	4.2	5.2	6.2	7.2	8.2	9	10	11	12	13.6	15
	GB/T 895	1.2	1.6	2.2	2.6	3.2	4	5	6	6.4	7.2	8	9	10	11	12
$S(b)$（公称）	GB/T 93	0.8	1.1	1.3	1.6	2.1	2.6	3.1	3.6	4.1	4.5	5	5.5	6	6.8	7.5
S（公称）	GB/T 895	0.6	0.8	1.1	1.3	1.6	2	2.5	3	3.2	3.6	4	4.5	5	5.5	6
m≤	GB/T 93	0.4	0.55	0.65	0.8	1.05	1.3	1.55	1.8	2.05	2.25	2.5	2.75	3	3.4	3.75
	GB/T 895	0.3	0.4	0.55	0.65	0.8	1	1.25	1.5	1.6	1.8	2	2.25	2.5	2.75	3
b（公称）	GB/T 895	1	1.2	1.5	2	2.5	3	3.5	4	4.5	5	5.5	6	7	8	9

注：1. 括号内的规格尽可能不采用。

2. m 应大于零。

表 B-11 普通平键及键槽（GB/T 1095—2003，GB/T 1096—2003） （单位：mm）

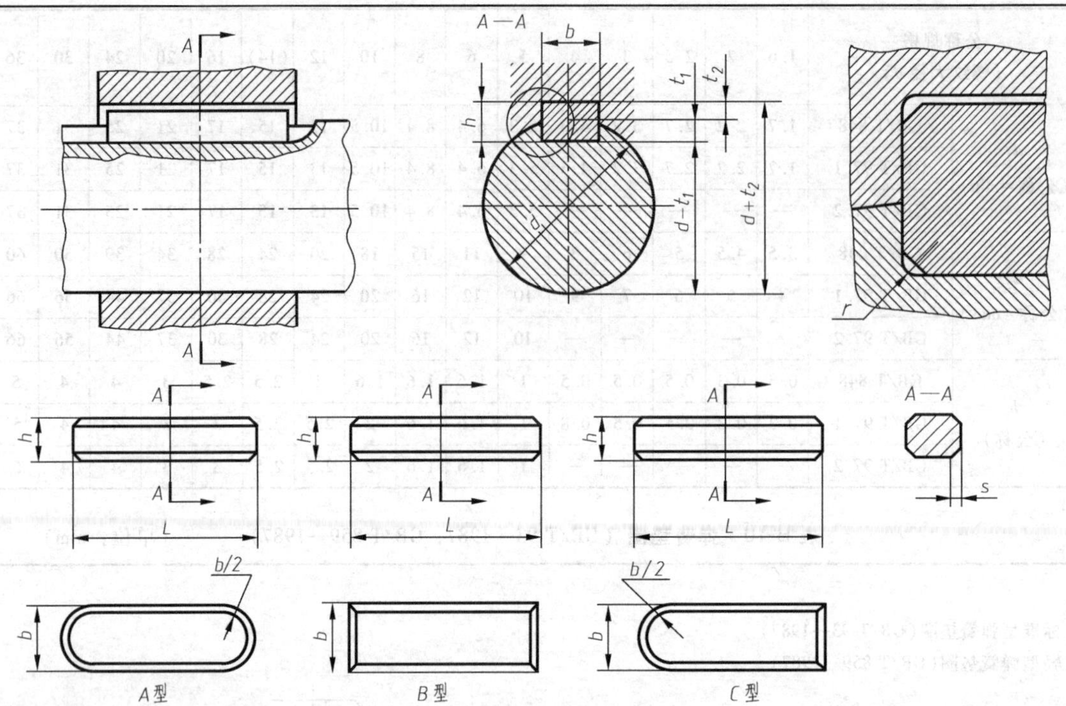

标记示例：
普通 A 型平键，b=18mm，h=11mm，L=100mm：标记为：GB/T 1096 键 18×11×100
普通 B 型平键，b=18mm，h=11mm，L=100mm：标记为：GB/T 1096 键 B 18×11×100
普通 C 型平键，b=18mm，h=11mm，L=100mm：标记为：GB/T 1096 键 C 18×11×100

轴	键		键槽											
			宽度 b						深度					
公称直径 d	键尺寸 $b \times h$	长度 L	公称尺寸	极限偏差					轴 t_1		毂 t_2		半径 r	
				正常连接		紧密连接		松连接	公称尺寸	极限偏差	公称尺寸	极限偏差		
				轴 N9	毂 JS9	轴和毂 P9	轴 H9	毂 D10					min	max
自 6~8	2×2	6~20	2	−0.004	±0.0125	−0.006	+0.025	+0.060	1.2	+0.1 0	1.0	+0.1 0	0.08	0.16
>8~10	3×3	6~36	3	−0.029		−0.031	0	+0.020	1.8		1.4			
>10~12	4×4	8~45	4						2.5		1.8			
>12~17	5×5	10~56	5	0	±0.015	−0.012	+0.030	+0.078	3.0		2.3		0.16	0.25
>17~22	6×6	14~70	6	−0.030		−0.042	0	+0.030	3.5		2.8			
>22~30	8×7	18~90	8	0	±0.018	−0.015	+0.036	+0.098	4.0	+0.2 0	3.3	+0.2 0		
>30~38	10×8	22~110	10	−0.036		−0.051	0	+0.040	5.0		3.3		0.25	0.04
>38~44	12×8	28~140	12						5.0		3.3			
>44~50	14×9	36~160	14	0	± 0.0215	+0.018	+0.043	+0.120	5.5		3.8			
>50~58	16×10	45~180	16	−0.043		−0.061	0	+0.050	6.0		4.3			
>58~65	18×11	50~200	18						7.0		4.4			
>65~75	20×12	56~220	20						7.5		4.9		0.40	0.60
>75~85	22×14	63~250	22	0	± 0.026	+0.022	+0.052	+0.149	9.0		5.4			
>85~95	25×14	70~280	25	−0.052		−0.074	0	+0.065	9.0		5.4			
>95~110	28×16	80~320	28						10.0		6.4			
>110~130	32×18	90~360	32						11.0		7.4			
>130~150	36×20	100~400	36	0	±0.031	−0.026	+0.062	+0.180	12.0	+0.3 0	8.4	+0.3 0	0.70	1.00
>150~170	40×22	100~400	40	−0.062		−0.088	0	+0.080	13.0		9.4			
>170~200	45×25	110~450	45						15.0		10.4			

注：1. （$d-t_1$）和（$d+t_2$）两组组合尺寸的极限偏差按相应的 t_1 和 t_2 的极限偏差选取，但（$d-t_1$）极限偏差应取负号（−）。

2. L 系列：6，8，10，12，14，16，18，20，22，25，28，32，36，40，45，50，56，63，70，80，90，100，110，125，140，160 等。

表 B-12 半圆键及键槽（GB/T 1098—2003，GB/T 1099.1—2003）（单位：mm）

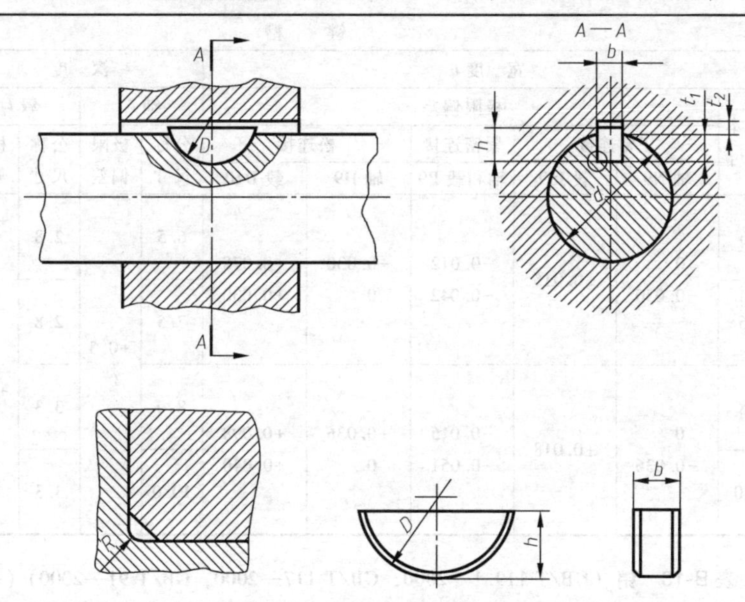

标记示例：

b=6mm、h=10mm、D=25mm 的半圆键，标记为：GB/T 1099.1 键 6×10×25

键尺寸 $b\times h\times D$	键槽											
	宽度 b						深度				半径 R	
	公称尺寸	极限偏差					轴 t_1		毂 t_2			
		正常连接		紧密连接	松连接		公称尺寸	极限偏差	公称尺寸	极限偏差		
		轴 N9	毂 JS9	轴和毂 P9	轴 H9	毂 D10					max	min
1×1.1×4	1	-0.004 -0.029	±0.0125	-0.006 -0.031	+0.025 0	+0.060 +0.020	1.0	+0.1 0	0.6	+0.1 0	0.16	0.08
1×1.4×4												
1.5×2.1×7	1.5						2.0		0.8			
1.5×2.6×7												
2×2.1×7	2						1.8		1.0			
2×2.6×7												
2×3×10	2						2.9		1.0			
2×3.7×10												
2.5×3×10	2.5						2.7		1.2			
2.5×3.7×10												
3×4×13	3						3.8		1.4			
3×5×13												
3×5.2×16	3						5.3		1.4		0.25	0.16
3×6.5×16												
4×5.2×16	4	0 -0.030	±0.015	-0.012 -0.042	+0.030 0	+0.078 +0.030	5.0	+0.2 0	1.8			
4×6.5×16												
4×6×19	4						6.0		1.8			
4×7.5×19												
5×5.2×19	5						4.5		2.3			
5×6.5×16												
5×6×19	5						5.5		2.3			
5×7.5×19												
5×7.2×22	5						7.0	+0.3 0	2.3			
5×9×22												

（续）

键尺寸 $b×h×D$	键槽											
	宽度 b						深度				半径 r	
	基本尺寸	极限偏差					轴 t_1		毂 t_2			
		正常连接		紧密连接	松连接		公称尺寸	极限偏差	公称尺寸	极限偏差		
		轴 N9	毂 JS9	轴和毂 P9	轴 H9	毂 D10					max	min
6×7.2×22	6	0 -0.030	±0.015	-0.012 -0.042	+0.030 0	+0.078 +0.030	6.5	+0.3 0	2.8	+0.1 0	0.25	0.16
6×9×22												
6×8×25	6						7.5		2.8	+0.2 0		
6×10×25												
8×8.8×28	8	0 -0.036	±0.018	-0.015 -0.051	+0.036 0	+0.098 +0.040	8.0		3.3		0.40	0.25
8×11×28												
10×10.4×32	10						10.0		3.3			
10×13×32												

表 B-13　销（GB/T 119.1—2000，GB/T 117—2000，GB/T 91—2000）（单位：mm）

圆柱销(GB/T 119.1—2000)　圆锥销(GB/T 117—2000)　开口销(GB/T 91—2000)

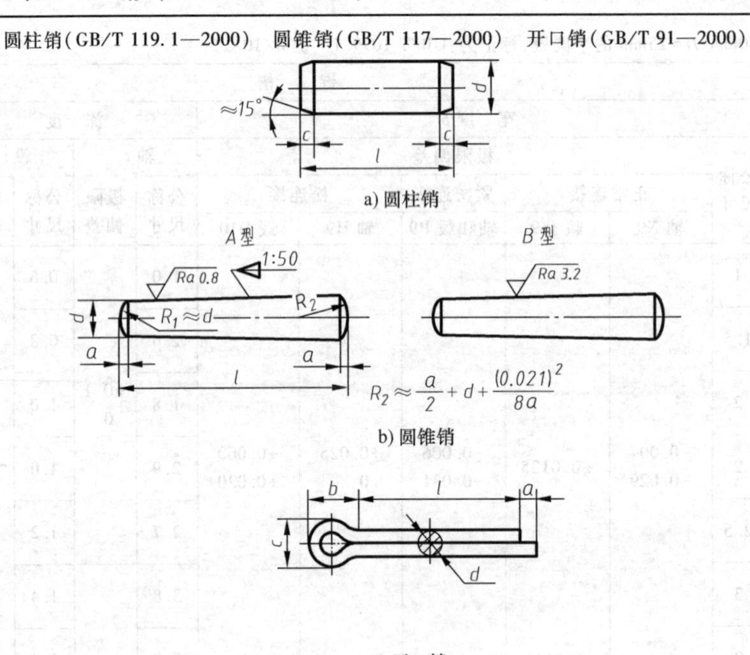

a) 圆柱销

$R_2 \approx \frac{a}{2} + d + \frac{(0.021)^2}{8a}$

b) 圆锥销

c) 开口销

标记示例：

公称直径 d=10mm、公差为 m6、公称长度 l=50mm 的圆柱销，标记为：销 GB/T 119.1　10 m6×50

公称直径 d=10mm、公称长度 l=60mm 的 A 型圆锥销，标记为：销 GB/T 117　10×60

公称规格为 5mm、公称长度 l=50mm 的开口销，标记为：销 GB/T 91　5×50

	d	3	4	5	6	8	10	12	16	20	25	30	40	50
圆柱销 (GB/T 119.1)	$c≈$	0.5	0.63	0.8	1.2	1.6	2	2.5	3	3.5	4	5	6.3	8
	l 范围	8~30	8~40	10~50	12~60	14~80	18~95	22~140	26~180	35~200	50~200	60~200	80~200	95~200
	公称长度 l(系列)：2,3,4,5,6~32(2 进位),35~100(5 进位),120~200(20 进位)													

（续）

圆柱销（GB/T 117）	d		4	5	6	8	10	12	16	20	25	30	40	50
	$a\approx$		0.5	0.63	0.8	1	1.2	1.6	2	2.5	3	4	5	6.3
	l范围		14~55	18~60	22~90	22~120	26~160	32~180	40~200	45~200	50~200	55~200	60~200	65~200
	公称长度l(系列)：2,3,4,5,6~32(2进位),35~100(5进位),120~200(20进位)													
开口销（GB/T 91）	公称规格		1	1.2	1.6	2	2.5	3.2	4	5	6.3	8	10	13
	$d_{(max)}$		0.9	1	1.4	1.8	2.3	2.9	3.7	4.6	5.9	7.5	9.5	12.4
	c	max	1.8	2	2.8	3.6	4.6	5.8	7.4	9.2	11.8	15	19	24.8
		min	1.6	1.7	2.4	3.2	4	5.1	6.5	8	10.3	13.1	16.6	21.7
	$b\approx$		3	3	3.2	4	5	6.4	8	10	12.6	16	20	26
	a_{max}		1.6	2.5				3.2	4				6.3	
	l范围		6~20	8~25	8~32	10~40	12~50	14~63	18~80	22~100	32~125	40~160	45~200	71~250
	公称长度l(系列)：4,5,6,8,10,12,14,16,18,20,22,25,28,32,36,40,45,50,56,63,71,80,90,100,112,125,140,160,180,200,224,250,280													

附录C 极限与配合

表C-1 优先配合特性及应用

基孔制	基轴制	优先配合特性及应用
$\frac{H11}{c11}$	$\frac{C11}{h11}$	间隙非常大，用于很松的、转动很慢的间隙配合，或要求大公差与大间隙的外露组件，或要求装配方便的很松的配合
$\frac{H9}{d9}$	$\frac{D9}{h9}$	间隙很大的自由转动配合，用于精度非主要要求时，或有大的温度变化、高转速或大的轴颈压力时
$\frac{H8}{f7}$	$\frac{F8}{h7}$	间隙不大的转动配合，用于中等转速与中等轴颈压力的精确转动，也用于装配较易的中等定位配合
$\frac{H7}{g6}$	$\frac{G7}{h6}$	间隙很小的滑动配合，用于不希望自由转动，但可自由移动和滑动并精密定位时，也可用于要求明确的定位配合
$\frac{H7}{h6}$ $\frac{H8}{h7}$ $\frac{H9}{h9}$ $\frac{H11}{h11}$	$\frac{H7}{h6}$ $\frac{H8}{h7}$ $\frac{H9}{h9}$ $\frac{H11}{h11}$	均为间隙定位配合，零件可自由装拆，而工作时一般相对静止不动。在最大实体条件下的间隙为零，在最小实体条件下的间隙由公差等级确定
$\frac{H7}{k6}$	$\frac{K7}{h6}$	过渡配合，用于精密定位
$\frac{H7}{n6}$	$\frac{N7}{h6}$	过盈配合，允许有过盈的更精密定位

（续）

基孔制	基轴制	优先配合特性及应用
$\frac{H7^{*}}{p6}$	$\frac{P7}{h6}$	过盈定位配合，即小过盈配合，用于定位精度特别重要时，能以最好的定位精度达到部件的刚性及对中性要求，而对内孔承受压力无特殊要求，不依靠配合的紧固性传递摩擦载荷
$\frac{H7}{s6}$	$\frac{S7}{h6}$	中等压入配合，适用于一般钢件，或用于薄壁件的冷缩配合，用于铸铁件可得到最紧密的配合
$\frac{H7}{u6}$	$\frac{U7}{h6}$	压入配合，适用于可以承受大压入力的零件或不宜承受大压入力的冷缩配合

注：“ * ”表示公称尺寸小于或等于 3mm 时为过渡配合。

表 C-2 标准公差数值（GB/T 1800.2—2009）

公称尺寸/mm		标准公差等级																	
		IT1	IT2	IT3	IT4	IT5	IT6	IT7	IT8	IT9	IT10	IT11	IT12	IT13	IT14	IT15	IT16	IT17	IT18
大于	至	μm											mm						
—	3	0.8	1.2	2	3	4	6	10	14	25	40	60	0.1	0.14	0.25	0.4	0.6	1	1.4
3	6	1	1.5	2.5	4	5	8	12	18	30	48	75	0.12	0.18	0.3	0.48	0.75	1.2	1.8
6	10	1	1.5	2.5	4	6	9	15	22	36	58	90	0.15	0.22	0.36	0.58	0.9	1.5	2.2
10	18	1.2	2	3	5	8	11	18	27	43	70	110	0.18	0.27	0.43	0.7	1.1	1.8	2.7
18	30	1.5	2.5	4	6	9	13	21	33	52	84	130	0.21	0.33	0.52	0.84	1.3	2.1	3.3
30	50	1.5	2.5	4	7	11	16	25	39	62	100	160	0.25	0.39	0.62	1	1.6	2.5	3.9
50	80	2	3	5	8	13	19	30	46	74	120	190	0.3	0.46	0.74	1.2	1.9	3	4.6
80	120	2.5	4	6	10	15	22	35	54	87	140	220	0.35	0.54	0.87	1.4	2.2	3.5	5.4
120	180	3.5	5	8	12	18	25	40	63	100	160	250	0.4	0.63	1	1.6	2.5	4	6.3
180	250	4.5	7	10	14	20	29	46	72	115	185	290	0.46	0.72	1.15	1.85	2.9	4.6	7.2
250	315	6	8	12	16	23	32	52	81	130	210	320	0.52	0.81	1.3	2.1	3.2	5.2	8.1
315	400	7	9	13	18	25	36	57	89	140	230	360	0.57	0.89	1.4	2.3	3.6	5.7	8.9
400	500	8	10	15	20	27	40	63	97	155	250	400	0.63	0.97	1.55	2.5	4	6.3	9.7
500	630	9	11	16	22	32	44	70	110	175	280	440	0.7	1.1	1.75	2.8	4.4	7	11
630	800	10	13	18	25	36	50	80	125	200	320	500	0.8	1.25	2	3.2	5	8	12.5
800	1000	11	15	21	28	40	56	90	140	230	360	560	0.9	1.4	2.3	3.6	5.6	9	14
1000	1250	13	18	24	33	47	66	105	165	260	420	660	1.05	1.65	2.6	4.2	6.6	10.5	16.5
1250	1600	15	21	29	39	55	78	125	195	310	500	780	1.25	1.95	3.1	5	7.8	12.5	19.5
1600	2000	18	25	35	46	65	92	150	230	370	600	920	1.5	2.3	3.7	6	9.2	15	23
2000	2500	22	30	41	55	78	110	175	280	440	700	1100	1.75	2.8	4.4	7	11	17.5	28
2500	3150	26	36	50	68	96	135	210	330	540	860	1350	2.1	3.3	5.4	8.6	13.5	21	33

注：1. 公称尺寸大于 500mm 的 IT1～IT5 的标准公差数值为试行。

2. 公称尺寸小于或等于 1mm 时，无 IT4～IT8。

表 C-3 常用及优先轴的公差带、极限偏差（GB/T 1800.2—2009）（单位：μm）

公差带代号 / 公称尺寸/mm	c	d	f			g		h						
	11	9	6	7	8	6	7	6	7	8	9	10	11	12
>0~3	-60 -120	-20 -45	-6 -12	-6 -16	-6 -20	-2 -8	-2 -12	0 -6	0 -10	0 -14	0 -25	0 -40	0 -60	0 -100
>3~6	-70 -145	-30 -60	-10 -18	-10 -22	-10 -28	-4 -12	-4 -16	0 -8	0 -12	0 -18	0 -30	0 -48	0 -75	0 -120
>6~10	-80 -170	-40 -76	-13 -22	-13 -28	-13 -35	-5 -14	-5 -20	0 -9	0 -15	0 -22	0 -36	0 -58	0 -90	0 -150
>10~18	-95 -205	-50 -93	-16 -27	-16 -34	-16 -43	-6 -17	-6 -24	0 -11	0 -18	0 -27	0 -43	0 -70	0 -110	0 -180
>18~30	-110 -240	-65 -117	-20 -33	-20 -41	-20 -53	-7 -20	-7 -28	0 -13	0 -21	0 -33	0 -52	0 -84	0 -130	0 -210
>30~40	-120 -280	-80 -142	-25 -41	-25 -50	-25 -64	-9 -25	-9 -34	0 -16	0 -25	0 -39	0 -62	0 -100	0 -160	0 -250
>40~50	-130 -290													
>50~65	-140 -330	-100 -174	-30 -49	-30 -60	-30 -76	-10 -29	-10 -40	0 -19	0 -30	0 -46	0 -74	0 -120	0 -190	0 -300
>65~80	-150 -340													
>80~100	-170 -390	-120 -207	-36 -58	-36 -71	-36 -90	-12 -34	-12 -47	0 -22	0 -35	0 -54	0 -57	0 -140	0 -220	0 -350
>100~120	-180 -400													
>120~140	-200 -450	-145 -245	-43 -68	-43 -83	-43 -106	-14 -39	-14 -54	0 -25	0 -40	0 -63	0 -100	0 -160	0 -250	0 -400
>140~160	-210 -460													
>160~180	-230 -480													
>180~200	-240 -530	-170 -285	-50 -79	-50 -96	-50 -122	-15 -44	-15 -61	0 -29	0 -46	0 -72	0 -115	0 -185	0 -290	0 -460
>200~225	-260 -550													
>225~250	-280 -570													
>250~280	-300 -620	-190 -320	-56 -88	-56 -108	-56 -137	-17 -49	-17 -69	0 -32	0 -52	0 -81	0 -130	0 -210	0 -320	0 -520
>280~315	-330 -650													
>315~355	-360 -720	-210 -350	-62 -98	-62 -119	-62 -151	-18 -54	-18 -75	0 -36	0 -57	0 -89	0 -140	0 -230	0 -360	0 -570
>355~400	-400 -760													
>400~450	-440 -840	-230 -385	-68 -108	-68 -131	-68 -165	-20 -60	-20 -83	0 -40	0 -63	0 -97	0 -155	0 -250	0 -400	0 -630
>450~500	-480 -880													

（续）

公差带代号 公称尺寸/mm	js	k		m		n		p		r	s	t	u
	6	6	7	6	7	6	7	6	7	6	6	6	6
>0~3	±3	+6 0	+10 0	+8 +2	+12 +2	+10 +4	+14 +4	+12 +6	+16 6	+16 +10	+20 +14		+24 +18
>3~6	±4	+9 +1	+13 +1	+12 +4	+16 +4	+16 +8	+20 +8	+20 +12	+24 +12	+23 +15	+27 +19		+31 +23
>6~10	±4.5	+10 +1	+16 +1	+15 +6	+21 +6	+19 +10	+25 +10	+24 +15	+30 +15	+28 +19	+32 +23		+37 +28
>10~18	±5.5	+12 +1	+19 +1	+18 +7	+25 +7	+23 +12	+30 +12	+29 +18	+36 +18	+34 +23	+39 +28		+44 +33
>18~24	±6.5	+15 +2	+23 +2	+21 +8	+29 +8	+28 +15	+36 +15	+35 +22	+43 +22	+41 +28	+48 +35		+54 +41
>24~30												+54 +41	+61 +48
>30~40	±8	+18 +2	+27 +2	+25 +9	+34 +9	+33 +17	+42 +17	+42 +26	+51 +26	+50 +34	+59 +43	+64 +48	+76 +60
>40~50												+70 +54	+86 +70
>50~65	±9.5	+21 +2	+32 +2	+30 +11	+41 +11	+39 +20	+50 +20	+51 +32	+62 +32	+60 +41	+72 +53	+85 +66	+106 +87
>65~80										+62 +43	+78 +59	+94 +75	+121 +102
>80~100	±11	+25 +3	+38 +3	+35 +13	+48 +13	+45 +23	+58 +23	+59 +37	+72 +37	+73 +51	+93 +71	+113 +91	+146 +124
>100~120										+76 +54	+101 +79	+126 +104	+166 +144
>120~140	±12.5	+28 +3	+43 +3	+40 +15	+55 +15	+52 +27	+67 +27	+68 +43	+83 +43	+88 +63	+117 +92	+147 +122	+195 +170
>140~160										+90 +65	+125 +100	+159 +134	+215 +190
>160~180										+93 +68	+133 +108	+171 +146	+235 +210
>180~200	±14.5	+33 +4	+50 +4	+46 +17	+63 +17	+60 +31	+77 +31	+79 +50	+96 +50	+106 +77	+151 +122	+195 +166	+265 +236
>200~225										+109 +80	+159 +130	+209 +180	+287 +258
>225~250										+113 +84	+169 +140	+225 +196	+313 +284
>250~280	±16	+36 +4	+56 +4	+52 +20	+72 +20	+66 +34	+86 +34	+88 +56	+108 +56	+126 +94	+190 +158	+250 +218	+347 +315
>280~315										+130 +98	+202 +170	+272 +240	+382 +350
>315~355	±18	+40 +4	+61 +4	+57 +21	+78 +21	+73 +37	+94 +37	+98 +62	+119 +62	+144 +108	+226 +190	+304 +268	+426 +390
>355~400										+150 +114	+244 +208	+330 +294	+471 +435
>400~450	±20	+45 +5	+68 +5	+63 +23	+86 +23	+80 +40	+103 +40	+108 +68	+131 +68	+166 +126	+272 +232	+370 +330	+530 +490
>450~500										+172 +132	+292 +252	+400 +360	+580 +540

附表 C-4 常用及优先孔的公差带、极限偏差（GB/T 1800.2—2009）（单位：μm）

公差带代号 公称尺寸/mm	A	B	C	D	E	F	F	G	H	H	H	H	H	H
	11	12	11	9	8	8	9	7	6	7	8	9	10	11
>0~3	+330 +270	+240 +140	+120 +60	45 +20	+28 +14	+20 +6	+31 +6	+12 +2	+6 0	+10 0	+14 0	+25 0	+40 0	+60 0
>3~6	+345 +270	+260 +140	+145 +70	+60 +30	+38 +20	+28 +10	+40 +10	+16 +4	+8 0	+12 0	+18 0	+30 0	+48 0	+75 0
>6~10	+370 +280	+300 +150	+170 +80	+76 +40	+47 +25	+35 +13	+49 +13	+20 +5	+9 0	+15 0	+22 0	+36 0	+58 0	+90 0
>10~18	+400 +290	+330 +150	+205 +95	+93 +50	+59 +32	+43 +16	+59 +16	+24 +6	+11 0	+18 0	+27 0	+43 0	+70 0	+110 0
>18~30	+430 +300	+370 +160	+240 +110	+117 +65	+73 +40	+53 +20	+72 +20	+28 +7	+13 0	+21 0	+33 0	+52 0	+84 0	+130 0
>30~40	+470 +310	+420 +170	+280 +120	+140 +80	+89 +50	+64 +25	+87 +25	+34 +9	+16 0	+25 0	+39 0	+62 0	+100 0	+160 0
>40~50	+480 +320	+430 +180	+290 +130											
>50~65	+530 +340	+490 +190	+330 +140	+174 +100	106 +60	+76 +30	+104 +30	+40 +10	+19 0	+30 0	+46 0	+74 0	+120 0	+190 0
>65~80	+550 +360	+500 +200	+340 +150											
>80~100	+600 +380	+570 +220	+390 +170	+207 +120	+125 +72	+90 +36	+123 +36	+47 +12	+22 0	+35 0	+54 0	+87 0	+140 0	+220 0
>100~120	+630 +410	+590 +240	+400 +180											
>120~140	+710 +460	+660 +260	+450 +200	+245 +145	+148 +85	+106 +43	+143 +43	+54 +14	+25 0	+40 0	+63 0	+100 0	+160 0	+250 0
>140~160	+770 +520	+680 +280	+460 +210											
>160~180	+830 +580	+710 +310	+480 +230											
>180~200	+950 +660	+800 +340	+530 +240	+285 +170	+172 +100	+122 +50	+165 +50	+61 +50	+29 0	+46 0	+72 0	+115 0	+185 0	+290 0
>200~225	+1030 +740	+840 +380	+550 +260											
>225~250	+1110 +820	+880 +420	+570 +280											
>250~280	+1240 +920	+1000 +480	+620 +300	+320 +190	+191 +110	+137 +56	+186 +56	+69 +17	+32 0	+52 0	+81 0	+130 0	+210 0	+320 0
>280~315	+1370 +1050	+1060 +540	+650 +330											
>315~355	+1560 +1200	+1170 +600	+720 +360	+350 +210	+214 +125	+151 +62	+202 +62	+75 +18	+36 0	+57 0	+89 0	+140 0	+230 0	+360 0
>355~400	+1710 +1350	+1250 +680	+760 +400											
>400~450	+1900 +1500	+1390 +760	+840 +440	+385 +230	+232 +135	+165 +68	+223 +68	+83 +20	+40 0	+63 0	+97 0	+155 0	+250 0	+400 0
>450~500	+2050 +1650	+1470 +840	+880 +480											

（续）

公差带代号 公称尺寸/mm	H 12	JS 7	JS 8	K 7	K 8	M 7	M 8	N 7	N 8	P 7	R 7	S 7	T 7	U 7
>0~3	+100 0	±5	±7	0 -10	0 -14	-2 -12	-2 -16	-4 -14	-4 -18	-6 -16	-10 -20	-14 -24		-18 -28
>3~6	+120 0	±6	±9	+3 -9	+5 -13	0 -12	+2 -16	-4 -16	-2 -20	-8 -20	-11 -23	-15 -27		-19 -31
>6~10	+150 0	±7	±11	+5 -10	+6 -16	0 -15	+1 -21	-4 -19	-3 -25	-9 -24	-13 -28	-17 -32		-22 -37
>10~18	+180 0	±9	±13	+6 -12	+8 -19	0 -18	+2 -25	-5 -23	-3 -30	-11 -29	-16 -34	-21 -39		-26 -44
>18~24	+210 0	±10	±16	+6 -15	+10 -23	0 -21	+4 -29	-7 -28	-3 -36	-14 -35	-20 -41	-27 -48		-33 -54
>24~30													-33 -54	-40 -61
>30~40	+250 0	±12	±19	+7 -18	+12 -27	0 -25	+5 -34	-8 -33	-3 -42	-17 -42	-25 -50	-34 -59	-39 -64	-51 -76
>40~50													-45 -70	-61 -86
>50~65	+300 0	±15	±23	+9 -21	+14 -32	0 -30	+5 -41	-9 -39	-4 -50	-21 -51	-30 -60	-42 -72	-55 -85	-76 -106
>65~80											-32 -62	-48 -78	-64 -94	-91 -121
>80~100	+350 0	±17	±27	+10 -25	+16 -38	0 -35	+6 -48	-10 -45	-4 -58	-24 -59	-38 -73	-58 -93	-78 -113	-111 -146
>100~120											-41 -76	-66 -101	-91 -126	-131 -166
>120~140	+400 0	±20	±31	+12 -28	+20 -43	0 -40	+8 -55	-12 -52	-4 -67	-28 -68	-48 -88	-77 -117	-107 -147	-155 -195
>140~160											-50 -90	-85 -125	-119 -159	-175 -215
>160~180											-53 -93	-93 -133	-131 -171	-195 -235
>180~200	+460 0	±23	±36	+13 -33	+22 -50	0 -46	+9 -63	-14 -60	-5 -77	-33 -79	-60 -106	-105 -151	-149 -195	-219 -265
>200~225											-63 -109	-113 -159	-163 -209	-241 -287
>225~250											-67 -113	-123 -169	-179 -225	-267 -313
>250~280	+520 0	±26	±40	+16 -36	+25 -56	0 -52	+9 -72	-14 -66	-5 -86	-36 -88	-74 -126	-138 -190	-198 -250	-295 -347
>280~315											-78 -130	-150 -202	-220 -272	-330 -382
>315~355	+570 0	±28	±44	+17 -40	+28 -61	0 -57	+11 -78	-16 -73	-5 -94	-41 -98	-87 -144	-169 -226	-247 -304	-369 -426
>355~400											-93 -150	-187 -244	-273 -330	-414 -471
>400~450	+630 0	±31	±48	+18 -45	+29 -68	0 -63	+11 -86	-17 -80	-6 -103	-45 -108	-103 -166	-209 -272	-307 -370	-467 -530
>450~500											-109 -172	-229 -292	-337 -400	-517 -580

附录 D 常用金属材料牌号及使用场合举例

附表 D-1 铁和钢

牌号	统一数字代号	使用场合举例	说明
1. 灰铸铁(摘自 GB/T 9439—2010)、工程用铸钢(摘自 GB/T 11352—2009)			
HT150 HT200 HT350		中强度铸铁:底座、刀架、轴承座、端盖 高强度铸铁:床身、机座、齿轮、凸轮、联轴器 机座、箱体、支架	"HT"表示灰铸铁,后面的数字表示最小抗拉强度(MPa)
ZG230—450 ZG310—570		各种形状的机件、齿轮、飞轮、重负荷机架	"ZG"表示铸钢,第一组数字表示屈服强度(MPa)最低值,第二组数字表示抗拉强度(MPa)最低值
2. 碳素结构钢(摘自 GB/T 700—2006)、优质碳素结构钢(摘自 GB/T 699—2015)			
Q215 Q235 Q275		受力不大的螺钉、轴、凸轮、焊件等 螺栓、螺母、拉杆、钩、连杆、轴、焊件 金属构造物中的一般机件、拉杆、轴、焊件,以及重要的螺钉、拉杆、钩、连杆、轴、销、齿轮	"Q"表示钢的屈服强度,数字为屈服点数值(MPa),同一钢号下分质量等级,用A、B、C、D 表示质量依次下降,例如Q235—A
30 35 40 45 65Mn	U20302 U20352 U20402 U20452 U21652	曲轴、轴销、连杆、横梁 曲轴、摇杆、拉杆、键、销、螺栓 齿轮、齿条、凸轮、曲柄轴、链轮 齿轮轴、联轴器、衬套、活塞销、链轮 大尺寸的各种扁、圆弹簧,如座板簧/弹簧发条	牌号数字表示钢中平均含碳量的万分数,例如:"45"表示平均碳的质量分数为0.45%,数字依次增大,表示抗拉强度、硬度依次增加,延伸率依次降低。当锰的质量分数在0.7%~1.2%时需注出"Mn"
3. 合金结构钢(摘自 GB/T 3077—2015)			
15Cr 40Cr 20GrMnTi	A20152 A20402 A26202	用于渗透零件、齿轮、小轴、离合器、活塞销 活塞销、凸轮,用于心部韧性较高的渗碳零件 工艺性好,汽车拖拉机的重要齿轮,供渗碳处理	符号前数字表示含碳量的万分数,符号后数字表示元素含量的百分数,当含量小于1.5%时,不注数字

附表 D-2 有色金属及其合金

牌号或代号	使用场合举例	说明
1. 加工黄铜(摘自 GB/T 5231—2012)、铸造铜合金(摘自 GB/T 1176—2013)		
H62	散热器、垫圈、弹簧、螺钉等	"H"表示普通黄铜,数字表示铜的平均质量分数(%)
ZCuZn38Mn2Pb2 ZCuSn5Pb5Zn5 ZCuAl10Fe3	铸造黄铜:用于轴瓦、轴套及其他耐磨零件 铸造锡青铜:用于承受摩擦的零件,如轴承 铸造铝青铜:用于制造蜗轮、衬套和耐蚀性零件	"ZCu"表示铸造铜合金,合金中其他主要元素用化学符号表示,符号后数字表示该元素的含量平均百分数
2. 铝及铝合金(摘自 GB/T 3190—2008)、铸造铝合金(摘自 GB/T 1173—2013)		
1060 1050A 2A12 2A13	适于制作储槽、塔、热交换器、防止污染及深冷设备 适用于中等强度的零件,焊接性能好	铝及铝合金牌号用4位数字或字符表示,部分新旧牌号对照如下: 新 旧 1060 L2 1050A L3 2A12 LY12 2A13 LY13

（续）

牌号或代号	使用场合举例	说　明
ZAlCu5Mn （代号 ZL201） ZAlMg10 （代号 ZL301）	砂型铸造，工作温度在 175～300℃ 的零件，如内燃机缸头、活塞 在大气或海水中工作，承受冲击载荷，外形不太复杂的零件，如舰船配件、氨用泵体等	“ZAl”表示铸造铝合金，合金中的其他元素用化学符号表示，符号后数字表示该元素含量平均质量分数(%)。代号中的数字表示合金系列代号和顺序号

参考文献

[1] 王丹虹，宋洪侠，陈霞．现代工程制图［M］．2版．北京：高等教育出版社，2017.
[2] 李虹，董黎君．工程制图基础［M］．北京：高等教育出版社，2011.
[3] 马麟，张淑娟，张爱荣．画法几何与机械制图［M］．北京：高等教育出版社，2011.
[4] 李虹，暴建岗．画法几何及机械制图［M］．3版．北京：国防工业出版社，2014.
[5] 王槐德．机械制图新旧标准代换教程［M］．北京：中国标准出版社，2004.
[6] 杨裕根，诸世敏．现代工程图学［M］．3版．北京：北京邮电大学出版社，2008.
[7] 张京英，张辉，焦永和．机械制图［M］．4版．北京：北京理工大学出版社，2001.
[8] 胡琳．工程制图［M］．2版．北京：机械工业出版社，2005.
[9] 李虹．工程制图［M］．北京：国防工业出版社，2008.